2

Information Communication

정보통신

핵심 정보통신기술 총서

삼성SDS 기술사회 지음

전면 3 개정판

한울
아카데미

이 도서의 국립중앙도서관 출판예정도서목록(CIP)은 서지정보유통지원시스템 홈페이지(http://seoji.nl.go.kr)
와 국가자료공동목록시스템(http://www.nl.go.kr/kolisnet)에서 이용하실 수 있습니다.
(CIP제어번호: CIP2019010203)

1999년 처음 출간한 이래 '핵심 정보통신기술 총서'는 이론과 실무를 겸비한 전문 서적으로, 기술사가 되고자 하는 수험생은 물론이고 정보기술에 대한 이해를 높이려는 일반인들에게 폭넓은 사랑을 받아왔습니다. 이처럼 '핵심 정보통신기술 총서'가 기술 전문 서적으로는 보기 드물게 장수할 수 있었던 것은 국내 최고의 기술력을 보유한 삼성SDS 기술사회 회원 150여 명의 열정과 정성이 독자들의 마음을 움직였기 때문이라 생각합니다. 즉, 단순히 이론을 나열하는 데 그치지 않고, 살아 있는 현장의 경험을 담으면서도 급변하는 정보기술과 주변 환경에 맞추어 늘 새로움을 추구한 노력의 결과라 할 수 있습니다.

이번 개정판에서는 이전 판의 7권 구성에, 4차 산업혁명을 선도하는 지능화 기술의 기본 개념인 '알고리즘과 통계'(제8권)를 추가했습니다. 또한 분야별로 다루는 내용을 재구성했습니다. 컴퓨터 구조 분야는 컴퓨터의 구조와 사용자를 위한 운영체제 위주로 재정비했으며, 컴퓨터 구조를 다루는 데 기본인 디지털 논리회로 부분을 추가하여 컴퓨터 구조에 대한 이해를 높이고자 했습니다. 정보통신 분야는 인터넷통신, 유선통신, 무선통신, 멀티미디어통신, 통신 응용 서비스로 재분류하고 기본 지식과 기술을 유사한 영역으로 함께 설명하여 정보통신 분야를 이해하는 데 도움이 되도록 구성했습니다. 데이터베이스 분야는 이전 판의 데이터베이스 개념, 데이터 모델링 등에 데이터베이스 품질 영역을 추가했으며 실무 사례 위주로 재정비했습니다. ICT 융합 기술 분야는 최근 산업 분야의 디지털 트랜스포메이션 패러다임 변화에 따라 사업의 응용 범위가 워낙 방대하여 모든 내용을 포함하는 데 한계가 있습니다. 따라서 이를 효과적으로 그룹핑하기 위해 융합 산업 분야의 패러다임 변화와 빅데이터, 클라우드 컴퓨팅, 모빌리티, 사용자 경험ux, ICT 융합 서비스 등으로 분류했습니다. 기업정보시스템 분야는 엔터프라이즈급 기업에 적용되는 최신 IT를 더욱 깊이 있게 설명하고자 했고, 실제 프로젝트가 활발히 진행되고 있는 주제를 중심으로 내용을 재편했습니다. 아울러 알고리즘통계 분야는 빅데이터 분석과 인공지능의 핵심 개념인 알고리즘에 대한 개념과 그 응용 분야에 대한 기초 이론부터 실무 내용까지 포함했습니다.

국내 최고의 ICT 기업인 삼성SDS에 걸맞게 '핵심 정보통신기술 총서'를 기술 분야의 명품으로 만들고자 삼성SDS 기술사회의 집필진은 최선을 다했습니다. 현장에서 축적한 각자의 경험과 지식을 최대한 활용했으며, 객관성을 확보하기 위해 관련 서적과 각종 인터넷 사이트를 하나하나 참조하면서 검증했습니다. 아직 부족한 내용이 있을 수 있고 이 때문에 또 다른 개선이 필요할지 모르지만, 이 또한 완벽함을 향해 전진하는 과정이라 생각하며 부족한 부분에 대한 강호제현의 지적을 겸허한 마음으로 받아들이겠습니다. 모쪼록 독자 여러분의 따뜻한 관심과 아낌없는 성원을 부탁드립니다.

현장 업무로 바쁜 와중에도 개정판 출간을 위해 최선을 다해준 삼성SDS 기술사회 집필진께 감사드리며, 번거로울 수도 있는 개정 작업을 마다하지 않고 지금껏 지속적으로 출판을 맡아주신 한울엠플러스(주)에도 감사를 드립니다. 또한 이 자리를 빌려 총서 출간에 많은 관심과 격려를 보내주신 모든 분과 특별히 삼성SDS 기술사회를 언제나 아낌없이 지원해주시는 홍원표 대표님께 진심으로 감사드립니다.

2019년 3월
삼성SDS주식회사 기술사회
회장 이영길

책을 내는 것은 무척 어려운 일입니다. 더욱이 복잡하고 전문적인 기술에 관해 이해하기 쉽게 저술하려면 고도의 전문성과 인내가 필요합니다. 치열한 산업 현장에서 업무를 수행하는 와중에 이렇게 책을 통해 전문지식을 공유하고자 한 필자들의 노력에 박수를 보내며, 1999년 첫 출간 이후 이번 전면3개정판에 이르기까지 끊임없이 개정을 이어온 꾸준함에 경의를 표합니다.

그동안 정보통신기술ICT은 프로세스 효율화와 시스템화를 통해 기업과 공공기관의 업무 혁신을 이끌어왔습니다. 최근에는 클라우드, 사물인터넷, 인공지능, 블록체인 등의 와해성 기술disruptive technology이 접목되면서 개인의 생활 방식은 물론이고 기업과 공공기관의 운영 방식에도 큰 변화를 가져오고 있습니다. 이런 시점에 컴퓨터의 구조에서부터 디지털 트랜스포메이션에 이르기까지 다양한 ICT 기술의 기본 개념과 적용 사례를 다룬 '핵심 정보통신기술 총서'는 좋은 길잡이가 될 것입니다.

삼성SDS의 사내 기술사들로 이뤄진 필자들과는 프로젝트나 연구개발 사이트에서 자주 만납니다. 그때마다 새로운 기술 변화는 물론이고 그 기술을 일선 현장에 적용하는 방안에 대해 깊이 토론합니다. 이 책에는 그런 필자들의 고민과 경험, 노하우가 배어 있어, 같은 업에 종사하는 분들과 세상의 변화를 알고자 하는 분들에게 도움이 될 것으로 생각합니다.

"세상에서 변하지 않는 단 한 가지는 모든 것은 변한다는 사실"이라고 합니다. 좋은 작품을 만들어 출간하는 필자들과 이 책을 읽는 모든 분에게 끊임없는 도전과 발전의 계기가 되기를 바랍니다. 감사합니다.

2019년 3월
삼성SDS주식회사
대표이사 홍원표

Contents

B
유선통신 기술

C
무선통신 기술

D
멀티미디어통신 기술

E
통신 응용 서비스

A

인터넷통신 기술

—

A-1

OSI 7 Layer와 TCP/IP Layer

OSI 7 Layer(계층)는 정보통신 분야에서 가장 근간이 되는 표준이다. OSI 7 Layer는 물리적인 매체 부분부터 링크 제어, 전송 제어, 응용 제어 등 모든 부분에 대한 프레임워크를 제공하며, 그중에서도 정보 처리 분야의 핵심 레이어인 TCP/IP에 대해 깊은 이해가 필요하다.

1 프로토콜 계층 개요

1.1 프로토콜의 정의

일반적으로, 통신을 하기 위해서는 데이터를 전송하는 'sender', 데이터를 받는 'receiver', 이를 연결하는 매체, 즉 'media'가 필요하다. 그리고 이들을 상호 원활하게 하는 규칙이나 형식과 같은 약속, 즉 프로토콜protocol도 필요하다.

이처럼 프로토콜은 데이터통신에서 정보의 전송을 수행하는 송신 측과 수신 측 사이에서 상호 간에 전달되는 정보의 형식format, 정보 교환을 위해 사용되는 모든 규칙을 통칭한다.

프로토콜의 세부 구성 요소로는 데이터의 형식, 부호화, 신호 레벨 정의, 데이터 구조와 순서에 대한 표현을 정의한 '구문syntax', 해당 패턴에 대한 해석과 제어 정보를 규정하는 '의미semantics', 두 객체 간의 통신 속도 조정과 전송 시간, 순서에 대한 특성을 정의한 '타이밍timing'이 있다.

A · 인터넷통신 기술

1.2 프로토콜 계층화의 목적

정보통신에서 레이어layer, 즉 계층은 프로토콜을 기능별로 구분한 것을 의미하며, 각 계층은 해당 계층의 하위 기능만을 이용하고, 상위 계층에 그 계층의 기능을 제공한다. 각 계층은 하드웨어나 소프트웨어, 또는 둘의 혼합으로 구성된다. 대부분 하위 계층은 하드웨어로 구현되며, 상위 계층은 소프트웨어로 구성되는 것이 특징이다. 이처럼 통신을 위한 구조화된 계층 구조를 프로토콜 계층protocol layer 혹은 프로토콜 아키텍처protocol architecture라고 한다.

프로토콜 계층이 정립되기 이전에는 여러 네트워크 통신·기술마다 벤더별로 독자적인 표준을 갖거나 모든 기능이 포함된 제품을 개발해 상호 연동 및 호환 등 상호 통신에 문제가 많았다. 이를 보완하려는 목적으로 복잡한 네트워크를 논리적으로 더 작고 이해하기 쉬운 부분(계층)으로 나누고, 네트워크 기능 간 표준화된 인터페이스를 제공하도록 구성함으로써 하나의 계층에서 변경한 기능은 다른 계층에 영향을 미치지 않는 유연성과 신뢰성을 제공하게 되었다.

이를 통해 네트워크에서 발생하는 변경 사항을 예측·제어하고, 네트워크 설계자·관리자·개발자·업체 등 다양한 사용자가 네트워크 기능에 관해 논의할 때 표현을 명확하게 할 수 있도록 표준화 작업을 진행하게 되었다.

통신 표준화 작업의 주체는 일반적으로 표준화 기관, 정부, 기업이 맡게 된다. 표준화 형태에는 시장 주도의 자발성과 정부 주도의 강제성이 있으며, 대표적인 표준화 기구로는 OSI 7 Layer를 정의한 ISOInternational Standard Organization, 인터넷 관련 표준을 정의하는 IETFInternet Engineering Task Force, LAN 관련 표준을 정의하는 IEEEInstitute of Electrical and Electronics Engineers, 유·무선통신 분야의 ITU-TInternational Telecommunications Union-Telecommunication standardization sector, ITU-RITU-Radiocommunication sector 등이 있다.

2 OSI 7 Layer

2.1 OSI 7 Layer의 정의

OSI Open System Interconnection는 개방형 시스템open system을 개발하고 서로 다른 통신 시스템을 비교하는 척도로 사용할 수 있는 표준을 제정하기 위해 1978 년에 국제 표준화 기구인 ISO에서 개발했다. 이는 개방형 시스템 간 원활한 정보 교환을 위해 7개 계층layer을 지닌 통신 표준 프레임워크로 발전했다.

OSI 7 Layer는 가장 기본적인 국제 표준 네트워크 구조이며, 모든 네트워크 프로토콜의 참조모델reference model로 사용된다. 또한 OSI 7 Layer는 'de jure 표준(공식적 표준)'이라고 말하며, 네트워크 프로토콜을 설명하는 기준이 되었다.

de jure
'법에 기초한', '법률상'이라는 의미이며, '사실의', '사실상'의 의미인 'de facto'와 상대적인 개념

2.2 OSI 계층별 설명

OSI의 기능은 크게 세 가지로 나눌 수 있다. 각 계층의 프로토콜은 하위 계층 프로토콜의 기능을 이용해 해당 계층을 실행하고, 그 결과를 상위 계층에 제공한다(layered function). 그리고 송신 측에서 계층별로 정보를 상위 정보에 헤더header를 추가해 전송하고(encapsulation), 수신 측에서는 추가된 정보 중 동일한 계층의 정보만 처리한다(virtual connection).

7계층을 상위 계층과 하위 계층으로 구분하면, 일반적으로 애플리케이션 계층application layer, 프레젠테이션 계층presentation layer, 세션 계층session layer은 상위 계층으로, 네트워크 계층network layer, 데이터 링크 계층data link layer, 물리적 계층physical layer은 하위 계층으로 분류된다. 상위 계층은 OSI 통신망 사용자에게 서비스 관점에서 편리한 서비스를 제공하기 위한 것이며, 하위 계층은 데이터 관점에서 종단 사용자 간에 안정적인 데이터 전송을 책임진다. 트랜스포트 계층transport layer은 상위 계층과 하위 계층 사이에서 하위 계층의 각종 통신망의 차이를 보완하고 상위 계층에 명확한 정보 전송을 보장한다.

계층		기능
7	애플리케이션 계층	- 응용 프로세스 또는 사용자가 OSI를 액세스하는 수단을 제공 - 파일 전송, 가상단말기(virtual terminal), 전자메일 등
6	프레젠테이션 계층	- 응용 계층 엔티티 간 데이터 교환을 위해 구문 관련 사항을 제어 - 포맷, 구문 변환, 코드 변환, 압축 등
5	세션 계층	- 대화 세션 제공, 대화 동기 제공 등의 기능을 제공
4	트랜스포트 계층	- 응용과 응용 간 또는 프로세스 간 논리적 통로 제공 - 하위 계층의 각종 통신망의 차이를 보완하고 상위 계층과 명확한 정보 전송을 제공해 통신의 신뢰성 보장 - 전송 단위: message - 예: TCP, UDP, SPX
3	네트워크 계층	- 상위 계층에 시스템을 연결하는 데 필요한 데이터 전송과 교환 기능 제공 - 네트워크의 접속과 설정, 유지 및 해지 등의 기능 제공 - 전송 단위: packet - 예: IP, ICMP, IPX, X.25
2	데이터 링크 계층	- 물리적 통로를 통해 인접 장치 간 신뢰성 있는 정보를 교환 - 3계층에 논리적 통로를 제공하고 투명성 및 신뢰성을 보장 - 전송 단위: frame - 프로토콜 예: HDLC, 이더넷, LAP-B, LLC, PPP
1	물리적 계층	- 인접 장치 간 비트 전송을 위한 전송 경로를 2계층에 제공 - 전기적·기계적·기능적·절차적 수단 제공 - 전송 단위: bit - 프로토콜 예: RS-232C, RS-449/422/426, V.24, X.21, Category 5/6

2.3 OSI 레이어 동작 원리

OSI 레이어의 동작 원리는 service primitive에 기반하는데, service primitive란 서비스 이용자와 제공자 간의 상호 동작을 위한 상·하위 간 레이어의 추상화된 통신 방식을 의미한다. Service primitive는 네 가지 단계(요청, 지시, 응답, 확인) 및 세 가지 종류(연결, 데이터, 연결 해제)로 구성된다.

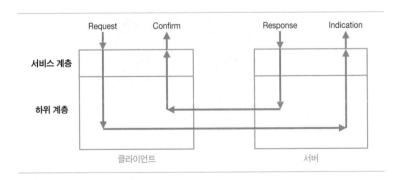

① 클라이언트로부터 request가 발생하면 ② 이 요청은 서버에 indication 형태로 전달되어 서버가 인지한다. ③ 서버에서는 해당 primitive를 올바르게 수신했음을 클라이언트에 통보하려고 response를 응답으로 보내고, ④ 응답은 클라이언트에 confirm 형태로 도착한다. 이런 4단계를 통해 하나의 primitive가 처리된다.

Service Primitive 구성

구분	구성	설명
단계	Request	클라이언트가 하위 계층에 요청할 때 사용
	Indication	클라이언트로부터 Request를 수신한 서버가 상위 프로토콜로 프리미티브 요구 지시
	Response	서버의 처리 결과를 클라이언트로 회신 시 사용
	Confirm	서버로부터 받은 응답을 클라이언트의 상위 프로토콜로 전송
종류	연결형	CONNECT, DATA, DISCONNECT
	비연결형	DATA

Service primitive의 동작 메커니즘은 다음과 같다. 먼저 N+1계층의 경계를 통해 IDU Interface Data Unit라는 정보가 전달되고, 사용자 데이터인 SDU Service Data Unit와 N계층에서의 제어 정보인 PCI Protocol Control Information가 결합해 N계층에서 처리되는 기본 정보 단위인 PDU Protocol Data Unit를 만든다. PDU는 ICI Interface Control Information라는 서비스 기능 호출을 위해 N과 N-1계층 사이에서 전달되는 임시 매개변수와 더해져 N-1의 하위 계층으로 전달된다.

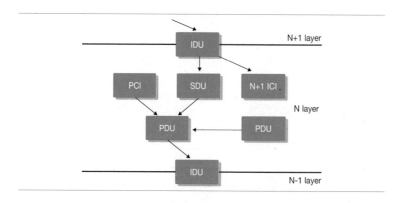

A · 인터넷통신 기술

2.4 OSI 레이어의 특징

OSI 레이어는 이해하기 쉬운 부분으로 세분화하고 타 계층과의 간섭이 적어 해당 계층의 수정이나 기능 향상이 용이하다. 또한 각 계층의 표준화 및 업무를 분담해 모듈화를 통한 하드웨어 설계 구현이 쉬운 것이 장점이다. 그 밖에도 계층별 기능들 간에 대칭성을 제공하고, 타 통신의 모든 분야에서 참조모델로 활용된다는 특징이 있다.

하지만 각 계층 사이에 기능이 중복될 우려가 있고, 불필요한 기능이 포함되는 경우가 많으며, 7단계에 걸친 헤더 정보 변환 및 추가로 오버헤드 overhead가 증가한다는 단점이 있다.

3 TCP/IP

3.1 TCP/IP의 정의

TCP/IP는 작게는 OSI 7 Layer 중 트랜스포트 계층의 TCP Transmission Control Protocol와 네트워크 계층의 IP Internet Protocol를 의미하며, 크게는 TCP/IP를 중심으로 인터넷에서 사용되는 여러 통신 프로토콜 집합체인 프로토콜 슈트 protocol suite를 가리킨다.

TCP/IP는 1960년대부터 시작된 미국 국방성 DoD: Department of Defense의 아르파넷 ARPANET 관련 연구에서 기원한 것으로, 이후 IAB Internet Activities Board에서 인터넷 표준으로 제안되었다. 현재 인터넷, 특히 월드와이드웹 www: World Wide Web 및 스마트폰 사용의 폭발적인 증가와 함께 전 세계 대부분의 시스템에서 지원하는 범용 프로토콜로 자리 잡았다.

3.2 TCP/IP의 구조 및 특징

TCP/IP는 OSI 7 Layer만큼 기능이 세분화하지 않고 통신에 필요한 기능만을 위주로 정의되며, 1·2계층의 세부 기술이 기존 프로토콜을 수용한 것이 특징이다.

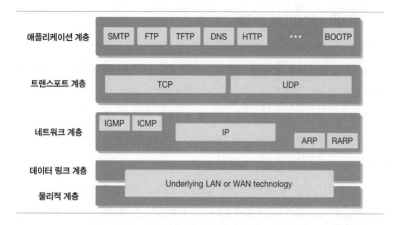

계층	OSI 계층	TCP/IP 계층	계층 설명
7	애플리케이션 계층	애플리케이션 계층	응용시스템과 서비스의 네트워크 접근 기능 제공
6	프레젠테이션 계층		
5	세션 계층		
4	트랜스포트 계층	트랜스포트 계층	두 호스트 간 end-to-end 통신 확립 및 전송 제어
3	네트워크 계층	네트워크 계층	네트워크 간 라우팅 및 IP 제어
2	데이터 링크 계층	데이터 링크 계층	일반적인 LAN/WAN 등의 기술 허용
1	물리적 계층	물리적 계층	

이처럼 TCP/IP 구조는 통신에 필요한 계층만을 정의하고, 표준 규격의 완전한 개방성을 띠며, 현재 전 세계 주요 통신의 사실상de facto 표준이다. 특히 IP는 느슨한 결합 구조loosely coupled에 따른 뛰어난 확장성을 바탕으로 전 세계가 연결되는 것이 특징이다.

3.3 TCP/IP suite

TCP/IP suite는 TCP/IP를 중심으로 인터넷에 사용되는 여러 통신 프로토콜 집합체를 가리키며, 계층별로 다양한 프로토콜이 존재한다.

IP는 대표적인 인터넷 프로토콜로, 현재 32비트 10진수 체계인 IPv4를 주로 사용하며, 헤더 길이는 20바이트이다. 또한 데이터를 패킷 단위로 분리하고, IP 주소별 경로를 설정(라우터)하며, 비연결형 경로 설정 방식connection-less을 사용한다. 현재 IP 주소 부족 문제로 128비트 주소체계의 IPv6로 전환되고 있다. IPv6로 전환되기 전까지 IP 주소를 효율적으로 관리하기 위해

A · 인터넷통신 기술

subnetting과 supernetting이 대안으로 사용된다.

ARP Address Resolution Protocol는 3계층의 IP 패킷(32비트)을 통해서 수신 측의 물리적 네트워크 주소인 MAC Media Access Control(48비트)를 알기 위해 사용하는 프로토콜이다. ARP 브로드캐스팅을 수행하여 알고 있는 IP 주소를 통해 MAC 주소를 찾는다. 수집된 IP 주소와 이에 해당하는 물리적 네트워크 주소 정보는 각 IP 호스트의 ARP 캐시라 불리는 메모리에 테이블 형태로 저장된 다음, 패킷을 전송할 때 이를 검색하여 사용된다.

ARP와는 반대로, IP 호스트가 자신의 물리 네트워크 주소를 알지만 IP 주소를 모르는 경우에는 서버로부터 IP 주소를 요청하기 위해 RARP Reverse ARP를 사용한다.

ICMP Internet Control Message Protocol는 네트워크 계층의 오류 보고 및 제어를 위한 프로토콜이다. ICMP 메시지 타입 message type을 통해 네트워크 상태를 점검하며, error report message와 request-response message 타입으로 구분한다. 네트워크 상태를 파악하기 위한 ping 명령어와 traceroute 명령어는 ICMP를 사용한다. Ping 명령어는 echo request와 echo reply를 이용해 응답 시간을 바탕으로 네트워크 지연을 파악한다. Traceroute 명령어는 time exceeded 및 port unreachable을 이용해 접속되는 네트워크 경로상의 홉 hop(하나의 통신 구간)에 대한 경로를 파악하고 홉 단계의 응답 속도를 확인해 네트워크상의 병목 구간 여부를 확인하는 데 사용된다.

IGMP Internet Group Management Protocol는 IP 멀티캐스트를 실현하기 위한 프로토콜로, RFC 1112에 의해 규정되었다. 근거리통신망인 LAN상에서 라우터가 멀티캐스트 통신 기능을 구비한 수신 측에 대해 멀티캐스트 패킷을 전달하는 경우에 사용된다.

TCP Transmission Control Protocol는 트랜스포트 계층의 프로토콜 가운데 대표적인 것으로, 송신 제어 기능을 통해 노드 node와 노드 간 신뢰성 있는 정보를 제공하는 연결지향형 connection oriented 프로토콜이다. 신뢰성을 제공하기 위해 흐름 제어, 에러 제어, 혼잡 제어 등의 기능을 수행하고, 헤더 길이는 20바이트이다.

UDP User Datagram Protocol는 TCP와 같이 트랜스포트 계층의 프로토콜로, 실시간 데이터 전송이나 빠른 응답을 요구하는 응용 서비스를 위한 비연결지향형 프로토콜이다. 연결 및 상태 정보에 대한 여러 제어 기능을 배제했으며, 헤더 길이는 8바이트로 TCP나 IP에 비해 적은 것이 특징이다.

애플리케이션 프로토콜application protocol 은 TCP/IP 기반 형태에 따라 다양하게 분포되며, Telnet(원격접속), FTP File Transfer Protocol(파일 전송), SMTP Simple Mail Transfer Protocol(메일 전송), HTTP Hyper Text Transfer Protocol(웹 전송), SNMP Simple Network Management Protocol(네트워크 관리), DNS Domain Name System(도메인 관리) 등이 대표적인 응용프로그램이다.

4 결론

OSI 7 Layer는 정보통신의 단계별 구분 및 기능을 잘 정의하고 있으나, 복잡한 구조 때문에 실제 사용되기보다는 통신 시스템을 이해하는 데 중요한 모델로서 비중이 크다.

반면 TCP/IP는 OSI 7 Layer만큼 체계적으로 기능이 분류·정의되지 않았으나, 오히려 통신에 필요한 기능 위주로만 정의되어 인터넷에 적합한 프로토콜로서 가장 많이 사용된다.

특히 3계층 프로토콜인 IP는 현재 IPv4의 주소 할당 한계 때문에 어려움을 겪고 있다. 스마트 기기 사용량 증가 및 사물인터넷IoT: Internet of Things 확산으로 IPv4의 고갈 문제가 더욱 가시화되고 있다. 이를 보완하기 위해 supernetting 기법, NAT 기법 등이 사용되지만, IPv4를 계속 유지하기 어려운 환경이 되었다.

이러한 IPv4의 한계를 보완하기 위해 128비트 주소체계인 IPv6가 등장했으나, OECD 국가 대비 우리나라의 도입률은 높지 않은 실정이다. 이에 한국인터넷진흥원KISA 은 통신사 및 관련 기관과의 협력을 통해 IPv6 도입률을 높이고자 다양한 노력을 하고 있다.

4계층 프로토콜인 TCP, UDP는 수십 년간 사용된 프로토콜이지만, 많은 기술적 결함을 지니고 있다. DDoS Distributed Denial of Service 공격이 가능한 이유도 그러한 결함 때문이며, 이를 보완하기 위해 SCTP Stream Control Transmission Protocol 가 개발되어 향후 이것으로 대체될 것으로 예상된다.

키포인트

OSI 7 Layer의 이해 프로젝트를 하면서 시스템 개발자 및 엔지니어를 만나보면 OSI 7 Layer에 대한 정확한 이해가 부족한 것을 자주 보게 된다. 예를 들어 Java 개발 시 많이 사용하는 RMI·HTTP 등은 7계층 프로토콜인데 4계층 프로토콜과 혼동하는 경우가 많다. 그리고 TCP 페이로드는 segment, IP 페이로드는 packet 이라고 명명해야 정확한 표현이다.

참고자료

위키피디아(www.wikipedia.org).

이치훈·조주행·조규백. 2002. 『e-Biz를 위한 IT솔루션 AtoZ』. 교학사.

정진욱·김현철·조강홍. 2003. 『컴퓨터 네트워크』. 생능출판사.

차동완·정용주·윤문길. 2002. 『(개념으로 풀어 본)인터넷 기술세계』. 교보문고.

기출문제

114회 컴퓨터시스템응용 TCP의 Three-way Handshaking 절차에 대하여 설명하시오. (10점)

110회 정보통신 OSI의 통신망 관리 목적(5가지)에 대해 설명하시오. (10점)

107회 정보통신 OSI 7계층에 대해 설명하시오. (10점)

98회 정보관리 OSI 7 Layer와 TCP/IP의 다음에 대해 설명하시오. (25점)

① OSI 7 Layer 계층

② OSI 7 Layer와 TCP/IP 비교

③ TCP/IP에서 활용되고 있는 Subnetting과 Supernetting

95회 정보통신 인터넷에서 사용되는 TCP/IP 계층 구조를 설명하고, TCP 구현 정책 방안을 설명하시오. (25점)

에러 제어 Error control

에러 제어는 데이터에 대한 신뢰성(투명성)을 보장해주는 것으로, 크게 에러를 검출하는 방식과 에러를 정정하는 방식으로 나뉜다. 또한 에러 정정을 수행하는 위치에 따라 FEC 방식과 BEC(일명 ARQ) 방식으로 구분된다. 최근에는 고속 무선 전송이나 지상파 디지털 방송에서 H-ARQ 방식이 많이 사용되며, 장거리 통신용 광전달망에서는 FEC 방식이 주로 활용된다.

1 에러 제어 개요

1.1 정의

물리적 회선을 통해 신호(전기에너지)가 전달될 때 일반적으로 전송 거리가 길어짐에 따라 신호의 감쇄(저하)가 발생하고, 여러 잡음 탓에 신호의 변질(왜곡)이 생긴다. 이런 현상은 통신 품질을 떨어뜨리거나 수신 측에서 그 신호에 에러가 있었는지 파악하기 어렵게 만든다.

이러한 문제를 해결하고자 정보통신에서는 에러 제어 알고리즘error control algorithm을 사용해 전송 데이터에 대한 신뢰성(투명성)을 보장해주는 방식이 활용되는데, 이것이 에러 제어이다. 에러 제어는 크게 에러를 검출하는 방식과 에러를 정정하는 방식으로 구분된다.

에러 제어
데이터의 신뢰성을 보장하기 위한 것으로, 데이터를 효율적으로 전송하는 것, 데이터를 안전하게 보내는 것과 함께 정보통신의 핵심 세 가지 목적 중 하나이다.

1.2 방식 분류

에러 검출 방식에는 발생한 에러를 무시하는 것, 전송되는 데이터를 검사하는 것, 코드를 통해 검출하는 것이 있다. 주요 방식으로는 데이터에 비트를 추가해 검사하는 패리티 검사parity check 데이터(프레임)의 끝에 에러 검사 필드를 추가해 검사하는 FCSFrame Check Sequence, 송신 측에서 다항식 값 결과를 붙여 전송한 내용을 수신 측에서 검사하는 CRCCyclic Redundancy Check(순환 중복 검사) 방식이 있다.

에러 정정 방식은 검출된 에러를 수정하는 것으로, 검출된 에러를 송신 측에서 정정하는가, 수신 측에서 정정하는가에 따라 FECForward Error Correction 와 BECBackward Error Correction로 구분한다. 송신 측에서 전송하는 데이터에 충분한 여분의 정보(부호)를 포함하여 데이터를 전달하는 것이 FEC이며, 수신 측에서 에러를 검출하면 이를 송신 측에 알려 재전송하게 하는 것이 BEC(혹은 ARQ)이다.

정보통신에서 에러 검출 방식은 보통 OSI 모델의 데이터 링크 계층에서 구현되는데, 구현이 간단한 패리티 검사와 하드웨어 구현이 쉬운 CRC 등을 주로 사용한다. 에러 정정 방식은 주로 물리 계층에서 이루어지는데, 위성통신이나 단방향통신에서 주로 사용하는 FEC, 데이터통신에서 데이터 링크의 신뢰성 확보를 위한 ARQAutomatic Repeat Request가 널리 사용된다. 최근에는 고속 무선 전송을 위해 ARQ 방식을 변형한 H-ARQHybrid ARQ 방식이 주로 사용된다.

2 에러 검출의 세부 기술

2.1 직렬 패리티 검사

직렬 패리티 검사serial parity check는 가장 단순한 에러 검출 방식으로, 전송 데이터의 각 문자 끝에 1개의 패리티를 추가해 에러를 검출하는 것이다. 패리티 비트는 홀수 패리티odd parity와 짝수 패리티even parity로 분류되는데, 일반적으로 동기 방식의 통신에서는 홀수 패리티를 사용하고, 비동기 방식의 통신에서는 짝수 패리티를 사용한다. 예를 들면, 짝수 패리티의 경우 패리티와 데이터 전체 비트 중 '1'의 개수가 짝수이면 정상으로 간주한다. 만약 1개 이하의 비트에서 에러가 발생하면 검출이 가능하지만, 동시에 2개 이상의 비트가 잘못되었을 때에는 검출이 불가능한 것이 특징이다. 일반적으로 수직 중복 검사VRC: Vertical Redundancy Check라고도 하고, 하드웨어 실계 시에는 배타적 논리합exclusive-OR 연산을 통해 구현한다.

4비트 데이터에 대한 parity bit 적용 예

Parity	Data	Data with Parity
짝수(even)	1001	10010
홀수(odd)	1001	10011

2.2 병렬(블록) 패리티 검사

병렬(블록) 패리티 검사parallel parity check는 수직 패리티 검사vertical parity check와 수평 패리티 검사horizontal parity check를 병렬로 처리해 에러를 검출하는 방식으로, 각 문자 단위는 패리티 비트를 가지고 블록 단위로는 패리티 문자를 가지는 구조이다. 직렬 패리티 검사 방법의 단점을 보완하면서 더욱 엄격하고 정확한 에러 검출이 가능한 것이 특징이다.

병렬(블록) 패리티 검사

1	0	1	0	1	1	1	1	0
1	0	0	0	0	0	1	1	1
0	1	0	0	0	0	0	0	1
1	1	1	1	0	0	0	0	0
1	0	1	1	1	0	0	1	1
0	0	0	0	0	1	1	1	1
1	1	1	1	1	1	1	1	0
0	1	1	1	1	0	0	0	0
1	0	1	0	0	1	0	0	0

2.3 CRC Cyclic Redundancy Check

CRC는 송신 측에서 데이터에 대한 다항식으로 나온 결괏값을 여분의 필드에 추가하고, 수신 측에서 이에 대한 일치 여부를 검사하여 에러를 검출하는 방식이다. 프레임이라는 단위의 에러 검출 수단으로 주로 사용된다.

송신 측에서 전송 데이터에 생성다항식으로 나눈 나머지 비트를 부가 정보(FCS)를 추가해서 전송하고, 수신 측에서 전송된 프레임을 동일한 생성다항식으로 나눈 후, 그 결과값에 에러가 없는 경우 나머지가 '0'이 되는 원리를 이용한다.

CRC 동작 원리(예시)

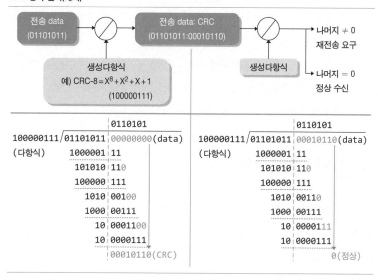

CRC는 생성다항식의 나누는 비트에 따라 8비트 CRC, 16비트 CRC, 32비트 CRC 등 다양한 표준이 존재하며, 수학적으로 오류 검출 정확도가 매우 높다. 에러 검출 능력이 뛰어나면서도 하드웨어적으로 구현이 쉽고 오버헤드가 적어 데이터 링크 계층에서 주로 사용하는 방식이다.

CRC의 오류 검출 정확도
12비트 이하의 오류는 모두 검출이 가능하며, 12비트 이상의 오류는 99.97%의 확률로 검출이 가능하다.

3 FEC의 세부 기술

3.1 FEC의 개요

데이터통신 시스템에서는 대부분 수신 측에서 에러를 검출하는 방식을 사용하지만, 이는 통신 품질이 열악한 환경에서는 재전송에 따른 오버헤드가 많이 발생해 통신 비용이 증가하거나 위성통신과 같은 거리 제약에 따른 지연이 발생하는 문제가 있다. 이를 보완하고자 사용되는 방식이 FECForward Error Correction이다. FEC 방식은 수신 측의 재전송 없이 송신 측에서 에러 검출과 교정을 수행하는 것으로, 송신 측에서 전송 프레임에 부가 정보를 추가해서 전송한다.

　FEC의 동작 원리는 송신 측에서 보낸 데이터와 부가 정보의 내용을 수신 측에서 같은 부가 정보를 이용해 에러 여부를 검출할 뿐만 아니라, 에러가 발생한 비트 위치를 검출해 검출된 비트를 reverse(1이면 0으로, 0이면 1로)하여 에러 정정을 수행하는 것이다.

　전송 비용이 큰 서비스(위성채널 이용), 전송 지연이 긴 경우(위성통신의 경우 0.24ms), 단방향통신(아날로그 TV, 라디오, CATV 등), 병렬통신 및 고속통신 중 컴퓨터 내부 버스bus 간 통신에 주로 이용된다.

3.2 FEC 기술의 특징

FEC 방식에서는 여분의 정보를 포함하기 위한 부가 정보를 추가하는데, 이러한 부가 정보의 종류에 따라 해밍 코드Hamming code, 리드-솔로몬 코드Reed-Solomon code, 컨볼루션 코드Convolution code 등으로 구분된다.

　해밍 코드는 선형linear 부호를 사용하고, 전송되는 데이터의 1비트 에러를 정정하기 위해 3개의 패리티 비트를 추가하는 것으로, 에러 정정을 위해 간단하게 구현할 수 있으나 2개 이상의 비트 오류가 발생하면 정정이 불가능한 것이 특징이다. 주로 저속 비동기식 전송 방식에 사용된다.

　리드-솔로몬 코드는 순환cyclic 부호를 사용하는 생성다항식을 통해 구현하여, 해밍 코드에 비해 효율적이며 구현하기가 쉽다. 또한 에러 정정 효율을 높이고, 다량의 에러 처리가 가능하다. CD나 DVD 등에 많이 사용되고, DMB와 외행성 탐사용 우주선 통신에도 사용된다. 또한 ATSCAdvanced Television System Committee와 같은 아날로그 변조 방식은 다중경로 오류(페이딩)에 취약한데, 리드-솔로몬 코드를 이용해 각종 간섭 에러에 대응한다.

　컨볼루션 코드는 부가 정보를 추가할 때 메모리 소자를 이용해, 이전에 저장된 정보가 현재의 데이터에 일정한 규칙으로 영향을 미치는 방식이다. 메모리 요소를 가지고 있어 무선통신상의 산발적 오류(페이딩)에 대한 오류 정정 능력이 뛰어나다. 3G 이동통신 등 무선통신 환경에 널리 사용되며, 위성통신에 주로 사용된다. 특히 컨볼루션 코드를 조합한 터보 코드Turbo code 는 구성이 복잡하지만 성능이 좋고 고속 데이터의 에러 처리에 적합하다는 이점이 있어 3G 이동통신의 표준이 되었다.

3.3 해밍코드

해밍코드는 데이터와 redundancy의 관계를 이용하여, 어떤 길이의 데이터에 대해서도 단일 비트 오류 정정 기능을 제공하는 대표적인 FEC 코딩 기법이다.

해밍코드에서 데이터와 패리티 비트의 관계식은 $2^p \geqq d + p + 1$ (d = 데이터 비트 수, p = 패리티 비트 수)이며 데이터가 1비트이면 패리티가 2비트, 데이터가 2~4비트이면 패리티가 3비트, 데이터가 5~11비트이면 패리티가 4비트로 증가하게 된다. 해밍코드에서 패리티 비트의 위치는 전체 비트 수에서 $2^0 \sim 2^{p-1}$ 순으로 삽입하게 된다. 예를 들어, 데이터의 전체 비트 수가 9라면 다음 도표와 같이 패리티 비트는 각각 1, 2, 4, 8의 자리에 삽입되며 총 13비트의 코드가 생성된다.

패리티 비트의 위치 및 영역

비트 위치	13	12	11	10	9	8	7	6	5	4	3	2	1
비트 구분	D13	D12	D11	D10	D9	P8	D7	D6	D5	P4	D3	P2	P1
P1 영역	∨		∨		∨		∨		∨		∨		∨
P2 영역			∨	∨			∨	∨			∨	∨	
P4 영역	∨	∨					∨	∨	∨	∨			
P8 영역	∨	∨	∨	∨	∨	∨							

각 패리티 비트는 자신의 비트를 포함해 자신의 위치만큼 검사하고 또한 동일한 크기만큼 건너뜀을 반복하면서 패리티 비트를 계산하게 된다. 예를 들어, P2 영역의 경우에 자기의 비트를 포함해 자신의 위치인 2만큼의 비트 (2, 3)를 포함하며 또한 2만큼의 비트(4, 5)를 건너뛰는 것을 반복한다. 따라서 P2의 해당 영역은 2, 3, 6, 7, 10, 11이 된다. P4의 경우에는 위치가 4이므로 4번째 위치의 비트부터 시작해 4비트 크기로 포함과 건너뜀을 반복하며 해당 영역은 4, 5, 6, 7이 된다.

전송하고자 하는 데이터가 101100110이라고 할 때 짝수 패리티로 가정하면 각 패리티 비트의 모든 영역의 1의 개수가 짝수가 되므로 해밍코드는 다음과 같이 1011010111011이 된다.

해밍코드의 생성(짝수 패리티)

비트 위치	13	12	11	10	9	8	7	6	5	4	3	2	1
비트 구분	D13	D12	D11	D10	D9	P8	D7	D6	D5	P4	D3	P2	P1
데이터	1	0	1	1	0		0	1	1		0		
P1 영역	1		1		0		0		1		0		1
P2 영역			1	1			0	1			0	1	
P4 영역	1	0					0	1	1	1			
P8 영역	1	0	1	1	0	1							
해밍코드	1	0	1	1	0	1	0	1	1	1	0	1	1

전송된 해밍코드에 오류가 발생했을 때 수신 단에서 해당 오류 비트를 확인하고 정정하는 과정을 알아보자. 먼저 수신된 해밍 코드의 각 패리티 비트(P1, P2, P4, P8)를 재계산해 오류가 발생한 패리티 비트를 찾고 그 해당 비트들이 공통적으로 가지고 있는 영역이 바로 오류가 발생한 비트의 위치가 된다.

다음 예시는 13번째 비트의 값에 오류(1→0)가 발생한 것을 가정한 것이다. 수신 단에서는 각각 P1, P4, P8의 짝수 패리티 비트가 오류가 발생했음이 확인되며, 3개의 패리티 비트가 공통적으로 포함하는 비트의 위치인 13번째 비트의 값에 오류가 발생했음을 확인할 수 있다. 이처럼 해밍코드는 데이터의 크기에 맞는 패리티 비트를 추가해 단일 비트 오류 정정 기능을 제공하는 에러 제어 기법이다.

해밍코드의 오류 정정 과정

비트 위치	13	12	11	10	9	8	7	6	5	4	3	2	1	검증
비트 구분	D13	D12	D11	D10	D9	P8	D7	D6	D5	P4	D3	P2	P1	-
수신 데이터	0	0	1	1	0		0	1	1		0			-
P1 영역	0		1		0		0		1		0		1	오류
P2 영역			1	1			0	1			0	1		정상
P4 영역	0	0					0	1	1	1				오류
P8 영역	0	0	1	1	0	1								오류

A · 인터넷통신 기술

4 ARQ의 세부 기술

4.1 ARQ의 특성

ARQ Automatic Repeat Request 는 수신 측에서 에러를 검출해 이 사실을 송신 측에 알리면 송신 측이 해당 데이터(프레임)를 자동으로 재전송하는 방식으로, 정보통신 분야에서 가장 일반적으로 사용되는 에러 제어 방식이다.

ARQ의 동작 원리는 수신 측에서 전송된 데이터의 오류 검출 정보(패리티 검사, CRC 등)를 통해 에러 발생 여부를 파악한 뒤, 이상이 없으면 'ACK ACKnowledge'를 송신 측에 보내고, 이상이 있으면 'NAK Negative AcKnowledge'를 보내거나 송신 측에서 일정 시간 ACK를 미수신하는 경우(timeout)로 에러 발생 여부를 파악하는 것이다.

통신회로에서 신뢰성을 기초로 에러가 발생하면 이를 재전송하도록 처리하는 방식으로 stop and wait ARQ, go-back-N ARQ, selective-repeat ARQ, adaptive ARQ 등 여러 ARQ 방식이 연구되어 다양한 유·무선통신에 널리 사용된다.

4.2 Stop and wait ARQ

Stop and wait ARQ는 가장 단순한 형태의 ARQ 방식으로, 송신 측은 하나의 데이터 프레임을 전송한 후 에러 발생 여부에 따라 수신 측이 ACK나 NAK를 보낼 때까지 기다리는 것이다. 송신 측에 타이머가 있어 전송 후 일정한 응답 대기 시간이 지나거나 NAK를 받으면 프레임을 재전송한다.

Stop and wait ARQ

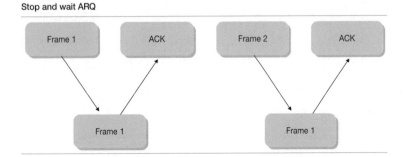

구성이 아주 간단하고, 송신 측에 1개의 버퍼만 있으면 처리가 가능한 장점이 있으나, 전파 지연이 길거나(위성통신) 매우 빠른 속도의 통신일 때는 번거로운 트래픽(오버헤드)으로 전송 효율이 저하된다.

4.3 Go-back-N ARQ 방식

Go-back-N ARQ는 송신 측에서 연속적으로 수신 측의 확인 없이 프레임을 전송할 수 있으나, 에러 프레임이 발생하면 에러 프레임을 포함해 그 이후 프레임을 재전송하는 방식이다.

Go-back-N ARQ

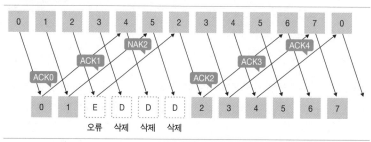

송신 측에는 NAK에 대비해 재전송에 필요한 충분한 버퍼가 요구되지만, 수신 측은 에러 프레임 이후는 모두 버리면 되기 때문에 구현이 간단해서 널리 사용된다. 하지만 이미 전송된 프레임을 모두 폐기해야 한다는 단점이 있다.

4.4 Selective-repeat ARQ 방식

Selective-repeat ARQ는 go-back-N 방식과 달리 오류가 발생한 프레임만을 재전송하는 방식이다. 재전송이 일어나는 프레임 수는 크게 줄일 수 있는 장점이 있지만, 수신 측에서 프레임 순서의 재배치를 위한 오버헤드가 발생하고, 수신 측의 버퍼가 많이 필요한 것이 단점이다.

이론적으로 아주 이상적이고 효율적인 방법으로 보이나, 제어 방식 및 구조가 go-back-N 방식에 비해 복잡해 실제로는 많이 사용되지 않는다.

A · 인터넷통신 기술

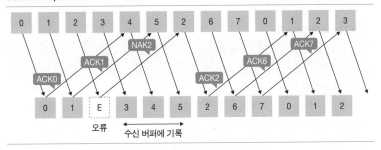

Selective-repeat ARQ

오류

수신 버퍼에 기록

4.5 Adaptive ARQ 방식

Adaptive ARQ(적응형 ARQ)는 통신회선의 효율과 오류 발생을 고려해 전송하는 데이터의 길이를 조절하는 방식으로, 통신회선 상태가 좋으면 데이터 블록 길이를 크게 해 전송 효율을 높이고, 오류가 많이 발생하면 자동으로 데이터 블록 길이를 줄여 오류 발생을 감소시키는 것이 특징이다. 전반적으로 전송 효율이 높으며, 송신 측에만 버퍼 저장을 가지고 있으면 된다. 다른 ARQ 방식이 데이터 링크 계층에서 동작하는 것과 달리 adaptive ARQ 방식은 트랜스포트 계층(OSI 4계층)에서 전송 신뢰성을 높이도록 구현되었다. 현재 LTE, WiBro에서 주로 사용된다.

4.6 H-ARQ Hybrid ARQ

H-ARQ는 기존 ARQ 방식을 변형해 ARQ의 재전송 기법의 높은 신뢰성 보장에 대한 장점과 FEC의 오류 정정의 특징(채널 환경이 열악한 경우에 전송 효율을 유지하는 기능) 등을 결합하여 오류를 제어하는 방식이다. 송신 측에서는 FEC 방식을 이용해 에러 정정 이후 데이터를 전송하고, 수신 측에서 ARQ로 에러를 검출해 에러가 발생하면 재전송을 요구하는 방식을 같이 사용한다.

신뢰성 있는 무선 네트워킹을 위한 서비스나 스트리밍 서비스streaming service의 품질 향상, 병원망에서 멀티미디어 서비스를 제공하기 위한 에러 제어 방식으로 주로 사용된다. 또한 에러 검출과 정정 기능이 효과적이고 전송 효율도 뛰어나 3G 이동통신의 HSDPA High Speed Downlink Packet Access 및

802.16m의 4세대 이동통신인 LTE, LTE-A 등에 사용된다.

에러 제어 주요 방식 간 비교

구분	동작 계층	송신 측 부가 정보 (redundancy bit)	수신 측 재전송 요구	대표적인 활용 예
Stop and wait ARQ	2계층	없음	요구	FCS
Go-back-N ARQ	2계층	없음	요구	HDLC
Selective-repeat ARQ	2계층	없음	요구	SDLC, 위성
H-ARQ	2계층	추가	요구	LTE, HSDPA
FEC	1, 2계층	추가	없음	위성, 광통신

5 결론 및 전망

에러 제어는 데이터통신에서 상위 계층의 투명성을 보장하는 중요한 수단으로서, 데이터 종류에 따라 신뢰성이 요구되는 데이터인지, 아니면 전송 지연에 민감한 데이터인지 검토해야 한다. 전송 서비스 레벨(QoS Quality of Service) 측면에서 볼 때 강력한 에러 제어는 전송 속도의 지연(오버헤드)으로 나타날 수 있어 상반 관계trade-off에 있다.

데이터 전송에서 에러 제어 방식을 활용해 가능한 한 에러가 없는 통신을 제공하는(신뢰성을 보장하는) 에러 제어 기술은 정보통신에서 중요한 기술 중 하나이기 때문에, 다양한 정보통신에서 해당 통신 환경과 특성에 따라 서로 다른 에러 제어 방식을 채택해서 사용하고 있다.

최근에는 4세대 이동통신, 멀티미디어 스트리밍 서비스, 무선 고속 데이터 전송을 위한 주요 기술로 H-ARQ가 주로 사용되며, FEC 방식은 장거리 전송용인 광전달망OTN: Optical Transport Network에서 주로 활용된다.

참고자료
위키피디아(www.wikipedia.org).
정보통신기술용어해설(www.ktword.co.kr).

A · 인터넷통신 기술

110회 정보관리 CRC(Cyclic Redundancy Check)의 원리를 기술하고, CRC-8= x^8+x^2+x+1 이고 데이터워드가 01101011일 때 코드워드를 계산하는 과정을 설명하고, 그 결과가 옳음을 검증하시오. (25점)

110회 컴퓨터시스템응용 FEC(Forward Error Correction)에 대해 설명하시오. (10점)

110회 컴퓨터시스템응용 데이터 전송 오류가 발견된 경우 Date Link Layer에서 오류 복구를 수행하는 절차에 대하여 설명하시오. (25점)

107회 정보관리 패킷 데이터 네트워크를 이용하여 데이터를 전송하는 과정에서 발생할 수 있는 전형적인 에러 유형 세 가지를 제시하고, 각 에러에 대한 대응 방안을 설명하시오. (10점)

104회 정보관리 패킷 데이터의 송수신 과정에서 순방향 에러 발견(Forward Error Detection) 절차를 다이어그램을 이용해 제시하고, 전송 데이터가 1011010, 디바이더(divider)가 1101인 경우 CRC(Cyclic Redundancy Check) 값을 구하는 과정을 설명하시오. (25점)

101회 정보통신 ARQ 방식과 H-ARQ 방식에 대해 기술하시오. (25점)

98회 정보통신 지상파 디지털방송 방식인 ATSC(Advanced Television System Committee)의 에러 제어 기법에 대해 설명하시오. (25점)

93회 정보통신 OSI(Open System Interconnection) 참조모델 2계층에서의 오류 제어 방식에 대하여 설명하시오. (25점)

84회 정보통신 Hybrid ARQ에 대해 설명하시오. (10점)

80회 컴퓨터시스템응용 HSDPA(High Speed Downlink Packet Access) 개념과 핵심 기술 두 가지(AMC, H-ARQ)를 설명하시오. (25점)

75회 정보통신 해밍코드(Hamming code)를 설명하고 에러 정정을 예로 들어 기술하시오 (10점)

71회 정보통신 ARQ 방식의 종류와 설명을 하고, hybrid ARQ에 대해 설명하시오. (25점)

68회 정보통신 에러 제어 ARQ 종류를 들고 설명하시오. (25점)

65회 정보통신 데이터 전송에서 에러 제어와 흐름 제어에 관해 기술하시오. (25점)

A-3

흐름 제어 Flow control

━━━

송수신 간 데이터 처리 속도 차이로 발생하는 문제를 해결하기 위해 데이터 전송 시에 전송 매체, 단말 등의 상태에 따라 적절한 전송 상태 관리가 필요한데, 이때 필요한 기술이 흐름 제어이다. 흐름 제어는 망 규모가 커지고 복잡할 때 가변적으로 데이터를 전송할 수 있게 해주며, 최근 트래픽 엔지니어링과 결합하여 flow 기반으로 통제하고 제어하는 기술인 SDN이 활용 범위를 넓혀가고 있다.

1 흐름 제어의 개요

1.1 정의

안정적인 데이터 송수신을 보장하기 위해서는 회선 용량을 확보하고 발생하는 에러를 제어하는 것도 중요하지만, 데이터를 얼마나 보낼 수 있는지 확인하는 기법도 필요하다. 흐름 제어는 전송 능력 이상의 대량 데이터가 통신망에 입력되거나 표시 능력을 초과하는 데이터를 연속적으로 단말장치에 송신함으로써 통신망이나 단말장치 등에 이상 상태를 발생시키거나 서비스 능력을 저하시키는 것을 방지하는 기능이다.

흐름 제어
흐름 제어는 TCP, RS-232 등 네트워크 프로토콜 단에서 적용되는 기법이다. 최근에는 이를 애플리케이션 단으로 확장하여 오픈소프트웨어를 이용해 트래픽을 제어하는 기술인 SDN이 활용되고 있다.

1.2 방식 분류

흐름 제어 방식으로는 대형 시스템의 동기통신에서 사용하는 window 제어, credit 제어, pacing 제어 방식이 있다. 또한 RS-232 통신을 할 때 상대 장비의 상태를 확인하고 상대 장비가 수신 가능한 상태일 때만 데이터를 전송하는 방식을 RS-232 흐름 제어라고 하는데, 이는 하드웨어 방식과 소프트웨어 방식으로 구분할 수 있다. 하드웨어 제어 방식은 하드웨어적인 신호선을 통해 흐름 제어에 관련된 신호를 전달하는 방식으로, RTS Request To Send/CTS Clear To Send 흐름 제어 방식이라고도 하며, 이를 위해서는 RxD, TxD, GND 외에 추가적으로 RTS, CTS 신호선을 연결해야 한다. 소프트웨어 흐름 제어 방식은 기존의 통신라인(RxD, TxD)을 이용해서 흐름 제어 정보를 보내는 방식으로, RxD, TxD, GND 연결만으로 가능하지만, 같은 경로로 제어 데이터가 전송되므로 복잡하다는 단점이 있다.

2 흐름 제어의 세부 제어 방식

2.1 Stop and wait 제어

Stop and wait 제어는 송신 측이 데이터 전송 후 수신 측으로부터 정상적으로 패킷을 받았다는 ACK 신호를 받을 때까지 다음 프레임 전송을 대기하는 방식이다. 한 번에 한 개의 프레임만 전송할 수 있으므로 프레임을 한 번에 전송할 때 사용된다. 전송 효율이 가장 낮아 주로 다른 방식과 결합해 사용된다.

2.2 Sliding window 제어

Window의 크기
수신 측의 응답 없이 송신 가능한 프레임의 수를 window의 크기라고 하며, 실제 버퍼(즉 메모리)로 구현된다.

Sliding window 제어는 송신 측과 수신 측 실체 간에 호출 설정 시 연속적으로 송신 가능한 데이터 단위의 가변적인 window 크기를 정하고 해당 window 크기만큼 송신(데이터 링크 계층에서 채용)하는 방식이다. 주로 TCP에서 사용한다.

2.3 Credit 제어

Credit 제어는 프로토콜 제어 정보 PCI: Protocol Control Information에 포함되어 전

송되는 credit 값에 따라 window 크기를 변화시키는 방식으로, 트랜스포트 계층에 채용된다.

2.4 Pacing 제어

Window 방식은 수신 통지 기능과 조합하여 수신 통지 기능과 별도로 송신 측이 pacing request를 전송하고 수신 측이 pacing response를 반송함으로써 window 크기를 조정(세션층에서 사용)하는 방식이다.

- Window 크기 조정
  - 불가능: sliding window 기법 K=7 이더넷 Ethernet
  - 가능: credit·pacing 기법 K=150 무선

2.5 X/ON, X/OFF 제어

단순한 통신 방식으로, ANSI/IA5 전송 문자 중 Ctrl-Q(DC1)와 Ctrl-S(DC3) 로 표현된다. 주로 컴퓨터와 주변기기 간의 비동기통신 제어에 사용되는 프로토콜이다. 수신자가 처리할 수 있는 것 이상의 데이터를 전송받으면 송신 자에게 X/OFF 값, 즉 전송 중지 요청을 하고, 모든 데이터를 처리한 다음에 전송 개시 요청(X/ON)을 하면 송신자에게 전송을 시작하는 방식이다.

2.6 RTS/CTS Request To Send / Clear To Send

RTS/CTS는 주로 RS-232에서 사용되며, 하급 방식이지만 자주 사용되는 방식이다. 모뎀을 이용해 상이한 보율 baud rate 상에서 통신할 때 보율을 맞추는데 사용되기도 한다. 또한 산업용 네트워크에서 많이 사용한다. RTS/CTS는 물리적 신호를 사용해 흐름 제어를 수행하며, 네트워크상에 통신이 없는 상태에서도 충돌을 방지하기 위해 상호 간에 전송 예비신호를 보내고 특정 핀 pin 을 이용해 원하는 신호를 전달한다.

3 TCP의 흐름 제어 및 혼잡 제어 방식

TCP는 sliding window 기법을 이용해 흐름 제어를 수행한다. 또한 흐름 제어와 결합해 혼잡 제어를 동시에 사용하며, 이를 통해 회선의 상태 및 여유를 실시간으로 확인하여 전송 흐름을 높이고 혼잡을 회피하고자 하는 다양한 전송 알고리즘이 개발되어 있다. 최근에는 라우터에서 사용되는 flow 기반 전송 방식을 확장하여 SDN Software Defined Networking 이라는 기술을 이용해 망 전체의 이용률과 효율을 높이는 방식이 활용되고 있다. 여기서 flow 기반이란 source IP, destination IP, source port, destination port로 구성된 세션의 구분자이다.

3.1 TCP의 sliding window 방식

Sliding window 동작 방식(예시)

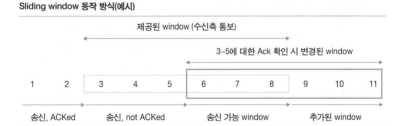

위 그림을 보면 수신 측에서 알려준 송신 가능 window의 크기는 6이며, 3~5번까지의 데이터는 송신했지만 아직 수신 측으로부터 ACK(수신 확인)를 받지 못했기 때문에 남은 전송 가능 window 크기는 3이 된다. 송신 측의 전송 가능 window는 수신 측에서 보내준 ACK만큼 오른쪽 방향으로 shift 되며 증가된다. 예를 들어 수신 측으로부터 3, 4, 5에 대한 ACK를 받았다면 해당 window는 close되며 window의 경계가 오른쪽 방향으로 3만큼 이동하기 때문에 발신 가능한 window 크기는 다시 6(6~11번)으로 변경된다. 이러한 방식으로 트래픽 흐름을 제어하는 기법을 sliding window라고 한다.

3.2 Slow start 방식

전송 측에 cwnd Congestion WiNDow 라는 개념을 추가해 전송 측이 하나의 세그먼트를 보낸 후 ACK를 받으면 cwnd를 증가시키면서 2개의 세그먼트를 보내고, ACK를 받으면 4개의 세그먼트를 보내는 지수적 증가 수치로 데이터를 보내는 방식이다.

3.3 Congestion avoidance 방식

패킷 전송에서 손실이 발생하면 congestion이 발생했다고 판단해 이를 회피하고자 현재의 window 크기를 2분의 1로 줄이는 신호를 ssthresh Slow Start THRESHold 에 저장해 회신하는 방식으로, 만약 congestion이 타임아웃으로 확인되면 cwnd는 송신 정보를 하나의 세그먼트로 전송되도록 세팅한다 (예: slow start).

3.4 Fast retransmit 방식

세그먼트가 무질서하게 수신될 때 TCP는 즉시 ACK 신호를 전송한다. 이때 송신 측이 duplicate ACK로 인식하게 되고, 3개 이상의 ACK가 순서대로 수신되면 세그먼트가 소실되었다고 간주하여 즉시 패킷을 재전송하게 하는 방식이다.

3.5 Fast recovery 방식

Fast retransmit이 발생한 후에는 slow start를 수행하지 않는 방식이다. duplicate ACK가 발생한 경우에는 망이 연결되어 있어 ACK 신호가 수신된다. 이는 duplicate ACK를 발생시킨 데이터가 수신처의 버퍼에 저장되어 있다는 것을 의미한다. 따라서 slow start 방식처럼 급격한 전송 감소는 발생하지 않으며, 2분의 1 수준의 데이터 전송의 감소만 발생한다.

4 흐름 제어의 중요성

망이 고속화·고대역화·가변화됨으로써 신뢰성 있는 전송을 위해 수신 단의 적절하고 정교한 흐름 제어의 필요성이 제기되었다. 또한 전송 속도가 불규칙하게 변화할 경우에 망의 상태를 살펴 혼잡에 따른 성능 저하가 발생하지 않도록 분석·관리해야 한다. 흐름 제어는 하드웨어 및 네트워크 프로토콜 상에서 제공되는 필수 기능이며, 최근에는 소프트웨어 형태로 망 전체의 트래픽을 제어하는 기술인 SDN이 상용화되고 있어, 앞으로 소프트웨어와 프로토콜, 네트워크 장비 간에 자원 효율을 극대화하는 방향으로 발전해나갈 전망이다.

 참고자료

위키피디아(www.wikipedia.org).
정진욱 외. 2006. 『컴퓨터 네트워크』. 생능출판사.
Kevin, Fall and Richard Stevens. 2012. *TCP/IP illustrated, vol.1: The Protocols*. 2nd ed. Pearson.
Stevens, Richard. 1997. "RFC 2001: TCP Slow Start, Congestion Avoidance, Fast Retransmit, and Fast Recovery Algorithms," The Internet Society. retrieved from xml.resource.org/public/rfc/html/rfc2001.html#toc

 기출문제

96회 컴퓨터시스템응용 네트워크 전송에서 슬라이딩 윈도우(Sliding Window) 알고리즘에 대하여 설명하시오. (10점)
86회 컴퓨터시스템응용 네트워크 통신을 위한 TCP/IP의 프로토콜에서 자체적인 문제점을 기술하고 TCP 통신에서 아래의 기능을 설명하시오. (25점)
(가) Listen / (나) Accept / (다) Slow-start 단계
65회 정보통신 데이터 전송에서 에러 제어와 흐름 제어에 관하여 기술하시오. (25점)

A-4

라우팅 프로토콜 Routing protocol

일반적인 라우팅 프로토콜은 IP망에서 서로 다른 네트워크를 연결하는 데 필수 기능을 한다. 라우팅 프로토콜은 통신망 규모에 따라 IGP와 EGP로 구분되며, 최근에는 IPTV 보급에 따른 멀티캐스트 라우팅, USN 등에서의 ad-hoc 라우팅이 이슈가 되고 있다.

1 라우팅 프로토콜의 개요

라우팅routing은 OSI 계층의 3계층에 해당하며, 패킷의 경로를 결정하기 위해 라우터 간 경로 정보를 교환하는 작업을 말한다. 이러한 경로 정보를 교환하기 위해 사용되는 프로토콜이 라우팅 프로토콜routing protocol이다.

라우티드routed는 라우팅 프로토콜에 의해 전송되는 라우팅 정보 및 데이터를 의미하며, 따라서 라우티드되는 정보를 제대로 전송하기 위한 알고리즘을 지닌 프로토콜이 라우팅 프로토콜이다.

키포인트

L3 스위치와 라우터 과거에는 네트워크가 다른 상대방과 통신하려면 라우터가 반드시 필요했으나, L3 스위치가 등장하면서 L3 스위치에서도 라우팅 프로토콜을 수행할 수 있게 되었다. 현재 대규모 사이트에서 LAN 구간의 라우팅은 대부분 L3 스위치에서 처리하고, WAN 구간의 라우팅을 하이엔드급 라우터에서 처리하고 있다.

2 라우팅의 원리

라우팅 메커니즘은 라우팅 테이블에서 찾는 순서를 의미한다. 먼저 ① 일치하는 호스트 주소host address를 찾고, 다음으로 ② 일치하는 네트워크 주소를 찾은 뒤, 마지막으로 ③ default route 경로(network id 0.0.0.0)를 찾는다.

라우팅 메커니즘은 최상의 경로를 어떻게 선택해서 라우팅 테이블에 적을 것인지를 결정하는 규칙으로, 라우팅 테이블에 정보를 입력하는 방법에 따라 manual과 dynamic으로 구분하며, 라우팅 테이블 정보를 산출하는 방법에 따라 정적static 라우팅과 동적dynamic 라우팅으로 구분한다. 정적 라우팅은 단순하고 용이하지만 네트워크 토폴로지topology 변화에 대한 융통성이 부족하며, 동적 라우팅은 부가적인 프로토콜을 요구하지만 상황에 따라서 변화가 가능한 프로토콜로 네트워크 변화나 장애 시에도 작업이 가능하다.

라우팅 테이블 내용에는 ① 목적지 호스트 IP 주소 또는 네트워크 주소, ② 라우터 IP, ③ default route, ④ 서브넷 마스크subnet mask, ⑤ 라우터 상태 (up or down), ⑥ 목적지까지 거리(hop count), ⑦ direct 혹은 indirect route 여부가 있다.

3 라우팅 프로토콜의 종류

동일한 라우팅 정책으로 토폴로지를 구성하는 네트워크를 AS Autonomous System라 하는데, AS 안에 들어 있는 라우팅 정책을 IGP Interior Gateway Protocol 라 하고, AS끼리 연결된 라우팅을 EGP Exterior Gateway Protocol라 한다. IGP의 종류에는 RIP Routing Information Protocol, IGRP Interior Gateway Routing Protocol, OSPF Open Shortest Path First, IS-IS Intermediate System to Intermediate System, EIGRP Enhanced IGRP 등이 있다. EGP의 종류에는 BGP Border Gateway Protocol가 있다.

4 라우팅 알고리즘

Inter AS 라우팅 알고리즘은 거리 벡터 라우팅 알고리즘distance vector routing

algorithm이라고 하며, 가장 간단한 라우팅 프로토콜이다. 경로 설정을 위해 end to end hop count를 사용하며, 이는 네트워크 이론에서 최단 경로를 구하는 벨만-포드 알고리즘Bellman-Ford algorithm에 기반을 두고 있다. 해당 라우터는 각각의 라우터에서 next-hop 라우팅 테이블과 거리에 대한 정보를 수신하고, 라우터들은 주기적으로 토폴로지 정보를 브로드캐스트하여 다른 라우터들이 이들 정보를 기초로 라우팅 테이블을 업데이트하는 구조이다. 이를 이용하는 대표적인 라우팅 프로토콜로 RIP가 있다.

Shortest path first 또는 SPF 프로토콜로 알려져 있는 **링크 상태 라우팅 알고리즘**link state routing algorithm은 네트워크 토폴로지의 복잡한 데이터베이스를 유지하며, 링크 상태 프로토콜은 거리 벡터 프로토콜과는 달리 그들이 어떻게 상호 연결하는지뿐만 아니라, 네트워크 전체의 라우터 상황을 파악·유지한다. 1988년 IETF에서 표준으로 제시한 OSPFOpen Shortest Path First가 대표적인 링크 상태 프로토콜이다.

구분	전송 대상	라우팅 정보	라우팅 정보 전송 시점	최단 경로 알고리즘	라우팅 프로토콜
거리 벡터 라우팅 알고리즘	인접 라우터	모든 라우터까지의 거리 정보	일정 주기	벨만-포드 알고리즘	RIP, IGRP
링크 상태 라우팅 알고리즘	모든 라우터	인접 라우터까지의 link cost	변화 발생 시에만	딕스트라 알고리즘	OSPF, IS-IS

Intra AS 라우팅 알고리즘은 AS 간 대규모망에서의 라우팅을 처리해야 하므로 inter-AS의 두 방식과는 다른 경로 벡터 라우팅 알고리즘path vector routing algorithm에 기반을 두고 있다. 거리 벡터 라우팅의 저속 수렴과 불안정은 규모가 커질수록 심각하며, 또한 인터넷의 규모가 너무 커서 링크 상태 방식은 사용할 수가 없다. 대표적인 라우팅 프로토콜로 BGPBorder Gateway Protocol가 있다. BGP 환경에서는 AS의 경계를 담당하는 ASBRAutonomous System Boundary Routers에서 path vector message를 전송해 각 네트워크가 실제로 연결 가능한지 체크하는데, 이 메시지를 수신한 라우터들은 각 장비의 정책에 따라 해당 메시지를 체크하고, 메시지들을 정책에 맞게 수정해 이웃 라우터에 전송하고, 라우팅 테이블을 업데이트하여 장비별 라우팅 테이블이 정상적으로 동작될 수 있도록 유지·관리한다.

5 기타 라우팅 프로토콜

IPv6를 지원하는 라우팅 프로토콜은 IPv4에서 동작하는 라우팅 프로토콜에서 약간씩 확장·변형된 것이 대부분이며, 종류에는 RIPng, OSPFv3, IS-IS for IPv6, MP-BGP 등이 있다. IPv6 기능에 따른 애니캐스트anycast, 바뀐 주소체계에 따른 IP search 등에 의한 라우팅과의 연계성을 고려해야 한다.

Ad-hoc 라우팅 프로토콜은 분산 운영, dynamic network, 저전력, 불규칙한 링크 용량 등의 특성을 지니는데, multipoint-to-multipoint 특성에 따라 멀티캐스트 라우팅 기술을 필요로 하며, ad-hoc 네트워크 프로토콜에 라우팅 기능을 포함하고 있다. 종류로는 트리tree 기반 방식과 메시mesh 기반 방식이 있다.

- 트리 기반 방식: AMroute Ad-hoc Multicast Routing, AMRIS Ad-hoc Multicast Routing protocol utilizing Increasing ID-numberS
- 메시 기반 방식: ODMRP On-Demand Multicast Routing Protocol, CAMP Core-Assisted Mesh Protocol
- 기타 프로토콜: DSDV Dynamic Source Distance Vector routing, DSR Dynamic Source Routing, AODV Ad-hoc On-demand Distance Vector routing, ZRP Zone Routing Protocol, ADMRP ADvanced Mesh-based multicast Routing Protocol

Inter-AS에서는 라우팅 테이블의 트리 루트 위치에 따라 SBT Source Cased Tree 방식과 CeBT Center Based Tree, SPT Short Path Tree 방식 등으로 구분한다.

- SBT 아키텍처 방식: DVMRP Distance Vector Multicast Routing Protocol, PIM-DM Protocol Independent Multicase Dense Mode
- SPT 아키텍처 방식: MOSPF Multicast extension to OSPF
- CBT 아키텍처 방식: CBT Protocol

한편 intra-AS에는 MBGP Multicast extension to BGP, MSDP Multicast Source Discovery Protocol 등이 있다.

참고자료

삼성 SDS 기술사회. 2007. 『핵심정보기술총서 1: 컴퓨터 구조·네트워크』. 한울.
시스코(www.cisco.com).
위키피디아(www.wikipedia.org).

기출문제

96회 컴퓨터시스템응용 라우팅 프로토콜인 RIP(Routing Information Protocol),
EGP(Exterior Gateway Protocol), BPG(Border Gateway Protocol)를 비교하여
설명하시오. (25점)

95회 정보통신 라우팅(routing) 기법의 분류. (10점)

87회 정보통신 무선 센서 네트워크를 위한 라우팅 기술에 대해 설명하시오. (10점)

80회 컴퓨터시스템응용 멀티캐스트 서비스 개념과 IGMP·MLD(Multicast Lis-
tener Discovery) 구간, 멀티캐스트 라우팅 구간 및 멀티캐스트 정보 송신 구간에
대해 논하시오. (25점)

A-5

트랜스포트 프로토콜Transport protocol

대표적인 트랜스포트 프로토콜인 TCP와 UDP는 30년 이상 장수하고 있는 프로토콜이다. IP망에서 신뢰성 있는 통신 및 빠른 서비스를 제공하기 위해서 많이 사용되고 있지만, 품질이 보장되는 실시간 데이터 전송 및 보안 기능 강화의 요구 사항을 수용하기 위해 RTP(RTCP) 및 SCTP 프로토콜 등이 그 활용도를 높여가고 있다.

1 트랜스포트 프로토콜의 개요

트랜스포트 프로토콜transport protocol은 OSI 7 Layer 중 4계층에 해당하며, 포트port 기반으로 데이터를 전송하게 해준다. 전송 계층은 연결지향 데이터 스트림 지원, 신뢰성, 흐름 제어, 다중화와 같은 편리한 서비스를 제공한다.

트랜스포트 프로토콜 중 가장 잘 알려진 것으로는 연결지향 전송 방식을 사용하는 전송 제어 프로토콜인 TCP와 더 단순한 전송에 사용되는 사용자 데이터그램 프로토콜인 UDP가 있다.

TCP는 신뢰성을 보장하지만, 다수의 커넥션connection으로 효율이 떨어진다. UDP는 가볍고 빠르지만, 신뢰성을 보장하지 않는다. TCP와 UDP의 이러한 단점을 보완하기 위해 개발된 프로토콜이 RTP 및 SCTP로, 현재 다양한 분야에서 활용되고 있다.

2 TCP Transmission Control Protocol

TCP는 가장 대표적인 트랜스포트 계층, 즉 OSI 4계층에 해당하는 프로토콜
이다. 거의 모든 데이터통신에서 활용하고 있다고 해도 과언이 아닐 정도로
대표적인 프로토콜이다.

TCP

TCP는 복잡한 연결, 세션 관리 등
으로 무겁고 보완에 취약한 단점이
있으나, 지속적으로 적용성이 커지
고 있다. 최근 iSCSI, FCoE 등 스
토리지 네트워크에서도 그 적용성
이 확대되고 있다.

2.1 TCP header

0 1 2 3 4 5 6 7 8 9 10 11 12 13 14 15	16 17 18 19 20 21 22 23 24 25 26 27 28 29 30 31
Source port number	Destination port number
Sequence number	
Acknowledgement number	
Header length (4 bits) / Reserved (6 bits) / URG ACK PSH RST SYN FIN	Window size
TCP checksum	Urgent pointer
Options	
Data	

- Source port number(16 bit): 출발지 포트 번호를 기록
- Destination port number(16 bit): 목적지 포트 번호를 기록
- Sequence number(32 bit): 전체 데이터 중 이 데이터가 몇 번째에 해당
  하는지를 기록
- Acknowledgement number(32 bit): 다음에 받을 데이터가 전체 데이터
  중 몇 번째 데이터인지 기록
- Header length(4 bit): 헤더 길이
- Reserved(6 bit): 예약 필드로, 현재는 사용하지 않음
- TCP control flag(6 bit): control flag bit이며, 통신 상태를 전달하는 수단
- Window size(16 bit): 수신 가능한 데이터 크기를 기록
- TCP checksum(16 bit): 데이터가 손상 여부를 확인하기 위한 값을 기록
- Urgent pointer(16 bit): URG flag가 1 bit인 경우 사용

2.2 TCP 연결과 종료

다음 그림과 같이 연결 시에는 SYN, SYN+ACK, ACK의 3단계로 연결하는데, 이를 3-way handshaking이라 한다. 종료 시에는 4단계의 종료 단계를 거치는데, 이를 4-way handshaking이라 한다.

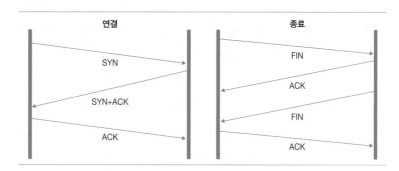

이러한 연결 과정을 통해 신뢰성을 보장하지만, 연결 과정이 많으므로 대규모 시스템을 구성할 때는 UDP 등과 혼용하는 것이 바람직하다.

2.3 TCP의 특징과 기능

TCP는 송신 제어 기능을 통해 노드node와 노드 간 신뢰성 있는 정보를 제공하는 연결지향형 프로토콜이다. 흐름 제어는 sliding windows 방식으로 제공하며, 혼잡 제어는 slow start(Window 크기 지수적 증가)와 congestion avoidance(혼잡 시 Window 크기 점진적 감소) 알고리즘을 활용해 기능을 제공한다. 오류 제어는 수신 측에서 checksum을 통해 오류 발생을 확인하며, checksum을 통과한 세그먼트에 한해 송신 측에 ACK를 보냄으로써 정상 수신되었음을 알려준다. Timeout까지 ACK를 받지 못할 경우 해당 세그먼트가 훼손되었거나 손실된 것으로 간주해 재전송함으로써 오류 제어를 수행하게 된다.

2.4 TCP 타이머

TCP는 각각의 목적을 위해 사용되는 네 가지 타이머 기능을 가지고 있다.

재전송 타이머retransmission timer는 세그먼트 전송 후 확인 응답을 기다리는 시간을 체크하며, 타이머가 끝나기 전에 확인 응답이 수신되면 타이머는 소멸된다. 확인 응답 수신 전에 타이머가 먼저 종료될 경우에는 해당 세그먼트는 재전송되고 타이머는 초기화된다.

영속 타이머persistence timer는 window의 크기가 0인 경우를 처리하기 위한 타이머로, 수신 TCP가 Window 크기 0을 통보했고 송신 TCP가 이에 대한 확인 응답을 보냈지만 수신 TCP가 이를 수신하지 못할 경우에 양쪽 TCP의 교착상태deadlock를 해결하기 위한 타이머이다.

킵얼라이브 타이머keep-alive timer는 두 TCP 간에 설정된 연결이 오랫동안 휴지idle 상태에 있는 것을 방지하기 위한 타이머이다. 킵얼라이브 값은 약 2시간으로 설정되며, 해당 시간이 지나도록 세그먼트를 수신하지 못할 경우 75초 간격으로 10개의 probe를 전송하고, 이에 대한 응답이 없으면 연결을 해제하게 된다.

시간대기 타이머time-waited timer는 TCP가 연결을 종료할 때 해당 타이머 동안 연결을 유지하기 위해 사용되며, 통상 세그먼트 평균 수명의 2배 정도로 설정된다.

3 UDP User Datagram Protocol

UDP는 실시간 데이터 전송이나 빠른 응답을 요구하는 응용 서비스를 위한 비연결지향형 프로토콜로, 연결 및 상태 정보에 대한 여러 제어 기능을 배제했으며, 헤더 길이는 8바이트이다. 대규모 데이터 전송 시 효율이 우수하지만 신뢰성을 보장하지 않으므로 애플리케이션에서 이러한 부분을 보완해서 사용해야 한다. 또한 VoIP Voice over IP의 RTP Real-time Transport Protocol 등에서 사용하는 기본 프로토콜이다.

3.1 UDP Header

- Source port number(16 bit): 출발지 포트 번호를 기록
- Destination port number(16 bit): 목적지 포트 번호를 기록

- Length(16 bit): UDP 헤더와 데이터의 바이트 수
- UDP checksum(16 bit): 데이터 손상 여부를 확인하기 위한 값을 기록

0 1 2 3 4 5 6 7 8 9 10 11 12 13 14 15	16 17 18 19 20 21 22 23 24 25 26 27 28 29 30 31
Source port number	Destination port number
Length	UDP checksum
Data	

3.2 UDP 특징과 기능

UDP는 세션 제어 기능이 없고, 비연결지향형 프로토콜이다. 따라서 신뢰성이 보장될 필요가 없는 가볍고 대용량의 데이터 전송에 활용된다. 멀티캐스트 통신에서도 UDP를 트랜스포트 프로토콜로 활용하며, 다양한 응용 프로토콜과 결합·보완해서 사용된다.

4 RTP/RTCP Real-time Transport Protocol / RTP Control Protocol

4.1 RTP의 개요

RTP Real-time Transport Protocol는 인터넷상에서 오디오나 비디오 같은 실시간 스트리밍 데이터를 전송하기 위한 표준화된 end-to-end 프로토콜이다. TCP가 신뢰성은 좋지만 전송 지연이 길어 음성, 영상 등의 실시간 응용 서비스에는 부적합하다는 점과 UDP가 전송 지연은 짧지만 패킷의 분실 및 전송 순서에 대한 신뢰성 문제가 있다는 점을 보완하기 위해 등장한 기술로서, 주로 VoIP나 VoD, 인터넷 방송, 인터넷 영상회의 등에 활용된다.

4.2 RTP의 동작 원리

RTP는 실시간으로 음성이나 영상 등 멀티미디어 트래픽을 송수신하기 위한 표준이지만, RTP 패킷은 UDP를 이용해 전달하기 때문에 RTP 자체로는 QoS를 보장하지 못한다. 따라서 세션의 품질 제어를 위해 송수신 간 QoS

관련 정보(패킷 지연, 손실, 지터 등)을 주기적으로 교환하는 역할을 하는 RTCP RTP Control Protocol와 함께 사용된다. 즉, RTP는 데이터의 전송에만 관여하는 반면에, RTCP는 데이터 전송을 감시하고 세션 관련 정보를 전송하는 데 관여한다. RTP 노드들은 네트워크 상태를 분석하고 주기적으로 네트워크 상태 여부를 보고하기 위해 RTCP 패킷을 서로에게 보낸다.

RTP와 RTCP는 모두 UDP상에서 동작하므로, 그 특성상 품질 보장이나 신뢰성, 순서 제어, 전송 방지 등의 기능을 제공하지는 못하지만, 실시간 응용 서비스에 필요한 시간 정보와 정보 매체의 동기화 기능을 제공하기 때문에, 최근 인터넷상에서 실시간 정보를 사용하는 거의 모든 애플리케이션(VoD, AoD, 인터넷 방송, 인터넷 영상회의 등)이 RTP를 이용하고 있다.

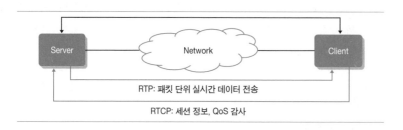

4.3 RTP의 헤더 구조 및 기술적 특징

Ver	Payload Type	Sequence Number	Time Stamp	Synchronization Source Identifier	Miscellaneous Fields
2 bit	7 bit	16 bit	32 bit	32 bit	-

- Version: RTP 프로토콜 버전
- Payload: Date 타입(오디오/비디오 인코딩 종류 구분)
- Sequence number: 패킷 손실 검출 및 순서 재구성용
- Time samp: RTP 패킷이 샘플링되는 시간 관계 표시
- Synchronization source identifier: RTP 세션(RTP를 통해 양단 간 형성된 논리적 단방향성 연결 상태)에서 각 정보 스트림에 대한 source의 식별 번호

RTP는 기본적으로 TCP가 아닌 UDP상에서 동작하기 때문에 빠르게 데이터를 전달할 수 있는 특성이 있다. 하지만 UDP는 단방향성 통신만 가능

하기 때문에 이에 대한 기술적 보완을 위해 제어 프로토콜인 RTCP와 함께 사용하여 QoS 감시 및 세션 정보를 확보해 실시간 응용에 필수적인 시간 정보와 매체 동기화 기능을 제공한다.

즉, 헤더에 포함된 sequence number 및 time stamp를 사용해 시간에 대한 정보를 제공하며, 각 미디어 스트림에 대한 식별 번호를 부여하며, 세션 다중화 시 각각의 식별 번호를 활용해 실시간 전송 시 발생할 수 있는 품질 저하 문제를 보완한다.

5 SCTP Stream Control Transmission Protocol

5.1 SCTP의 개요

TCP, UDP 등의 인터넷 프로토콜은 전기통신망에서 제공되던 전화 서비스를 비롯해 새로 개발되는 멀티미디어 스트리밍 서비스를 제공하는 데는 부적합하다. 이 때문에 IETF에서는 2000년 10월에 SIGTRAN WG에서 SCTP Stream Control Transmission Protocol를 RFC 2960으로 제정했다. SCTP는 TCP와 UDP의 단점을 극복하도록 설계되었으며, 멀티스트리밍multi-streaming, 멀티호밍multi-homing 특성을 제공한다.

5.2 SCTP의 특징

SCTP는 UDP의 메시지 지향message-oriented 특성과 TCP의 연결형 신뢰성 제공 특성을 조합한 프로토콜이다. 또한 세션 초기화 및 종료 단계에서도 기존 TCP에서 문제점으로 지적되던 TCP-SYN 공격 문제 및 반이중 특성을 해결했다. SCTP는 VoIP 신호 전달 외에 다중미디어를 전송하는 웹 응용, AAA Authentication, Authorization, Accounting 등 고도의 신뢰성을 요구하는 보안 응용, 실시간 신뢰성을 요구하는 응용 서비스의 하부 프로토콜로 사용할 수 있다. 특히 SCTP를 활용해 최근 이슈화되고 있는 All-IP 기반 이동통신망에서 핸드오버hand-over 기능을 용이하게 제공할 수 있을 것으로 전망된다.

5.3 SCTP 연결과 종료

초기화 과정에서 SCTP는 TCP의 3-way handshake와 달리 4-way hand-
shake 절차를 사용한다. 4단계 절차는 외부의 서비스 거부 공격DoS: Denial of
Service attack을 방어하는 데 적합하다. 또한 데이터 전송 시에는 오류 제어를
위해 selective ARQ 방식을 사용한다. 세션 종료는 4단계인 TCP와 달리 3
단계로 이루어진다. 이를 통해 TCP의 half-open closing을 해결함으로써
프로토콜 상태 관리를 최적화할 수 있다.

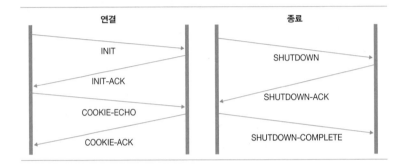

5.4 SCTP의 기능

SCTP의 기능은 멀티스트리밍과 멀티호밍으로 나눌 수 있다. 멀티스트리밍
은 SCTP 세션이 여러 개의 IP 주소를 동시에 사용할 수 있게 하여 세션 도
중 네트워크 장애가 발생하면 대체 IP 주소를 통해 세션이 유지되도록 한
다. 멀티호밍은 하나의 세션을 통해 다양한 종류의 응용 데이터를 보낼 수
있게 한다. 세션 초기화 단계에서 송신자는 자신이 전송할 스트림stream의
개수를 수신자에게 통보하며, 전송 단계에서 스트림별로 독립적인 순서화
기능이 제공된다.

6 향후 전망

TCP와 UDP는 개발된 지 30년이 넘은 프로토콜로, 보안 취약점 및 실시간
전송에 따른 품질 제약 등으로 인해 RTP(RTCP) 및 SCTP 프로토콜이 개발

되어 실시간 서비스(VoIP, VoD, 인터넷 방송, 인터넷 영상회의 등) 및 멀티미디어 스트리밍 서비스에 다양하게 활용되고 있다.

최근에는 기존 인터넷 접속 프로토콜로 사용되던 TCP 구조(+SSL/TLS)를 UDP 환경에서 초고속으로 접속 가능하게 해주는 QUICQuick UDP Internet Connections 인터넷 프로토콜이 구글Google에서 개발되어 적용되고 있다. 기존의 TCP 방식은 웹페이지 접속이 보안 연결을 위해 2~3회 이상 패킷이 왕복해야 했지만 QUIC는 해당 서버에 한 번이라도 접속한 적이 있다면 이러한 과정을 생략함으로써 접속 속도를 획기적으로 개선한 기술이다. 현재 IETF의 QUIC WGWorking Group에서 표준화 작업을 추진하고 있다.

참고자료
오규태. 2013. 『정보통신기술』. 세화.
위키피디아(www.wikipedia.org).
정진욱·한정수. 2014. 『데이터 통신』. 생능출판사.
차동완·정용주·윤문길. 2001. 『인터넷 기술세계』. 교보문고.

기출문제
111회 컴퓨터시스템응용 네트워크 전송 계층(Transport Layer)의 역할. (10점)
104회 컴퓨터시스템응용 TCP의 Three-way Handshaking 절차에 대하여 설명하시오. (10점)
98회 컴퓨터시스템응용 RTP(Real-time Transport Protocol)의 개념과 특징에 대하여 설명하시오. (10점)
96회 컴퓨터시스템응용 서로 다른 컴퓨터 시스템이나 단말기 간의 통신규약인 프로토콜이 가져야 하는 기능을 TCP(Transmission Control Protocol)의 사례를 들어 설명하시오. (25점)
83회 정보통신 SCTP(Stream Control Transmission Protocol)가 상위 계층에 제공하는 서비스에 대하여 설명하고, 연결 설정 과정에서 네트워크 보안 측면의 개선 사항을 설명하시오. (25점)
71회 정보통신 SCTP(Stream control Transmission Protocol)에 대해서 설명하시오. (25점)
69회 정보통신 RTP(Real-time Transport Protocol)/RTCP(Real-time Transport Control Protocol). (10점)

A-6

IPv6

IPv6는 현재 사용되는 IPv4의 한계를 극복하고자 새롭게 제안된 인터넷 프로토콜로, 무한대에 가까운 주소 수량과 프로토콜 내에 포함된 다양한 기능을 바탕으로 차세대 서비스 제공의 필수 요소로서 점차 적용 범위가 확장되고 있다.

1 IPv6의 개요

IPv6는 현재 사용되는 IPv4의 주소 길이(32비트)를 확장해 IETF에서 1996년에 RFC 2373으로 표준화한 128비트 차세대 인터넷 주소체계이다. 32비트 IPv4는 약 43억 개의 주소를 생성할 수 있으나, 비효율적인 할당(유효한 주소 개수는 5~6억 개)과 무선 인터넷, 정보가전 등 신규 IP 주소 수요 증대로 주소 부족 문제가 대두되어, 이에 대응하기 위해 128비트 크기로 확장한 IPv6 주소체계가 만들어졌다. IPv6는 약 $3.4 \times 10^{38}(2^{128})$개의 주소를 생성할 수 있어 IP 주소의 부족 문제를 해결할 수 있다. 또한 품질 제어, 보안, 자동 네트워킹 등 다양한 서비스를 제공하기에 용이하다.

2 IPv6의 헤더 구조

IPv6 주소는 16비트 단위로 나누어진다. 16비트블록은 다음과 같다.

IPv6 기본 헤더	IPv6 확장 헤더	TCP/UDP 헤더	응용 헤더	이용자 데이터 영역

IPv6의 기본 헤더 구조는 다음과 같다.

Version : 프로토콜 버전	Traffic class : 등급별 우선순위	Flow label : QoS를 위한 서비스별 구분		
Payload length : 데이터 길이		Next header : 다음 헤더 종류	Hop limit : 패킷 포워딩 제한	
Source address(128비트): 송신자의 IPv6 주소				
Destination address(128비트): 목적지의 IPv6 주소				

IPv6의 확장 헤더 구조는 다음과 같다.

Hop-by-hop options header: 경로상의 모든 통신 장비에서 패킷 처리 시 필요한 정보
Destination options header 1: 목적지의 통신 장비에서 패킷 처리 시 필요한 정보
Routing header: 송신자에 의한 라우팅 경로 목록 정보
Fragment header: 전송 길이 확대에 따른 패킷 분할 및 조합 정보
Authentication header: 데이터 무결성 및 송신자 인증 정보
Encapsulating security payload header: 패킷의 페이로드 영역의 암호화
Destination options header 2: 최종 목적지의 통신 장비에서 패킷 처리 시 필요한 정보

3 주소체계

- IPv4 주소는 8비트씩 네 부분으로, 십진수로 표기한다(예: 15.100.200.1).
  - A class: 0***(network 8비트, host 24비트)
  - B class: 10**(network 16비트, host 16비트)
  - C class: 110*(network 24비트, host 8비트)
  - D class: 1110(network 32비트, host 0비트)
- IPv6 주소(128비트)는 일반적으로 16비트씩 8개의 부분으로 구분하며, 각 부분은 16진수hexadecimal 값으로 표현한다(예: FEDC:BA98:7654:3210: FEDC:BA98:7654:3210) 주소상에 연속된 0이 있을 때는 이를 함축하여 '::'

로 표현할 수 있다. IPv6의 주소 구조는 아래와 같이 네트워크 주소와 단말기 주소로 구분되며, 네트워크 주소는 유형 및 범위를 한정하는 정보를 가진다.

FP	TLA	sTLA	NLA	SLA	Interface ID
3비트	13비트	19비트	13비트	16비트	64비트
네트워크 주소					단말기 주소

- FP Format Prefix(유니캐스트, 애니캐스트, 멀티캐스트)
- TLA Top Level Aggregator
- sTLA sub Top Level Aggregator
- NLA Next Level Aggregator
- SLA Site Level Aggregator
- Interface ID: 네트워크 인터페이스 주소

4 IPv6의 주요 특징

IPv6 주소체계는 기존 IP 주소체계를 32비트에서 128비트로 대폭 확장한 것으로, 무한대의 인터넷 주소 사용이 가능하다. 또한 주소 할당을 유니캐스트(개인 사용자 대상), 애니캐스트(기업형 사용자 대상), 멀티캐스트(서비스 사업자) 형태로 하여 주소 낭비 요인을 제거했다.

IPv6 주소체계에서는 멀티미디어 데이터를 실시간으로 처리할 수 있다. 서비스의 전송 품질QoS을 통한 대역폭 확보가 가능해 실시간 서비스 이용이 가능하다.

IPv6 주소체계는 강화된 보안·인증 기능을 제공한다. IPSec Internet Protocol Security 이라는 보안 관련 프로토콜을 프로토콜 내에 탑재해 안정적인 통신, 메시지의 발신자 확인, 암호화 기능을 제공한다.

IPv6 주소체계가 제공하는 기타 기능으로는 확장된 라우팅 기능, 효율적 포워딩forwarding 기능, 플러그 앤 플레이PnP: Plug and Play(auto-configuration) 기능, 이동성mobility 지원 기능 등이 있다.

5 IPv4와 IPv6 비교

5.1 주요 특징 비교

구분	IPv4	IPv6
주소 길이	32비트	128비트
표시 방법	8비트씩 4부분으로 10진수로 표시 예) 202.30.64.22	16비트씩 8부분으로 16진수로 표시 예) 2001:0230:abcd:ffff:0000:0000:ffff:1111
주소 개수	약 43억 개	약 43억×43억×43억×43억 개(거의 무한대)
패킷 헤더	가변적	고정적
주소 유형	• 유니캐스트, 멀티캐스트 • 브로드캐스트	• 유니캐스트, 멀티캐스트 • 애니캐스트
주소 할당	A·B·C·D 등 class 단위의 비순차적 할당(비효율적)	네트워크 규모 및 단말기 수에 따라 순차적 할당(효율적)
품질 제어	Best effort service 방식으로 품질 보장 곤란 (type of service에 의한 QoS 일부 지원)	등급별·서비스별로 패킷을 구분할 수 있어 품질 보장 용이 (traffic class, flow label에 의한 QoS 지원)
구성	수동	자동
보안 기능	IPSec 프로토콜 별도 설치	확장 기능에서 기본으로 제공
PnP	없음	있음(auto configuration 가능)
모바일 IP	상당히 곤란(비효율적)	용이(효율적)
웹 캐스팅	곤란	용이(scope field 증가)

5.2 기본 헤더 비교(IPv4 vs. IPv6)

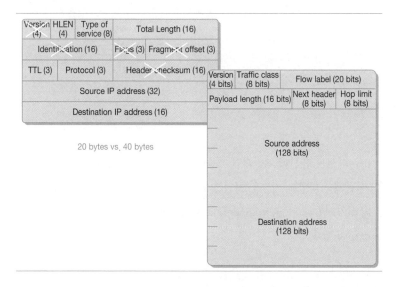

20 bytes vs. 40 bytes

- IPv4에서 변경된 부분(헤더 단순화)

  • 주소가 32비트에서 128비트로 증가

  • fragmentation field가 기본 헤더에서 제외

  • IP 옵션이 기본 헤더에서 제외

  • header checksum 삭제(데이터 링크 계층에서 에러 제어 수행)

  • header length field 삭제

  • flow label field 추가

  • time to live → hop limit

  • protocol → next header

  • precedence & ToS Type of Service → traffic class

  • length field가 IPv6 헤더를 포함하지 않음

  • alignment가 32비트에서 64비트로 변경

5.3 확장 헤더 비교(옵션 vs. 확장 헤더)

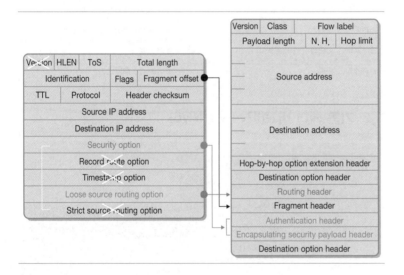

IPv4에서는 옵션이 제한적인 기능을 지원하는 반면, IPv6에서는 확장 헤더가 존재해 다양한 기능을 지원한다. 현재 정의된 확장 헤더로는 hop-by-hop options, routing, fragment, authentication, encryption, destination option이 있다.

5.4 IPv4 스택 vs. IPv6 스택

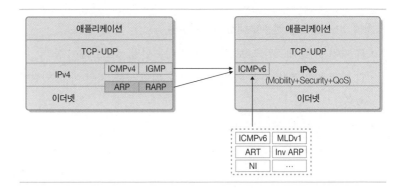

6 IPv4에서 IPv6로의 전환 메커니즘

현재 대부분 사용하고 있는 IPv4를 IPv6로 대체하기까지는 많은 투자가 필요한 만큼 상당한 시간이 걸릴 것으로 예상된다. 이에 따라 일정 기간 IPv4와 IPv6를 함께 사용하기 위한 전환 기술이 사용되고 있다.

구분	개념도	개요
호스트-라우터 관점 (IPv4/IPv6 듀얼스택)	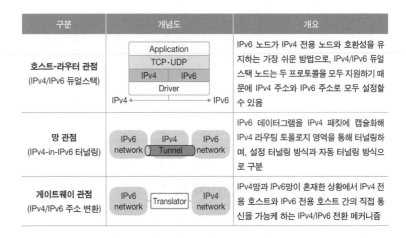	IPv6 노드가 IPv4 전용 노드와 호환성을 유지하는 가장 쉬운 방법으로, IPv4/IPv6 듀얼스택 노드는 두 프로토콜을 모두 지원하기 때문에 IPv4 주소와 IPv6 주소로 모두 설정할 수 있음
망 관점 (IPv4-in-IPv6 터널링)		IPv6 데이터그램을 IPv4 패킷에 캡슐화해 IPv4 라우팅 토폴로지 영역을 통해 터널링하며, 설정 터널링 방식과 자동 터널링 방식으로 구분
게이트웨이 관점 (IPv4/IPv6 주소 변환)		IPv4망과 IPv6망이 혼재한 상황에서 IPv4 전용 호스트와 IPv6 전용 호스트 간의 직접 통신을 가능케 하는 IPv4/IPv6 전환 메커니즘

※ 변환되는 계층에 따라 헤더 변환 방식, 수송 계층 릴레이 방식, 응용 계층 게이트웨이 방식으로 구분한다.

7 IPv6 전환을 위한 효율적 방안

- 첫째, IPv6 주소를 적용할 대상을 조사한다.
  • IT 자원 분류: 네트워크, 보안, 서버 및 이용 단말, 소프트웨어 등
  • IT 자원 현황 조사: 자원 위치, 분류 항목, 사원 구분, 사원 이름, 일련번
    호 등
  • IPv6 지원 여부 조사: 각 자원별 조사
  • IPv6 지원 상태도 작성: 구성도·개념도에 지원·비지원 여부 표기
  • 응용 서비스 현황 조사: 서비스 이름, 설명, 서버 위치, 제공 경로, 이용
    단말 위치, IPv6 지원 여부, IPv6 지원 시 조치 사항 등
- 둘째, IPv6 주소를 적용할 때 고려할 사항을 작성한다.
  • 적용 범위 설정: 구성도 기준 적용 대상 선정
  • IPv6 주소 할당: 대상 장비별 주소 할당
  • 네트워크 설계: 적용 대상의 내·외부 접속, 지리적 위치, 서비스 제공
    사업자, 라우팅 프로토콜, 외부 데이터센터, 링크 구성 등
  • 서비스 설계: 서비스 순위, 업그레이드 여부, IPv4·IPv6 지원 필수성,
    의존도, 서비스 제공 범위(내·외부), 기존 서비스 영향도
  • 기타 사항: 원상복구 계획, 보안 적합성 검증
- 셋째, IPv6 주소 네트워크를 연동한다.
  • 내부 네트워크 연동: 테스트 절차서 수립·시행·검증
  • 외부 네트워크 연동

8 전 세계 IPv6 주소 관리체계

IPv6 주소를 관리하는 조직은 ① 전 세계 인터넷 주소 자원을 관리하는
ICANN Internet Corporation for Assigned Names and Numbers, ② 아시아·태평양 지역 인
터넷 주소 자원을 관리하는 APNIC Asia Pacific Networks Information Center, ③ 대한민
국 인터넷 주소 자원을 관리하는 한국인터넷진흥원 KISA: Korea Internet & Security
Agency(구 한국인터넷정보센터 KRNIC: Korea Network Information Center), ④ ISP Internet
Service Provider를 통해 사용자에게 IPv6 주소가 부여된다.

IP 주소와 AS 번호는 전 세계 인터넷 주소 자원의 총괄 관리기관인 IANA Internet Assigned Names Authority에서 관리하며, IANA에서는 대륙별 인터넷 주소 자원 관리기관인 RIR Regional Internet Registry에 주소를 분배한다. RIR는 자신이 관할하는 대륙의 국가 인터넷 주소 자원 관리기관인 NIR National Internet Registry 또는 인터넷 접속 서비스 제공자인 ISP에 주소를 분배한다.

국내에서는 1996년부터 한국인터넷정보센터가 국내 인터넷 주소 자원 관리기관으로서 아시아·태평양 지역의 대륙별 관리 기관인 APNIC로부터 IP 주소를 확보해 국내 IP 주소 관리 대행자(인터넷 접속 서비스 제공자) 또는 독자적인 네트워크를 운영하는 일반 기관에 할당했다. 한국인터넷진흥원은 2004년 7월 '인터넷 주소 자원에 관한 법률'(법률 제7142호)의 제정과 함께 IP 주소에 대한 공공성을 인정받아 법정 관리 기관으로 IP 주소와 AS 번호의 할당·관리 업무를 수행하고 있다.

9 IPv6 기술 동향

IPv6 적용 시 개선되는 중요 요소들로 인해 IPv6 적용률은 급격히 늘어나고 있다. IPv4처럼 패킷을 검사한 후 전송하는 과정이 없어 처리 속도가 개선되며, 주소 개수가 무한대에 가까워 IP 스캔 공격 자체가 불가능해진다. 또한 DHCP Dynamic Host Configuration Protocol 서버 없이도 자동 주소 할당이 가능해 IPv6 디바이스 간 자동 연결 기능을 다양하게 활용할 수 있게 된다.

이러한 효과들로 인해 현재(2018년 5월 기준) IPv6 글로벌 접속 가능률은 27%에 이른다(서비스별 적용률: DNS 30%, Mail 13%, Web 33%). 또한 포춘 Fortune 선정 500대 기업 웹사이트 IPv6 적용률은 8%이며, 구글 사이트 IPv6 클라이언트 접속율도 23%로 지속적으로 증가하고 있다.

참고자료
삼성 SDS 기술사회. 2009. 『핵심 정보통신기술 총서 2: 네트워크』. 한울.
위키피디아(www.wikipedia.org).
한국인터넷진흥원 KISA Internet Protocol(ip.kisa.or.kr).

IPv6 적용률 Reference Site
- www.worldipv6launch.org/measurements
- fedv6-deployment.antd.nist.gov/cgi-bin/generate-gov
- www.delong.com/ipv6_fortune500.html
- www.google.com/intl/en/ipv6/statistics.html

기출문제

113회 정보통신 IPv6의 주요 특징과 IPv4에서 IPv6로의 전환 기술을 설명하시오. (25점)

102회 컴퓨터시스템응용 IPv6에서 제공하는 애니캐스트(Anycast) 어드레스 방식. (10점)

101회 정보통신 IPv6 표현 방식과 주소의 종류. (10점)

92회 정보통신 IPv6의 도입 목적, 특징, 주소체계를 IPv4와 비교 설명하고, IPv4에서 IPv6의 전환 단계를 설명하시오. (25점)

84회 정보관리 IPv4에 대비하여 IPv6의 기술적 특성을 서술하시오. (10점)

84회 정보통신 IPv4 시스템에서 IPv6 시스템으로 전환하기 위해 IETF(International Engineering Task Force)에서 제안한 천이전략에 대해서 설명하시오. (25점)

77회 정보통신 인터넷 프로토콜 버전에 대해 다음을 설명하시오. (25점)
① IPv4와 IPv6의 특징 비교 설명
② IPv6의 헤더(header) 구조와 주요 기능 설명

74회 정보통신 유비쿼터스(Ubiquitous) 환경 및 IPv6의 구조와 기능을 설명하시오. (25점)

68회 정보통신 IPv6(Internet Protocol Version 6)의 특성을 들어 설명하시오. (10점)

A · 인터넷통신 기술

A-7

IP 멀티캐스트 기술과 응용

IP 멀티캐스트는 TCP/IP 환경에서 같은 데이터를 동시에 다수의 상대에게 송신하기 위한 전송 방식으로, 중복 전송을 최소화해 자원 효율을 높이는 기술이며, IPTV 서비스 및 이동통신망(LTE Broadcast)에서 필수 기술로 활용되고 있다.

1 IP 멀티캐스트의 개요

1.1 정의

인터넷에서는 유니캐스트, 애니캐스트, 멀티캐스트, 브로드캐스트 등 네 가지 방식을 이용해 서로 데이터를 주고받을 수 있다. 그중 멀티캐스트는 TCP/IP에서 같은 데이터를 동시에 다수의 정해진 상대에게 송신하는 것으로, IPv4에서 멀티캐스트를 실행할 때에는 class D라는 IP 주소체계를 사용한다. Class D 주소체계에서는 32비트 중에서 최초의 4비트로 멀티캐스트를 식별하고, 나머지 28비트로 특정의 멀티캐스트 집단을 지정한다.

현재 통신 기술 서비스는 best effort service에서 guaranteed service로, point to point service에서 point to multipoint service로 변화하고 있다.

1.2 IP 멀티캐스트의 주소체계

멀티캐스트 통신을 하기 위해서는 멀티캐스트 세션 혹은 그룹을 식별할 수
있는 식별자가 필요하며, 이를 위해 멀티캐스트 주소가 사용된다. 기본적으
로 IPv4에서는 class D 주소가 사용되며, IPv6에서는 맨 첫 번째 바이트를
모두 '1'로 설정해 멀티캐스트 그룹 주소로 사용한다.

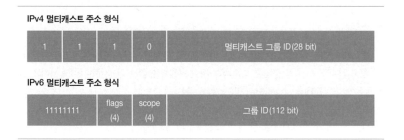

2 통신 방식

2.1 유니캐스트

유니캐스트unicast는 하나의 송신자와 하나의 수신자가 통신하는 방식으로,
전송 대상이 늘어나면 전송 부담이 커진다. 웹서핑, 이메일, 주문형 비디오
VoD: Video on Demand 등 대부분의 통신은 유니캐스트 방식을 사용하는데, 1:1
통신으로 수신자 수만큼의 통신 세션이 이루어지고 대역을 점유한다. 유니
캐스트의 동작 개념은 다음 그림과 같다.

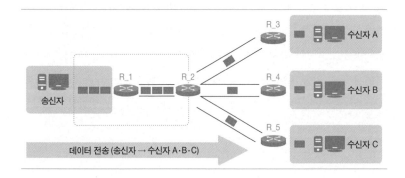

그림에서 라우터 R_1과 R_2 사이 회선에 동일한 트래픽이 수신자의 수만큼 점유한다. 다수의 수신자가 동시에 송신자에게 데이터를 요구하는 경우 회선 사용이 비효율적이다.

2.2 애니캐스트

애니캐스트anycast는 단순히 다수의 사용자에게 일괄적으로 데이터를 전송하는 형태에서 벗어나, 동일 그룹 내의 일부 사용자들에게 효율적으로 데이터를 전송할 수 있는 기술로, IPv6에서 구현된다.

2.3 브로드캐스트

브로드캐스트broadcast는 동일 네트워크 내의 모든 호스트에게 동시에 데이터를 전송하는 방식이며, 동보전송이라고도 한다. 참고로 LAN 통신에서 매체접근제어주소(MAC 주소)를 찾아갈 때 이 브로드캐스팅을 이용한다.

2.4 멀티캐스트

멀티캐스트multicast란 하나의 패킷으로 여러 목적지에 도달하도록 전송하는 방법으로, 이 방식을 적용하면 패킷은 특정 호스트에 도착했을 때 호스트 그룹에 속하는지 비교하고, 해당 그룹이라고 판단하면 수신을 계속한다. 멀티캐스트 라우팅 프로토콜을 이용하면 최적의 전송 경로를 찾아 1개의 패킷으로 여러 호스트에 전달할 수 있어 네트워크 트래픽을 효과적으로 줄일 수 있게 된다. 멀티캐스트는 서버의 부하를 줄여주기 때문에 수신 호스트가 많아질수록 더 효율적이다. 멀티캐스트의 동작 개념은 다음 그림과 같다.

송신자는 수신을 원하는 수신자의 수와 무관하게 동일한 내용의 패킷을 1개만 송신한다. 라우터 R_1과 R_2의 공유 구간에 존재하는 패킷은 1개이며, R_2에서는 R_3, R_4, R_5로 패킷을 복제해 전송하므로 공유 구간 회선의 대역 효율을 가져온다.

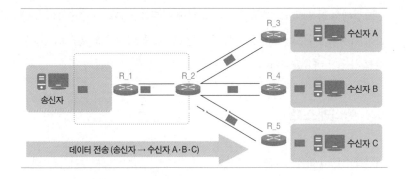

데이터 전송 (송신자 → 수신자 A·B·C)

3 IP 멀티캐스트

대역 효율적인 통신을 지원하는 IP 멀티캐스트는 멀티캐스트 주소multicast address, 그룹 멤버십group membership, 멀티캐스트 라우팅이라는 세 가지 요소로 구성된다. 최근에는 이동 멀티미디어 방송 멀티캐스트MBMS: Multimedia Broadcast Multicast Service, 멀티캐스트 이동성 제어 기술 등 모바일 IPTV 서비스의 한 요소로 인식된다.

3.1 멀티캐스트 주소

멀티캐스트 주소는 동일 멀티캐스트 트래픽을 수신할 수신처들의 그룹을 대변하는 주소이고, IPv4의 class D인 224.0.0.0~239.255.255.255 대역을 사용하도록 정의된다. IPv6에서는 맨 첫 번째 바이트를 모두 '1'로 설정해 멀티캐스트 그룹 주소로 사용한다. 멀티캐스트 주소는 모두 FF로 시작되므로 구별하기 쉽다.

구분	주소 범위(IPv4)	비고
Multicast address	224.0.0.0~239.255.255.255	
Local scope address	224.0.0.0~224.0.0.255	통신 장비 간 프로토콜 처리에 사용되며 로컬 네트워크의 영역을 벗어나지 못함 224.0.0.1 모든 시스템 224.0.0.2 모든 라우터 224.0.0.5 모든 OSPF 라우터 224.0.0.6 모든 OSPF DR 224.0.0.9 RIP2 라우터

구분	주소 범위(IPv4)	비고
Global scope address	224.0.1.0~238.255.255.255	인터넷상에서 멀티캐스트 처리를 위해서 사용되는 IP
Private scope address	239.0.0.0~239.255.255.255	Private 도메인 안에서 관리자에 의해 자유롭게 정의되어 사용

3.2 그룹 멤버십

인터넷상에 동일 트래픽을 수신하고자 하는 수신처들은 IGMP Internet Group Management Protocol 에 의해 관리되며, IGMP는 자신이 속한 그룹에서 가입·탈퇴에 관한 정보 전달을 위해 사용하는 프로토콜이다.

IGMPv1은 쿼리 query 와 리포트 report 메시지를 이용해 라우터와 호스트 간에 그룹 소속 정보를 주기적으로 갱신한다. IGMPv2는 리브 leave 메시지가추가되어 그룹 탈퇴를 라우터가 인식할 때까지 시간이 오래 걸리는 문제점을 보완한다. IGMPv3는 특정 소스를 확인해서 데이터를 받거나 제외시키는 '소스 필터링' 기능이 추가된다. 자신이 원하는 그룹 또는 채널을 요청하여 수신이 가능해 효율성이 강화된다.

3.3 멀티캐스트 라우팅

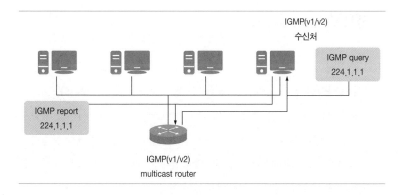

최적의 네트워크 경로를 선택해 전송하려면 라우팅 프로토콜이 필요하듯, 멀티캐스트 통신을 위해서는 라우터 간 멀티캐스트 라우팅 테이블을 관리해야 한다. IGMP 멤버십 쿼리, 리포트 기능은 로컬 라우터상 연동된 호스트와 그룹 가입·탈퇴 상태를 관리하며, 멀티캐스트 라우팅은 멀티캐스트 패

킷을 네트워크 경로상 다수의 수신처로 전송하는 역할을 수행한다.

- **소스 기반 트리**: 소스별로 트리를 구성하는 방식으로, 대규모망에 적용하기는 어렵고 DVMRP Distance Vector Multicast Routing Protocol, MOSPF Multicast Open Shortest Path First가 대표적인 프로토콜이다.

- **공유 트리 기반**: 송신 호스트가 RP Rendezvous Point를 결성하고 공유트리에 각 수신자들이 join을 하는 방식으로, 모든 소스와 그룹 멤버가 하나의 트리를 공유하여 라우팅 테이블 정보가 적고 대규모망을 적용하기에 용이하다. CBT Core Based Tree와 PIM Protocol Independent Multicast 프로토콜이 사용된다.

- **채널 단위 지원**: 채널 단위로 트리를 형성하여 불필요한 트래픽을 제거하는 방식으로, PIM-SSM PIM Source Specific Multicast 프로토콜이 있고, IGMPv3와 함께 사용된다.

구분	소스 기반 트리	공유 트리 기반	채널 단위 지원
Dense mode	DVMRP MOSPF	PIM-DM	PIM-SSM (IGMPv3)
Sparse mode	PIM-SM	CBT PIM-SM	

4 IPTV Internet Protocol TV

IPTV는 방송·통신 융합을 통해 실시간 방송 서비스, VoD, 전자상거래 등 양방향의 다양한 응용 서비스를 제공하는 방송·통신 융합 기술이다.

현재의 IPTV 서비스는 폐쇄형의 1세대 서비스부터 개방형 서비스 제공으로 다양한 단말을 통한 접속이 가능해진 2세대를 거쳐 유비쿼터스 환경하에서 가상공간, 멀티미디어 기반의 개인맞춤형·실감형 IPTV 서비스를 제공할 수 있는 3세대 IPTV 서비스로 발전해오고 있다.

국내 통신사의 경우 셋톱박스를 이용한 인공지능 서비스(olleh tv GiGA Genie, B tv NUGU, U+TV U+우리집AI 등) 및 증강현실 기능을 적용한 가상현실 콘텐츠(olleh tv TV쏙 2.0, B tv 360VR 등) 서비스를 상용화하여 제공하고 있다.

5 LTE Broadcast(eMBMS)

이동통신망에서의 모바일 방송 서비스를 위한 표준 기술(3GPP)인 eMBMS evolved Multimedia Broadcast Multicast System 는 멀티캐스트 기술을 기반으로 일대 다수를 지원하는 LTE 기반 멀티미디어 전송 서비스이다. 기존 1:1 통신 방식 대비 네트워크 과부하 문제가 발생하지 않고 사업자들의 통신 자원(주파수, 기지국 등)을 효율적으로 활용할 수 있게 해주기 때문에 통신 사업자들의 적극적인 eMBMS 투자 및 서비스 개발·출시가 진행되고 있다.

또한 eMBMS는 다수의 단말 간 원활한 멀티미디어 통신을 가능하게 해주어 재난안전망(PS LTE Public Safety LTE)의 필수 기술로서, 현재 release 14까지 표준화가 확정되었으며 release 15가 진행 중이다.

참고자료

고석주·민재홍·박기식. 2003. 「인터넷멀티캐스트 현황 및 전망」. 정보통신연구진흥원. ≪주간기술동향≫, 통권 1090호.
박노익. 2009. 「IPTV 기술 개발 및 표준화 정책방향」. 한국정보통신기술협회. ≪TTA Journal≫, 제122호.
위키피디아(www.wikipedia.org).
장진영·장경희. 2017. 「통합 공공안전 통신망: 국민의 안전과 편익을 위한 하나의 통신망」. ≪정보와 통신 열린강좌≫, 제34권 2호(별책6호).
황승구. 2009. 「차세대 IPTV」. 한국정보통신기술협회. ≪TTA Journal≫, 122호.
GSA. 2017. "LTE Broadcast(eMBMS) Market Update." GSA Report.

기출문제

98회 컴퓨터시스템응용 멀티캐스트(Multicst) IP 주소의 특징을 설명하시오. (10점)
80회 전자계산컴퓨터시스템응용 멀티캐스트 서비스 개념과 IGMP/MLD(Internet Group Management Protocol / Multicast Listener Discovery) 구간, 멀티캐스트 라우팅 구간 및 멀티캐스트 정보 송신 구간에 대해 논하시오. (25점)
80회 컴퓨터시스템응용 Multicasting. (10점)
75회 정보통신 멀티캐스트 라우팅 프로토콜을 나열하시오. (25점)

A-8

QoS Quality of Service

―

대용량·고품질을 요구하는 멀티미디어 데이터는 폭발적인 데이터 증가로 인한 품질 안정성이 보장되지 않는 인터넷을 통해 전송되면서 다양한 사용자 품질 문제가 제기되고 있다. 이를 개선하고 신뢰성 높은 서비스를 제공하기 위해 서비스 제공사 간의 호환성, 트래픽 선택, QoS 메커니즘 개선 등 관련 기술의 개발 및 개선 적용이 요구되고 있다.

1 QoS의 개요

몇 년 동안 컴퓨터 네트워크 트래픽이 급속하게 증가하면서 네트워크 관리자들은 계속해서 용량을 추가하고 있지만, 네트워크 사용자들은 네트워크 성능에 불만을 갖는 경우가 많다. 또한 대용량 리소스를 요구하는 멀티미디어 응용프로그램이 새롭게 등장하고 있어 서비스 품질 상황은 더욱더 악화되고 있다.

QoS 메커니즘은 네트워크 관리자에게 효율적인 제어 방식으로 네트워크 리소스를 관리할 때 사용할 수 있는 일련의 도구를 제공하는 것으로, 업무에 중요한 응용프로그램과 고품질 서비스를 제공해 일정 수준의 네트워크 용량, 성능 효과, 비용 측면에서 네트워크 사용자들에게 향상된 서비스를 제공하는 것이다. Best effort service에 기반한 기존 인터넷 환경에서 고품질 멀티미디어에 대한 사용자 요구가 증대하면서 QoS를 향상시키기 위한 여러 논의가 활발하게 이루어지고 있다. 이에 따라 IETF는 다양한 QoS 요구 사항을 만족시키기 위해 많은 서비스 모델과 메커니즘을 제안해왔으며,

서비스 품질
통신 서비스에서 사용자가 이용하게 될 서비스의 품질 척도

서비스 품질 요소
① 처리 능력
② 전송 지연
③ 정확성
④ 신뢰성 등

서비스의 품질에 관한 척도
① NP: Network Performance
② QoE: Quality of Experience
③ QoS: Quality of Service

그중 IntServ Integrated Services/RSVP Resource Reservation Protocol 모델, DiffServ Differentiated Services 모델, MPLS Multi Protocol Label Switching, 트래픽 엔지니어링 Traffic Engineering, CR Constraint-based Routing 등에 관한 연구가 활발하게 진행되고 있다.

한편 최근에는 모바일 서비스 위주로 시장이 변화하면서 성능 향상을 위해 4G에서 5G로 네트워크가 진화하고 있으며, 각 세대에 적합한 모바일 서비스 품질을 확보하기 위해 무선 구간 QoS 향상을 포함한 network slicing 기법도 발전하고 있다.

2 QoS 서비스 모델

2.1 IS model by IntServ WG

IS Integrated Services 모델은 best effort service 외에 고정된 최대 지연을 요구하는 응용프로그램들을 위한 guaranteed service와 best effort service보다 향상된 성능과 신뢰성 있는 서비스 제공이 가능한 controlled load service를 제안했다. 이 모델은 특정 사용자의 패킷 스트림, 즉 flow에 특별한 QoS를 제공하기 위해 라우터에서 자원 예약이 반드시 필요하며, 라우터는 flow별 상태 state 를 유지해야 한다. 이러한 라우터들의 자원 예약을 위하여 RSVP를 신호 프로토콜로 사용한다.

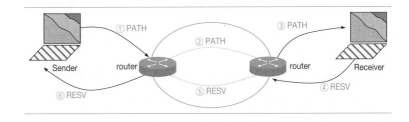

자원 예약을 위한 신호 처리 과정은 다음과 같다. 먼저 sender가 트래픽 특성을 명시한 PATH 메시지를 receiver에게 전송, 경로상의 모든 라우터는 라우팅 프로토콜에 의해 결정된 다음 hop에 PATH 메시지를 전송하고, PATH 메시지를 수신한 receiver는 해당 flow의 자원 요청을 위해 RESV 메

시지를 전송, 경로상의 중간 라우터들은 RESV 메시지를 수락 또는 거절 절차를 거친다. 만일 RESV 요청이 거절되면 요청을 거절한 라우터는 오류 메시지를 receiver에게 전송하고 신호 과정을 종료하며, 요청이 수락되면 해당 flow를 위한 링크 대역폭과 버퍼 공간이 할당되고 관련 flow 상태 정보가 라우터에 실지된다.

한편 IS 구조에는 다음과 같은 문제가 있다. 먼저 flow 수가 증가할수록 flow 상태 정보량도 증가하므로 상태 정보 저장을 위한 방대한 저장 공간이 필요하며, 이를 관리하기 위해 처리 부하가 증가되어 확장성에 심각한 문제가 발생할 수 있다. 또한 라우터의 기능 요구 사항이 높아 모든 라우터는 RSVP, 수락 제어admission control, MF classification, packet scheduling 기능을 모두 갖추고 있어야 하며, guaranteed service를 위해서는 integrated services를 제공하는 라우터가 망 전체에 설치되어야 한다.

2.2 DS model by DiffServ WG

DS Differentiated Services 기술은 IS와 RSVP 서비스 문제를 개선하기 위해 제안되었다. IPv4 헤더는 ToS Type of Service 필드가 정의되어 있어 상위 서비스는 적은 지연, 높은 수율, 낮은 손실률 등을 나타내기 위해 ToS 필드를 사용하지만, 기존 라우터에서는 이와 같은 서비스의 요구를 대부분 무시하고 모든 패킷을 동일하게 처리한다. DiffServ는 ToS 필드의 이름을 DS 필드로 재명명해 이를 다시 정의하고, PHB Per-Hop Behavior로 부르는 일단의 기본적인 패킷 전송 방법을 정의하고 있으며, DS 필드 표시에 따라 패킷을 처리함으로써 차별화된 서비스 클래스를 생성하여 상대적인 우선순위 기법을 가지게 한 방식이다.

DS QoS 보장 기술로는 traffic-shape, CQ Custom Queuing, PQ Priority Queuing, CBWFQ Class-Based Weighted Fair Queuing, LLQ Low Latency Queuing 기술이 있으며, integrated services 기술과 차이점은 다음과 같다.

DS 구조의 경우 DS 필드에 의해 제공되는 서비스 클래스는 유한하여 서비스는 클래스의 입자성granularity 에 따라 할당되므로, 유지해야 하는 상태 정보의 양은 flow의 수가 아닌 클래스의 수에 따라 변동한다. DS는 IS에 비해 확장성이 우수하며, DS 구조의 경우 복잡한 패킷 구분, 표시, policing,

DiffServ
① Flow 서비스
② RSVP
③ 확장 제한
④ PtoP 보장

DS QoS 기술
① traffic-shape
② CQ
③ PQ
④ CBWFQ
⑤ LLQ

shaping 등의 기능이 망의 경계 부분에서만 필요하며, ISP 코어 라우터는 BA Behavior Aggregate 구분만 하면 되기 때문에, DS 구조가 IS 구조에 비해 구현 및 동작이 용이하다고 할 수 있다.

IntServ	DiffServ
End-to-end QoS guarantee	Hop-by-hop QoS service
Per-flow based	Aggregate-flow based: no per-flow state
Not scalable	DSCP marking & traffic conditioning at edge (no per-hop signaling)

3 QoS 시그널링 프로토콜

3.1 RSVP Resource Reservation Protocol

RSVP 개념
단말 간 응용 시 필요로 하는 대역을 예약·확보하기 위해 IETF에서 표준화한 프로토콜

RSVP는 flow마다 네트워크 상태를 유지하는 일종의 QoS를 고려한 시그널링 프로토콜 signaling protocol로 종단 간의 자원 예약, 유니캐스트·멀티캐스트 데이터 전송 모두 지원, 수신 측에서 자원 예약 요구, 수신자들의 다양한 QoS 요구 수용, 단방향 자원 예약 상태 설정, 유니캐스트·멀티캐스트 라우팅 프로토콜과 무관하며, soft-state로 자원 예약 상태 관리 등을 수행하는 프로토콜이다.

3.2 RSVP 자원 예약 단계

RSVP 자원 예약 단계는 수신 측으로 경로 설정 단계, 송신 측으로의 자원 예약 단계로 구분될 수 있다. 수신 측으로의 경로 설정 단계는 송신 측에서 수신 측으로 PATH 메시지를 전달하면 PATH 메시지가 IP의 라우팅 프로토콜에 의해 계산된 경로를 따라 전달되며, 경로상의 라우터들의 주소는 PHOP Previous Hop 객체들에 실려서 수신 측에 전달된다. 수신 측에서는 이 정보를 근거로 송신 측으로의 경로에 대해 역추적하여 경로를 설정한다. 송신 측으로의 자원 예약 단계는 PATH 메시지를 수신한 수신 측에서는 송신 측으로 RESV 메시지를 전달함으로써 자원 예약 요청을 하게 되는데, RESV

메시지는 필터 스펙과 플로 스펙으로 구성된 흐름 기술자flow descriptor가 포함되며 필터 스펙은 해당 자원 요구의 적용 대상이 되는 송신 측(들)에 대한 정보, 실제 자원 요구에 해당하는 트래픽 및 QoS에 대한 정보, 각기 패킷 classifier와 패킷 스케줄러에 필요한 정보를 제공한다. RESV 메시지를 수신한 경로상의 각 라우터들은 요구를 만족할 정도로 충분한 자원이 있는 경우 이 흐름에서 요구되는 자원만큼 할당한다.

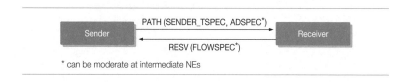

3.3 CR-LDP Constraint-based Routed Label Distribution Protocol

CR-LDP는 MPLS망에서의 자원 예약 방식을 위해 MPLS WG에서 제안한 기술로, CR-LSP Constraint-based Routed Label Switched Path 의 종단 간 setup 메커니즘을 제공한다.

4 QoS 보장 기술

4.1 큐 매니지먼트 Que management

QoS 보장기술
① 큐 매니지먼트
② Traffic shaping
③ 수락 제어
④ 정체 제어

큐 매니지먼트 기술에는 FIFO 큐잉First-In First-Out queuing, Priority 큐잉, Class-Based 큐잉CBQ, Weighted Fair 큐잉WFQ 등이 있다.

첫 번째, FIFO 큐잉은 store and forward 방식으로, high bandwidth, switching·forwarding 성능이 뛰어난 군집성 트래픽burst traffic 처리에 적합하며, overflow가 발생할 경우 서비스 종류와 무관하게 drop이 발생하게 되므로 차별적인 서비스를 제공하기 어려운 기술이다.

두 번째, priority 큐잉은 특정 유형의 트래픽을 구분해 출력 큐의 앞부분으로 보내 먼저 처리되게 하는 방식으로, 가장 초보적인 서비스 차별화가 가능하며, 서비스 차별화 단계가 많을수록 처리 부담이 가중되고 패킷

forwarding 성능이 저하되는 특징이 있다. 낮은 우선순위의 loss 비율이 높고, 지연에 민감한 응용에는 부적합하며, 확장성이 떨어진다.

세 번째, Class-Based 큐잉CBQ은 priority 큐잉 방식의 단점인 starvation 현상을 방지한 방식으로, 하나의 출력 큐 대신 여러 개의 출력 큐를 class별로 두어서 priority를 정하고 각 큐별로 서비스되는 트래픽의 양을 조절해 특정 class의 트래픽이 전체 system resource를 독점하는 것을 방지하는 기술이다. class별로 정해진 양의 대역band width을 완전히 보장하지는 못하고, class별로 자원이 완전히 고갈되는 것을 막으면서도 class별로 적절한 서비스를 제공하지만, 복잡한 큐 관리에 소요되는 계산 부담 때문에 고속의 네트워크에서는 확장성에 문제가 있다.

네 번째, Weighted Fair 큐잉WFQ은 소량의 트래픽이 대량의 트래픽에 의해 피해를 보지 않게 함으로써 flow별로 트래픽을 조절하고 특정 기준에 따라 가중치weight를 두는 방식이다. 같은 양의 트래픽을 가진 flow 간에도 차별을 두는 weight 측면을 복합적으로 적용해 weight를 결정하기에 고속의 네트워크 환경에서 scalability 문제, 트래픽 flow 간을 차별화할 수 있는 방안이 요구된다.

4.2 Traffic shaping

네트워크 내부로 유입되고 유출되는 트래픽의 양과 유출되는 트래픽의 속도를 조절하는 메커니즘으로, leaky-bucket 방식, token-bucket 방식, 복합 방식 등이 있다.

첫 번째, leaky-bucket 방식은 일정하지 않은 트래픽을 일정하게 유지해 전송함으로써 ATM 네트워크에서 셀 트래픽의 속도를 조절하고자 제안되었다. 패킷 네트워크의 제3계층에서 네트워크로 전송되는 트래픽을 아주 단순하게 제어하고 조절할 수 있으며, 구현하기 쉽고, 네트워크 내 한 종류의 트래픽의 양을 조절하는 임의의 임계치threshold로 사용할 수 있다. 여러 종류의 트래픽 속도를 지원해야 하는 경우에는 비효율적으로 leak late가 고정된 값을 가지므로, 네트워크 자원의 여유가 많은 경우에도 충분히 활용할 수 있는 적응성이 부족한 방식이다.

두 번째, token-bucket 방식은 bucket 자체를 FIFO 큐로 사용하지 않고 트래픽을 제어하기 위한 control token을 관리하는 용도로 사용되며, 트래픽은 token의 유무에 따라 flow control을 수행한다. 항상 정해진 일정 양만 통과하게 되어 있는 leaky-bucket과 달리 트래픽이 burst한 경우에도 일정한 한계치 범위 안에서 통과 가능하여 네트워크의 resource 활용을 한층 효율적으로 할 수 있고, 다수의 token을 허용하는 변형된 방식으로 서로 다른 class 트래픽의 개별적인 조절이 가능한 방식이다.

세 번째, **복합 방식**은 token-bucket으로 트래픽양의 burst를 허용하면서 조절한 후 leaky-bucket을 이용해 특정 한계치만큼 일정하게 트래픽 전송하며, 다수의 token-bucket이 가질 수 있는 특정 class의 자원 독점 혹은 경쟁 방지, 트래픽 class의 차별화 구현이 용이하다.

4.3 **수락 제어** Admission control

특정한 트래픽을 네트워크로 받아들일 것인지 여부를 결정하는 정책으로, admission control을 하지 않을 경우에는 네트워크 내부에서 발생할 수 있는 다양한 문제점에 대해 해결책을 제시할 수 없고 근본적인 QoS 보장이 불가능해진다. 이에 따라 admission control은 특히 QoS를 제공하는 데 필수적인 요소로 분류된다. Admission control의 종류로는 leaky-bucket 혹은 token-bucket을 이용하는 단순한 방법, 복잡한 QoS 변수를 적용해 admission control을 하는 통합 서비스 모델, 리소스의 유무와 별도로 네트워크 자체의 policy에 따른 admission control 방법 등이 있다.

수락 제어
트래픽의 폭주 시 우선순위에 따라 트래픽의 통신망 진입을 제어

4.4 **정체 제어** Congestion control

Congestion control의 방식으로는 RED Random Early Detection 와 WRED Weighted Random Early Detection 방식 등이 있다.

첫 번째, RED는 큐 길이를 측정해 관리자가 설정한 한계치에 근접하면 임의로 특정 flow를 선택해 패킷을 drop시킴으로써 sender 측에서 송신 속도를 늦출 수 있게 하여 글로벌 동기화 현상을 방지하고, FIFO 큐잉 방식의 단점인 패킷 순서 조정 및 큐 관리에 소요되는 계산 부담 없이 congestion control을 가능하게 한다. 하지만 혼잡 발생 시 임의의 flow를 선택해 drop

정체 제어
망 내 패킷 수를 대기 지연 폭발의 경계선 이하로 규제

시키기 때문에 서비스의 차별화가 필요한 환경에서는 공정성을 유지하기가
어렵다.

두 번째, WRED는 RED의 단점을 보완해 서비스의 차별성을 유지하면서
도 congestion control을 할 수 있는 방법으로, 혼잡 발생 시 탈락시킬 flow
를 특정 기준policy에 준하는 값에 따라 priority를 두고 선택하게 하는 기술
이다.

4.5 Mobile QoS

모바일 서비스가 5G로 진화함에 따라, 무선 인프라에 대한 QoS 향상 기술
도 발전하고 있다. 무선 액세스 네트워크Radio Access Network 및 NFVNetwork
Function Virtualization, 코어 네트워크에서의 고속 처리량, 높은 안정성, 낮은 대
기 시간, 향상된 용량과 가용성·연결성, 동적 대역폭 할당을 목표로 발전하
고 있다.

이러한 QoS의 발달로 다음과 같은 서비스 향상이 기대된다.

- 10Gbps의 속도
- End to end 대기 시간은 1~10밀리초의 범위로 줄어들고, 물리적 네트
  워크는 0.5밀리초로 감소
- 네트워크 가용성의 100% 수준 개선
- 10~100마이크로초 수준으로 jitter 감소
- 소형 센서 장치를 위한 100Kbps 대역폭부터 산업용 로봇 카메라를 위
  한 초당 수백 Mbps 대역폭까지

이러한 모바일 QoS 확보를 위해 모바일 인프라들은 무선 및 코어 구간을
적절한 자원으로 분할해 서비스하는 network slicing 기술도 함께 발전시
키고 있다.

5 QoS 전망

QoS 전망
인터넷뿐 아니라 이동통신과 무선
통신 서비스에도 QoS를 도입해
사용자 요구를 만족시키려는 노력
이 필요

현재 인터넷망에서 서비스 품질 보장은 VoIP 서비스 등의 실시간 서비스에 대해 반드시 제공되어야 하며, 음성망과 데이터망의 개별망에서 통합망으로 All-IP 네트워크로의 신화, 음성과 데이터의 트래픽 특성 차이, 이동동신 네트워크로의 서비스 무게중심 이동 등에 따라 서비스 특성에 맞는 품질 보장 기술이 필요하다.

서비스 품질 보장의 가장 중요한 요소는 충분한 대역폭의 확보이다. 이를 위해 유선망에서는 가입자 망까지의 광전환(FTTH Fiber To The Home)을 통한 고속화가 요구되지만, 물리적 대역폭 확보에 많은 기술적·비용적 투자가 필요하므로, 응용 계층에서의 IP QoS가 연구되고 기술이 개발되고 있다. 하지만 실제 거대한 인터넷망에서 IntServ 방식을 적용하기란 현실적으로 어렵고 DiffServ만이 부분적으로 활용 가능하며 MPLS 기술을 이용한 QoS 모델이 적용되는 상황이지만, 품질 보장 서비스는 인터넷 서비스 공급자와 SLA 계약 및 과금과 함께 고민되어야 할 것이다.

이동통신망에서는 4G를 넘어서 5G 로의 전환에 따라 가입자 대역폭 확대뿐 아니라, 다양한 서비스 확대(IoT)가 추진 중이다. 이러한 서비스 특성을 고려하여 무선 구간에 network slicing 기법 활용을 통한 QoS 제공 방안도 검토되고 있다.

참고자료
삼성 SDS 기술사회. 2007. 『핵심정보기술총서 1: 컴퓨터 구조·네트워크』. 한울.
위키피디아(www.wikipedia.org).
정보통신산업진흥원(itfind.or.kr).
tmforum(inform.tmforum.org)

기출문제
99회 정보통신 차세대 인터넷 라우터에서 QoS 보장을 위한 스케줄링 방법을 설명하고, 장점을 기술하시오. (25점)
98회 정보통신 국내 기간통신 사업자와 콘텐츠 사업자 간 망 중립성 논란이 대두되고 있다. 이와 같은 망 중립성 논란과 관련하여 IP QoS 서비스인 Integrated Service와 Differentiated Service 모델에 대하여 설명하시오. (25점)

모바일 IP

과거 PC에서만 사용하던 인터넷 주소는 휴대전화 및 스마트폰, 사물인터넷 등 다양한 매체에서 사용한다. 단말의 이동 시 인터넷 사용의 가장 큰 이슈는 IP 주소 변경이 없이 계속 통신이 이루어지는 것이다. 이를 위한 모바일 IP는 단말이 다른 네트워크 도메인에서도 이동성을 보장하기 위해 제안되었다. 모바일 IPv4에서는 기술적인 어려움이 있었으며, 모바일 IPv6로 진화하면서 많은 표준안 및 개선안이 연구·개발되고 있다.

1 모바일 IP의 개요

1.1 정의

모바일 IP mobile IP는 단말이 이동하면서도 인터넷을 사용하기 위한 기술이다(seamless IP Mobility). 데이터통신의 핸드오프hand off를 제공하기 위한 국제적 표준이며, 기본적으로 하나의 네트워크 도메인에서 다른 도메인으로 네트워크 및 애플리케이션 연속성을 제공하는 로밍을 가능하게 하는 기능을 제공한다. IETF의 working group이 1992년 제정해 RFC 2002를 통해 표준으로 사용되고 있다.

1.2 등장 배경과 필요성

인터넷 통신 프로토콜인 IP 환경에서 단말이 유선으로 인터넷 서비스를 사용하려면 우선 접속되는 위치가 고정되어야 한다. 인터넷에 연결된 단말이

IP 주소를 변경하지 않고 다른 서브넷으로 이동하는 경우에 IP 주소 변경 없이는 접속 및 데이터의 송수신이 불가능하다.

모바일 IP는 이러한 IP 환경에서 이동성을 가진 매체(휴대전화, 스마트폰 등)의 이동성을 제공(보장)할 수 있도록 등장한 것으로, 주소의 변환 없이 다른 위치로 단말기기가 이동해도 네트워크에 접속이 가능하게 한다.

현재 정보단말이나 정보가전을 포함한 대부분의 단말기기들이 네트워크로 서로 연결되고 All IP 기반의 유·무선이 통합된 형태의 네트워킹 환경에서, 모바일 IPv6 MIPv6는 차세대 유·무선 통합망 구축을 위한 요소 기술로 주목받고 있다.

키포인트

IP 변경에 따른 변화 현재의 인터넷은 공인 IP를 이용한 양방향 통신 방식이다. 따라서 특정 지역 및 zone에 해당하는 IP 주소를 받아서 통신을 해야 한다. IP 주소가 변경되면 TCP session이 끊어짐에 따라 통신이 단절된다. 따라서 TCP session 을 유지하고자 하는 기술이 모바일 IP의 핵심 기술이다. 이는 IP 옵션 헤더의 활용, SCTP의 사용 등으로 극복될 수 있다.

2 모바일 IPv4 기술

2.1 개념도

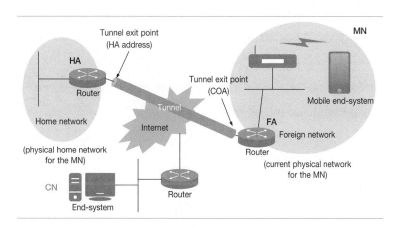

2.2 구성 요소

모바일 IP를 구성하는 기본적 요소에는 크게 MN, HA, FA, CN 등이 있다.

MN Mobile Node은 이동단말을 의미하며, 자신의 IP 주소를 변경하지 않고 네트워크 노메인 산을 이동할 수 있다.

HA Home Agent는 MN의 최초 네트워크에 위치하는 라우터로서, 해당 단말의 이동성에 대한 정보(홈 주소와 이동 지역 주소)를 유지한다.

FA Foreign Agent는 MN이 이동한 네트워크 도메인에 위치한 라우터로서, HA와 가상의 터널링을 형성해 HA로부터 받은 데이터그램을 MN에 전달하는 기능을 수행한다.

CN Correspondent Node은 이동단말에 패킷을 전송하는 서버로, 일반적으로 MN이 접속하고자 하는 웹서버가 된다.

2.3 동작 원리와 세부 기능

모바일 IP의 기본 동작에는 에이전트 파악 agent discovery, 등록 registration, 터널링 tunneling이 있다.

우선, MN이 현재 연결된 네트워크 도메인이 홈 네트워크인지 외부 네트워크인지를 결정하는 과정을 에이전트 파악이라고 한다. MN의 현재 위치한 네트워크를 파악하고, 임시주소 COA: Care Of Address 를 얻기 위한 동작(ICMP router discovery 메커니즘 사용)을 수행한다.

또한 MN이 새롭게 획득한 임시주소는 HA에 알려주어야 통신이 가능한데, 이러한 과정을 등록이라고 하며, 해당 등록이 끝난 HA는 새로이 할당된 임시주소에 해당하는 지점으로 터널링을 통해 패킷을 전송하는데, 이러한 과정을 터널링 tunneling이라고 한다.

2.4 특징과 문제점

모바일 IP의 경우 기존 IPv4 체계를 유지하면서 이동성을 보장하는 것이 가능하나, 지속적인 위치 확인을 위한 바인딩 갱신 binding update 등의 제어 트래픽 오버헤드와 특정 지역에 이동단말이 집중되는 경우를 감안한 확장성

scalability 문제, 위치 갱신이 늦어 이전 지역으로 데이터를 보내게 되는 트라이앵글 라우팅triangle routing(삼각 경로 설정) 등의 문제가 존재한다.

특히 CN이 외부 네트워크에 이동 중인 MN에 패킷을 전달할 때, MN이 속한 HA를 거쳐 터널링되어 전달되는 동안, MN이 이동해 전송한 패킷이 MN에 직접 전달되지 못하고 항상 HA를 거쳐 전달되는 트라이앵글 라우팅 문제로 전송 지연이 발생된다. 이러한 문제를 해결하기 위해 모바일 IPv6를 사용하게 된다.

경로 최적화를 위한 것으로 바인딩 캐시binding cache, 스무스 핸드오프smooth hand-off, 스페셜 터널링special tunneling 등이 있다. 대부분 라우터, MN 구조를 수정해야 하고 표준화가 제대로 이루어져 있지 않은 탓에 널리 사용되지는 않는다.

3 모바일 IPv6

3.1 개념 및 동작 절차

모바일 IPv6 기술은 기존 모바일 IPv4에서의 문제점을 해결하기 위해 IPv6 표준 기술의 기반 위에서 이동성을 위한 표준을 부가하는 체계로 제안되었다. 임시주소COA를 홈 네트워크에 존재하는 HA에 등록하고 이동단말의 이동성을 지원하는 점은 모바일 IPv4와 개념이 유사하다.

모바일 IPv6의 동작 원리는 MN이 서브넷 B로 옮겼을 때 이동성을 감지하고 COA를 획득해 HA에 바인딩 업데이트 메시지를 통해 알린다. 이러한 과정을 바인딩 업데이트binding update라고 한다. MN이 바인딩 업데이트의 주체가 되는 것이다.

서브넷 C에 있는 CN은 이동단말의 이동했음을 알지 못하므로, 목적지 주소를 이동단말의 홈 주소로 설정해 패킷을 보내게 되고, HA는 MN으로 가는 모든 데이터를 가로채 현재 MN이 있는 위치로 터널링을 하게 된다.

이렇게 터널링된 패킷을 받은 이동단말은 데이터를 보낸 CN이 바인딩 정보를 갖고 있지 않다고 판단해 해당 CN에 바인딩 업데이트를 전송하여 자신의 COA를 알린 후, 그 이후부터 직접 통신하게 되는 것이다.

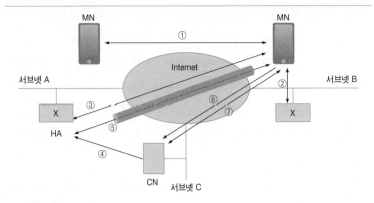

① MN이 Subnet B로 이동
② 움직임을 감지하고, COA를 얻음(router discovery, neighbor unreachable detection)
③ 바인딩 업데이트를 수행
④ 일반적인 IP 라우팅을 통해 MN으로 보낼 데이터를 받음
⑤ HA에서 받은 데이터를 MN에 터널링으로 보냄
⑥ MN은 CN과의 바인딩 업데이트를 수행
⑦ 이후부터는 MN이 CN과 직접 통신을 진행

3.2 모바일 IPv6에서 추가된 주요 기능 및 특징

모바일 IPv6와 모바일 IPv4의 큰 차이점은 FA를 별도로 사용하지 않고, MN이 직접 이동 지역의 CoA를 생성·관리하는 바인딩 업데이트 기능과 MN이 직접 CN과 서로 등록 후에는 HA를 경유하지 않는 라우팅 최적화 routing optimization 기능에 있다.

우선, 바인딩 업데이트는 FA와 같은 별도의 에이전트를 통해 이동성을 제공받지 않고, IPv6의 충분한 주소 공간과 주소 자동 생성 기능을 바탕으로 이동단말이 직접 임시주소를 생성하는 기능을 의미한다.

모바일 IPv4에서는 CN이 MN으로 패킷을 전달하기 위해서 HA를 반드시 경유해야 하는 트라이앵글 라우팅(삼각 경로 설정) 문제가 발생하지만, 모바일 IPv6에는 MN의 임시주소가 HA와 CN에 등록된 후에는 HA를 경유하지 않고 CN과 MN 간에 직접 통신이 이루어지게 하는 라우팅 최적화 기능이 있다.

A · 인터넷통신 기술

3.3 모바일 IPv6의 문제점

모바일 IPv6의 주요 특징으로는 먼저 MN의 잦은 이동 시에 HA와 바인딩 업데이트를 위한 메시지의 전송 시간에 따른 바인딩 업데이트 캐시cache의 업데이트 지연이 발생한다는 점을 들 수 있다.

모바일 IPv6는 일반적이고 거시적인 이동성만 지원하므로, 실제 제한된 무선 영역의 이동통신망에서 이동노드의 빈번한 이동과 실시간성 서비스 응용을 지원하기 위해서는 많은 노력이 필요하다.

또한 모바일 IP 환경에서의 MN은 위치가 변경될 때마다 MN으로부터 먼 거리에 위치한 HA나 CN에 대해 바인딩 업데이트를 수행해야 하며, 이런 경우 새로운 바인딩 업데이트가 완료되기 전까지는 MN이 CN에 대한 연결 성을 잃게 되고 이로 인해 패킷 손실을 가져오게 된다.

이러한 문제점을 해결하고 핸드오프 속도를 향상시키기 위한 대안으로 HMIPv6 Hierarchical Mobile IPv6와 FMIPv6 Fast handovers for Mobile IPv6 등의 연구가 IETF mipshop WG에서 진행 중이다.

3.4 모바일 IPv6의 보안 취약점

모바일 IPv6에서는 MN의 이동을 감지한 뒤 자신의 위치정보를 HA와 CN 에 전송하는데, 이때 홈 어드레스 옵션HAO: Home Address Option 등 여러 가지 보 안상 취약성이 존재한다. MIPv6의 보안 취약성은 대부분 서비스 거부 공격 DoS과 연관되어 있으며, 그 외에도 중간자 공격Man-in-the middle Attack, 세션 하 이재킹session hijacking, 위장 공격 등에 대한 보안 취약성이 존재한다.

이러한 취약성은 네트워크에서 이동성을 지원하기 위한 라우팅 기법들이 주요 원인이 되므로 이에 대한 보안성을 제공해야 한다. 터널링 및 라우팅 헤더를 이용할 때 발생할 수 있는 취약성은 유선망에서도 공통적이다. 그러 나 바인딩 업데이트와 홈 어드레스 옵션 사용 시의 취약성은 이동 환경에서 주로 발생한다.

MIPv6 표준에서는 이러한 보안 취약성에 대응하기 위해 인증 및 전송 메 시지의 인증 절차를 정의하고, 바인딩 업데이트를 위해 RR Return Routability 기 법을 적용하여 BU, BA 및 BR 메시지 인증을 통해 바인딩 업데이트 및 홈 어드레스 옵션의 취약점을 해결하고 있다. 한편 IPSec IP Security 프로토콜은 주로 IPv4에서 기밀성 보장과 인증 서비스 제공을 수행하지만, IPv6에서의 IPSec 구현도 연구 중이다.

4 모바일 IP 기술 전망

4.1 표준화를 통한 기술 전망

모바일 IP 기술과 관련해서는 크게 이동단말의 집중화에 대비한 확장성 개선이나 성능 지연 방지를 위한 기술 표준과 보안 문제 해결을 위한 기술 표준에 관한 연구가 많이 이루어지고 있다.

바인딩 업데이트 지연 문제를 해결하고, 잦은 이동에도 micro-mobility를 제공하기 위한 HMIPv6, low latency hand off in mobile IPv4, FMIPv6, F-HMIPv6 FMIPv6+HMIPv6 등 다양한 표준화 방안이 등장하고 있다. 또한 TCP 의 개량 프로토콜인 SCTP Stream Control Transmission Protocol 등을 활용한 이동 기법도 등장하고 있으며, 바인딩 업데이트 지연 문제를 해결하는 방식과 잦은 이동성을 보장하기 위한 방식을 결합하는 형태로 발전할 것으로 보인다.

4.2 All IP 시대 핵심 기술로서 역할

4G 이동통신 및 LTE 환경에서 데이터통신의 중요성이 부각되면서 모바일 IP의 중요성은 커지고 있으며, 무선 LAN의 거리 제약 및 활용도가 높아지면서 IP 핸드오프 기술 개발이 앞으로도 활발히 전개될 전망이다. 또한 가상사설망 VPN: Virtual Private Network, VoIP와 같은 여러 응용에서 네트워크 연결 및 IP 주소의 갑작스러운 변경은 많은 문제를 야기할 수 있어 모바일 IP 기술은 이러한 문제를 해결할 중요한 기술 요소로 인식되고 있다. 현재 4G LTE는 사업자별로 공인 IP 확보 여부에 따라 사설·공인 IPv4 및 IPv6 주소를 할당하고 있다. 최초 단말이 네트워크에 접속할 때 P-GW Packet Gateway에서 IP를 부여받으면 P-GW 범위를 벗어나지 않는 한 동일 IP를 사용하며, 실제적인 handover 역할은 S-GW Serving Gateway에서 담당하게 된다. 이 또한

표준화된 방식이 아니라 통신사별 자체적인 기술을 사용하고 있다.

　모바일 IP는 이동단말이 여러 LAN 서브넷을 이동하는 일이 많은 유·무선 환경에서 광범위하게 사용될 것으로 예상되며, 이동통신망이 All-IP망으로 진화해가면서 모바일 IP 사용도 지속될 것으로 예상된다. 모바일 IP를 도입하면서 IP 부족, QoS 및 보안 문제를 해결하기 위해서는 모바일 IPv6의 도입이 필수적이며 표준화된 기술 사용이 정착되어야 한다. 아울러 모바일 IP의 보안 강화를 위해 여러 방안이 제공될 것으로 전망된다.

참고자료

넷매니아즈. "LTE망에서 IP 주소 할당 방법". 넷매니아즈 기술문서. https://www. netmanias.com/ko/?m=view&id=techdocs&no=5807

문정모 외. 2013. 「5G망을 위한 유·무선 융합 네트워크 기술」. 한국전자통신연구원. ≪전자통신동향분석≫, 제28권 6호.

위키피디아(www.wikipedia.org).

정보통신산업진흥원(www.itfind.or.kr).

차동완·정용주·윤문길. 2002. 『(개념으로 풀어 본) 인터넷 기술세계』. 교보문고.

한국인터넷진흥원. 2010. 2. 「IPv6 보안기술 안내서」. https://www.kisa.or.kr/public/laws/laws3_View.jsp?cPage=6&mode=view&p_No=259&b_No=259&d_No=29&ST=T&SV=

기출문제

99회 정보통신 Mobile IP의 주소, 에이전트, 주요 기능 및 프로토콜에 대해 설명하시오. (25점)

90회 정보통신 Mobile IPv6의 보안 취약점. (10점)

83회 정보통신 Mobile IP(이동단말의 IP 통신) 개요, 구성, 동작 등을 설명하시오. (25점)

81회 컴퓨터시스템응용 Mobile IP에서 삼각 경로 설정(triangle routing)을 정의하고 이 문제점을 해결할 수 있는 방안을 제시하시오. (25점)

80회 컴퓨터시스템응용 FMIPv6. (10점)

77회 정보통신 Mobile IPv6 in IPv4 터널링 기술 현황에 대해 설명하시오. (25점)

A-10

차세대 인터넷 동향

IPTV, 스마트폰 및 클라우드를 이용한 멀티미디어 서비스와 같은 실시간·고대역·고품질 요구 데이터가 증가하면서 이를 원활히 처리할 수 있는 고속·고성능 차세대 인터넷이 필요해지고 이에 따라 다양한 기술 개발 활동이 진행되고 있다.

1 차세대 인터넷의 개요

1.1 개념

차세대 인터넷이란 사용자 중심의 고품질 멀티미디어 서비스를 유·무선 관계없이 안전하고 초고속으로 제공할 수 있는 인터넷을 의미한다. 단기적으로는 현재 인터넷의 수요 증가에 따른 망 혼잡 서비스 지연, 주소 고갈, 높은 과금 등의 문제를 해결하고, 중장기적으로는 멀티미디어 및 이동 서비스를 주소 부족 없이 지원할 수 있는 고속·고성능의 서비스 품질QoS 보장형 인터넷을 의미한다.

1.2 필요성

오늘날 인터넷 이용률 급증에 따른 인터넷망의 확장성 부족과 폭증하는 트래픽의 경제적 수용력 한계, 멀티미디어와 차별화 서비스에 부적합한 인프라 구조, IPv4 기반 인터넷 주소 자원의 고갈 등 다양한 문제 해결과 해킹·크래킹에 대한 보안 대책의 중요성이 부각되고 있다. 또한 차세대 인터넷 기술은 TDX Time Division Exchange·CDMA Code Division Multiple Access 기술에 이어 국내 정보통신산업 발전에 파급효과가 막대한 고부가가치 기술로 간주되어 국내 인터넷 관련 산업의 육성을 위해서도 필요하다.

2 차세대 인터넷 서비스 방향

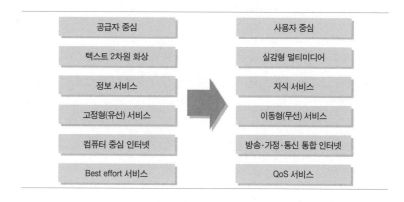

3 차세대 인터넷 아키텍처

3.1 가상화

가상화 기술은 프로그램이 가능한 하드웨어 장비를 바탕으로 물리적으로는 단일 하드웨어이지만 이를 소프트웨어를 이용해 논리적으로 복수의 장비로 구성해 가상 네트워크 서비스를 구성한다. 최근에는 하드웨어의 의존성을 배제하고 네트워크 및 서비스를 추상화함으로써 신규 서비스를 Time-to-market에 맞게 제공할 수 있는 NFV Network Function Virtualization 의 표준화 및 개발 작업이 진행되고 있다.

이동 네트워크의 코어망의 주요 기능인 EPC Evolved Packet Core, IMS IP Multimedia Subsystem에도 NFV가 점진적으로 도입이 되고 있다. 또한 PNF Physical Network Function에도 NFV 기술 확대를 위한 다양한 기술 검토가 이루어

지고 있지만, 아직까지는 PCI Paththrough 방식이나 SR-IOV 방식이 검토되고 있다.

5G망에서는 서비스 특성에 맞는 네트워크 구성을 위하여 네트워크 슬라이싱 기술을 NFV 기반으로 구현하고 있다.

SK Telecom은 이러한 NFV 솔루션 확대에 따라, 국제표순기구 ETSI European Telecommunications Standard Institute의 open API 기반 통합 관리 시스템을 구축해 운영하고 있다.

3.2 Information network

정보의 종류에 따라 배포 방식을 정하는 네트워크로, 정보별 ID가 부여되어, 이러한 정보를 얻기 위한 최적의 네트워크 구성에 따른 정보 배치가 고려된다.

3.3 Non-layered architecture

기존 OSI 레이어에 따른 네트워크 구분이 최근에는 그 의미가 퇴색되고 있다. 계층 간에 걸쳐 서비스가 되고 있는 SIP Session Initiation Protocol, MIPv6 등이 그 예로, 최근에는 기존의 이러한 layered 개념의 프로토콜이 아니라 세분화된 기능 단위로 분류된 프로토콜이 새로운 개념으로 제시되었다.

3.4 Naming & addressing

현재의 IP 주소체계는 계층적 체계로 구성된다. 하지만 모바일 환경이 중심인 현재의 체계에서는 이러한 계층적 구조가 여러 문제를 일으킨다. 따라서 모바일, 위치기반서비스LBS: Location Based Service 등과 같이 사용자의 위치가 중요한 요소인 서비스에 지리정보시스템GIS: Geographic Information System을 활용한 주소체계의 도입이 제안되었다.

3.5 P2P 모델의 확산

정보의 단위가 커지면서 대용량 파일 전송을 위한 아키텍처가 요구되고, P2P Peer to Peer가 대안으로 고려되었다. 초기에는 eDonkey, bitTorrent와 같은 P2P 프로그램을 기반으로 파일을 복수로 분할해 다수의 클라이언트/서버C/S 구조를 획득함으로써 열악한 통신 환경에서도 대용량의 파일을 공유할 수 있는 모델을 중심으로 서비스가 이루어졌다. 이후 인터넷 포털 서비스 사업자들이 동영상 서비스 성능을 개선하기 위해 개인 PC 단말을 동영상 P2P의 서버로 동작하도록 기능을 확대·발전시켜 고화질 화면 서비스가 가능하게 되었다.

최근에는 IoT의 기반이 되는 센서 간 통신에 P2P 서비스가 응용되고 있다. 저전력 소형화되는 센터의 특성상 중앙 집중 네트워크 구조로서 동작이 어려운 상황이다. 이를 극복하기 위해 센서 간 상호 정보를 주고받아 통신 네트워크를 구성하는 방식이 연구되고 있다.

4 차세대 인터넷 관련 기술

4.1 IPv6 프로토콜 기술

IPv6란 현재 사용하는 IPv4의 주소 길이(32비트)를 확장해 IETF가 1996년에 표준화한 128비트 차세대 인터넷 주소체계이다. IETF는 1990년 초에 서비스 품질 관리를 위해 IPv5 규격을 검토한 이후 보안 기능, 자동 네트워킹 기능 등을 보완해서 1996년에 IPv6 규격(RFC 2460)을 표준으로 제정했다.

32비트 IPv4 주소는 약 43억(2^{32}) 개의 주소 생성이 가능하나, 비효율적인 할당(유효한 주소 개수는 5~6억 개) 및 모바일 인터넷, 정보가전 등의 신규 IP 주소 수요로 새로운 IPv4 기반 신규 주소 할당이 불가능한 상황이다. 이를 극복하기 위해 NAT Network Address Translation 기반의 비공인 주소체계를 활용하기도 하지만 외부 공인 주소들과의 충돌 문제 등이 발생하고 있어, 근본적인 문제 해결을 위해 IPv6가 모바일 환경을 중심으로 확대 적용되고 있다. 128비트의 IPv6 주소는 약 3.4×10^{38}(2^{128})개의 주소를 생성할 수 있어 IP 주소 부족 문제를 해결할 수 있을 뿐만 아니라 품질 제어, 보안, 자동 네트워킹 및 다양한 서비스를 제공하기에 용이하다.

4.2 IPv4·IPv6 연동 기술(전환 메커니즘)

호스트-라우터 관점에서는 IPv4·IPv6 듀얼스택 노드를 이용해 두 개의 프로토콜을 모두 지원하고, IPv4 주소와 IPv6 주소로 모두 설정할 수 있다.

망 관점에서는 IPv4-in-IPv6 터널링을 이용한다. IPv6 데이터그램을 IPv4 패킷에 캡슐화해 IPv4 라우팅 토폴로지 영역을 통해 터널링하고, 터널링은 기존의 IPv4 라우팅 인프라를 활용해 IPv6 트래픽을 전송하는 방법을 제공한다.

게이트웨이 관점에서는 IPv4·IPv6 변환 방법을 이용하는데, IPv4망과 IPv6망이 혼재한 상황에서 IPv4 전용 호스트와 IPv6 전용 호스트 간의 직접 통신을 가능케 하는 IPv4·IPv6 전환 메커니즘을 이용한다.

4.3 IP 이동성 기술(Mobile IPv6)

유선 인터넷에서 IP 주소를 받아 사용 중인 개인용 컴퓨터 또는 노트북을 이동통신망에서 사용하기 위해 이동단말기와 연결하여 이동 시 자유롭게 데이터를 전송하는 데 IP 이동성 기술을 사용한다. MIPv4의 라우팅 최적화를 구현한다(MN과 CN 간 직접 통신으로 삼각 라우팅의 문제를 해결). IPv6의 neighbor discovery와 address auto-configuration 기능을 이용하면 임시 주소CoA 부여를 위한 FA가 불필요하고, 핸드오버 동안에 기존 에이전트가 패킷을 버리지 않고 MN까지 전달해 손실을 줄임으로써 스무스 핸드오버 smooth hand-over를 구현할 수 있다. MIPv6는 MIPv4보다 효과적으로 이동성을 지원할 수 있으며 탁월한 규모 확장성을 지닌다.

4.4 자동 네트워킹 기술

IPv6의 자동 네트워킹 기능(neighbor discovery, address auto-configuration) 및 보안 기술을 활용해 이용자 환경의 신뢰성 및 편리성을 극대화한다(모든 단말기의 plug & play를 실현).

4.5 IP 멀티캐스트 기술(IPv6 multicast)

IP 멀티캐스트를 위한 프로토콜에는 호스트 그룹 관리 프로토콜[IGMPv3 (SSM), MLDv1·MLDv2]과 멀티캐스트 라우팅 프로토콜[PIM-DM·SM, CBT, MSDP, MBGP(BGP4+)], 세션 그룹 관리 프로토콜(SDP, SAP, SIP), 멀티캐스트 주소 할당 프로토콜(MAAA, unicast-prefix based, local scoped) 등이 있다.

4.6 IP QoS 기술

네트워크 계층의 QoS 보장 기술로 IntServ, DiffServ, load balancing(부하 분산), 주소 기반 우선 처리, 프로토콜 기반 우선 처리 방식 등이 있고, 그중 대표적인 기술이 IntServ와 DiffServ 모델이다.

QoS 서비스 모델 중 IntServ 모델은 사전 예약 방식을 이용해 단 대 단 QoS 보장을 해주며, 세션인 flow 단위로 보장이 가능하다. 종단 간 모든 경로의 호스트 및 통신 장비는 RSVP를 이용해 트래픽 특성과 QoS 정보를 전달해 필요한 자원을 할당받는다. 모든 구간에서 자원 예약을 해야 하기에 확장성에 어려움이 있으며, 인터넷처럼 대형망에 적용하는 데는 어려움이 있어 소규모 네트워크에 적합한 기술이다.

DiffServ 모델은 매 홉을 거칠 때마다 QoS 서비스를 적용받을 수 있으며, 해당 구간에 망 혼잡이 있을 때만 QoS 서비스를 받는 방식이다. IntServ 방식처럼 자원 예약을 위한 프로토콜RSVP 을 사용하지 않고, 개별 flow 단위가 아닌 DSCP DiffServ code point 에 대한 집합 단위의 패킷 전달 품질을 제공해 인터넷망 적용이 용이하다. 네트워크 경계 면에서 복잡한 절차를 수행하고, 코어(내부)에서는 간단한 절차를 수행해 확장성을 높였다. DiffServ aware MPLS 기능을 보강해 서비스 품질이 보장되는 차별화된 서비스를 제공할 수 있고, 대형 서비스 사업자의 백본망backbone network에 적합한 기술이다.

QoS 시그널링 프로토콜로는 RSVP와 CR-LDP가 있다. RSVP는 종단 간 자원 예약을 하기 위해 IntServ 방식에서 사용하는 시그널링 프로토콜로, 유니캐스트와 멀티캐스트 전송을 모두 지원한다. 송신자는 PATH 메시지로 수신자에게 자신의 트래픽 특성을 전달하고, 수신자는 RESV 메시지를 이용해 자원(대역폭)을 할당하며 주기적으로 갱신하는 메커니즘이다.

CR-LDP는 MPLS WG에서 MPLS망에서의 자원 예약 방식을 위해 제안한 것으로, CR-LSP의 종단 간 setup 메커니즘이다.

4.7 MPTCP Multipath TCP

현재 일반적으로 사용되는 TCP 네트워크는 종단 간 하나의 경로를 통해 신뢰성 있는 전송을 하게 된다. 즉, TCP는 기본적으로 1개의 통신 경로를 이용해 end-to-end 데이터 전달을 한다. 하지만 최근 유·무선 인터넷 단말은 다수의 유·무선 인터페이스를 가지고 있어, 동시에 다수의 통신 경로 MultiPath를 이용한 통신이 가능해졌고, 이를 활용한 다중경로 전송 프로토콜이 요구되는 상황이다. 이를 구현하기 위해서 MPTCP WG에서 다수 경로를 이용한 동시 데이터 전송 방식을 연구해 적용하고 있다.

MPTCP의 개념

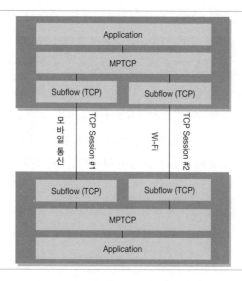

MPTCP 기술은 통신 경로를 여러 개로 늘려 전송하는 전송 계층 프로토콜 개발을 목표로 한다. 단말에 할당된 다수의 주소를 이용해서 단말 간 TCP 통신을 다수로 동시 구성해 다중경로 TCP 연결을 구현한다. 사용자는 이를 활용해서 동시에 다수 경로를 이용한 전송을 수행하거나, 기존 경로에

A · 인터넷통신 기술

추가 경로를 더하게 된다. 이때 서비스 이상이 발생하면 추가 경로를 통한 전송을 수행함으로써 속도를 높이거나 더욱 안정적인 데이터 전송을 가능케 한다. 기본적인 TCP 통신을 응용한 기술로 현재 네트워크의 구조 변경 없이 구현 가능하다.

최근 이동통신 단말들은 모바일망과 Wi-Fi망이 혼재된 환경에서 TCP 통신을 하는 경우에 이동통신망에서 Wi-Fi망으로 핸드오버 발생 시 새로운 주소를 받게 되면서 TCP 연결을 재설정하게 된다. 이때 이기종망 간의 끊김 없는 핸드오버 기술로서 MPTCP를 활용할 수 있다.

4.8 HTTP 2.0

모바일 기반의 인터넷 서비스의 확산에 따라, 전송 계층에서는 속도 및 품질 향상을 위하여 MPTCP와 같은 기술을 개발하고 있고, 애플리케이션 계층에서는 기존 HTTP/1.1을 발전시킨 HTTP/2 기술을 2015년에 표준화하여 이용하고 있다.

HTTP/1.1 vs. HTTP/2

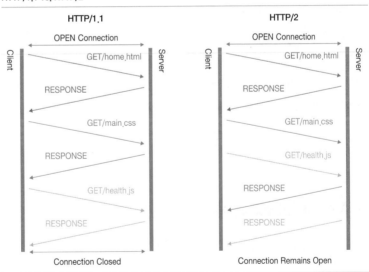

해당 프로토콜은 구글에서 개발한 SPDY를 기반으로 IETF에서 개발되었다. 홈페이지가 텍스트 중심에서 멀티미디어 중심으로 변화하면서 다수의

이미지를 전송받아야 한 개의 웹페이지가 구현된다. 예컨대, 웹페이지에 html file 1개, 이미지 파일 10개가 있다면, 최대 11회의 TCP 응답으로 RTT round-trip time 증가 시 페이지 로딩에 지연이 발생한다. 또한 거대한 header로 인한 전송 속도 저하도 발생한다.

HTTP/2는 이를 극복하기 위해 header compression, multiplexed stream, server push, stream priority 기술을 기반으로 개발되었다.

- Header compression: header 정보의 압축뿐 아니라 header 내의 정보를 dynamic table 구조를 활용해 다음 request에서 해당 header를 사용할 경우, index 정보만을 전송한다.
- Multiplexed stream: 프레임마다 관련된 요청 순서 번호(Stream #)를 기재하여 전달한다. 이때 데이터 전송은 요청 순서에 관계없이 전달 가능하며, 하나의 TCP 세션을 이용해 데이터를 전달한다.
- Server push: 클라이언트의 요청이 없더라도 서버에서 필요가 예상되는 정보를 먼저 전송하는 구조로, 추가적인 프로그래밍이 필요하다.
- Stream priority: 웹페이지의 경우 특정 파일(예: main.css)이 가장 늦게 도착하면 데이터 전송이 되었는데도 화면 렌더링이 지연되는 상황이 발생한다. 이때 의존성을 지정해 CSS 파일이 먼저 처리되도록 하면 렌더링 지연을 예방할 수 있다.

인터넷 서비스가 성능 및 안정성이 확보된 유선 인터넷 환경에서 모바일로 전환됨에 따라, RTT 및 무선 품질의 저하가 발생할 위험이 커지고 있어, 이에 대해 적절한 HTTP/2.0 활용으로 성능 향상을 기대할 수 있다.

5 차세대 인터넷 응용

5.1 정의 및 특징

차세대 인터넷 응용 서비스는 전송 속도가 기존 인터넷보다 빠르고, 실시간 전송과 QoS가 제공되며, 보안이 보장되는 망에서 수행될 수 있는 멀티미디어 응용 서비스이다. 실시간, 보안성, 데이터 공유, 확장성, 데이터 시각화,

이동성 및 신뢰성이 요구되며, 분산 DB, A/V, 원격몰입, 분산 컴퓨팅, 실시간 공동 협업, 보안 및 네트워킹 기술을 다양한 방법으로 결합한 응용 서비스이다.

5.2 목적

차세대 인터넷 응용 서비스는 차세대 인터넷 기술 개발 및 이용 활성화 등의 촉매 역할을 하면서 침체되거나 정체되어 있는 분야의 차세대 인터넷 산업 중 지속적인 발전 가능성이 있는 분야를 활성화해 산업 경쟁력을 높이고, 차세대 인터넷 기반 구축을 촉진하며, 차세대 인터넷 테스트베드 환경에서 기술 개발 결과물의 적용 및 평가를 목적으로 추진되었다.

5.3 차세대 인터넷 응용사업

차세대 인터넷 응용사업으로는 SIP 기반 VoIPv6 인터넷폰 및 멀티캐스트 서비스 개발 및 네트워크 구축, IPv6 멀티캐스트를 이용한 실시간 가상학술회의 또는 원격교육 시스템 개발, 차세대 유·무선 통합 인터넷을 위한 멀티미디어 메시지 시스템, 차세대 인터넷을 위한 멀티미디어 디지털 신문 브라우징 서비스 및 개인 이동성을 갖춘 지능형 웹 컨퍼런스 개발 등이 있다.

 참고자료

김평수. 2017. 「인터넷 성능 및 효율성 향상을 위한 최근 기술 동향」. ≪주간기술동향≫, 제1825호.

삼성 SDS 기술사회. 2007. 『핵심정보기술총서 1: 컴퓨터 구조·네트워크』. 한울.

위키피디아(www.wikipedia.org).

최진혁. 2009. 「미래인터넷 아키텍처 전망」. ≪TTA Journal≫, 124호. 한국정보통신기술협회.

한국전자통신연구원 웹진(webzine.etri.re.kr).

허태성. 2015. 「HTTP 2.0: The New Web Standard and Issue」. KRnet 2015 컨퍼런스 발표자료(2015.6.22).

IEEE(www.ieee.org).

기출문제

114회 컴퓨터시스템응용 MPTCP(Multipath TCP). (10점)

99회 정보통신 차세대 인터넷 라우터에서 QoS 보장을 위한 스케줄링 방법을 설명하고, 장점을 기술하시오. (25점)

80회 정보통신 차세대 통신망의 QoS 확보와 관련하여 IntServ와 DiffServ를 설명하시오 (25점)

A-11

OSPF와 BGP 프로토콜 비교

IP망에서는 서로 다른 네트워크를 연결하기 위해 다양한 라우팅 프로토콜이 사용된다. 그 중 통신망의 규모에 따라 역할이 구분되는 프로토콜 가운데 벤더 종속성 없이 표준으로 널리 활용되는 대표적인 라우팅 프로토콜인 OSPF와 BGP에 대해 알아본다.

1 라우팅 프로토콜

라우팅
데이터가 전달되는 경로는 다양하게 존재할 수 있는데, 최적의 경로 또는 관리자가 선택한 적절한 경로가 안정적으로 유지되도록 하는 것이 라우팅이다.

A-4 '라우팅 프로토콜' 챕터에서 알아본 바와 같이, 데이터가 네트워크 장비를 통해 전달되는 단위인 패킷의 전달 경로 정보를 전달하는 것을 라우팅이라고 한다. 그리고 이러한 라우팅 정보를 교환하기 위해 사용하는 프로토콜이 바로 라우팅 프로토콜이다. 이러한 라우팅 프로토콜은 경로 정보를 올바로 전송하기 위해 다양한 알고리즘을 사용하며, 그 방식의 차이에 따라 라우팅 프로토콜이 구분된다.

라우팅은 정책이 적용되는 범위를 AS Autonomous System라고 하는데, AS 안에 들어 있는 라우팅 정책을 IGP Interior Gateway Protocol라고 하며, AS끼리 연결된 라우팅을 EGP Exterior Gateway Protocol라고 한다. 그리고 이러한 IGP의 종류에는 RIP Routing Information Protocol, IGRP Interior Gateway Routing Protocol, OSPF Open Shortest Path First, IS-IS Intermediate System to Intermediate System, EIGRP Enhanced IGRP 등이 있고, EGP의 종류에는 BGP Border Gateway Protocol가 있다. 그중 IGP 라우팅 프로토콜은 다음과 같은 특징을 가지고 있다.

구분	전송 대상	라우팅 정보	라우팅 정보 전송 시점	최단 경로 알고리즘	라우팅 프로토콜
거리 벡터 라우팅 알고리즘	인접 라우터	모든 라우터까지의 거리 정보	일정 주기	벨만-포드 알고리즘	RIP, IGRP
링크 상태 라우팅 알고리즘	모든 라우터	인접 라우터까지의 link cost	변화 발생 시에만	딕스트라 알고리즘	OSPF, IS-IS

RIP와 IGRP는 성능 및 기능 제한으로 인해, IS-IS는 설정의 복잡성으로 인해 한정된 범위에서 사용되어, OSPF가 표준 프로토콜로 주로 사용된다.

EGP 라우팅 프로토콜은 BGP 라우팅 프로토콜만이 실제 활용되며, ISP 및 일반 기업 환경에서도 분리된 정책이 적용되는 구간에는 적극적으로 활용된다.

2 OSPF 프로토콜 Open Shortest Path First protocol

OSPF 프로토콜은 RIP를 대체할 고성능 라우팅 프로토콜을 목표로 IETF에서 제정되었다. RIP를 대신할 IGP용 프로토콜로, RFC 1247(1991년)에 의해 표준이 정리되고 현재는 RFC 2328(1998년)로 최종 표준이 정리되었다. Link state 알고리즘으로 링크에 변화가 발생했을 경우에만 triggered update를 수행하도록 설계되어 빠른 정보 전달이 이루어지며, 계층 기반 아키텍처로 큰 규모의 망에 적용하기 적합하도록 설계되었다. IGP 프로토콜 중 가장 사용도가 높은 프로토콜이다. OSPF 프로토콜의 주요 특징을 기술하면 다음과 같다.

- 하나의 백본 area를 기반으로 여러 개의 area network가 연결되어 구성된다.
- 백본 area를 통해서만 라우팅 정보가 연결 및 교환되고, 각 area는 각각의 area 내부로만 정보를 공유한다.
- 한 area 내의 모든 OSPF 라우터들은 통일 라우팅 DB LSDB: Link State Database 를 유지한다.
- 백본 area 중심의 계층적 라우팅 구조를 통해서 확장성과 효율성을 확보한다.

OSPF 계층 구조

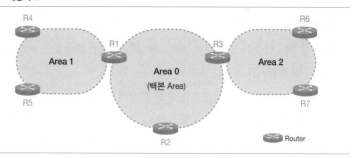

OSPF 네트워크에서의 네트워크 장비는 그 역할에 따라 다음과 같이 구분
된다.

라우터 역할에 따른 분류

구분	설명
Internal Router	어떤 한 area에 속한 라우터
ABR(Area Border Router)	Area와 백본 area을 연결시켜주는 라우터
ASBR(AS Boundary Router)	다른 AS에 속한 라우터와 AS경로 정보를 주고받는 라우터, AS 내부와 외부 라우팅 정보를 공유
DR(Designated Router)	Area 내의 마스터 라우터 역할
BDR(Backup DR)	DR의 장애를 대비한 백업 라우터

OSPF 라우터들의 동작에 따른 역할

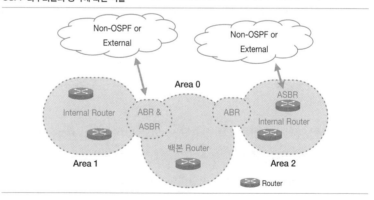

OSPF 네트워크는 다음과 같이 동작한다.

- 모든 라우터는 Hello Message를 통해서 neighbor discovery를 하며,
  network topology를 표현한 link state DB를 유지한다. 이 DB로부터 각
  라우터는 자신을 제외한 목적지에 대한 최단 경로를 Short Path First SPF

알고리즘의 하나인 Dijkstra 알고리즘을 통해 계산하여 라우팅 테이블을 완성한다.

- 링크 상태의 변동이 발생하면, 해당 링크에 연결된 라우터는 area 내 모든 라우터에 LSA를 전파한다.
- LSA를 받으면 SPF 알고리즘을 이용해 사신의 Link DB를 업데이트한다.
- LSA 정보는 그 정보에 따라 다음과 같이 구분된다.
  - Router link advertisement: 라우터의 각 인터페이스 상태 정보로 area 내에 전파된다.
  - Network link advertisement: DR이 생성하며, 특정 네트워크에 연결되어 있는 라우터의 리스트로 area 내에 전파된다.
  - Summary link advertisement: ABR이 생성하며, 자신의 네트워크 또는 ASBR에 전달한다.
  - AS external link advertisement: ASBR이 생성하며, 다른 AS 내의 목적지에 전달한다.

이러한 OSPF 라우팅 프로토콜의 특징은 다음과 같다.

- 계층 구조 기반의 라우팅 단순화가 이루어져 대형 네트워크의 라우팅 정책에 적합하다.
- SPF 알고리즘에 사용될 수 있는 metric(hop count, bandwidth, delay, throughput) 중 bandwidth 기반으로 동작한다.
- Hop count에 의존하는 RIP 프로토콜 대비 링크 변화에 대해 빠른 수렴 시간을 가지고 있으나, 비이상적인 link up/down이 빈번히 발생할 경우에 부하가 커진다.
- 한정된 IP 자원을 효율적으로 사용할 수 있는 VLSM Variable-Length Subnet Mask 을 활용할 수 있다.
- 표준 프로토콜로 모든 벤더가 지원한다. 시스코Cisco에서는 RIP의 단점을 극복하기 위해 IGRP/EIGRP의 프로토콜을 발전시켰으나, 자체 표준으로만 사용하고 있어 OSPF가 시장에서 그 표준으로 널리 활용된다.
- 라우팅 loop가 발생하지 않는다.
- 장비 자체의 자원(CPU, Memory) 소모가 많아 예전에는 널리 사용되지 않았으나, 최근 장비 성능의 발전으로 표준으로서 활용도가 높아졌다.

3 BGP Border Gateway Protocol

BGP는 정책이 다른 네트워크 AS Autonomous System 간의 연결에 사용이 된다. 사내 자원과 AWS Amazon Web Service의 자원을 연동해 하이브리드 클라우드를 구성할 경우, AWS에서는 BGP로 연결될 수 있도록 정보를 제공한다. 또한 SKB, KT와 같은 ISP와 인터넷 연동을 할 경우에도 마찬가지로 BGP가 활용된다. 이는 BGP 라우팅 프로토콜이 활용하는 정책 policy 기반의 라우팅 특성 때문이며, 이를 통해 안정적인 망 연동이 가능하게 된다.

BGP는 AS 개념에 기반한 라우팅 프로토콜이다. 네트워크망에서 AS는 하나의 라우팅 정책 내에서 동작·운영되는 네트워크 통신망의 단위이다. 인터넷망은 이러한 AS들의 연결로 구성된다. 모든 ISP 및 거대 네트워크를 가진 회사들은 고유한 AS 값을 가지고 있고, BGP는 이러한 AS 값을 기반으로 상호 구분하여 라우팅이 동작하도록 하고 있다.

앞에서 설명한 OSPF는 그 계층적 구조 특성으로 인해, 많은 라우터가 동작하는 큰 네트워크에서 운용 가능하지만, 정책이 다른 네트워크 사이에서는 동작하지 못한다. 이러한 독립된 정책이 구동되고 있는 네트워크망 간의 연동에 BGP에 사용이 된다.

라우팅 구성도

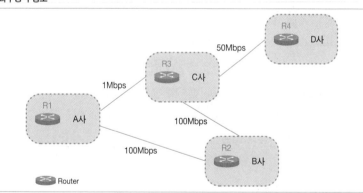

위 그림은 AS들의 연결 관계를 보여준다. 예를 들어 'A사'의 R1 장비가 'C사'와 통신하기 위해서 최선의 경로를 선택해야 할 경우, OSPF와 같은 IGP 라우팅 프로토콜이라면 가장 대역폭이 넓은 R2와 R3를 경유하게 된다. 하지만 관리 정책이 다른 AS 간의 라우팅 연동이라는 관점에서는 R2를 경유해서 데이터를 전송하는 것은 불가능하다. R2 장비의 관리자가 타사 사용자들의 네트워크 전달을 허용하지 않을 것이기 때문이다. 하지만 각 사 간의 협의 결과에 따라서는 일부 데이터가 R2를 경유해 전달되도록 할 수도 있다. 즉, 이러한 AS 간의 통신은 관리자들의 정책 설정에 따라 R1과 R3 간의 통신이 R2를 경유하는 방식을 조설할 수 있다. 이처럼 관리사의 정책에 따라 흘러가는 데이터의 흐름을 제어할 필요가 있는 AS 간 통신에 BGP가 사용된다.

BGP는 규격화하기 불가능한 네트워크 구조와 인터넷의 확장성을 확보하기 위해 개발된 inter-AS 전용 라우팅 프로토콜이다. OSPF와 BGP 프로토콜의 주요한 차이점은 다음과 같다.

IGP(Interior Gateway Protocol) (OSPF, RIP 등)	EGP(Exterior Gateway Protocol) (BGP Only)
- 주로 계층화된 네트워크 구조를 생성함 - 라우터 사이에서 경로 정보가 자동 탐색됨 - 정해진 rule에 의해서 경로 선택 - 라우터 사이에 연결된 네트워크의 변화를 관리	- 비계층화된 네트워크 구조를 형성함 - AS 사이에서 경로 정보를 관리자의 정책에 기반하여 교환함 - 주로 관리자에 정책에 기반하여 경로 선택 - AS 사이에 연결된 네트워크의 변화 관리

BGP 라우팅 프로토콜의 주요 특징은 아래와 같다.

- AS 기반의 라우팅
- IGP들은 주로 AS 내부의 라우팅 정책을 구현하기 위해 사용된다.
- BGP는 AS 간(inter-domain) 사이의 라우팅 정책을 위해 사용된다.
- Path vector 알고리즘을 기반으로 동작한다.
- Inter-domain 라우팅은 다음과 같은 목적을 위해 설계되었다.
  • 확장성: 대용량의 경로 정보와 경로 선택이 가능해야 함.
  • 라우팅 정책: 강력한 필터링과 다양한 경로 선택 기능을 적용할 수 있어야 함.
  • 안전한 라우팅 정보 교환: 안전하고 안정된 라우팅 경로 정보 관리가 가능해야 함.

A · 인터넷통신 기술

라우팅 프로토콜 간의 특징을 정리하면 다음과 같다.

라우팅 방식	Distance-vector	Link-state	Path-vector
업데이트	인접 라우터	area 내 모든 라우터	BGP neighbor
업데이트 시점	일정 주기	Link 변화 발생 시	Link 변화 발생 시
경로 선택 주요 알고리즘	벨만-포드 알고리즘	Dijkstra 알고리즘	정책 기반
주요 metric	Hop count	Hop 수, Bandwidth, Delay 등 다양	Path
대표 프로토콜	RIP, IGRP	OSPF, EIGRP	BGP
분류	IGP	IGP	EGP

4 결론 및 전망

서비스의 인터넷 연동 확대에 따라, 라우팅 경로 관리는 더욱 복잡해지고 있으며, 이를 관리하는 라우팅 프로토콜의 중요성은 더욱 커지고 있다. 현재 주요 라우팅 프로토콜 중 가장 효율적이고 성능이 좋은 것은 OSPF와 BGP이다. 특히 대부분의 대규모 ISP, 대외사와의 연동에는 BGP가 활용되며, 내부 IGP로는 OSPF가 활용된다.

다만 대외 연결을 위한 망 확대에 따른 라우팅 테이블 증가는 라우터의 성능 향상을 필요로 하는데, 기존에는 이를 하드웨어 기반의 네트워크 장비에서 처리했으나, 강력한 서버 컴퓨팅 성능을 바탕으로 소프트웨어 방식의 네트워크 장비에서 처리하는 SDN/NFV 기술의 적용이 확대되고 있다.

참고자료
배움과 나눔. 2010. 「CCIE Routing & Switching Guide」.
삼성 SDS 기술사회. 2007. 『핵심정보기술총서 1: 컴퓨터 구조·네트워크』. 한울.
시스코(www.cisco.com)
피터 전. 2015. 『한 권으로 끝내는 IP 라우팅』. 네버스탑.

기출문제
108회 컴퓨터시스템응용 거리벡터라우팅(Distance Vector Routing)과 링크스테이트 라우팅(Link State Routing)의 장·단점 비교. (25점)
95회 정보통신 라우팅(Routing) 기법의 분류. (10점)

Information

Communication

B

유선통신 기술

데이터통신망

데이터통신망의 기본적인 통신 방식으로는 단방향·양방향 통신, 직렬형·병렬형 전송, 비동기식·동기식 전송 등을 들 수 있다. 특히 패킷 교환 방식은 인터넷 등의 데이터통신, 기존 전화망을 데이터통신에 통합하는 VoIP 서비스, 아날로그방송을 디지털화하여 방송망과 통신망을 융합하는 서비스(양방향통신, on demand, IPTV 서비스)에 활용된다.

1 데이터통신망의 전송 방식

1.1 통신 대화 방식

단방향통신simplex은 아날로그 TV나 라디오방송 등과 같이 한 방향으로만 데이터를 전송하는 방식으로, 에러 발생 등의 제어 방법에 문제가 있어 데이터통신에서는 잘 사용되지 않는다.

반이중통신half-duplex은 양방향 대화 방식이나, 어느 한 시점에는 한 방향으로만 데이터가 전송되는 방식이다. 10Mbps, 100Mbps LAN 통신에서 사용되었던 방식으로, 송신 측에서 전송 매체를 사용할 수 있는지 파악해야 한다. 반이중통신 방식에서는 input 패킷과 output 패킷을 합한 값으로 회선 사용률을 구한다.

전이중통신full-duplex은 송신·수신을 위한 별도의 채널을 두는 방식으로, 어느 한 시점에는 양방향으로 데이터를 전송할 수 있다. 최근 100Mbps, 1Gbps, 10Gbps LAN 통신 및 WAN 통신에서 일반적으로 사용된다. 전이중통신 방식에서는 input 패킷 또는 output 패킷 중 높은 값으로 회선 사용률을 구한다.

1.2 병렬형 전송과 직렬형 전송

병렬형 전송parallel transmission은 동시에 여러 비트에 대응하는 전송선에 비트블록을 전송하는 방식이다. 단위 시간에 다량의 데이터를 전송할 수 있지만, 전송 거리가 멀어지면 각 전송별로 비트가 도착하는 시간이 다를 수 있어 원래의 비트 복원이 곤란해지기 때문에 컴퓨터 중앙처리장치와 주변기기 간의 전송 등 거리가 짧고 고속 전송이 필요한 분야에 이용된다.

직렬형 전송serial transmission은 하나의 전송선을 이용해 비트블록의 비트를 하나씩 전송하는 방식이다. 수신 측에서 수신된 비트를 정해진 크기의 블록 단위로 묶어 원래 정보로 복원한다. 전송 거리가 길고 병렬형 전송보다 상대적으로 저속인 경우에 사용된다.

1.3 동기화 방식

동기화는 송신 측과 수신 측 사이에 정보를 보내는 송신 시점과 정보를 받는 수신 시점을 결정하는 절차를 가리킨다. 동기화의 종류는 크게 비동기식 전송asynchronous transmission과 동기식 전송synchronous transmission으로 나뉜다.

비동기식 전송은 송신 측과 수신 측 사이의 송수신 시점을 일치시키는 절차 없이 고정의 비트 묶음을 기본 단위로 해서 임의의 시점에 전송하는 방식으로, start/stop 비트를 전송하며 start-stop 전송 방식이라고도 한다. 동기화가 간단하나, 한 문자를 전송하는 데 2비트가 추가되어 전송 효율이 비교적 낮으며, 저속·저용량 전송에 적합하다.

비동기식 전송의 예

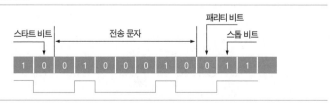

동기식 전송은 전송 개시 전에 송수신 측 간에 전송 개시 시점을 일치시켜놓는 동기화 과정을 필요로 하며, 별도의 동기화 라인을 통해 시간 정보를 전송하는 방법과 동기화 정보를 데이터에 첨부해서 보내는 방법이 있다. 또 동기화를 위해 별도로 추가되는 비트가 없어 비동기식보다 전송 효율이 좋다는 강점이 있다.

구분	전송 단위	에러 검출 방법	오버헤드	전송 효율
비동기식	문자(비트블록)	패리티 비트	문자당 고정식	비효율적
동기식	비트블록(문자블록)	순환 중복 검사	블록당 고정적	효율적

1.4 동기식 전송 방식(비트 중심 전송과 문자 중심 전송)

비트 중심 전송 방식은 전송되는 비트블록에 처음과 끝을 나타내는 특정한 비트패턴(flag)을 덧붙이고, 전송되는 정보 비트에 플래그와 같은 비트열이 나타나면 여분의 비트를 삽입해 전송하는 비트 스터핑bit stuffing 방식을 사용한다. 예컨대 플래그 비트열이 01111110인 경우에 전송하는 정보 비트열 중 플래그와 동일한 비트패턴이 나타나면 01111110 0111/1110(정보 비트열에서 나타난 flag와 같은 비트열) → 01111110 011111'010'(정보 비트열에 '0'을 삽입)하고 수신 측에서는 수신한 정보 비트열에서 '0'을 제거한 뒤 수신하게 된다.

문자 중심 전송 방식은 전송되는 정보에 대한 시작과 끝을 나타내는 제어 정보에 특정한 문자를 사용하는 방식이다. SYN은 데이터의 시작을, DLE Data Link Escape, STX Start of TeXt는 전송 제어 문자, ETX End of TeXt는 데이터의 끝을 표시한다.

SYN	DLE	STX	Header	Data	DLE	ETX	CRC	SYN
(1 byte)	(1)	(1)		(≥0)	(1)	(1)	(2)	(1)

2 다중화

2.1 다중화 필요성

제한된 통신 자원을 다수의 독립적인 사용자들이 공유하여 사용할 때 다중 접속이 필요하다. 즉, 제한된 용량을 갖는 통신 자원(시간, 주파수 등)에 대해 다수의 독립적인 사용자들이 공동의 자원으로서 채널을 공유하기 위한 방법이 다중화이다. 다중화의 종류에는 코드 분할 다중화, 주파수 분할 다중화, 시 분할 다중화, 파장 분할 다중화 등이 있다.

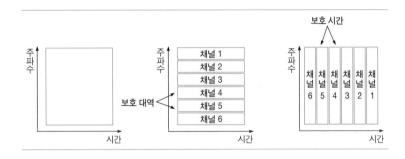

2.2 CDM Code Division Multiplexing

CDM(코드 분할 다중화)은 대역확산 기술을 이용해 다중화하는 방식으로, 여러 사용자가 같은 시간에 같은 주파수를 이용해 동시에 다중으로 전송하되 상호 직교성이 있는 코드를 사용해 다중화하는 방법이다. 수신 측에서는 직교코드를 이용해 신호를 선택하는 다중화 방식이며, 위성통신과 이동통신의 전송 방식 등에 많이 사용된다.

2.3 FDM Frequency Division Multiplexing

FDM(주파수 분할 다중화)은 작은 주파수 대역을 지닌 여러 신호를 각기 다른 주파수의 반송파carrier에 실어 하나의 넓은 주파수 대역을 지닌 전송로를 이용해 전송하는 방식이다. 수신 측에서는 여러 개의 주파수 중 필요한 요소만을 여과해 선택하는 다중화 방식이며, 라디오나 텔레비전의 전송 방식을 예로 들 수 있다. 최근 LTE 통신에서는 데이터 전송 고속화를 위해 OFDM Orthogonal Frequency Division Multiplexing(직교 주파수 분할 다중방식)을 이용해 데이터 전송에 활용한다.

2.4 TDM Time Division Multiplexing

TDM(시 분할 다중화)은 시간을 타임 슬롯time slot이라는 기본 단위로 나누고, 이를 일정한 크기의 프레임으로 묶어서 채널별로 프레임상의 특정 위치에 해당하는 슬롯을 배정하는 방식이다. 수신 측에서는 여러 개의 타임 슬롯 중 할당된 타임 슬롯만을 여과해 선택한다. PDH Plesiochronous Digital Hierarchy, SDH Synchronous Digital Hierarchy, SONET Synchronous Optical Network 등은 TDM에 기초한 전송 기술이다. TDM 방식에는 동기식 시 분할 다중화STDM: Synchronous TDM와 비동기식 시 분할 다중화ATDM: Asynchronous TDM가 있다.

2.5 STDM Synchronous TDM

STDM(동기식 시 분할 다중화) 방식은 각 사용자 채널(타임 슬롯)에서 데이터가 있건 없건 간에 프레임 내 해당 사용자 채널이 항상 점유되는 방식이다. 데이터 전송량이 적을 경우 전송의 효율성이 떨어지며, 프레임의 동기가 반드시 필요하다.

2.6 ATDM Asynchronous TDM

ATDM(비동기식/통계적 시 분할 다중화) 방식은 각 사용자 채널에서 데이터가 있을 때만 프레임에 삽입되는 효율적인 전송 방식이다. 각 타임 슬롯에는 반드시 목적지 주소가 필요하고, 프레임의 동기는 불필요하다.

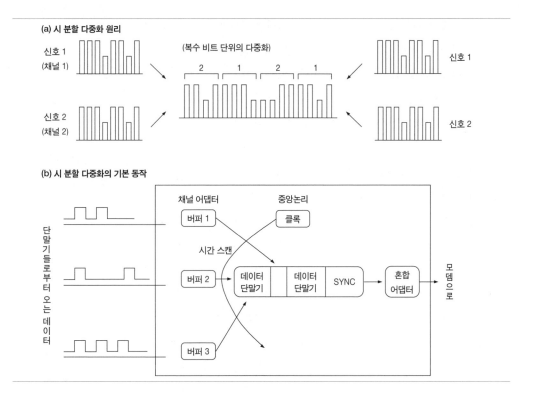

(a) 시 분할 다중화 원리

신호 1
(채널 1)

(복수 비트 단위의 다중화)

2   1   2   1

신호 1

신호 2
(채널 2)

신호 2

(b) 시 분할 다중화의 기본 동작

채널 어댑터   중앙논리

단말기들로부터 오는 데이터

버퍼 1

클록

시간 스캔

버퍼 2

데이터 단말기 | 데이터 단말기 | SYNC

혼합 어댑터

모뎀으로

버퍼 3

3 교환 방식

3.1 회선 교환 방식

회선 교환circuit switching 방식은 송수신 간에 하나의 경로를 확보해 통신이 종
료될 때까지 확보된 경로의 모든 링크를 독점하는 방식으로, 송수신 간에
개설된 회선이 전용 회선처럼 사용된다. 전화교환망에서 주로 사용되는 교
환 방식이며, 경로 설정 시간이 짧고, 고정된 정보 전송률로 데이터를 전송
할 수 있다. 통신하는 동안에는 회선을 점유하므로 다른 사용자와 공유할
수 없어 회선 이용 효율이 떨어지는 단점이 있다.

3.2 패킷 교환 방식

패킷 교환packet switching 방식은 메시지 교환의 일종이지만, 메시지를 패킷이라는 작은 단위로 나누어 전송 속도를 향상시키면서 자원을 효율적으로 사용하고자 하는 방식이다. 축적 후 전송하는 방식store and forward 을 사용하며, 종류에는 데이터그램 방식과 가상회선 방식이 있다.

데이터그램 방식은 전송되는 패킷들이 가상회선을 설정하지 않고, 패킷별로 경로를 설정해 목적시에 선달되는 방식으로, 패킷에는 발신시 주소와 목적지 주소가 있다. 수신 측에는 패킷들이 순차적으로 도착하지 않을 수 있으므로, 순서를 재조립하는 과정을 거치고, 패킷별로 통신망의 상황을 고려한 효율적인 경로 제공이 가능한 방식이다.

가상회선 방식은 패킷을 전송하기 전에 송수신 측 간에 하나의 논리적 경로를 설정해 모든 패킷들이 그 경로를 통해서 전송되는 방식으로 수신 측에서는 패킷을 순서적으로 받을 수 있다. 긴 메시지를 보낼 때 유용한 방식이며, 에러 제어는 재전송기법ARQ 을 이용해 발신지와 목적지 간에 달성한다.

패킷 교환 방식의 장점은 패킷 교환망에 장애가 발생할 때 다른 경로로 우회 전송이 가능해 신뢰성이 높다는 점이다. 또한 트래픽 폭주 시 회선 교환 방식은 연결 설정이 중지되는 반면, 패킷 교환은 전송이 지연되는 방식으로 처리하며, 회선 교환 방식에 비해 링크를 효율적으로 사용한다.

구분	회선 교환 방식	패킷 교환 방식	
데이터 전송	연속적인 데이터	가상 회선 교환	데이터그램 교환
전송 경로	종료 시까지 점유	비점유	비점유
경로 수	하나의 경로	하나의 경로	여러 경로
경로 설정	통신망 전체 정보 이용	통신망 전체 정보 이용	교환기 주변 지역 정보
전송 지연	경로 설정 지연	경로 설정 지연, 패킷 전송 지연	패킷 전송 지연
전송 대역폭	고정 대역폭	가변 대역폭	가변 대역폭
패킷 도착 순서	고정적	고정적	변동 가능

키포인트

방송과 통신의 융합에 따른 발전 동인을 살펴보면 크게 통신은 고속화, 방송은 디지털화를 들 수 있다. 특히 패킷 교환 방식은 데이터통신에서 사용되는 핵심 기술로 데이터를 그보다 작은 여러 개의 패킷으로 구분해 전송하는 개념이다. 이는 음성과 데이터의 통합, 방송과 통신의 통합에서 핵심 개념 중 하나이다.

4 전망

데이터통신망은 기존 전화망PSTN: Public Switched Telephone Network을 수용해 진화·발전하고 있다. 망의 진화에 따라 멀티미디어 데이터의 안정적 전달을 위한 기술적 기반을 제공해주고 있다. 현재 인터넷 환경의 통신 응용 서비스들은 모두 데이터통신망의 광대역화 및 모바일 네트워크 기술의 발전을 근간으로 발전하고 있다. 특히 모바일 네트워크의 진화에 따라 이를 기반으로 한 응용 기술(IoT, 무인 자동차 등)이 지속해서 새롭게 발전하는 기반이 되고 있다.

참고자료

삼성 SDS 기술사회. 2007. 『핵심정보기술총서 1: 컴퓨터 구조·네트워크』. 한울.
위키피디아(www.wikipedia.org).

기출문제

98회 정보통신 E1 전송 방식의 프레임(frame) 구조를 설명하고, 신호정보의 전송 속도를 구하시오. (25점)
74회 정보통신 다중화 기술에 대해 설명하시오. (25점)

MAN Metropolitan Area Network

MAN은 전송 거리 범위가 LAN과 WAN의 중간에 위치해 대도시 내 가입자망, 기업망, 연구망을 연결하며, LAN에 비해 저속 회선으로 구축되었으나 광전달망, 액세스망 기술 발전으로 점차 LAN과 비교해 전송 거리 제한이 모호해지고 있다. 또한 IP 기반 멀티미디어 서비스 전송 기술, 이더넷 기술의 고속화 기술, 패킷 기반 전송망의 고품질 QoS를 제공하는 반송파 이더넷 기술, OTN, T-SDN 등으로 발전하고 있다.

1 MAN의 개요

1.1 정의

MAN Metropolitan Area Network (대도시권 통신망)은 전송 거리 범위가 LAN Local Area Network (근거리통신망)과 WAN Wide Area Network (원거리통신망)의 중간에 위치해 대도시 내 가입자망, 기업망 그리고 백본망을 연결하는 네트워크이다.

기존에는 DQDB Distributed Queue Dual Bus, T1(1.544Mbps) 이하 T3급 가입자용 저속 회선으로 구성되었지만, 백본망과 광전달망 등 물리 전송 매체의 비약적인 성장과 더불어 LAN·MAN 표준화 및 고속화 기술이 함께 진화하고 있다.

MPLS Multi Protocol Label Switching, 메트로 이더넷 Metro Ethernet, MSPP Multi Service Provisioning Platform, DWDM Dense Wavelength Division Multiplexing, OTN Optical Transport Network, T-SDN Transport-Software Defined Networking 기술이 MAN의 요소 기술로 주로 사용되며, 기존 LAN 이더넷 기술 기반에 신뢰성, 고품질 QoS를 적용해

MAN
MAN 기술은 전송 거리 범위가 대략 반경 25km 내외로, LAN과 WAN 기술의 중간이다.

전송 속도 비교
① T3: 43.2Mbps
② OC3: 155Mbps
③ OC12: 622Mbps
④ OC48: 2,488Gbps
⑤ OC192: 10Gbps

향상된 MAN·WAN 기술로 발전하고 있다.

MAN의 일반적 구성
• ADM(Add Drop Multiplexer)
• DCS(Digital Cross-connect System)
• DSLAM(Digital Subscriber Line Access Multiplexer)

1.2 일반적 구성

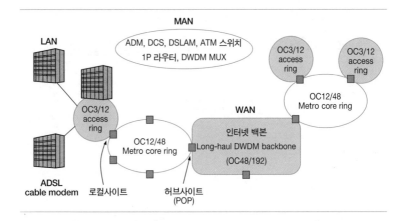

MAN은 ADM, DCS, DSLAM, ATM 스위치, IP 라우터 DWDM 등의 장비를 활용해 LAN과 WAN의 중간 정도의 전송 거리 범위(대략 반경 25km 내외)를 갖는 네트워크로 구성된다.

2 MAN 기술 이해

2.1 MAN 전송 방식

MAN 전송 방식
• 시 분할 다중화(TDM: Time Division Multiplexing)
• 통계적 시 분할 다중화(STDM: Statistical Time Division Multiplexing)

다중화
하나의 회선 또는 전송로를 분할해 개별적으로 독립된 신호를 동시에 송수신할 수 있는 다수의 통신 채널을 구성하는 기술

기존 TDM(시 분할 다중화) 전송 방식은 각 가상회선에 대해 시간적으로 고정 대역폭을 할당해 군집성 트래픽burst traffic에 취약하며 대역폭의 낭비가 심해 고비용의 사용료가 요구된다.

이에 반해, STDM(통계적 시 분할 다중화) 기반 데이터 전송 방식은 데이터 전송 시 대역폭을 유동적으로 할당함으로써 전송 효율을 높인다. 이처럼 음성 트래픽 전송을 위해 설계된 망의 비효율성을 극복하고, 전송 효율을 더욱 높이기 위한 다양한 기술이 등장하고 있다.

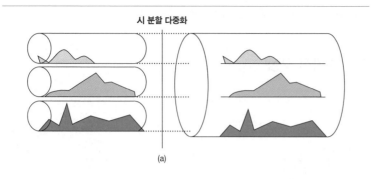

시 분할 다중화

(a)

통계적 시 분할 다중화

(b)

시 분할 다중화
복수의 데이터나 디지털화한 음성을 각각 일정한 시간 슬롯으로 분할해 전송함으로써 회선을 복수의 채널로 다중화하는 방식

통계적 시 분할 다중화
보통의 시 분할 다중화에 비해 많은 다중화와 공중망에 접속할 수 있는 등의 기능을 가진 다중화 방식

2.2 MAN 전송 기술의 발전

MAN은 T1~T3, OC12/48부터 현재 10M~100M, 100기가비트 등에 이르기까지 다양한 전송 회선으로 구성할 수 있다. 기존에는 T1~T3 회선에 TDM 기반의 SONET/SDH망을 사용했으나, 현재는 기가비트 이더넷gigabit Ethernet, ATM, POS, DWDM, OTN, MPLS-TP, T-SDN 등의 데이터 기반의 기술이 개발되어 적용되고 있다.

최근에는 기존 LAN 영역에서 사용되던 이더넷을 SONET/SDH와 같은 고신뢰성 전송망 수준으로 개선하고, 패킷 기반 전송망을 위한 고품질 QoS를 채택해 MAN·WAN으로 LAN 영역의 확장뿐 아니라 IEEE 802 기반의 5G를 포함한 다양한 유·무선 접속 표준기술의 상호 호환성에 관한 표준화가 진행되고 있다.

SONET/SDH
Synchronous Optical NETwork/
Synchronous Digital Hierarchy

 키포인트

LAN에서 TCP/IP를 수용하는 이더넷 기술이 점차 기술 발전을 거듭함으로써 MAN과 WAN 영역으로 확장되고 있다. 그 외 기존 WAN에서 강세를 보이던

SONET·SDH·ATM 기반 기술이 LAN을 수용하는 기술로 전환되거나 고대역 전송인 DWDM, MPLS의 사용이 확대되는 등 MAN의 전송 기술은 점차 영역 파괴가 이루어지고 있다.

3 MAN 적용 기술

MAN 적용 기술
- ATM-ADM
- POS, DPT
- 멀티서비스 SONET
- 기가비트 이더넷
- DWDM
- RPR
- MPLS
- 메트로 이더넷
- MSPP
- OTN
- T-SDN

3.1 ATM-ADM Asynchronous Transfer Mode-Add Drop Multiplexer

OC3를 지원할 수 있는 고속 회선의 필요성과 대역폭을 유연하게 할당할 수 있는 기술로, 최근에는 전송 매체 기술이 발전하면서 WAN 및 MAN에서 ATM망 신규 구축에 활용이 적은 기술이다.

3.2 POS Packet of SONET, DPT Dynamic Packet Transport

오버레이망
기존 네트워크를 바탕으로 그 위에 구성된 또 다른 네트워크

IP·ATM·SONET 오버레이망 구조에서 패킷의 지나친 오버헤드 문제를 해결하기 위해 등장한 기술이다.

3.3 멀티서비스 SONET

ATM이나 POS와 달리 TDM 기반의 SONET과 데이터 기반의 IP·ATM을 하나의 장비에서 지원하는 기술이다.

3.4 기가비트 이더넷

최근 가장 각광받는 기술로, 링크 대역폭을 공유해 효율적으로 패킷을 교환하는 방식이다. 전송 효율이 매우 높으며, 대역폭당 비용이 저렴하다.

기가비트 이더넷은 다양한 패킷 기반 네트워크에서 검증된 LAN 기술로, 관련 장비의 가격이 낮고 유지관리 및 운용이 용이하며, LAN의 95% 이상이 이더넷이므로 프로토콜 변환에 오버헤드가 필요 없다는 등의 장점이 있는 기술이다.

3.5 DWDM Dense Wavelength Division Multiplexing, WDM

기존 음성통신망이 TDM 방식이던 것에 비해 빛의 파장을 분할해 다중화하는 전송 방식으로, 재해복구DR: Disaster Recovery 망 또는 기간 백본으로 주로 사용되는 광다중화 기술이다.

3.6 RPR Resilient Packet Ring

이더넷과 SONET의 장점을 채용한 기술로, SONET, DWDM 링, 광망에 바로 IP 서비스를 제공하는 2계층 기술이다. 프로토콜이나 패킷 구성은 이더넷과 유사하며, 2계층 MAC 프로토콜을 사용한다.

3.7 MPLS Multi Protocol Label Switching

데이터 링크(MAC) 계층과 IP 계층 사이에 라벨을 추가로 사용해 고속 전송, 데이터 보안 등 IP 네트워크 내부에서 동작하는 연결지향형 스위칭connection oriented switching 을 구현하는 기술이다. QoS가 요구되는 망이나 VPN 서비스 등에 적용하는 데 유리하다.

3.8 메트로 이더넷 Metro Ethernet

기존의 라우터나 광전송 장비를 거치지 않고 기가비트 이더넷 또는 10기가비트 이더넷으로 구성된 망을 이용해 스위치 구성만으로 LAN과 같은 연결서비스를 제공하며, 기존 LAN에 사용되었던 이더넷 기술을 그대로 채택해 구현 및 확장성이 우수한 기술이다.

특히 10기가비트 이더넷은 기존 Ethernet 802.3의 프레임과 최대·최소 프레임 크기 등을 그대로 유지하면서 이더넷 환경을 발전시킨 것으로, 호환성이 우수하고 가격이 저렴해 LAN 백본뿐만 아니라, MAN·WAN 백본으로 활용되고 있다.

3.9 MSPP Multi Service Provisioning Platform

MSPP는 SONET/SDH와 같은 기존 TDM 전송 방식의 기술 등이 이더넷과 같은 다양한 IP 서비스를 지원하는 네트워크 장비 및 서비스 플랫폼 기술이라 할 수 있다.

L2 스위치, 허브 등과 같은 별도의 장비가 필요 없이 기존의 광전송 장비 (SONET/SDH)에 이더넷을 바로 수용할 수 있는 멀티플랫폼 솔루션으로, 이더넷 스위치, ATM 스위치, DWDM, OXC Optical Cross-Connect(광교환기) 역할을 수행하며, 전송망을 그대로 활용한 상태에서 이더넷과 같은 서비스를 제공하기 때문에 MAN 구축이 용이한 시스템이다.

3.10 OTN Optical Transport Network

OTN은 100Gbps로 전송하기 위한 OTU Optical channel Transport Unit 4 표준 기술과 OIF PLL Physical and Link Layer 워킹그룹에서 표준화를 주도하고 있는 코히런트 광트랜시버 기술이 핵심이다. WDM Wavelength Division Multiplexing 기술에 바탕을 둔 미래형 광전달 네트워크로, 1.25Gbps 단위로 대역폭을 증감할 수 있는 ODU Optical channel Data Unit flex 증감 기술과 OTN 스위칭 기술로 전송의 유연성을 확보했으며, LO ODUk(k=0, 1, 2, 3, 4, flex)에 매핑된 신호들은 광전달망 내에서 ODUk 스위칭만을 통해 전송하기 때문에 패킷 스위칭을 사용하는 기존 시스템에 비해 저지연의 특성으로 실감 미디어 등 광전달망에서의 대역폭 확장이 가능한 시스템이다.

ODUflex
다양한 신호들을 효과적으로 수용하기 위한 광채널 데이터 유닛 기술로 OTN의 핵심 기술

3.11 T-SDN Transport-Software Defined Networking

T-SDN은 ONF의 OTWG에서 표준화를 추진 중인 기술이다. 통신 사업자망을 자동화하기 위한 SDN 기술로, 5G 광전송망 기술이다. 다중 도메인과 다중 계층으로 구성된 전달망에서 BoD Bandwidth on Demand 서비스와 망 복구, 그리고 급증하는 데이터 트래픽을 다른 네트워크로 분산하는 IP 트래픽 차단 offloading을 신속하게 제공해주는 기술이다.

4 MAN 기술 동향

가입자망과 백본망의 비약적인 성장에 비해 MAN은 LAN과 WAN 기술 및 지역적 경계를 통합하는 기술로 인식되고 있으며, 초기 저속의 고비용 구조인 SONET/SDH 기술의 대안으로 광케이블을 이용한 기술(DWDM, EPON, RPR)과 함께 이더넷 및 IP 기반 기술인 MPLS, 메트로 이더넷, MSPP, OTN, T-SDN 등 다양한 솔루션과 서비스가 적용되고 있다. 앞으로도 MAN 기술은 100G급 초고속의 서비스 제공을 위해 수십~수백 테라급 패킷 광전송망인 POTN을 기반으로 서비스 대상과 사용자 요구 사항에 따라 통합이 예상되며, 관리의 편의성을 제공하기 위해 네트워크 가상화와 클라우드 서비스를 지원하는 방향으로 발전해나갈 것으로 전망된다.

EPON
Ethernet Passive Optical Network

참고자료
위키피디아(www.wikipedia.org).
한국정보통신기술협회. 2008. 「ICT Standardization Roadmap 2009」. 한국정보통신기술협회.

기출문제
78회 정보통신 MPLS 기술에 대해 설명하시오. (10점)
74회 정보통신 MSPP 기술에 대해 설명하시오. (10점)
69회 정보통신 이더넷 링의 복구 알고리즘인 RSTP(Rapid Spanning Tree Protocol)와 RPR(Resilient Packet Ring)에 대해 기술하시오. (10점)

MPLS Multi Protocol Label Switching

MPLS는 신뢰성 있는 IP 백본망을 구현하기 위한 핵심 기술이다. 음성망에서 갖고 있던 높은 수준의 경로 제어 기능, QoS, 보안 기능도 MPLS가 제공할 수 있기 때문이다. 이러한 장점으로 현재 IP VPN부터 메트로 이더넷 등 전용 회선을 대체해가고 있으며, 향후 MPLS는 하이브리드 환경에서의 백본 인프라로 활용될 것으로 예상한다.

1 MPLS의 개요

20바이트의 IP 헤더를 참조한 라우팅은 처리 시간이 많이 소요된다. MPLS는 IP 헤더를 이용한 라우팅 대신 4바이트의 단순한 라벨을 참조해 고속의 패킷 처리를 실현하기 위한 프로토콜이다. FEC라는 패킷 에러 처리 방식과 LSP Label Switched Path 라는 배타적인 전달 경로를 사전에 설정하며, 트래픽 엔지니어링이나 VPN 등 다양한 응용 방법이 개발되어 활용된다.

MPLS는 ATM과 IP망을 연계·통합하기 위한 스위칭 기법의 연구를 통해 등장했으며, 현재는 IP망에서 라우터의 라우팅 능력을 향상시키려는 목적으로 확산되고 있다. 한편 최근에는 라우터에서 고속 라우팅이 제공되므로 라벨 스위칭에 대한 목적보다는 QoS와 트래픽 엔지니어링, MPLS-VPN을 위한 목적으로 널리 사용된다.

2 MPLS의 특징

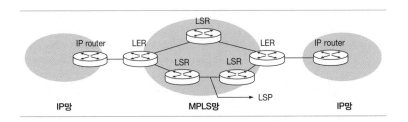

MPLS는 바이트로 구성되어 MPLS망에서 동일하게 전달·처리되는 패킷의 그룹(FEC Forwarding Equivalent Class)을 지정한 **라벨**label, MPLS망 종단에서 라벨을 IP 패킷에 붙여 MPLS망에 보내거나 라벨을 제거해 IP망에 제공하는 라우터router인 LER Label Edge Router, 라벨을 교환하며 패킷을 LSP Label Switched Path를 따라 고속으로 전달하는 라우터인 LSR Label Switching Router, 하나의 FEC에 대응하는 논리적 경로인 LSP로 이루어져 있다.

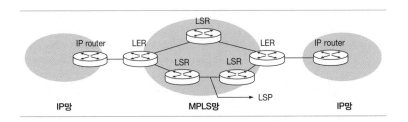

LSP 설정을 위해 LSR들이 교환하는 메시지와 교환 절차에 대한 통신규약 (IETF RFC 3036, 3035)인 LDP Label Distribution Protocol는 교환된 라벨 정보에 따라 LSR에서 LSP를 만들 수 있도록 LFT Label Forwarding Table를 작성·관리한다.

2.1 동작 과정

MPLS망에서 LDP를 이용해 관련 MPLS 라우터에 MPLS 경로를 설정하고, ingress LER에서는 IP망에서 유입되는 IP 패킷에 4바이트의 라벨을 추가한 다음 LSR에 전달한다. LSR는 라벨을 제거한 다음 LSR로 전달할 새로운 라벨을 만들어 LSR에 전달한다(label swapping). 마지막 LSR에서 egress LER로 라벨과 IP 패킷을 전달하며, egress LER는 라벨을 제거하고 IP 패킷을 IP망 라우터에 전달한다.

LER와 LSR

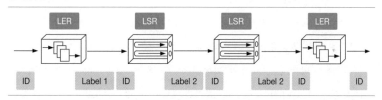

구분	MPLS망	IP망
패킷 전달 참조 정보	- 4바이트의 단순한 라벨	- 20바이트의 복잡한 IP 헤더의 정보
경로 설정	- FEC를 참조해 end-to-end로 경로(LSP) 설정 - 배타적 가상경로(explicit path) 형성 - VPN이나 VoMPLS 등 부가 서비스 용도로 활용 가능	- hop by hop 형태로 전달되며 end to end 의 경로는 형성되지 않음
QoS 지원	- FEC를 통해 QoS나 트래픽 엔지니어링 지원 가능	- RSVP와 같은 별도의 서비스 활용 필요
패킷 처리 속도	- 패킷을 고속으로 스위칭 처리 - 스위칭은 MPLS 장비에 패킷이 유입되었을 때 라벨에 지정된 출력 포트만 참조해 내보내므로 고속의 패킷 처리 가능	- 라우터로 패킷이 유입되면 IP 헤더의 목적지 주소와 라우팅 테이블 정보를 비교해 출력 포트 결정 - 패킷 처리 속도 저속

 키포인트

기존 라우팅 프로토콜과 MPLS의 차이점 MPLS는 라벨 스위칭을 하는 기술이다. 그러면 기존에 사용하고 있는 라우팅 프로토콜은 필요가 없는 것일까? 정답은 아이러니하게도 라우팅 프로토콜이 대부분 필요하다는 것이다. 라벨 정보 및 경로를 교환하기 위해서 라우팅 프로토콜이 필요하기 때문이다. 따라서 라우터에는 각 인터페이스 또는 엔진에 라우팅 및 MPLS의 활성화 및 설정이 필수적이다.

3 MPLS의 응용

트래픽 엔지니어링TE: Traffic Engineering 이란 네트워크 트래픽 특성을 구분하고 특성별로 트래픽을 제어하는 기술로, 대용량 회선을 이용해 여러 클라이언트에게 계약에 맞는 차별화된 서비스(QoS)를 보장하는 데 이용된다. 기존 IP망에서 트래픽 엔지니어링을 구현하려면 트래픽 제어 정보 전달과 처리에 별도의 오버헤드가 필요하지만, MPLS는 LSP 설정 시 교환되는 정보에 트래픽 엔지니어링 정보를 포함해서 전달하고 LSP를 제어하는 방법으로 트래픽 엔지니어링을 구현한다. MPLS를 이용한 트래픽 엔지니어링 구현을 위해 RSVP-TE, CR-LDP, DiffServ 등의 신호 프로토콜을 이용한다.

VPN은 인터넷(공중망)을 이용해 배타적인 경로를 설정하거나 암호화 과정을 거치는 방식으로 가상의 사설망을 형성하는 것을 말하는데, MPLS는 LSP로 설정된 배타적 경로로만 패킷을 전송하므로 VPN의 역할을 수행한다. MPLS-VPN은 전용 회선을 대체하고 기존 IP 대역을 그대로 사용할 수 있는 장점이 있어 최근 급격히 보급되어 널리 사용되고 있다. 여기에는 다음과 같은 두 가지 방식이 있다. 첫째는 L2 MPLS-VPN으로 VPN site 간 LSP를 설정하고 LSP로만 네트워크 프레임을 전송하는 방식이며, 둘째는 L3 MPLS-VPN으로 BGP4를 확장해 라우팅 정보를 분배해 LSP를 설정하고 MPLS를 이용해 네트워크 트래픽을 전송하는 방식이다.

한편 IP 네트워크의 라우팅을 이용해 장애를 복구하는 경우 IP 특성상 상당한 시간이 소요되지만, MPLS를 이용할 경우 primary LSP(working path)에 대한 backup LSP(recovery path)를 미리 설정함으로써 실시간으로 장애 복구(switch over)가 가능하게 되어 network recovery 기술로 MPLS를 활용할 수 있다.

MPLS 개념을 일반화해 광전송 기술, TDM 장비, 레이어 2 스위치, 패킷망 등에서도 같은 형태의 라벨로 활용할 수 있도록 MPLS를 확장한 기술이 GMPLS Generalized MPLS 이다. 2000년 IETF에서 광인터넷망 제어 기술을 위해 MPLS를 확장한 GMPLS를 제안했다. GMPLS는 TDM, PSC Packet Switching Capability, LSC Lamda Switching Capability, FSC Fiber Switching Capability 기능을 모두 수용한 기술이다.

MPLS의 트래픽 엔지니어링 기술과 배타적 경로를 이용해 음성 통신용 회선으로 이용 가능한데, 음성통신에서는 데이터의 지연delay 에 민감한 특성이 있어 IP망에서는 일반적으로 구현이 어려운 단점이 있으나, MPLS에서는 FEC를 이용한 트래픽 엔지니어링 기술을 이용해 전송 품질을 보장할 수 있으므로 음성통신 기술로 활용할 수 있다.

4 MPLS의 이슈 및 전망

MPLS 기술은 MPLS-VPN을 중심으로 급격히 보급되고 있으며, MPLS의 2계층 라벨이 보안성이 높아 주요 기간망이 MPLS-VPN으로 진화하고 있다. MPLS의 장점은 기존 망을 유연하게 통합할 수 있으며, IP망에서 음성망보다 취약한 QoS 및 경로 제어 등을 트래픽 엔지니어링 기법을 통해 해결할 수 있다는 것이다.

2017년 국가융합망 사업 검토 중 MPLS의 두 가지 방식인 MPLS-TP Transport Profile와 IP/MPLS에 대한 기술 적합성 검토 과정에서 보안성, 경제성, 특정 외산 장비에 대한 기술 종속성, 미래 확장성 등의 쟁점 이슈로 인해 사업 수행 시 철저한 검토가 요구되었으며, 2018년 한국도로공사 ITS 고도화 등을 위한 '2018년 광전송장비(PTN) 제조구매' 사업 사전 규격으로 국내에서 제조·공급 가능한 MPLS-TP를 제안해 국내 업체의 대규모 장비 공급 가능성이 열렸을 뿐만 아니라 국산 전송장비의 경쟁력을 입증할 기회가 확보되었다. MPLS망은 기업서비스 프리미엄망에서 MPLS 서비스를 제공하고 있으며, 광전송망 발전에 따라 기간망 백본의 핵심 기술로서 구축되고 있다.

기출문제
◄◄ **102회 정보통신** G-MPLS(Generalized Multi-Protocol Label Switching. (10점)
89회 컴퓨터시스템응용 G-MPLS(Multi Protocol Label Switching). (10점)
81회 컴퓨터시스템응용 MPLS(Multi Protocol Label Switching). (10점)

B-4

WAN Wide Area Network

기존에는 전송 매체의 채널 대역, S/N 등 회선의 품질 수준이 낮아 전송 거리에 따른 에러 제어가 품질을 높이기 위한 주요 기술이었으며, 관리 측면에서도 어려움이 많았다. 현재는 고대역 전송 기술의 발달로 회선 품질로 인한 에러 제어보다는 고속 전송, 장애 복구, 사용자 접속 품질 개선을 위한 요소 기술이 WAN에서 주요 기술로 활용되고 있다. 앞으로의 WAN 기술은 이렇게 확보된 전송 자원을 얼마나 효율적으로 활용할 수 있을지에 대한 방안을 연구하는 방향으로 발전해나갈 것이다.

1 WAN의 개요

WAN(원거리통신망)은 보통 호스트 컴퓨터라는 메인프레임과 원격으로 떨어져 있는 단말기 간을 서로 연결하기 위해 개발되었다. WAN을 이루는 데이터 링크 기술은 OSI 2계층에 해당하며, 프레임이라는 패킷 단위를 원격 노드에 전달하기 위해 링크의 설정·해제, 흐름 제어, 에러 제어, 순서 제어 등을 수행한다.

최근에는 광통신 기술의 발달로 전송 매체의 성능이 향상되면서 거리를 기준으로 기술을 구분하던 개념이 희미해지고 있으며, WAN 환경에서도 LAN 기술이 확장·응용되고 있다.

주요 WAN 데이터 링크 기술로는 HDLCHigh-level Data Link Control, X.25, 프레임 중계frame relay, ISDN Integrated Services Digital Network, ATM, MPLS, RPR, IP over DWDM 등이 사용된다. 또한 물리적 거리와 비용의 제약으로 말미암아 링크 제어 기술, 대역폭 증속 등으로 해결할 수 없는 서비스 품질을 개선하기 위해 CDN Content Delivery Network·WAN 가속 등의 기술이 활용되고 있다.

WAN 기술의 진화
① 전화망
② PSDN
③ 프레임 중계
④ B-ISDN
⑤ MPLS
⑥ IP over DWDM

WAN 기술의 진화

전화망 (PSTN)	패킷망 (PSDN)	프레임 중계	ATM (B-ISDN)	MPLS	IP over DWDM
회선 교환 음성망 호스트 중심 Modem 1.2~9.6Kbps	패킷 교환 데이터전용망 호스트 중심 Modem, DSU 1.2~56Kbps	프레임 교환 C/S 환경 LAN to LAN DSU, CSU 56K~2Mbps	셀 교환 멀티미디어 서비스/망통합 광전송 155~622Mbps	라벨 교환 통합망/MAN QoS 보장 1/2계층 전송 Gbps급	파장 교환 통합망/WAN 고대역/저지연 광전송 T(Tera)bps급

2 HDLC High-level Data Link Control

2.1 개요

HDLC는 bit oriented protocol로서, character 형태로 동기화하는 IBM의 SDLC Synchronous Data Link Control를 참조해 ISO에서 제정한 표준 프로토콜이다. 비트들을 묶어 프레임 단위로 데이터를 전달하는 방식이다.

HDLC는 WAN 데이터 링크 프로토콜의 가장 일반적인 개념으로 X.25의 LAP-B Link Access Protocol Balanced, ISDN의 LAP-D D-channel, 프레임 중계의 LAP-F Frame 에 활용된다.

2.2 프레임 구조

HDLC 프레임 구조
• 플래그(flag)
• 주소(address)
• 제어(control)
• 정보(data)
• 에러 검출(FCS)
• 플래그(flag)

HDLC 프레임 구조

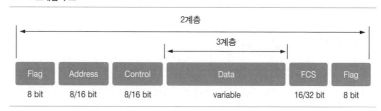

- 플래그 flag: '01111110'으로 프레임의 시작과 끝을 표시한다.
- 주소 address: 수신 측 주소(명령의 경우)와 송신 측 주소(응답의 경우)를 표시한다.
- 제어 control: 프레임 종류에 따라 필요 정보를 삽입한다.

- FCS: 순환 중복 검사CRC 기능을 통한 에러 검출 기능을 제공한다.

2.3 특징

HDLC는 bit oriented protocol 및 connection oriented protocol로서 진송 효율을 높였으며, 비트 투명성을 제공하는 데이터 부분 플래그flag와 동일한 형태의 비트 발생 시 혼란을 제거하기 위해 '1'이 연속 5개 발생할 경우 송신 시 '0'을 중간에 삽입해 단방향통신simplex, 반이중통신half duplex, 전이중 통신full duplex을 모두 제공한다.

HDLC의 특징
- 비트 투명성
- 단방향통신·반이중통신·전이중 통신 지원

3 X.25

3.1 개요

X.25는 패킷 교환망에서 DTE·DCE 간 인터페이스 규격을 정의하는 저속(64Kbps)의 프로토콜로서, B-ISDN을 위한 전송 품질 보장 기술이다.

X.25는 링크 프로토콜인 LAP-B를 이용해 프레임의 정렬, 경계, 순서 제어, 오류 제어, 흐름 제어 등을 수행함으로써 전송 품질의 신뢰성을 높였으나, 제어 절차가 복잡해 고속 전송이 어렵다. 하지만 여전히 금융권에서 지점 간 연계, 카드 승인처럼 데이터양은 적지만 신뢰성을 필요로 하는 곳에 많이 사용된다.

X.25
- B-ISDN용 저속 프로토콜
- 제어 절차 복잡
- LAP-B

3.2 관련 기술 및 규격

- PADPacket Assembly & Disassembly: 비패킷형 단말기가 패킷망에 접속될 수 있게 하는 기능을 제공한다.
- X.28: PAD에 접속하는 비패킷형 단말기를 위한 인터페이스 규격이다.
- X.29: 패킷형 단말기가 어떻게 PAD와 통신할 것인지를 규정한다.
- X.75: 서로 다른 패킷 교환망 간 인터페이스 규격이다.

X.25 관련 규격
- PAD
- X.28
- X.29
- X.75

3.3 특징

X.25의 특징
• 오류 제어
• 흐름 제어
• 고속 전송이 어려움

X.25는 프레임에 대한 오류 제어, 흐름 제어 등을 통해 전송 품질을 높였으나, OSI 2·3계층에서 제어 절차에 따른 패킷 지연으로 고속 전송이 어렵다.

4 프레임 중계 Frame relay

4.1 개요

프레임 중계
• 2계층 고속
• X.25 대체
• LAP-F

프레임 중계는 에러가 극히 적은 전송로를 사용한다는 전제하에 상위 계층에서의 흐름 제어 및 에러 제어를 생략함으로써 2계층에서 고속의 서비스를 실현하는 망이다. 1991년 미국에서 최초로 상용화했으며, X.25의 대체 기술로서, 링크 프로토콜로는 LAP-F를 사용하고, 동적인 대역 할당을 통한 군집성 트래픽에 효과적이다.

4.2 관련 기술 및 규격

프레임 중계 관련 규격
• FAD
• T1/E1
• 연결지향

- FAD Frame Assembly & Disassembly: 프레임 중계망을 사용하기 위해 LAN·PSTN (음성망) 등 기존 망의 메시지를 프레임으로 변환하는 기능을 제공한다.
- 주요 전송 속도: T1(1.544Mbps)·E1(2.048Mbps)
- 접속 형태: connection oriented

4.3 특징

프레임 중계의 특징
• 고속통신
• 전용 회선 대체 서비스 가능

제어 절차를 간소화해 고속통신을 가능하게 하며, DLCI Data Link Connection Identifier 에 의해 1개 회선으로 복수의 채널이 구성되어 전용 회선보다 효율적이고 경제적인 네트워크 구성이 가능하다. 또한 PVC Permanent Virtual Circuit를 통해 전용 회선 대체 서비스 역할도 한다.

5 ISDN Integrated Services Digital Network

5.1 개요

ISDN은 전화망의 발전된 형태로서, 표준화된 다목적 사용자 인터페이스를 통해 음성 및 데이터 등 비음성을 포함한 광범위한 서비스를 디지털 방식으로 통합 제공하는 기술이다. 전송 속도는 64Kbps를 기본 단위로 해 음성의 디지털 전송에 중점을 두었으며, 링크 프로토콜로는 LAP-D를 사용한다.

ISDN은 저속 PSTN 네트워크로 전송 용량을 늘리는 데 한계가 있고, 멀티미디어 서비스를 제공하기가 어렵다. 이 때문에 현재는 신규 제공 서비스가 거의 중단되고, 금융 및 기타 업종의 일부 회선의 백업 회선으로만 사용되는 상태이다. 음성과 비음성 서비스를 같은 네트워크에 디지털화한 최초의 통합 개념 망으로서 의미가 있다.

> **ISDN**
> 전화, 전신, 텔렉스, 데이터, 비디오텍스 등 성격이 서로 다른 서비스를 종합적으로 취급하는 디지털 통신망

5.2 채널 종류

- B 채널: 전송 용량이 64Kbps인 기본적인 사용자 채널이다.
- D 채널: 전송 용량이 16Kbps 혹은 64Kbps인 시그널링용 제어신호 또는 비회선 교환 방식의 정보 전송을 위한 채널이다.
- H 채널: 전송 용량이 64Kbps를 초과하는 대용량 가입자 정보를 전송하기 위한 채널이다.

> **ISDN 채널 종류**
> • B 채널: 기본 채널
> • D 채널: 저용량
> • H 채널: 대용량

5.3 서비스 종류

- BRI Basic Rate Interface: 64Kbps의 B 채널 2개와 16Kbps의 D 채널 1개로 구성되어 144Kbps(2B+1D)의 전송 용량을 나타낸다.
- PRI Primary Rate Interface: 23B+1D(1.544Mbps)로 구성된 T1의 북미 방식과 30B+1D(2.048Mbps)로 구성된 E1의 유럽 방식으로 나뉜다.

> **ISDN 서비스 종류**
> • BRI: 144Kbps
> • PRI: T1/E1

5.4 특징

아날로그 음성신호와 데이터의 디지털신호의 통합 서비스를 제공하는 가입자망의 디지털화에 의미가 있지만, 전송 용량이 개선된 xDSLx-Digital Subscriber Line 서비스에 가입자망 시장을 넘겨주었다.

6 ATM Asynchronous Transfer Mode

6.1 개요

ATM
B-ISDN(광대역종합정보통신망)
의 핵심 통신 기술

ATM은 디지털 데이터를 53바이트의 셀 또는 패킷으로 나누어 전송하는 전용 접속dedicated-connection 교환 기술이다. 정해진 시간마다 데이터를 주기적으로 전송하는 기존 STDMSynchronous TDM 방식과 달리 채널에 정보가 있을 때 데이터를 전송하는 ATDMAsynchronous TDM 방식을 사용해 전송 효율을 높였다.

즉, ATM은 광대역 ISDNB-ISDN의 기반 기술인 ATM 셀 교환 기술과 ATDM 가입자 구간 다중화 기술을 혼용한 것으로도 볼 수 있다.

6.2 관련 기술 및 규격

- UNIUser-Network Interface: ATM 최종 사용자와 ATM 스위치 간, 또는 개별 ATM 스위치와 ATM 공중망 간 인터페이스이다.
- NNINetwork-Network Interface: ATM 공중망 간 인터페이스이다.
- PNNIPrivate NNI: 망 상태 정보 교환을 위한 라우팅 규격이다.

6.3 특징

ATM은 데이터 종류에 따라 전송 서비스를 분류·설정할 수 있으며, 전송 지연 및 셀 손실 시 이를 제어하는 헤더(PTPayload Type)를 제공해 전송 품질을 보장했다.

ATM은 셀 크기를 53바이트로 고정시켜 셀 생성에 필요한 시간이 짧으나, 대용량 데이터를 전송할 때에는 한층 많은 셀로 전송하게 되어 오히려 변환 오버헤드가 발생하는 문제가 있다. 반면 채널에 정보가 없을 때 전송하지 않고 정보를 채워 전송해 전송 효율이 높다. ATM은 또한 다양한 서비스 종류에 대한 트래픽을 수용해 멀티미디어봉신에 석합하다.

7 MPLS Multi Protocol Label Switching

7.1 개요

MPLS는 트래픽 특성에 따라 FEC Forward Equivalence Class를 구분해 라벨을 할당하고, 다음 노드에서는 3계층(IP) 정보를 분석할 필요 없이, 수신된 라벨(20비트)에 대한 정보를 이용해 다음 노드에 대한 정보를 얻는 표준 기술이다. MPLS는 네트워크 트래픽 흐름의 속도를 높이고, 관리를 쉽게 하며, ATM, 프레임 중계, X.25, 이더넷 등의 네트워크상에서도 지원이 가능한 라우팅 기술이다. IETF에서 표준화를 주도하고 있다.

7.2 관련 기술 및 규격

라벨은 패킷 헤더 내에 고정된 길이로 forwarding 기능을 수행하기 위한 정보를 갖고 있는 부분이다. 패킷의 수신 노드의 주소와 같은 망 계층 헤더의 정보를 직접 갖고 있지는 않다.

Label swapping은 label connection table을 유지하며, 프레임 중계의 DLCI 값과 유사한 개념으로, MPLS 헤더의 라벨 및 CoS Class of Service 필드를 이용해 QoS를 제공하고, 하나의 큐잉·스케줄링 레벨이 하나의 LSP·FEC에 대응하게 되어 CoS 필드 값에 상관없이 패킷을 전송한다. 또한 MPLS 라벨은 하나의 LSP·FEC에 대해 세 비트의 CoS 필드를 적용해 8개의 큐잉·스케줄링 레벨을 설정한다.

7.3 특징

MPLS는 라우팅의 확장성 및 융통성을 제공하고, 고속 라벨 교환을 통해 망의 성능을 향상시키며, 망 트래픽의 명시적 분류explicit classification 기능과 분류된 트래픽에 대한 명시적 라우팅explicit routing 을 통해 트래픽 엔지니어링 및 QoS를 지원한다.

MPLS는 주로 고속, 보안성을 요구하는 VoIP를 비롯한 다양한 멀티미디어 응용 등에 적합하다.

8 RPR Resilient Packet Ring

8.1 개요

RPR는 광통신 기술의 발달로 도시 간 연결을 위한 기존 WAN 영역에 메트로 이더넷이라는 개념으로 확장되어 사용된 기술로, 회선 장애에 대해 SONET/SDH에서 제공하는 수준의 신뢰성 있는 연결 기술이 없어 이에 대응하는 기술로 RPR가 제시되었다.

RPR는 SONET/SDH와 마찬가지로 링ring 을 기반으로 제공되며, 50ms 이내의 절체 속도를 보장하고, SONET/SDH와는 달리 active·backup 링이 아닌, active·active 링 개념을 적용할 수 있어 SONET 대비 최대 4배의 대역폭을 제공할 수 있다.

> RPR
> 광섬유 링을 위한 표준으로 개발된 망의 형태로, 광섬유 링을 위한 매체접근 제어 계층의 표준(IEEE 802.17)

8.2 관련 기술 및 규격

- IEEE 802.17에서 RPR 표준 관련 기술을 정의한다.
- RPR MAC: 링 내에서 회선의 관리·절체 등을 결정하기 위해 전송되는 데이터 프레임으로, 신뢰성 있는 메커니즘steering·wrapping 을 통해 50ms 이내 절체 서비스를 제공한다.
- Steering: 모든 스테이션에서 제공하며, 장애 발생 시 각 스테이션들은 자신이 알고 있는 연결된 회선으로 서비스를 제공한다.

– Wrapping: 옵션 값으로 장애 발생 시 해당 설정이 되어 있는 스테이션에
서는 트래픽이 반대 방향으로 우회되도록 설정된다.

8.3 특징

RPR는 신뢰성 있는 운영·관리·유지를 위해 다양한 기술을 지원하는데, 이
를 OAM Operations, Administration, and Maintenance 이라 한다.

- 링에 존재하는 2개의 단말 간 연결을 결정 및 관리
- 서비스 클래스에 따른(RPR는 3개의 서비스 클래스 제공) 전송 경로 결정
- 마스터 스테이션에 의지하지 않는 운영
- 잘못된 회선 보호에 대한 제어 메커니즘 제공

또한 RPR는 3개의 서비스 클래스를 제공해 QoS를 제공하며, plug &
play 형태로 자동적으로 토폴로지를 탐색하고 스테이션의 상태를 광고해
수작업 없이 스테이션이 자동으로 역할을 할 수 있게 한다.

RPR 기술의 특징
- 50ms 이내 절체 속도 보장
- OAM 제공
- QoS 제공
- Plug & play 제공

OAM과 OSI 모델 간의 관계

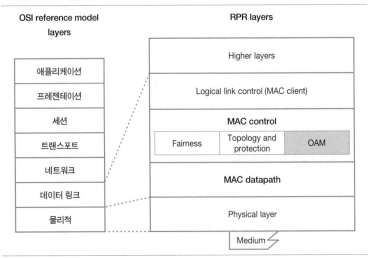

9 IP over DWDM

9.1 개요

SONET/SDH
동기식 디지털 신호계위, 기본 계위를 가지고 있으며 이를 다중화함으로써 계위를 확장해 활용 가능함 (~10Gbps).

MSPP (Multi-service Provisioning Platform)
SONET/SDH를 기본 신호 계위를 사용하는 전송장비로, 여러 가지 인터페이스를 수용 가능해 NG(Next Generation) SDH라고도 불림.

인터넷 가입자망은 ADSL, VDSL, FTTH 등의 등장으로 수백 Mbps급으로 대역폭이 확대되었고, 인터넷 백본망도 DWDM, OXC 등의 등장으로 기가·테라급으로 광대역화되었다. 근거리통신망LAN과 광대역통신망WAN을 연결해주는 방식은 기존에 SONET/SDH(MSPP)가 많이 사용되었지만, 현재는 IP over DWDM을 사용해 IP 데이터망을 SONET/SDH를 거치지 않고 바로 DWDM망에 실어주는 형태로 활용되고 있다.

9.2 개념도

OTN (Optical Transport Network)
전기적 신호 단위가 아닌, 광 파장 단위로 전달·수송하는 기능적 광 네트워크로, OTH(Optical Transport Hierarchy)를 기본 신호 계위로 사용하며 WDM 방식을 사용함.

IP망의 트래픽 증가로 상용화된 최대 전송 용량이 10Gbps인 SDH/SONET (MSPP)망의 수용 한계로 IP망의 트래픽을 테라급 전송이 가능한 DWDM (OTN)망에 직접 실어 전달하는 방식으로 발전하고 있다.

9.3 특징

IP over DWDM은 광교환기의 발전에 힘입어 IP를 직접 DWDM에 실어주는 망구조를 가진다. 높은 링크효율을 얻을 수 있어 인터넷 백본망 및 WAN/MAN 구간에서 많이 사용되며, IP 데이터를 SONET/SDH망을 거치지 않고 DWDM망으로 바로 전송할 수 있기 때문에 추가적인 신호 변환이 필요 없어 전송 속도가 빠르며, DWDM의 파장 다중화 특성상 고대역 전송이 가능하다.

10 콘텐츠 전송 효율화 기술

10.1 기술 개요

콘텐츠 전송 시 지역 간의 거리 및 상황에 따라서 내역폭 확보, 통신 지연 개선 활동을 하기가 어려우며, 국가 간 멀티미디어 콘텐츠 서비스, 인트라넷에서의 대용량 파일 전송 속도 향상 등을 위해 WAN 기술의 확대 적용이 필요하지만, 비용과 지역적 한계, 서비스 지역의 특성 등으로 제공이 불가할 경우가 많다. 이를 개선하기 위해 CDN Content Delivery Network, WAN 가속 등의 기술을 WAN 기술과 함께 복합적으로 사용하게 되었다.

콘텐츠 전송 효율화 기술
- CDN
- WAN 가속기

10.2 CDN Content Delivery Network

주로 대용량의 파일을 전송할 때 다른 국가로 전송하는 등의 경우에 거리의 문제로 데이터 전송 지연이 발생할 수 있는데, CDN은 사용자 요구를 사용자와 가장 가까운 지역의 시스템으로 재전송해 국가 간의 서비스 요구를 국내 간, 인접 지역 간 서비스로 변경함으로써 속도 향상, 서비스 품질 개선의 효과를 얻는 것을 목적으로 한다.

  CDN에 필요한 기술로는 로드 밸런싱을 위한 L4~L7 스위치, DNS redirection 등이 있다. 마이크로소프트 윈도우 서비스, 각종 동영상 스트리밍 서비스가 CDN 기술을 활용한 대표적인 사례이다.

10.3 WAN 가속기

WAN 가속기는 비용과 지역 인프라의 한계로 대용량 회선 확보가 불가하거나 지역적 한계로 두 지점 간 응답 속도 지연이 높아 데이터 전송 속도 문제가 발생하는 것에 대한 개선책으로, 전송되는 데이터 사이즈를 줄여 WAN 회선에서 오는 제약을 극복하고자 하는 기술이다.

  두 지점 간 WAN 가속 장비를 통해 중복 데이터 제거·압축·캐싱 기술을 적용하고, 이를 통해 전송되는 데이터를 최대한 줄여 사용자 측면에서는 WAN 대역폭이 추가되는 것과 동일한 효과가 있다. 하지만 콘텐츠에 따라서는 압축 기술의 효과가 없을 수도 있다.

11 주요 WAN 기술 비교 및 향후 전망

구분	X.25	전용 회선	프레임 중계	ATM	MPLS	IP over DWDM
전송 속도	56/64Kbps	T1/E1	T1/E1	155Mbps	gigabit stream 가능	terabit stream 가능
전송 매체	구리선	구리선	구리선, 광	구리선, 광	광	광
전송 지연	큼	극소	적음	적음	극소	극소
교환 단위	고정 길이	bit stream	가변 길이	고정 셀	라벨	파장
접속 형태	패킷 연결지향	고정 연결	연결지향	연결지향	연결지향	고정 연결
제공 서비스	데이터	데이터, 음성	데이터, 음성	멀티미디어	통합 서비스	통합·고대역 서비스

WAN 기술은 기본적으로 전송 매체의 발전에 따라 전송 속도가 증가하고 적용 기술을 변화시키면서 발전해왔다. 전송 속도가 Mbps급인 전용 회선, 프레임 중계 등의 한계를 극복하고자 ATM이 개발되었으며, 또다시 Gbps 급 전송 속도 확보와 QoS 적용이 가능한 MPLS로 발전되었다. 현재는 IP 트래픽의 급격한 증가에 대응하기 위해 IP over SDH/SONET을 거쳐 고대역 전송이 가능한 IP over DWDM(OTN) 기술이 널리 활용되고 있다.

전송 속도의 한계는 테라tera급 전송 용량 확보로 어느 정도 극복되었다고 할 수 있기 때문에, 이제는 확보된 전송 자원을 얼마나 효율적으로 활용할 수 있을지가 WAN 기술에서 주요 이슈가 되고 있다.

이에 대한 방안으로 제시되고 있는 기술이 바로 SD-WANSoftware Defined WAN이다. 이는 기존 SDN의 컨트롤 플레인과 데이터 플레인을 분리하는 개념을 WAN에 적용한 기술로, 전체 WAN 링크와 성능을 모니터링하고 각각의 트래픽에 가장 적합한 링크를 컨트롤 플레인의 소프트웨어가 각 링크의 성능, 비용, 애플리케이션의 요구 사항 등을 고려해 최적의 링크를 선택하여 동작하도록 설계된 망이다. 앞으로의 WAN 기술 시장은 SD WAN을 주력 기술로 하여 발전해나갈 것으로 예상된다.

참고자료

위키피디아(www.wikipedia.org).

삼성 SDS 기술사회. 2007. 『핵심정보기술총서 1: 컴퓨터 구조·네트워크』. 한울.

IEEE(www.ieee.org).

기출문제

104회 정보통신 WAN 가속기의 차이점. (10점)

78회 정보통신 MPLS(Multi Protocol Label Switching) 기술에 대해 약술하시오. (10점)

78회 정보통신 ATM(Asynchronous Transfer Mode) 서비스 카테고리 다섯 가지를 간략하게 설명하시오. (10점)

77회 정보통신 광역통신망(WAN)과 접속되는 WEB 기반의 정보처리 시스템을 구축하고자 한다. 시스템의 안정성 및 신뢰성을 제고하기 위한 이중화 방안을 모두 제시하시오. (25점)

75회 정보통신 기존의 통신 방식과 ATM 기술 측면을 고려해 다음을 비교 설명하시오. (25점)

가. ATM 교환원리 설명

나. Frame Relay와 ATM

다. LAN과 ATM

라. Voice Network(TDM)과 ATM

74회 정보통신 ATM(Asynchronous Transfer Mode)에서 체증 제어에 대해서 설명하시오. (25점)

71회 정보통신 MPLS(Multi Protocol Label Switching)에 대하여 아래 사항을 설명하시오. (25점)

(1) 주요 특징 (10점)

(2) 라우터(Router) 기반의 MPLS와 ATM(Asynchronous Transfer Mode) 기반의 MPLS를 비교 설명

68회 정보통신 ATM(Asynchronous Transfer Moce, 비동기 전송모드)에 대해 아래 사항을 설명하시오. (25점)

(1) 개요

(2) 기술적 특성

(3) ATM 교환 원리를 회선 교환 및 패킷 교환과 비교 설명

66회 정보통신 이더넷 링의 복구 알고리즘인 RSTR(Rapid Spanning Tree Protocol) 및 RPR(Resilient Packet Ring)에 대해 간략히 기술하시오. (10점)

63회 정보통신 MPLS(Multi Protocol Label Switching) 개념을 간단히 설명하시오. (10점)

60회 정보통신 MPLS(Multi Protocol Label Switching). (10점)

B-5

인터네트워킹 장비

네트워크를 구성하는 기본적인 인터네트워킹 장비로는 라우터, 스위치 장비가 있으며, 스위치 장비는 기본적인 L2 스위치뿐만 아니라 L3 스위치, L4 스위치, L7 스위치로 다양화되고 있다. 특히 데이터 네트워크와 스토리지 네트워크를 동시에 수용하기 위한 네트워크 확장 장비도 개발되어 보급되는 추세이다.

1 인터네트워킹 장비의 개요

1.1 정의

동일한 프로토콜을 사용해 두 개 이상의 네트워크를 하나의 네트워크처럼 연결하는 것을 인터네트워킹internetworking이라고 한다. 이는 서로 분산된 컴퓨터들 간의 상호 연결성 및 작동성을 극대화하는 데 사용된다. 인터네트워킹 장비로는 repeater, switch, router, gateway 등이 있으며, 주로 switch (L2~L7 switch로 구분), router, gateway 등이 사용된다.

키포인트

시스코(Cisco)나 주니퍼(Juniper)의 백본급 장비를 보면 다양한 인터페이스가 존재한다. 백본 스위치급 장비는 이더넷, SDH, FC, FCoE 등 다양한 인터페이스를 지원하여 오히려 설계에 어려움이 많이 존재한다. 데이터 네트워크, 광전송 네트워크, 스토리지 네트워크에 대한 폭넓은 이해와 경험을 바탕으로 특정 기술이나 벤더사에 종속되지 않는 표준 아키텍처 설계가 필요하다.

1.2 인터네트워킹의 필요성

인터네트워킹은 자원(하드웨어, 소프트웨어, 데이터베이스)을 공유하고, 업무 시스템을 연결하며, 물리적 거리와 연결 노드 수 제한을 극복하고, 중앙 집중식 네트워크를 관리하며, 분산 환경하에서 경쟁력을 구축하는 데 필요하다.

1.3 일반적인 구성 형태

일반 단말을 연결하는 데는 허브 또는 L2 스위치를 주로 사용하며, 접속 속도는 일반적으로 100Mbps~1Gbps이나, 서버 등은 1~10Gbps, 25Gbps로 접속한다. 네트워크 백본으로는 모듈형 L3 스위치를 주로 사용하며, 외부 접속에는 라우터 또는 L3 스위치를 이용한다. 또한 부하 분산용은 주로 L4~L7 스위치를 활용해 구성한다.

또한 데이터센터급 네트워크는 전통적으로 access-distribution-core의 3계층으로 구성했으나, 최근에는 고성능 네트워크에 대한 요구가 커지면서 leaf-spine 네트워크 형태로 바뀌고 있으며, 보안 강화를 위해 인터넷망과 업무망을 분리해 구성한다.

또한 기능에 따라 별도의 스토리지(NAS), 데이터베이스, 백업 zone 등을 분리해 구성함으로써 효율적인 트래픽 흐름을 보장한다.

2 인터네트워킹 장비

2.1 네트워크 허브

허브는 물리적 계층을 중계하는 리피터repeater가 집적된 장비로, 네트워크 허브 또는 리피터 허브라고 한다. 서로 다른 네트워크를 연결하지는 못하고 기존의 네트워크 시그널을 증폭해 단순히 네트워크의 물리적 길이를 연장하는 데 사용한다. 네트워크 허브로 연결된 네트워크는 동일 네트워크(동일 collision domain)로 간주하며, LAN 토폴로지에 따라 신호가 증폭되는 길이에 제한이 있다.

2.2 라우터

OSI 3계층(네트워크 계층)에서 작동하는 장비로, LAN과 LAN을 연동할 수 있으며, remote link(WAN)에서 좀 더 널리 사용된다. 네트워크 계층을 중계하고 네트워크 주소(IP 주소)를 근거로 최적의 경로를 설정(라우팅)해 트래픽을 전송한다.

라우터에서 기본적으로 제공되는 기능으로는 IP 주소에 기반을 둔 네트워크 간 링크 제공, 다른 네트워크에 접속된 노드 간 경로 지정 및 데이터 전달 기능 등이 있다.

라우터는 용량에 따라 CSU Channel Service Unit 연동을 위한 소규모 라우터부터 테라급 라우터 등으로 나뉘며, 이더넷 기반으로 구성된 네트워크에서는 특별한 요구 사항(MPLS와 같은 WAN 기술 필요, 대용량 라우팅 테이블)이 없을 경우에 L3 스위치가 라우터의 위치를 대신한다.

2.3 L2 스위치

L2 스위치는 입력 포트를 통해 들어온 프레임을 MAC 주소를 기반으로 전송하는 장비이며, LAN 스위치라고도 한다. 허브와 달리 L2 스위치는 가상 LAN VLAN을 설정해 네트워크 그룹으로 묶을 수 있고, 각 port에서 습득된 MAC 주소가 저장된 테이블을 기반으로 하드웨어적으로 프레임을 전송해 대역폭을 최대한 활용할 수 있으며, 포트를 묶어 대역폭을 확장해 구성하는 것이 가능하다. 그러나 L2 스위치끼리 네트워크를 구성할 때 looping 방지와 이중화를 위해서는 일반적으로 spanning tree 알고리즘을 이용해야 한다. 일반적인 spanning tree protocol은 절체 시 지연이 발생해 이를 개선한 rapid spanning tree protocol이 채용된다.

2.4 L3 스위치

L2 스위칭의 기본 기능 이외에 layer 3 패킷의 전송 처리의 부가 기능을 수행하는 장비로, 고성능 라우팅을 위해 스위칭 기술을 사용한다.

보통 enterprise 환경의 백본 장비로 활용되며, L2 스위치의 기능에 더해

L3 라우팅이 가능하여 네트워크 구성을 간단히 할 수 있고 장애에 신속히 대응할 수 있는 장점이 있다.

L3 스위치와 라우터
L3 스위치와 라우터는 라우팅 처리 능력과 WAN 인터페이스를 얼마나 가지고 있냐에 따라 구분된다. 하지만 최근 L3 스위치도 고속 라우팅을 지원하고 다양한 인터페이스가 지원되고 있어 그 경계가 갈수록 없어지고 있다.

구분	OSI 계층	담당 영역	Collision domain 구분	Broadcasting domain 구분
허브	1계층 (물리적 계층)	물리적 신호	불가	불가
L2 스위치	2계층 (데이터 링크 계층)	MAC 주소 기반	가능	불가(Broadcasting MAC FF:FF:FF:FF 구분 못 함)
라우터/ 스위치	3계층 (네트워크 계층)	IP 주소 기반	가능	가능

2.5 L4/L7 스위치

OSI 7 Layer 모델의 4계층 정보인 TCP/UDP 포트 번호를 분석해 패킷의 포워딩을 결정하는 장비로, TCP/UDP 헤더의 포트 값을 인식해 서비스별로 분류가 가능하며, VIP Virtual IP를 이용한 서비스 제공으로, 물리 서버 장애 시에 fail-over 기능을 제공한다. 서버 접속에 대한 부하 분산SLB: Server Load Balancing 과 방화벽의 부하 분산FLB: Firewall Load Balancing 을 위해 주로 사용되며, 서버 접속의 세션 유지 및 패킷 전송을 위해 round-robin, least-connection, hash, persist 등의 알고리즘을 이용한다.

주요 기능으로는 IP 주소나 TCP/UDP 포트 번호를 이용한 트래픽 특성 분석, 기능별 서버군을 구분해 각 서버군에 VIP 부여(fail-over 기능), 트래픽 특성에 따른 부하 분산load balancing 및 QoS 수행 등의 기능이 있다.

L7 스위치는 애플리케이션 데이터를 분석해서 그 값을 이용해 부하 분산을 가능하게 하는 장비이다. 최근 L4 스위치에 이 기능이 탑재되어 구성되고 있으며, 보안 장비에도 이 기능이 적용되는 경우가 많아 L7 스위치라는 용어 자체가 사라지는 추세이다.

주요 기능으로는 URL parsing을 통한 서버 부하 분산, 웹서비스 접속에 대한 persistent 유지, NAT 등의 보안 관리 기능 지원, DataCenter 간 이중화(GSLB Global SLB 구성) 등이 있다.

2.6 기타 장비

그 밖의 주요 장비로는 VoIP 구성에 필요한 IP-PBX, 스토리지 네트워크와
연동하기 위한 FCIP Gateway 장비, 비교적 대규모망에서 사용되는 광전송
장비인 MSPP, DWDM 등이 있다. 최근 스위치, 라우터, SAN Storage Area
Network 스위치의 기능을 통합한 일체형 장비인 FCoE Fibre Channel over Ethernet
장비도 개발되어 적용되고 있다.

  한편으로 장비 간 융합이 지속되는 추세이다. 예를 들어, 광전송을 위한
SONET/SDH용 인터페이스는 백본 라우터급에서 지원했으나, 최근에는 중
대형 L3 스위치 등으로 그 영역이 확장되고 있다.

3 기술 전망

빅데이터를 비롯한 데이터 트래픽이 기하급수적으로 증가하고 있어 안정적
이고 확장성 있는 네트워크 설계 및 구축이 필요하다. 또한 보안상 위협이
증가해 실제로 네트워크 구성에는 다수의 보안 장비가 포함되어 보안 장비
와 네트워크 장비 간 물리적·논리적 호환성 검증이 필요하다. 이와 함께 네
트워크와 보안 장비의 통합, 스토리지 네트워크와의 통합 네트워크 구성 등
새로운 형태의 기술 구조가 등장하고 있으며, 규모에 따른 정확한 기준과
표준이 필요하다.

 참고자료
삼성 SDS 기술사회. 2007. 『핵심정보기술총서 1: 컴퓨터 구조·네트워크』. 한울.
위키피디아(www.wikipedia.org).
이치훈 외. 2003. 『e-Biz를 위한 A to Z』. 교학사.

 기출문제
110회 컴퓨터시스템응용 L2 스위치(L2 switch). (10점)
110회 컴퓨터시스템응용 통신망 장치들의 구성 형태 및 특징 설명. (25점)
104회 컴퓨터시스템응용 로드밸런서에 대해 설명하고, L4/L7 스위치를 사용하
는 경우의 장단점을 설명. (25점)

77회 정보통신 1-9. Router와 Gateway의 개념을 설명하시오.

77회 정보통신 3-4. A 지역과 B 지역에 각각 라우터 1대, 스위치 1대, 그리고 Host 컴퓨터가 2대씩 준비되어 있다. A 지역과 B 지역의 모든 컴퓨터가 상호 간에 통신이 될 수 있도록 네트워크를 구성하고 설명하시오.

75회 컴퓨터시스템응용 3-1. 본사와 지사 간 통신망을 구성하는 데, Transaction data의 발생 빈도와 응답 속도 등을 고려하여 switching 기법을 채택하기로 했다. L2, L3, L4 스위치를 분류하는 기준을 제시하고, 특히 L4 스위치의 기본 개념, 장점, 주요 적용 대상에 대해서는 상술하시오.

65회 정보통신 데이터 전송에서 에러 제어와 흐름 제어에 관하여 기술하시오. (25점)

B-6

고속 LAN 기술 High speed LAN

고속 LAN을 구현하기 위해 사용되는 기술로는 LAN 스위칭, VLAN, 멀티 레이어 스위칭 등이 있으며, 현재 40G/100G 이더넷 기술이 시장에 적용되고 있다. 특히 이더넷은 TCP 와 함께 전 세계 네트워크 시장에서 가장 널리 오랫동안 사용되고 있는 기술이다. 현재도 대용량·고속화·멀티미디어화·디지털화에 발맞춰 고속 LAN에 대한 기술 표준이 활발히 연구되고 있다.

1 고속 LAN의 개요

고속 LAN 기술은 컴퓨팅 기술 발전과 애플리케이션의 대용량·고속화·멀티 미디어화로 네트워크 트래픽이 급증하면서, 고속 네트워크에 대한 사용자 요구를 수용하기 위해 발전된 기술이다. 원래 근거리통신망에서 주로 연구된 기술이나, 현재는 광역의 통신망에서도 널리 사용된다.

주요 고속 LAN 기술로는 기존의 공유shared 방식이 아닌 전용·dedicated 방식이 주로 사용되며, 관련 기술에는 LAN 스위칭 기술, VLANVirtual LAN 기술, 멀티레이어 스위칭 기술 등이 있다.

주요 고속 LAN 솔루션에는 고속 이더넷fast Ethernet, 1G/10G/25G/40G/50G/100G 이더넷 등이 있으며, 최근에는 테라비트 이더넷에 대한 표준화가 완료되었다.

B-6 • 고속 LAN 기술

2 고속 LAN 기술

2.1 이더넷 기술

이더넷은 1970년대 Xerox PARC 연구소의 프로젝트 중 하나로 개발되었고, 1973년에 로버트 멧칼프Robert Metcalfe가 이더넷 가능성을 메모지에 남기면서 유명해졌다. 이더넷은 OSI 7 Layer 모델에서 물리 계층의 신호, 배선과 데이터 링크 계층의 미디어 접근 제어의 형식을 정의한다.

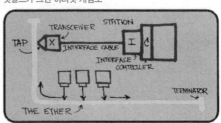

멧칼프가 그린 이더넷 개념도

이더넷에 대해서는 IEEE 802.3에서 표준화를 진행하고 있다. 이더넷은 현재 Token Ring, FDDI, ATM 등 다양한 여러 근거리통신망 기술 표준을 대체하고 전 세계적으로 널리 사용된다. 1970년대에 10Mbps 이더넷이 개발된 이후로 1990년대에는 100Mbps, 2000년 초반에는 1Gigabit 이더넷이 시장을 주도했다. 2000년대 이후에는 10G 이더넷 표준을 완성함으로써 고속화뿐 아니라 WAN 영역까지 범위를 확장했고, 2010년대에는 40G/100G 이더넷 표준인 IEEE 802.3ba, 이후 서버 네트워크를 겨냥한 25G/50G 이더넷 표준 IEEE 802.3bj를 발표해 현재 시장을 주도하고 있다.

고속 이더넷fast Ethernet, 기가비트 이더넷gigabit Ethernet, 10G/25G/40G/50G/100G 이더넷 등 더욱 고속화된 표준도 초기 이더넷 방식을 그대로 사용하는 것이 특징적이다. 네트워크 장비 주소에 대한 48비트 길이의 고유 MAC 주소를 활용하고, 전송 매체로 동축케이블, twisted pair 케이블, 광케이블을 사용하며, 여러 단말이 하나의 전송 매체를 공유하는 CSMA/CD 방식 등 초기 이더넷 체계를 그대로 수용하고 있다.

특히 CSMA/CD 방식은 데이터를 송신하기 전에 전송 경로(channel)의 사용 유무를 확인하고, 일반적으로 전송 경로가 빈 상태라고 판단하면 송신을 수행한다. 여러 스테이션이 동시에 송신 데이터를 전송하면 데이터 간에 충돌collision이 발생하며, 이런 경우에 일정한 랜덤의 대기 시간을 거쳐 데이터를 재전송하는 개념이다. 접속 시스템이 적거나 데이터 전송량이 산발적이고 전송 거리가 짧은 경우에 유리한 방식으로, OA 환경의 근거리통신망에서 주로 사용된다. 전송 효율은 양호하나, 지연 시간을 예측하기 어렵다는 단점이 있다.

　매체로는 구리선으로 된 twisted pair 케이블과 광케이블을 많이 사용한다. Twisted pair 케이블은 LAN뿐만 아니라 전화망에도 많이 사용되는 매체이다. 일정한 간격으로 선을 꼬아 케이블 상호 간에 자기장을 상쇄한다. 케이블 가격이 저렴하고, 다루기 유연하여 근거리통신망의 단말 연결에 많이 사용된다. 종류로는 UTP Unshielded Twisted Pair 와 STP Shield Twisted Pair 가 있으며, 일반적으로 사무실 환경에서는 UTP를 사용하고, 공장 및 시험실 등 잡음이 많은 장소에서는 케이블의 외부를 차폐해 외부 잡음의 영향에 강한 STP를 사용한다.

　광케이블은 LAN의 백본 케이블로 많이 사용된다. 광신호는 대기 중에 방사되면 여러 가지 영향으로 멀리 갈 수 없기 때문에 빛을 광섬유에 모아 보냄으로써 장거리 전송이 가능하다.

UTP cable

STP(위)와 UTP(아래)

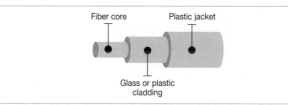

Fiber core　　Plastic jacket

Glass or plastic
cladding

　Fiber core 부분으로 빛이 입사되면 cladding 부분의 굴절률 조정에 의해 빛이 흡수되지 않고 반사되어 광신호가 전달된다. 광케이블은 상대적으로 고가이지만, 전자파의 영향을 받지 않고, 보안성이 우수하며, 단위 시간대 전송률이 가장 우수한 매체이다. 광케이블의 직경은 사람 머리카락 정도로 가볍고 광대역의 전송이 가능하나, 케이블이 구부러지면 굴절률이 변하기 때문에 주의해서 다루어야 한다.

2.2 LAN 스위칭 기술

LAN 스위치는 기존 허브 장비처럼 전체 단말이 대역폭을 공유하는 shared 방식이 아니라 각 단말에 대한 전용의 dedicated 연결 방식을 지원해 전체 LAN 대역폭을 증가시키고 트래픽을 효과적으로 줄일 수 있는 기술이다.

　MAC 계층에서 동작하는 L2 스위치가 일반적이며, VLAN 기법을 채용해 유연한 네트워크 구성이 가능한 것이 특징이다. 주요 스위칭 방식으로는 store and forward 방식, cut-through 방식, modified cut-through 방식이 있다.

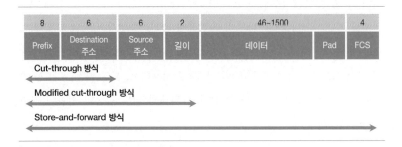

Store and forward 방식은 프레임 수신 시 마지막 순환 중복 검사 에러까지 확인 후 목적지에 해당 프레임을 전달하는 방식이다. 이는 모든 프레임의 전체 길이만큼 확인 후 전달하기 때문에, 구현이 간단하여 널리 사용되지만, 전송 지연이 발생하는 것이 특징이다.

이를 보완한 cut-through 방식은 이더넷 헤더의 14바이트 중 목적지 주소만을 확인하여 패킷을 전달하는 방식이다. 목적지 주소가 확인되면 즉시 목적지로 프레임을 전송해 전달 지연을 최소화한다. 프레임 버퍼(메모리)를 통해 전송 시 충돌하거나 다른 프레임이 그 목적지에 전송 중이면 대기 후 재전송하게 된다. 하지만 오류 프레임(runt frame: 64바이트 이하 프레임 전송 시 발생하는 에러)이 전송될 가능성이 있다.

Modified cut-through 방식은 cut-through 방식과 유사하나, 전체 64바이트까지만 저장한 뒤 전달하는 방식이다. 이로써 runt frame 발생을 제거할 수 있다.

2.3 VLAN 기술

VLAN은 논리적으로 구성된 브로드캐스트 도메인으로 사용자의 이동이 용이하고, 가상의 작업 그룹 구성이 가능해 대부분의 근거리통신망 구축에 주로 사용된다. 종류에는 스위치 포트들의 묶음을 이용한 VLAN 구성 방식과 MAC 주소를 이용한 VLAN 구성 방식 등이 있다.

B · 유선통신 기술

2.4 멀티레이어 스위칭 기술

스위칭 기술은 최초 OSI 2계층에서 MAC 주소를 기반으로 VLAN을 구성하는 기술이었으나, 점차 기술 발전을 통해 상위 계층의 주소와 기능을 포함하게 되었다. 대표적으로 3계층 스위칭 기술은 프로토콜 타입과 네트워크 계층의 주소를 기반으로 VLAN을 구성하는 것이며, 4계층 스위칭 기술은 포트 번호를 제어할 수 있고 부하 분산load balancing 기능을 제공한다. 7계층 스위칭 기술은 네트워크의 QoS 제어와 보안 기능(콘텐츠 필터링contents filtering)을 제공하고 있다.

키포인트
고속 LAN 기술은 점차 고속화되고 있는 시스템의 처리 용량(테라급 이상)을 병목 없이 처리하기 위한 네트워크 부분의 고속 기술 방식으로 인식되고 있다. 최근에는 이더넷 기술을 그대로 수용한 40Gbps 또는 100Gbps의 처리 기술이 시장을 주도하고 있으며, terabit 처리 기술 관련 표준 및 연구도 이루어지고 있다.

※ 처리 용량, 처리 속도 등에 관한 단위

10^1	데카(deka): da	10^{-1}	데시(deci): d
10^2	헥토(hecto): h	10^{-2}	센티(centi): c
10^3	킬로(kilo): k	10^{-3}	밀리(milli): m
10^6	메가(mega): M	10^{-6}	마이크로(micro): μ
10^9	기가(giga): G	10^{-9}	나노(nano): n
10^{12}	테라(tera): T	10^{-12}	피코(pico): p
10^{15}	페타(peta): P	10^{-15}	펨토(femto): f
10^{18}	엑사(exa): E	10^{-18}	아토(atto): a

3 고속 LAN 솔루션

3.1 고속 이더넷(100Mbps)

고속 이더넷fast Ethernet은 10Mbps 전송 속도의 이더넷을 확장해 100Mbps 전송 속도를 제공하는 표준 솔루션으로, 1995년에 소개되었다. 주요 표준은 IEEE 802.3u에서 개발되었다. 전송 매체로는 구리선과 광케이블을 주로 사용하며, 100Base-TX, 100Base-T4, 100Base-FX 등의 표준이 있다.

고속 이더넷은 10Base-T 표준을 확장한 것이다(IEEE 802.3). MAC 계층을 그대로 적용하고, 지원 프레임으로 이더넷 방식과 CSMA·CD의 접속 방식을 그대로 이용한다. 본 기술 표준부터 이더넷 스위치 사용, 전이중통신 full duplex 모드를 지원하게 되었고, 이후 기가비드 이더넷 기술의 모대가 되었다. 현재도 많은 단말에서 고속 이더넷을 사용하고 있다.

100Base-T 케이블 명세

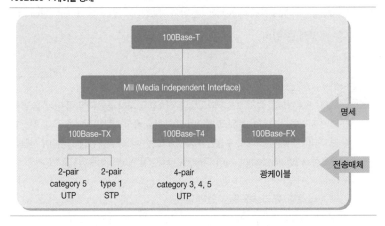

3.2 ATM LAN(155~622Mbps)

ATM LAN은 1980년대 후반 WAN 구간의 아날로그와 디지털을 통합하고자 개발된 B-ISDN Broadband ISDN(광대역 ISDN)을 구현하기 위한 통신망인 ATM 기술을 근거리통신망에 적용한 것이다. 모든 정보를 고정 길이 53바이트의 셀로 전송하는 기술로, LAN과 WAN에 모두 사용할 수 있는 기술 표준이었다.

음성·비음성 분야의 광대역 서비스를 동시에 교환·전송하는 것이 가능하며, QoS가 보장되어야 하는 멀티미디어 전송에 유리(가상 경로 사용)한 특징을 가지고 있다.

LANE LAN Emulator, MPOA Multi-Protocol Over ATM 등 ATM 기술을 기존의 이더넷 및 IP 주소를 이용하는 근거리 환경에서 수용하도록 구현했으나, 구현 방식이 복잡하고 셀 변환에 대한 오버헤드, 전송 속도 문제 등으로 현재는 기가비트 이더넷 기술에 밀려 많이 사용하지 않는다.

3.3 1기가비트 이더넷(1000Mbps)

1기가비트 이더넷은 1999년에 IEEE 802.3z(1000Base-X)와 IEEE 802.3ab (1000Base-T)에서 표준화한 기술로, 1000Mbps의 속도를 지원하는 고속 이더넷이다. 기존 Ethernet 802.3의 CSMA·CD 기반 기술을 발전시킨 것으로, 이더넷 및 고속 이더넷과의 호환이 가능하고 저렴해 현재 근거리통신망의 서버, 백본 연결용으로 주로 사용된다.

주요 구조적 특징으로는 우선 MAC 계층에서 적정한 케이블 길이를 정의하고, IEEE 802.3의 최소·최대 프레임 크기를 유지하며, 프레임의 연속 기능을 통해 많은 수의 작은 프레임 사용 시 성능 저하를 방지하는 기능을 수행한다는 점을 들 수 있다. GMII Gigabit Media Independent Interface에서는 어떤 물리 계층에서도 MAC 계층을 사용할 수 있게 해주는 역할을 하며, 하위 물리 계층은 광섬유, 구리선(UTP, STP)을 주로 이용하고, 8B10B 혹은 PAM5 변조 방식을 사용한다.

1기가비트 이더넷의 하위층 규격

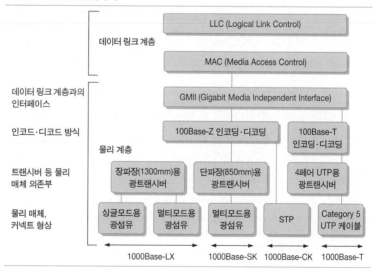

3.4 10기가비트 이더넷(10Gbps)

10기가비트 이더넷은 2000년대 후반에 IEEE 802.ae(10 gigabit Ethernet), IEEE 802.an(10gigaBase-T)에서 표준화한 기술로, 10Gbps급 속도를 지원하는 고속 이더넷이다. 기존 Ethernet 802.3의 CSMA·CD 기반의 기술을 발전시킨 것으로, 호환이 가능하고 저렴해 현재 LAN 백본 및 서버의 고속 연결용으로 활용된다.

10기가비트 이더넷의 하위층 규격

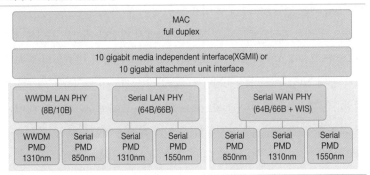

MAC 계층은 CSMA·CD 방식의 성능 저하를 막고자 전이중통신 방식만을 채택했고, XGMII 10 Gigabit Media Independent Interface 는 어떤 물리 계층에서도 MAC 계층을 사용할 수 있게 해주는 역할을 한다. 물리 계층은 광섬유 및 구리선을 지원하고 WAN에서도 사용이 가능하도록 정의하며(10GBase-W), 광트랜시버인 PMD Physical Media Dependent 와 64b·66b 변조 방식 등 변조 방식이나 다중화 방식 등을 정의하는 PCS Physical Coding Sublayer 등으로 구성된다. 한편 고속의 구리선 연결을 위해 ISO/IEC 11801에서 정의한 category 6a, ClassF/category 7 케이블을 이용한다.

Category 7 케이블

© Wikipedia

구분	10기가비트 이더넷	1기가비트 이더넷
전송 방식	전이중통신	반이중·전이중통신
지원 매체	Fiber only	Fiber, Copper
SONET 호환	가능	어려움
지원 거리	LAN, WAN 40km	LAN 5km
지원 네트워크	LAN, WAN	LAN

3.5 40G/100G 이더넷(40Gbps/100Gbps)

40G/100G 이더넷은 2010년 IEEE 802.3ba에서 표준으로 제시되었으며, 40기가비트와 100기가비트의 이더넷 속도를 모두 정의한 표준 규격이다.

40G/100G 이더넷은 고성능 서버 아키텍처에서 발생하는 네트워크 병목 현상을 개선한 것으로서, 기존의 802.3ae 10GbE, 802.3ap backplane Ethernet 표준 기술을 재활용해 40GbE·100GbE를 실현하고자 했다. 40G 이더넷은 주로 컴퓨팅 서버 쪽에 중점을 두고, 100G 이더넷은 네트워크의 중첩aggregation에 중점을 둔다.

10G 이더넷 속도의 전송 장치에서 장비 포트 또는 링크 여러 개를 합쳐 빠른 속도를 제공하는 LAG Link AGgregation 및 ECMP Equal Cost Multipath routing Protocol로는 이더넷 용량을 대폭 개선하는 데 기술적 한계가 있다. 이러한 문제를 해결하기 위해 개발된 40G/100G 이더넷은 현재 고성능의 서버, 데이터센터, 메트로 이더넷, 대규모 엔터프라이즈 네트워크, 망사업자의 대용량 통신 서비스를 위한 전송 모듈로 활용되고 있다. 또한 구축·운영 비용이 저렴해 WAN 환경 구성에도 사용된다.

주요 특징으로는 우선 MAC을 포함한 상위 계층을 모두 40G/100G 이더넷 구조에서 공통으로 사용하고, 대부분 10G 이더넷 기능과 구조에 근거를 두고 있다는 점이 있다. 세부적으로는 속도 증가에 따른 타이밍 변수 변경이 가능하고, 모든 종류에서 64B/66B 블록코딩을 사용한다.

40G/100G 이더넷의 하위층 규격

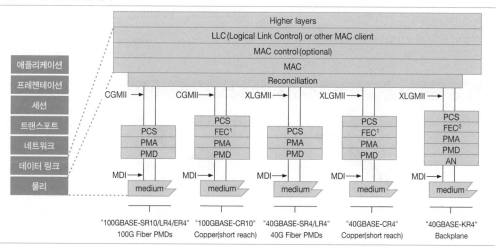

3.6 25G/50G 이더넷(25Gbps/50Gbps)

25G/50G 이더넷은 2015년 IEEE 802.3bj에서 표준으로 제시되었다. 이 표준은 네트워크 장비 제조사인 Arista, Broadcom, Mellanox와 서비스 제공사인 구글, 마이크로소프트에서 데이터센터에 더욱 적합한 대용량 네트워크를 검토하면서 출발했다.

기존 40G/100G 이더넷은 10G 이더넷 channel을 병렬로 전송하는 것을 기본으로 개발되었다. 40G 연결에 사용되는 MPO Multi-fiber Push-on Connector 케이블은 총 12개의 fiber로 구성되는데, 그중 8개는 데이터 전송에 사용되나 4개의 fiber는 이용되지 않는 비효율이 존재한다.

이를 극복하기 위해 개발된 기술이 25G/50G 이더넷이다. 25G 이더넷은 1개의 channel에서 25G 성능을 구현하며 50G 이더넷은 2 channel의 25G를 이용해 구현한다.

40G Ethernet deployment vs. 25G Ethernet deployment

Speed of port	Channel rate Gb/s	The number of channels per port
10GbE	10	1
25GbE	25	1
40GbE	10	4
100GbE	25	4

25G 이더넷에 사용되는 광트랜시버(SFP+ type)는 일반적인 LC type(OM3 70m, OM4 100m)을 지원함으로써, MPO type을 기본으로 하는 40G 대비 경제적인 비용으로 네트워크를 구성할 수 있다.

구분	케이블	트랜시버
40G	 MPO cable	 QSFP type

구분	케이블	트랜시버
25G	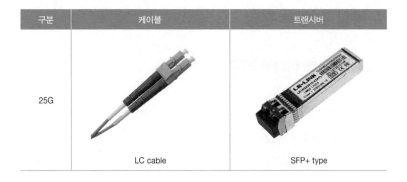LC cable	SFP+ type

데이터센터에서는 일반적으로 rack에 스위치와 서버를 함께 구성하는 ToRTop of Rack 구성이 일반적이다. 이를 위해 제조사들은 1U 형태의 스위치 들을 제조하는데, 트랜시버의 크기(QSFP+ > SFP+) 때문에 이를 지원하는 포 트 수가 제한된다.

네트워크 장비 포트 수(1U Size, 2018년 6월 기준)

제조사	10G	25G	40G
시스코(Cisco)	48Port	48Port	36Port

25G 이더넷 하위층 규격

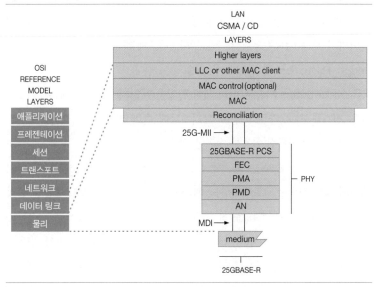

4 동향 및 향후 전망

4.1 테라비트 이더넷 전망

IEEE는 2012년 네트워크 내역폭 트렌드 조사 보고를 통해 2015년에는 2010년 대비 트래픽이 10배, 2020년에는 100배 이상 증가할 것으로 전망했다. 따라서 이에 대비한 기술 표준이 절실했다. 이에 IEEE에서는 IEEE 802.3TM을 통해 2012년부터 1테라비트급 이더넷 표준 규격 개발을 목표로 표준화 그룹을 창설했고, 이더넷 속도보다는 수용량에 중점을 두고 표준화 작업을 추진했다.

급증하는 네트워크 대역폭을 수용하기 위해 현재 1테라비트급(100기가바이트 이상) 이더넷 표준 규격의 개발을 목표로, 1차 200G/400G 이더넷에 대한 표준화를 2017년에 완료했다(802.3bs).

4.2 고속 LAN 기술 동향

현재 고속 LAN의 연동 및 응용 기술과 관련해 멀티미디어 트래픽을 처리할 수 있는 새로운 표준인 802.1pq를 통해 이더넷 환경에서도 필요로 하는 멀티미디어 트래픽을 수용할 수 있게 되었다. 세부적인 기술로는 provider bridge, LLDP, 포트 및 링크 보안 기술 등이 있다.

Provider bridge 기술은 여러 개의 사업자 브리지망provider bridged network을 상호 연결해 서로 다른 사업자 브리지망에 속한 가입자들이 마치 동일한 LAN에 연결된 것처럼 이용하기 위한 것이다.

LLDPLink Layer Discovery Protocol는 기존 망 관리 프로토콜인 SNMP와 달리 데이터 링크 계층 프로토콜을 사용해 데이터 링크 계층과 물리 계층의 동작 상태를 주기적으로 상대방에게 전달하는 기술이다. 시스코에서 제공하는 CDPCisco Discovery Protocol와 유사한 기술로 다수 벤더사에서 지원하고 있다.

그 밖에 802.1x 기술로 지칭되는 사용자 접속 통제NAC: Network Access Control 기술은 사용자가 네트워크에 연결될 때 인증을 통해 연결을 승인함으로써 비인가 사용자의 네트워크 연결을 차단하는 기술이다.

이 802.1x 인증에서 사용되는 key 암호화 기능을 이용해 미디어 링크 보안 기술(802.1AE, MACsec)이 데이터 링크 계층에서의 암호화를 통해 프레임 수준의 보안을 제공하고 있다.

HIPPI(High-Performance Parallel Interface, 고성능 패럴렐 인터페이스)

ANSI에서 정의한 고성능 인터페이스 표준으로, 슈퍼컴퓨터를 주변장치나 다른 장치에 연결하는 데 사용된다. 800Mbps~1.6Gbps의 연결 속도를 제공한다. 이더넷 방식만큼 통신 시장에서 널리 사용되지는 않으나 특화된 영역에서 이용된다. 후에 GSN(Gigabit System Network)으로 이름이 바뀌었다.

4.3 고속 LAN 기술 전망

이더넷 및 VLAN, 스위칭 기술 등은 고속 LAN을 실현하기 위한 핵심 기술 및 표준으로 지속될 것으로 예상된다. 특히 HD급 이상의 고화질 동영상 서비스 및 실시간 양방향 처리 서비스를 지원하는 네트워크 인프라 구성을 위해서는 광대역의 LAN 기술에 대한 연구가 계속 필요하다. 이러한 추세에 따라 앞으로 1테라비트 이더넷 이상의 기술 표준 개발과 시장 성장이 예상된다. 또한 10G/25G/40G/50G/100G 이더넷 기술에 LAG 및 네트워크 가상화 등을 접목해 다양한 네트워크 수요를 수용할 것으로 전망된다.

참고자료

삼성 SDS 기술사회. 2007. 『핵심정보기술총서 1: 컴퓨터 구조·네트워크』. 한울.
위키피디아(www.wikipedia.org).
정보통신산업진흥원(www.itfind.or.kr).
한국전자통신연구원. 2009. 「40G/100G 이더넷 기술 및 표준화 동향」. 한국전자통신연구원. ≪전자통신동향분석≫, 제24권 1호.
25G Ethernet Consortium(25gethernet.org).
IEEE 802 LAN/MAN Standards Committee(www.ieee802.org).
SWDM Alliance(www.swdm.org).

기출문제

90회 정보통신 IEEE 표준에 규정된 유·무선 LAN을 활용하여 소규모 쇼핑몰에 LAN(500M 반경, 10Mbps 이상)을 구축하고자 한다. 장단점과 물리 계층 및 MAC 계층 측면에서 논하시오. (25점)

84회 정보통신 초고속 LAN 표준인 HIPPI(High Performance Parallel Interface)의 기술적인 특징과 표준화를 설명하시오. (10점)

77회 정보통신 VLAN(Virtual LAN) 개념과 구성 방식을 설명하시오. (10점)

74회 정보통신 gigabit Ethernet 기술에 대해 설명하시오. (10점)

63회 전산컴퓨터시스템응용 초고속 LAN 기술을 fast Ethernet 및 gigabit Ethernet 중심으로 설명하고 고속 케이블에 대해 설명하시오. (25점)

61회 전산컴퓨터시스템응용 고속 LAN 구축을 위해 gigabit Ethernet과 gigabit router까지 등장하고 있다. 이들의 현 동향과 발전 방향을 설명하시오. (25점)

B-7

유선통신 이론

통신의 목적은 원하는 정보를 원거리로 전송하는 데 있다. 많은 데이터를 효과적으로 멀리 전송하려면 전송 방식에 대한 기술적·이론적 검토가 필요한데, 이 장에서는 그 기반이 되는 이론에 관해 알아본다. 전송 효율을 높이려면 데이터의 양을 줄이기 위한 압축, 그리고 압축된 데이터를 에러 없이 보내기 위한 기법을 고려해야 하는데, 이 두 가지 목적을 충족시키는 기법이 부호화이다. 디지털 통신에서는 특정 신호 구간에서 발생한 펄스가 인접한 구간의 펄스로 넘어가면서 간섭을 주는 현상이 발생하는데, 이는 고속 데이터 전송을 어렵게 하므로 이에 대한 보완책이 필요하다.

1 통신 용량

통신 용량은 전송 경로인 채널을 통해 송신 측에서 수신 측으로 전송되는 정보량의 최대치로, 채널 용량이라고도 한다. 통신 용량은 샤논Claude E. Shannon의 통신 용량 공식으로 정의되었는데, 여기서는 채널상의 잡음을 고려하고 있다.

1.1 샤논의 통신 용량 공식

샤논의 통신 용량 공식을 통해 통신 시스템에서 주어진 채널의 전송 제약 조건(대역폭, 신호전력, 잡음전력 등)하에서 신뢰성 있는 통신이 가능한 최대 전송률을 정할 수 있다. 이 공식에서는 '잡음이 존재하는 곳에서 신뢰할 만한 통신'이라는 이론적 한계치를 제시한다. 해당 공식은 다음과 같이 표현되며, 채널 용량의 표기는 Ccapacity, 단위는 bps이다.

$$C = B \cdot \log_2(1 + S/N)$$

(B: 채널 대역폭, S/N: 신호 대 잡음비)

참고로, 잡음이 존재하지 않는 선로에 대해서는 나이퀴스트Harry Nyquist가 용량 공식을 다음과 같이 정리했다.

$$C = 2B \log_2 M$$

(B: 채널 대역폭, M: 신호 상대 수)

1.2 샤논의 통신 용량 해석

샤논의 정리는 모든 통신 시스템에서는 반드시 전 대역에 걸쳐 잡음AWGN: Additive White Gaussian Noise이 존재한다는 가정하에서 해석된다. 잡음이 없다면 (N → 0, S/N → ∞) 임의의 대역폭에서도 채널 용량을 거의 무한대로 증가시킬 수 있으나, 잡음이 있다면(N → ∞, S/N → 0) 대역폭을 아무리 증가시켜도 한계가 있다는 것을 알 수 있다.

1.3 통신 용량 증가 방안

정보원의 정보율(R)이 통신 용량보다 크지 않으면, 즉 R≤C일 때는 에러 없이 정보를 전송할 수 있다. 즉, 통신 용량보다 낮은 속도로 정보를 전송하면 오류 확률은 0에 근접한다.

전송로의 대역폭 B를 증가시키면 C를 증가시킬 수 있으나, 선로의 물리적 한계가 존재하게 된다. 일반적으로 UTP 회선(category 6)은 200MHz 신호가 최대 전송 한계이므로, 용량을 증가시키려면 1GHz까지 지원하는 category 7 케이블이나 광케이블로 변경해야 한다.

S는 신호의 전력으로 이를 증가시키면 용량의 증가가 가능하나, 송신기 설계 고려가 필요해 무한정 증가시킬 수 없다. 그리고 N은 선로 내외부의 잡음전력으로 전송로의 온도를 낮추어 백색잡음을 줄이거나, 외부 잡음을 차폐하는 STP를 사용하면 용량이 증가하는 효과를 볼 수 있다.

1.4 채널 대역폭과 신호 대 잡음비

통신로에 보낼 수 있는 정보의 송신 속도는 통신로의 최대 대역폭(B)과 잡음 전력에 의해 제한된다. 잡음이 없는 통신로(S/N=∞)의 통신량은 무한대(∞)가 되며, 대역폭이 무한대라면 잡음전력도 증가한다. 그러나 통신 용량은 증가하나 무한대는 되지 않는다. 이는 통신 채널 내 백색잡음이 존재한다는 것을 가정했으므로 대역폭이 증가하면 신호 대 잡음비가 감소하기 때문이다.

샤논의 이론과 실제 전송 효율

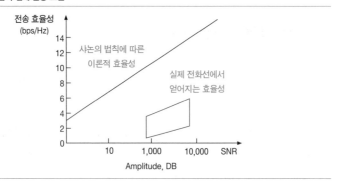

2 부호화

2.1 정의 및 필요성

부호화coding란 아날로그 형태의 음성·영상 또는 디지털 형식의 심벌을 하나의 부호어(디지털)에 할당해 전송의 효율성을 높이는 것을 가리킨다. 아날로그 신호원을 효율적으로 전송하려면 소스 코딩을 통해 정보를 압축하고 디지털 신호로 변경해야 한다. 디지털 데이터를 전송하는 경우 채널의 특성에 따라 부호의 파형이 퍼지는 현상으로 인해 부호 간 간섭inter symbol interference 이 발생하며, 이는 수신 측에서 다음 부호를 정확히 수신하는 데 영향을 미친다. 따라서 비트오류율BER 증가, 송신과 수신기기 간 동기 이탈, 검파 불능, 데이터 추출 불가 등의 원인이 됨으로써 디지털 전송 시스템에서의 전송 속도를 제한하므로 라인 코딩line coding 과정이 필요하다.

B · 유선통신 기술

키포인트

신호 부호화를 근본적으로 이해하려면 신호의 개념을 알아야 한다. 이와 더불어 아날로그 신호와 디지털 신호에 대한 이해도 필수적이다. 일반적으로 무선 구간이나 광신호 구간으로는 디지털 신호가 아니라 아날로그 신호가 전송된다. 아날로그 신호를 효율적으로 전송하기 위해 '아날로그 → 디지털 → 아날로그'로 변환되는 것을 이해할 필요가 있다.

2.2 송수신 블록도

디지털 전송 블록도

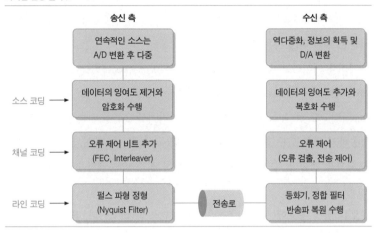

3 부호화의 종류

3.1 소스 코딩(압축)

소스 코딩source coding은 아날로그 신호를 디지털 신호로 변환하고 송신 측에서 출력되는 신호의 중복redundancy을 줄이기 위한 과정이며 전송 대역폭의 압축과 관련된다.

신호의 중복성을 최대한 제거하되 손실이 없어 원래의 신호를 복원할 수 있는 부호화를 엔트로피 부호화라고 하며, 종류로는 Huffman coding, Run length coding, Packed decimal, Relative encoding 방식 등이 있다.

음성 부호화의 종류에는 파형 부호화(PCM, ADPCM)와 음원 부호화(LPC, QCELP, AMR) 방식이 있고, 영상 부호화에는 JPEG, JPEG2000, MPEG, 그리고 캐릭터/문자 부호화에는 Huffman coding, Arithmetic coding, Character suppression 등의 방식이 사용된다.

3.2 채널 코딩(에러 제어)

채널 코딩channel coding은 전송 과정에서 발생하는 오류를 제어하기 위해 잉여정보redundancy를 삽입함으로써 비트오류율BER: Bit Error Rate(Ratio)을 개선하는 부호화 방식이다. 주어진 데이터율data rate 안에서 대역폭이 넓어지거나 복조기가 복잡해진다는 단점이 있으나, 오류 확률과 신호 대 잡음비 요구 조건을 낮추기 위해 사용된다.

에러를 제어하는 방식에는 후진에러 제어BEC: Backward Error Correction와 전진에러 제어FEC: Forward Error Correction가 있으며, BEC 방식을 ARQAutomatic Repeat Request라고도 한다. BEC 방식에서는 수신지에서 오류를 검출해 송신지가 재전송하기 위한 오류 검출 코드(CRC, Checksum)를 사용하며, FEC 방식에서는 오류의 검출 및 수정이 모두 가능한 오류 정정 코드(해밍 코드, 컨볼루션 코드)를 사용한다.

오류 정정 부호에는 블록 부호와 격자 부호 방식이 있다. **블록 부호**는 부호화기에 메모리가 없이 여분의 비트를 추가하는 방식으로, 해밍 코드, 리드-솔로몬 코드 등이 있고, **격자 부호** 방식은 부호화기에 메모리가 있고 코드화할 때 현재 입력되는 신호 및 과거의 일부 신호를 함께 활용하는 방식으로, 컨볼루션 코드, 터보 코드, 비터비 코드Viterbi code 등이 있다. k 비트 정보를 n 비트로 부호화할 때 부호율은 n/k(bit/sysmbol)로 표시한다.

3.3 샤논의 부호화 정리

샤논의 부호화 정리는 정보율(R)과 채널 용량(C)의 관계에 대한 정리로 정보이론의 기초가 되었고, 최적의 통신 시스템 설계에 대한 이론적 근거를 제시했다.

만일 어떤 정보원이 채널의 용량보다 작은 정보율을 갖는다면 에러·잡음을 최소화할 수 있는 부호화(채널 코딩) 과정이 존재한다. 즉, 잡음이 존재하더라도 무시할 수 있는 정도의 송수신이 가능하다.

Huffman coding
문자 발생 빈도의 차이를 이용해 발생 빈도가 높은 문자에 작은 bit 수를 사용하여 데이터를 압축하는 기술

Run length coding
반복하여 나타나는 블록(run) 정보를 반복 횟수로 표현해 압축 부호화하는 방식

Packed decimal
숫자 데이터 전송 시 ASCII코드(7 bit) 대신에 BCD(Binary Coded Decimal)코드(4 bit)를 사용해 압축하는 방식

Relative encoding
서로 차이가 크지 않은 숫자들을 전송 시 기준 값과의 차이만 전송하는 방식

Arithmetic coding
데이터의 확률적 성질을 이용해 전체 메시지를 하나의 실수로 대체하여 전송하는 방식

Character suppression
동일 문자 반복 시 그 문자와 반복 개수를 전송하는 방식

정보율을 R, 채널 용량을 C라고 하면,

R 〉 C → 어떤 부호화 기술을 사용하더라도 에러가 존재한다.

R 〈 C → 적정한 부호화 기술만 사용하면 오류의 최소화가 가능하다.

채널로 입력되는 정보율이 채널 용량보다 작다면 부호의 메시지 길이를 무한하게 늘려 에러율을 영(0)으로 근접시키는 부호화(채널 코딩)가 반드시 존재한다는 것을 의미한다.

3.4 소스 코딩과 채널 코딩의 비교

구분	소스 코딩	채널 코딩
코딩 형태	아날로그 → 디지털로 변환	디지털 → 디지털로 변환
목적	데이터 압축	에러 제어
이득	전송 효율 향상	전송 오류 검출 및 정정
종류	PCM, JPEG, MPEG, run-length 코딩, 허프만(Huffman) 코딩	해밍 코드, BCH 코드, 컨볼루션 코드, 터보 코드

3.5 라인 코딩

라인 코딩은 신호를 전송에 적합한 스펙트럼 분포의 파형으로 변환하거나 수신 단에서 동기를 맞추기 쉬운 형태의 파형으로 변환하는 과정이다. 기저 대역 전송을 위한 선로 부호화이며, 주로 DC 성분을 제거하고 동기를 맞추기 위해 사용된다.

극성에 따라 unipolar, polar, bipolar 방식이 있고, 복귀성에 따라서 RZ Return To Zero, NRZ Non-Return ro Zero 방식으로 구분된다. 실제로 많이 사용되는 방식은 AMI Alternative Mark Inversion, 맨체스터 코딩 Manchester coding, B&ZS, HDBn, 2B1Q 등이다.

북미 방식	유럽 방식
T-1: AMI T-2: B6ZS T-3: B3ZS	E-1·2·3: HDB3 E4: CMI

4 ISI Inter Signal Interference

4.1 정의

ISI(신호 간 간섭)는 송신 디지털 펄스가 통신 채널을 통과하면서 펄스의 파형이 퍼져 이웃 심벌들과 겹치며 비트 에러의 원천이 되는 디지털 심벌 간 간섭 현상으로, 디지털통신 및 무선통신에서는 전송 속도를 제한하는 중요한 요인이 된다. ISI는 한 펄스 구간에서 발생된 펄스가 이웃한 펄스 구간으로 넘어가는 현상(겹침·왜곡)으로, 검파할 때 간섭을 주며, 잡음이 없는 상황에서도 불완전한 필터의 작용, 채널 대역의 제한 및 다중경로 페이딩multi path fading 등으로 ISI가 발생할 수 있다.

키포인트

ISI는 디지털통신 및 무선통신의 전송 효율을 저해하는 요인으로, 이에 대한 감소 대책은 매우 중요한 정보통신 기술 중 하나이다. 특히 차세대 이동통신인 4G에서도 OFDM(Orthogonal Frequency Division Multiplexing) 전송 기술을 채택함으로써 OFDM 등에서의 ISI 해소 방안이 주요 이슈이다.

4.2 ISI 원인과 측정 방법

전송 채널의 대역폭 제한으로 인해, 전송되는 동안 펄스가 퍼져 꼬리 부분이 겹치게 되어 왜곡이 발생한다. ISI는 이상적인 대역 특성과 무한대의 시간 지연을 지닌 필터를 구현하는 것이 불가능하기 때문에 발생하며, 이와 더불어 송신 측의 표본화 타이밍이 부정확한 경우에도 발생하고, 전파가 다중경로 페이딩을 겪는 경우에도 경로에 따른 시간 지연의 차이로 인해 발생한다.

ISI의 파형 모형은 오실로스코프oscilloscope를 이용하여 측정하는 아이 패턴eye pattern(눈 모양)을 통해 분석한다. 아이 패턴은 심벌 레이트symbol rate의 정수배로 디지털 신호를 잘라 한두 개의 비트 주기 동안 중첩시킨 다이어그램으로, 눈과 유사한 모양이다. 일반적으로 눈 모양이 점점 흐릿해지면서 닫히는 형상을 띨수록 신호 품질이 열화되었다고 할 수 있다.

4.3 ISI 감소 방안

ISI의 근본적인 해결책은 최초 설계 시 전송 채널의 대역폭을 신호의 대역폭보다 크게 함으로써 펄스의 왜곡이 발생하지 않게 하는 것이다. 송신 측에서 펄스성형필터를 이용해 신호의 대역폭을 조금 낮추어 전송하면 ISI를 감소시킬 수 있고, 재생중계기(등화기)를 이용하면 찌그러진 파형을 복원할 수 있다.

4.4 CDMA에서 ISI 감소 방안

CDMA Code Division Multiple Access에서는 대역확산spread spectrum 통신 방식의 원리를 이용하는데, 이는 정보를 전송하기 전에 확산부호spreading code를 사용해 정보 신호의 대역을 넓은 대역으로 확산시켜 전송하고, 수신 측에서는 동일한 역확산부호de-spreading code를 사용해 원래의 주파수 대역으로 환원한 뒤 정보를 복조하는 방식이다. 이는 정보 신호의 대역을 넓은 주파수 대역으로 확산시켜 전송하기 때문에 전력 스펙트럼 밀도power spectral density가 낮게 유지되어 다른 시스템에 미치는 간섭도 적고 다른 시스템으로부터 방해를 받을 확률도 낮게 유지할 수 있다.

전파 송신 과정에서 주변의 장애물(빌딩, 차량 등)에 전파가 부딪혀 시간 지연이 있는 다수의 반사파가 동시에 수신되는 다중경로 페이딩 때문에 ISI가 발생할 수 있다. 이를 해결하기 위해 레이크 수신기rake receiver를 사용하여 반사된 신호를 잡음이 아닌 수신 에너지의 합으로 동작하게 함으로써 오히려 수신 성능을 향상시킬 수 있다.

4.5 OFDM에서 ISI 감소 방안

무선통신에서 신호 주기가 짧은 고속 데이터 전송 시 단일 반송파single carrier를 사용하면 ISI가 심해져 수신 측 시스템이 복잡해진다. 이를 해결하기 위해 OFDM Orthogonal Frequency Division Multiplexing(직교주파수 다중분할)은 데이터 전송 속도를 그대로 유지하면서 각 부반송파sub carrier의 신호 주기를 확장할 수 있어 페이딩과 ISI에 대처할 수 있게 한다. OFDM은 여러 개의 반송파를 서로 직교하도록 복수의 반송파를 사용해 각 전송 주파수 일부를 중첩해서 전송하므로 주파수 이용 효율이 높아지는 효과도 있다.

한편 연속된 OFDM 신호 사이에 채널 최대 지연보다 긴 보호구간GI: Guard Interval을 삽입함으로써 ISI를 방지할 수 있고, 또한 보호구간에 신호의 일부를 복사해 신호의 시작 부분에 배치한 CP Cyclic Prefix를 사용하면 OFDM 신호는 순환적으로 확장cyclically extended되어 ICI Inter Carrier Interference도 피할 수 있게 된다.

5 결론

샤논의 공식에 따르면, 통신 용량은 백색잡음 때문에 무한정 늘릴 수 없다는 한계가 있다. 따라서 2진 통신 시스템을 설계하는 경우 통신 채널의 대역폭, 최대 신호전력과 잡음전력 밀도를 이용해 통신 용량(최대 정보율) C를 산출한 후 표본화율과 양자화기quantizer 비트를 고려해 정보 전송률 R를 결정하게 된다.

신호 전송 시의 전송 효율을 높이기 위해 소스 부호화(코딩)가 사용되고 채널의 에러를 제어하기 위해 채널 부호화(코딩) 기법이 사용되는데, 디지털통신에서는 전송 심벌 간 간섭으로 파형이 왜곡되는 ISI가 발생하고, 이를 극복하기 위해 신호전력 증가, 선로 차폐shield, 등화기, 레이크 수신기, 보호구간 등 다양한 기술이 적용되고 있다.

참고자료
삼성 SDS 기술사회. 2007. 『핵심정보기술총서 1: 컴퓨터 구조·네트워크』. 한울.
위키피디아(www.wikipedia.org).
오규태. 2007. 『정보통신기술』. 세화.
정진욱·한정수. 2002. 『데이터통신』. 생능출판사.
진년강. 2006. 『아날로그와 디지털 통신』. 청문각.

기출문제
101회 정보통신 샤논의 채널 용량(Shannon's Channel Capacity)을 전력 효율과 대역폭 효율 관점에서 설명하시오. (25점)

101회 정보통신 데이터 전송 시 소스 코딩(source coding)과 채널 코딩(channel coding)의 역할과 방법을 각각 설명하시오. (25점)

96회 정보통신 다음의 데이터 압축 방식을 설명하시오. (25점)

가. Packed Decimal 기법

나. Relative Encoding 기법

다. Character Suppression 기법

라. Huffman 기법

96회 컴퓨터시스템응용 데이터 압축 기법인 런 렝스(Run Length) 코딩과 허프만(Huffman) 코딩에 대하여 설명하시오. (25점)

93회 정보통신 허프만 코딩(Huffman Coding). (10점)

90회 정보통신 대역폭이 4kHz인 PSTN 통신망에 신호전압이 39.7μV, 잡음전압이 5μV인 경우 이론적 최대 전송 용량을 계산하시오. (10점)

86회 정보통신 DS(Direct Spread)-CDMA 시스템과 OFDM(Orthogonal Frequency Division Multiplexing) 시스템에서의 심볼 간 간섭(ISI: Inter Symbol Interference)을 제거하기 위한 방법을 설명하시오. (25점)

72회 정보통신 ISI(Inter Symbol Interference)의 발생 원인과 대책에 대하여 설명하시오. (10점)

68회 정보통신 Channel code를 사용하는 시스템의 부호화 이득(coding gain)을 설명하시오. (10점)

B-8

다중화 기술

다중화 기술은 하나의 통신로를 통해 여러 개의 독립된 신호를 전송하는 기술이다. 음성 전달을 위한 전송망 기술은 광매체의 기술 발전에 따라 대용량, 고속의 대역폭 증가가 가능하지만, 기존 전송망과의 호환성 및 한정된 채널 자원을 분할해 데이터를 효과적으로 보내기 어려웠다. 이를 해결하기 위해 다중화 기술을 채택해 대역폭을 증가시켰으며, B-ISDN NNI 국제 표준 다중화 방식으로 북미식 SONET 방식과 유럽식 SDH 방식의 동기식 다중화 계위가 활용되고 있다.

1 비동기식 디지털 다중화

1.1 개요

비동기식 디지털 다중화는 다양한 다중화 장비들이 자체 발진기의 비동기식 클록clock을 사용해 신호를 분리·결합하여 다중화하는 것을 말한다. 비동기식 디지털 다중화는 아날로그 음성신호를 나이퀴스트 전송률인 64Kbps 디지털화한 PCM을 기반의 음성채널을 나이퀴스트 이론에 따라 초당 8000번 샘플링하는 방식으로, 임의의 정보를 전송하기 위해 유입된 아날로그 신호를 125μs의 샘플링 주기로 데이터를 전송하게 되며, TDM(시 분할 다중화) 동기 방식을 취하기 때문에 수많은 음성신호를 전송하더라도 신호 동기를 위해 신호 프레임은 125μs의 프레임 단위의 구조를 가지게 된다. 비동기 디지털 다중화 방식은 북미 방식과 유럽 방식으로 나뉘며, 채널 수, 동기신호, 제어신호의 위치, 압신 방식, 정보 전송량 등 고유한 특징에 따라 구분된다.

나이퀴스트 이론
차단 주파수가 f[Hz]의 이상(理想) 저역여파기형 통신로에서는 초당 2f 비트의 속도로 부호 간 간섭 없이 자료를 전송할 수 있다는 이론이다. ☞ fs = 2fm

1.2 종류

북미 방식NAS: North America Standard은 데이터 전송 시 멀티 프레임을 사용하며, 멀티 프레임 중 24개의 음성채널과 6번, 12번 프레임의 8번째 비트를 제어 신호로 추가 전송하여 관리 기능을 향상시켰다. 기본 전송률은 (24 channel × 8 bits/channel + 1 bit) / 125μs = 1.544Mb/s이다.

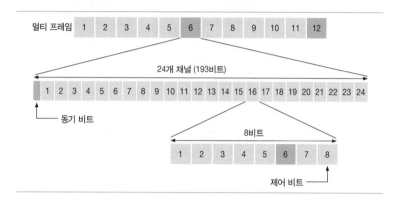

유럽 방식CEPT: Conference of European Post & Telecommunication Administration은 프레임에서 정교한 신호와 동기 서비스를 통해 음성채널 30개와 별도 제어신호 2개를 제공한다. 기본 전송률은 (32 channel × 8 bits/channel) / 125μs = 2.048Mb/s이다.

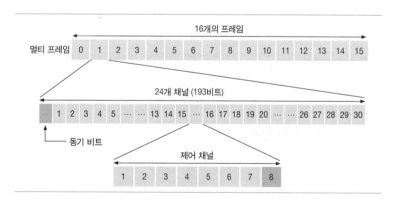

1.3 비동기 다중화 기술 비교

구분	북미 방식	유럽 방식
총 채널 수	24개	32개
음성채널 수	24개	30개
프레임당 비트 수	193비트	256비트
기본 전송 속도	1.544Mbps	2.048Mbps
동기신호 제공	프레임의 첫 1비트	프레임의 1번째 채널
제어신호 제공	6번, 12번 프레임의 1비트	프레임의 16번째 채널
압신 방식	μ 법칙	A 법칙
정보 전송량	56K/64Kbps	64Kbps

기본 속도가 51.84Mbps로 북미 계위인 DS-3(44.736Mbps)는 필요로 하는 오버헤드 비트를 수용하는 규격을 만족하지만, 유럽 계위인 DS-3E (34.368Mbps)는 SONET과 기본 속도 차이가 커서 세계 공통 표준으로 채택되지 않았다.

2 PDH Plesiochronous Digital Hierarchy

2.1 개요

PDH는 비동기식 다중화의 고차군으로 다중화하는 방식으로서, 두 신호의 간격을 조밀하게 하여 TDM 방식으로 다중화하며, bit stuffing 방식을 이용해 클록의 오차를 보상한다.

2.2 Bit stuffing 방식

낮은 계위와 높은 계위 간에 음성채널 수는 정수배가 성립되나, 전송 속도 면에서는 정수배가 성립되지 않는다.

예를 들어, DS-1의 경우 1.544Mbps×4=6.176Mbps≠6.312Mbps(실제 전송 속도)이다. bit stuffing은 여기서 입력신호의 클록 오차 보상을 위해 출력신호의 전송 속도(6.312Mbps)를 입력신호의 전송 속도(6.176Mbps)보다 빠르게 설정해 데이터를 보내거나 더미dummy 데이터를 전송해 클록 오차를 보상하는 것이다.

2.3 PDH 문제점

오버헤드 비트의 수용 공간이 부족하며, 회선의 분기·결합drop·insert이 다소 유연하지 않다. 또한 고속 신호에서 저속 신호를 직접 뽑아낼 수 없고 반드시 단계별 다중화, 역다중화를 시행해야 한다. 국제적 표준이 마련되어 있지 않다는 문제도 있다.

3 SONET Synchronous Optical Network

3.1 개요

SONET은 1984년 미국 벨코어Bellcore에서 PDH의 단점을 보완하고자 제안하고 ANSI/ITU-T에서 표준화한 동기식 광통신망 기술로, 전 세계 장거리 전화망의 광케이블 구간에 적용되고 있는 물리 계층 미국 표준이다.

SONET은 기본 속도가 51.84Mbps로, 북미 계위인 DS-3(44.736Mbps)는 필요로 하는 오버헤드 비트를 수용하는 데 만족시키는 규격이지만, 유럽 계위인 DS-3E(34.368Mbps)는 SONET과의 기본 속도 차이가 커 세계 공통 표준은 되지 않았다.

3.2 프레임 구조

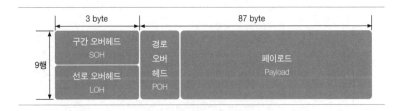

구간 오버헤드SOH: Section Over Head는 재생·다중화기 구간에서 OAMOperations, Administration, and Maintenance 기능을 한다. 선로 오버헤드LOH: Line Over Head는 동기화·변조 등을 정의한다. 경로 오버헤드POH: Path Over Head는 경로path 감시 신호를 전송한다. 한편 PDHPlesiochronous Digital Hierarchy의 전송 속도는 90바이트(90×8비트)×9행×8000번−51.84Mbps(기본 속도)이다.

3.3 특징

1단계 다중화 및 포인터에 의해 동기화한다. 또한 체계적인 오버헤드를 사용했으나, 유럽 방식을 수용하기는 곤란하다. 한편 기가비트급 전송 속도를 내려면 이러한 기본 프레임을 하나의 커다란 프레임으로 변경하는 다중화가 필요하다.

4 SDH Synchronous Digital Hierarchy

4.1 개요

SDH는 PDH와 SONET의 문제점을 해결하려는 목적으로 제안된 기술이다. 1단계 다중화를 통해 모든 신호를 수용할 수 있는 체계로, B-ISDN의 NNI 국제 표준 기술이다. SDH는 계층화된 오버헤드를 사용하고 각종 신호를 수용할 수 있는 국제 표준 디지털 계위를 가진다.

4.2 프레임 구조(STM-1 신호)

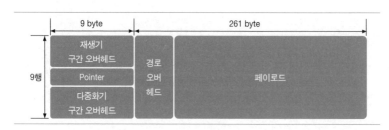

동기 다중화 방식인 STM-1 신호의 속도는 270바이트(270×8비트)×9행×8000번=155.52Mbps(SONET의 3배)이다. **구간 오버헤드**SOH는 재생·다중화기 구간에서 OAM 기능을 하며, **경로 오버헤드**POH는 경로 감시 신호를 전송한다. Pointer는 비트 속도 차이 해결을 위한 동기 방법에 사용된다.

4.3 특징

SDH는 국제 표준(NAS·CEPT, SONET 등)으로, 모든 디지털 신호를 수용할 수 있다. 또한 1단계 다중화 및 포인터에 의해 동기화하며, 체계적인 오버헤드를 사용하고, 망의 운용 및 관리가 용이하다.

5 PDH와 SDH 비교

구분	PDH	SDH
표준화	다양한 표준	세계 단일 표준
다중 방식	단계별 다중화	1단계 다중화
동기화	Bit stuffing	Pointer
오버헤드	단계마다 새로운 오버헤드 추가	체계적
서비스	음성에 적합	모든 신호 수용 가능

6 OTH Optical Transport Hierarchy

OTH는 WDM 기술에 바탕을 둔 미래형 광전송 계위로, WDM 기술에 SDH/SONET망을 직접 수용하는 데 한계를 극복함으로써 IP, Ethernet, SONET/SDH, 비디오 등 다양한 신호를 수용할 수 있는 방식이다.

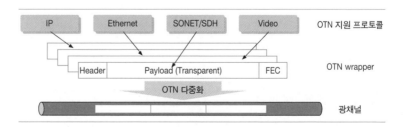

7 다중화 속도

SONET		SDH	OTH	프레임 속도
전기신호	광신호			
STS-1	OC-1			51.84Mbps
STS-3	OC-3	STM-1		155Mbps
STS-12	OC-12	STM-4		622Mbps
STS-48	OC-48	STM-16	ODU-1	2.5Gbps
STS-192	OC-192	STM-64	ODU-2	10Gbps
		STM-256	ODU-3	40Gbps
			ODU-4	100Gbps

참고자료

삼성 SDS 기술사회. 2007. 『핵심정보기술총서 1: 컴퓨터 구조·네트워크』. 한울.
위키피디아(www.wikipedia.org).
Mike Jamgochian. 2010. "Understanding OTN". Alcatel-Lucent. http://www.cvt-dallas.org/March2010.pdf

기출문제

92회 정보통신 SONET (10점)
84회 정보통신 SDH(Synchronous Digital Hierarchy) 계위인 STM-1, STM-4, STM-16의 광전송 장치 설계 시 고려 사항에 대해 설명하시오. (25점)
83회 정보통신 시 분할 광통신의 국제 표준 분류 방식인 STM-x와 OC-x의 전송 속도. (10점)
65회 정보통신 전송 방식의 다중화 기술에 대해 설명하시오. (25점)

B-9

광통신 시스템

전 세계적으로 폭증하고 있는 데이터의 전송량에 대응해 기존의 전기 방식이 아닌, 빛을 이용한 장거리, 대용량의 전송 기술이 사용되고 있다. 여기에는 광손실 최소화를 위한 케이블, 효율적 전송을 위한 광증폭 및 광교환 방식, 대용량 전송을 위한 전송 장비 기술이 포함된다.

1 광통신 시스템의 개요

광통신 시스템은 송신 측에서 발생하는 전기적인 신호를 발광소자를 이용해 빛으로 변환하여 광케이블에 전송하고, 수신 측에서는 수광소자를 이용해 전기적 신호로 변환하여 통신하는 시스템이다. 전기신호를 이용하는 전송 매체는 한정된 대역폭과 손실 잡음 등으로 멀티미디어에 필요한 대용량의 정보를 전송하는 데 한계가 있어 대용량 장거리 전송에는 광케이블이 이용되고 있다.

1.1 구성 요소

광통신은 전기신호를 광신호로 변환해주는 레이저다이오드LD: Laser Diode와 발광다이오드LED: Light Emitting Diode 등 발광소자, 광신호를 전달하는 매체인 광섬유 케이블, 장거리 전송을 위한 광중계 또는 광신호 증폭기와 광신호를 전기신호로 변환하는 포토다이오드photo diode, 애벌란치 포토다이오드ava-

lanche photo diode 등 소광소자로 구성된다. 기타 구성 요소로는 광커넥터, 광
감쇄기, 분기결합기, 광분파기, 광스위치, 광다중화기 등이 있다.

1.2 구조도

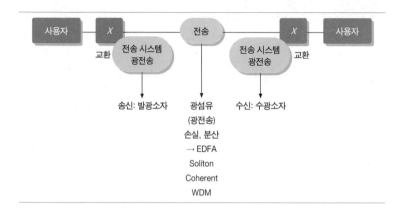

1.3 특징

광통신은 빛(광파)을 이용한 통신으로 0.8~1.8um(0.8~1: 단파장대; 1~1.8: 장
파장대)의 파장을 이용한다. 무중계 거리가 약 80km 이상(동축케이블은 약
1.5km)으로 저손실 특성을 가지고 있고, 광섬유 재료 자체가 절연체로 전자
기의 영향이 없어 고신뢰성의 특성도 가지고 있다. 또한 보안성이 우수하
고, 크기와 무게가 작아 경제성이 높다. 다만 케이블의 접속과 설치가 어렵
다는 단점이 있다.

1.4 광전송 원리: 전반사와 전파 모드

광통신은 굴절률이 큰 매질에서 작은 매질로 입사할 때, 어느 특정 각도 이
상이면 그 경계면에서 빛이 투과되거나 굴절되지 않고 전부 반사되는 현상
인 전반사의 성질을 이용한다. 입사각이 임계각보다 크거나 같으면 빛이 전
반사하게 되고, 스넬의 법칙을 따르게 된다.

- 입사각과 굴절각의 관계: 스넬의 법칙($\sin\theta$=n2/n1)
- 임계각 θc=sin-1(n1/n2)

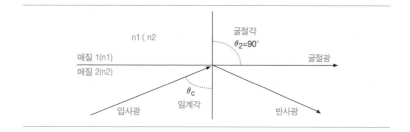

코어 내에서 광파는 서로 간섭을 하게 되는데, 위상이 일치하는 광파들은 간섭으로 소멸되지 않고 계속 전파되고 위상이 불일치하는 광파들은 상쇄 간섭으로 소멸된다. 위상의 일치 여부는 clad에 부딪치는 각도(입사각 보각)에 의존되고, 동위상이 되는 작은 각도부터 0차, 1차, …… n차 모드 광선이라고 한다. 광케이블이 0차 모드 광선만 전파하면 **단일 모드**이고 다수 모드의 광선들을 전파하면 **다중 모드**라고 한다.

2 광통신의 발광소자와 수광소자

발광소자는 전송 측에서 광신호를 전기적 신호로 변환해서 광케이블을 통해 전송하고, 수신 측에서는 수광소자가 광신호를 전기적 신호로 역변환한다. 두 소자는 광전송 시스템에 반드시 필요한 핵심 구성 요소이다.

2.1 발광소자의 종류

발광소자에는 레이저다이오드LD와 발광다이오드LED가 있다. LD는 PN 접합형 반도체로, PN 접합의 전자파에 의해 광파를 유도하는 소자이다. LD는 반도체의 유도방출을 이용한 코히런트coherent, broadband 광으로 LED보다 구조가 복잡하고 가격이 비싸며 수명이 짧다. 하지만 취급이 간편하고 소형으로 소비전력이 적으며, 고속·장거리 통신용 광원으로 이용된다.

LED는 스펙트럼의 넓이가 LD보다 10~100배 정도 크고 광섬유와 결합도가 낮다. LED는 위상이 무질서한 인코히런트in-coherent, baseband 광으로, 자연 방출을 이용하며 가격이 저렴하고 수명이 길다. 온도에 민감하지 않은 출력 특성을 띠며, 수로 저속·단거리 통신용 광원으로 이용된다.

2.2 수광소자의 종류

수광소자에는 포토다이오드PD와 애벌란치 포토다이오드APD가 있다. **포토다이오드**는 반도체의 PN 접합부에 빛을 조사하면 자동적으로 광에너지가 흡수되는 동시에 전기적 에너지가 방출되는 원리를 이용한 다이오드이다. PN 접합 다이오드의 증폭을 넓혀 응답 속도를 빠르게 할 수 있는데, 증폭을 넓히려면 비저항을 높이면 되지만 비저항이 높으면 효율이 저하되는 특성이 있다. 0.8~0.9(μm)대의 광파에서 양자 효율도가 높아 가장 유용하나 고속 검출에는 단점이 존재한다.

애벌란치 포토다이오드는 광다이오드의 마이너스 전압, 즉 역바이어스가 애벌란치 전압 부근으로 접근하면서 전자사태(눈사태와 유사)가 발생해 충분한 에너지를 얻는 방식이다. 포토다이오드보다 10~20dB 정도 감도가 좋아 장거리 및 대용량 고속 광전송에 적합한데, 이는 역바이어스를 가해서 전계 밀도가 105(V/m)에 의한 광전류의 내부 증배 작용으로 발생한다.

3 광섬유

3.1 분류

광섬유는 전파 모드에 따라서 단일 모드SM: Single Mode와 다중 모드MM: Multi Mode로 분류된다. **단일 모드**는 전파 모드가 1개이고, 코어 반경이 작으며, 접속 및 조작이 어렵다. 전송 대역이 넓어 10GHz의 속도로 고속 장거리용에 사용할 수 있다. **다중 모드**는 전파 모드가 다수이고, 코어 반경이 크며, 광파 손실이 많은 것이 특징이다. 대부분 근거리용으로 사용되며, 전송 대역은 계단형이 10~50MHz, 언덕형은 수 GHz이다.

굴절률 분포에 따라서는 계단형과 언덕형 광섬유로 분류된다. 계단형SI: Step Index은 코어와 클래드 간에 굴절률 분포가 계단적으로 변화하는 전파 모드이고, 언덕형GI: Graded Index은 굴절률이 연속적으로 완만하게 변화하는 전파 모드이다.

3.2 구조

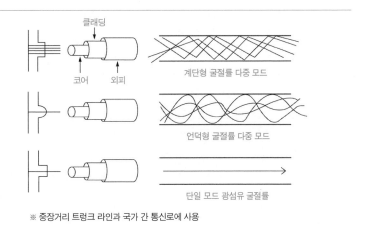

※ 중장거리 트렁크 라인과 국가 간 통신로에 사용

3.3 광섬유 간 비교

구분	SI-SM	GI-MM	SI-MM
코어 직경	- 10μm	- 50μm	- 50μm
클래드 직경	- 125μm	- 125μm	- 125μm
특징	- 전파 모드 분산이 없다. - 가격이 비싸고 코어 직경이 작아 조작 및 접속이 어렵다. - 전송 대역폭 크고, 장거리전송 가능하다.	- 전파 모드 분산이 있다. - 전송 대역폭 및 중계기 간격이 중간 정도이다. - 접속이 쉽고 수광 능률이 좋다.	- 전파 모드 분산이 있다. - 전송 대역폭과 중계기 간격이 좁다. - 접속이 쉽고 수광 능률이 좋다.

단일 모드 광케이블은 다중 모드 광케이블에 비해 정보통신량이 많고 성능이 우수해 파장 분할 방식과 코히런트 통신 등의 새로운 기술 적용이 가능한 장점이 있다.

4 광섬유의 전송 특성

광섬유의 전송 특성에 가장 큰 영향을 주는 것은 광신호의 전력이 떨어져 어두워지는 손실 특성과 전송 도중에 광펄스의 파형이 퍼지는 분산 특성이다.

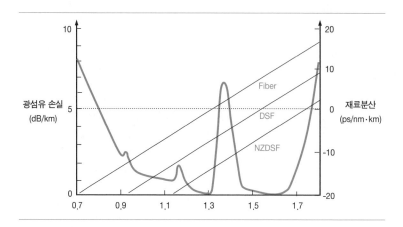

광섬유의 손실은 km당 신호 세기가 감소하는 크기(dB) 값으로 표시한다. 그림에서 보듯이 광섬유의 물리적 특성상 전송 손실이 비교적 작은 파장대역이 존재하는데, 이를 저손실창Low Loss Window이라고 한다. 총 3개 대역(850nm, 1310nm, 1550nm)이 이에 해당한다.

광섬유의 분산은 km당 파장의 지연 시간(PS Pico Second)을 파장대역(NM Nano Meter)으로 나눈 값으로 표시하며, 일반적으로 광섬유(fiber)의 물리적인 영분산점은 약 1310nm 대역이 된다. 이를 광섬유의 특성을 변화시켜 영분산점을 변경한 DSF Dispersion Shift Fiber, NZDSF Non Zero DSF 등이 있다.

4.1 광손실의 종류

광손실에는 크게 재료손실과 구조손실이 있다. 재료손실에는 흡수손실, 산란손실, 회선손실이 있는데, **흡수손실**은 광섬유에 포함된 여러 가지 불순물에 의한 흡수로 인해 광출력이 일부 열로 유실되는 것이고, **산란손실**은 빛이 파장 크기 정도의 알갱이에 닿았을 때 여러 방향으로 산란하기 때문에 생기는 손실로, 손실의 90% 이상을 차지한다. 회선손실은 광케이블 접속 시 커넥터나 스플라이스splice 에 의해 발생하는 손실이다.

구조손실에는 불균등손실, 코어손실, 마이크로벤딩micro-bending 손실이 있다. 불균등손실은 코어와 클래드 경계면의 구조상 미세한 변동 불균일 때문에 생기는 손실로, 계면손실이라고도 한다. 코어손실은 광케이블이 구부러져서 발생하는 손실로, 매크로벤딩macro-bending 손실이라고도 한다. 마이크로벤딩손실은 광섬유 측면에 외부의 불규칙적인 압력이 가해져 광섬유의 축이 미세하게 구부러져서 생기는 손실이다.

4.2 광분산의 종류

광섬유 내에서 전달되는 광펄스는 장거리를 도파하고 나면 펄스의 파형이 퍼져서 이웃한 펄스와 서로 겹치게 된다. 이러한 현상은 수신 단에서 검출된 신호의 에러를 증가시키는데, 이를 분산이라고 한다. 분산의 종류에는 모드 내 분산, 모드 간 분산 및 편광모드 분산이 있다.

모드 내 분산은 색분산이라고도 하는데 종류에는 재료분산, 구조분산이 있다. 재료분산은 광섬유의 재료인 유리의 굴절률이 전파하는 빛의 파장에 따라 변화함으로써 파형이 벌어지는 현상이다. 구조분산은 광섬유의 구조 변화로 광신호의 경로와 길이가 변화되어 도착 시간이 변하는 현상이다.

모드 간 분산은 광섬유 내의 전파 모드에 따라 전송 속도가 다르기 때문에 파형이 벌어져 겹치는 현상으로, graded index로 보상한다.

편광모드 분산은 빛의 전기장·자기장 간 수직이 깨지고 도달 시간이 변하는 현상으로, 온도나 진동, 압력 등의 다양한 원인에 의해서 발생하고, 10Gbps 이상의 고속 전송에서 중요한 제약 요인이 된다.

분산을 피하기 위해서는 영zero 분산 파장(1310nm)을 사용하거나 손실 특성이 좋은 1550nm에서 영분산이 되도록 제작한 분산 천이 광섬유DSF: Dispersion Shift Fiber를 사용한다. 또한 장거리 전송으로 누적된 분산을 보상하기 위해 음의 분산 특성을 띤 분산 보상 광섬유DCF: Dispersion Compensated Fiber를 사용하기도 한다.

5 광증폭(손실의 대책)

5.1 개요

광섬유의 손실 또는 분산에 따른 감쇄와 파형 왜곡으로 저하된 전송 품질을
보상해 장거리 전송을 하기 위해서는 광증폭 시스템을 사용해야 한다. 기존
에는 광중계기를 이용해 장거리 전송을 했으나, 구조가 복잡해(광전변환 →
전기적 신호 증폭 → 전광변환) 장치가 크고 비용이 비싸며 WDM 구현이 어려
웠다. 이 때문에 현재는 광신호를 전기적으로 변환하지 않고 순수하게 광신
호를 증폭하는 광증폭기를 사용한다. 광증폭기 중에서도 반도체 증폭기는
이득 특성이 좋지 않고 고속 전송 구현에 제한이 있어 광섬유 증폭기(EDFA,
EDWA, FRA 등)를 주로 사용한다.

5.2 EDFA/TDFA 원리

EDFA/TDFA Erbium/Thulium Doped Fiber Amplifier 는 에르븀erbium과 툴륨thulium이라
는 희토류 물질을 광섬유 케이블에 도핑하고 레이저로 펌핑함으로써 약한
광신호를 증폭시키는 광섬유 증폭기이다. 에르븀은 1550nm, 툴륨은 1460~
1530nm 대역에서 동작한다.

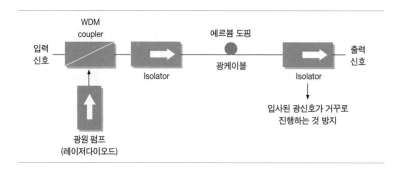

에르븀, 툴륨이 광섬유 코어 부분에 소량(10~100ppm) 첨가되면 광섬유를
구성하는 산소와 결합해 ER+3 이온 에너지가 광섬유 최저 손실 영역인
1.55μm 부근에 자리하며, 펌프 레이저를 이용해 광학적으로 상위 기준보다
높은 곳으로 에너지를 넣어주면 안정 상태인 상준위까지 빠른 속도로 발산

한 뒤 하준위로 유도방출(자연방출)함으로써 1.5μm의 광신호를 증폭한다.

5.3 EDFA/TDFA의 특성 및 응용

EDFA/TDFA는 높은 이득(50dB) 특성을 보유하여 손실을 쉽게 보상한다. 또한 대역폭(4THz)이 넓고, 잡음지수(-3.5dB)가 낮으며, 삽입손실(-0.1dB)이 적고, 왜곡이나 신호누화가 발생하지 않는 특성이 있다. EDFA/TDFA는 고속 신호 전송에도 응답 특성이 열화되지 않아 WDM망에 적합하다. 실제 응용 시에는 후치증폭기로 사용되어 송신 레이저의 출력을 크게 높이거나, 전치증폭기로 사용해 수신기의 수신 감도를 높이는 데 적합하다.

5.4 기타 증폭 기술

EDWA Erbium Doped Waveguide Amplifier 증폭기는 EDFA와 달리 고가의 커플러를 제거하고 펌프 레이저pump laser에서 나온 빛이 자유공간에서 합쳐지게 하는 방식으로, 증폭도는 낮으나 가격이 저렴해 소규모망에 사용된다.

라만증폭기FRA: Fiber Raman Amplifer는 전송로에 광전송 방향과는 역방향의 레이저 신호를 주입해 광을 증폭하는 방식으로, 증폭 매질로 광섬유를 직접 사용하기 때문에 광섬유 특성에 따른 증폭 이득의 변화가 심한 특성이 있다. EDFA보다 더 좋은 신호 대 잡음비를 얻을 수 있어 장거리(100km 이상) 전송에 사용할 수 있고, 적절한 펌핑 레이저 파장을 선택할 경우 1100~1700nm 대역의 광범위한 파장 증폭이 가능하다. 밴드별 주파수 대역은 다음과 같다.

밴드	설명	파장 범위
O band	Original	1260~1360nm
E band	Extended	1360~1460nm
S band	Short wavelengths	1460~1530nm
C band	Conventional("erbium window")	1530~1565nm
L band	Long wavelengths	1565~1625nm
U band	Ultralong wavelengths	1625~1675nm

6 코히런트 광통신 방식

6.1 개요

광통신 시스템의 변복조 방식으로는, 출력되는 광신호를 켰다 껐다 하면서 디지털 신호로 만들어내는 강도변조IM: Intensity Modulation 와 광신호의 세기 변화를 직접 검출하는 직접검파DD: Direct Detection 방식을 이용한다. IM의 다중화 방식으로는 TDM 방식이 사용되며, DD의 다중화 방식으로는 FDM 방식이 사용된다. 광통신 분야에서 베이스밴드baseband 전송 방식은 인코히런트 광통신 방식으로, 브로드밴드broadband 전송은 코히런트 또는 광파(테라비트급) 통신 방식으로 부른다.

6.2 인코히런트

광통신 시스템의 IM(강도변조)·DD(직접검파) 방식은 광파를 반송파carrier로 해서 주파수나 위상에 정보를 실어 보내지 못한다. 이 방식에서는 전송 채널의 용량을 늘리기 위해 전송 속도를 높여야 한다. 그러나 수신 감도 저하, 비용 상승 등의 문제로 10Gbps 이상의 광전송 시스템 상용화가 어려울 것으로 평가되면서 코히런트 통신 방식이 차세대 광통신 방식으로 등장했다.

6.3 코히런트

현재의 광통신은 IM·DD 방식을 사용하기 때문에 광파의 위상 부분은 정보를 전송하는 데 사용하지 못한다. 코히런트 광통신은 광파를 반송파로 사용해 광파의 주파수나 위상에 정보를 실어 전송하는 방식으로, 손실 특성과 분산 제한을 극복해 장거리 초고속통신을 실현하는 광통신 기술로 여겨진다. 송신기는 입력신호를 ASK·FSK·PSK 변조 방식을 이용해 반송파(고주파)의 진폭, 주파수, 위상에 정보를 실어서 전송한다.

　코히런트 방식은 변조를 통해 다채널 전송이 가능하고, 수신 감도가 향상되어 중계 간격을 2배로 늘릴 수 있으며, 인코히런트 대비 10배 이상의 정보량을 전송할 수 있는 장점이 있다. 하지만 시스템이 복잡하고, 광소자의 제조가 어려워 고가라는 단점이 있다. 코히런트 방식은 장거리 시외 구간 전송과 해저 광케이블 및 광대역 분배 가입자망에 사용된다.

7 솔리톤 광전송

7.1 개요

광펄스는 코어 섬유를 따라 진행하면서 점차 폭이 넓어지는데(분산), 이는 광펄스 자체가 엄밀한 의미에서 단색광이 아니고 서로 다른 빛이 혼합된 것이기 때문이다. 고속 광통신 시스템일수록 이러한 분산의 영향을 많이 받는데, 솔리톤soliton 광전송 기술은 광전송에서 분산을 '0'으로 만들기 위한 기술이다.

7.2 광 솔리톤 기술

광 솔리톤 기술은 광섬유의 대역을 제한하는 분산 특성과 비선형의 영향을 상쇄시켜 초고속·초장거리 통신을 가능하게 하는 전송 기술이다. 광 솔리톤 기술의 전송 원리는 다음 그림과 같다.

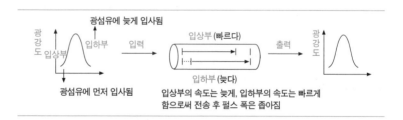

광 솔리톤 기술은 분산의 영향을 받지 않기 때문에 펄스 간격을 좁힐 수 있으므로 초고속 광통신에 적합하고, 펄스의 에너지가 크므로 고감도의 직접 검파가 가능하며, 매우 짧은 펄스를 수십 Gbps의 속도로 장거리 전송을 할 수 있다는 장점이 있다. 반면 광 FDM 방식으로 다채널화하는 것이 불가능하고, 비선형 현상으로 인접 펄스 간 상호작용이 일어나 펄스 간격이 넓어야 한다는 단점이 있다.

8 광교환 기술

8.1 개요

광교환 기술은 광의 형태로 전달된 정보를 전기신호로 변환하지 않고 광의 상태로 직접 교환하는 기술로, 입력된 광신호를 공간 및 시간 영역에서 광 고유의 특성인 고속성과 병렬 처리 능력을 최대한 활용해 다른 공간 또는 시간(파장)으로 변환하는 기술이다. 멀티미디어 서비스의 보편화로 해당 멀티미디어 서비스를 모두 수용하려면 처리 속도가 수 Tbps 이상인 교환 시스템이 요구되는데, 전자교환 기술로는 한계가 있다. 또한 가입자선로까지도 광케이블화가 추진되어 FTTH Fiber To The Home 의 구현에서 광교환기는 반드시 필요한 기술이다.

8.2 종류 및 특징

광교환 방식에는 공간 분할형, 시 분할형, 파장 분할형, 자유공간형 광교환 방식 등이 있다. **공간 분할형 광교환** 방식은 입력된 광신호와 출력된 광신호를 공간적인 스위치를 통해 원하는 곳으로 진행 방향을 변화시킴으로써 교환하는 방식으로, 광매트릭스 스위치를 사용해 구성이 간단하고 신호의 광대역성을 갖는 특징이 있으며, 가장 먼저 개발된 방식이다. 공간 분할형 광교환 방식은 가입자 수가 증가하면 광스위치의 입출력선 수가 증가하고 손실 등이 발생하는 단점이 있다.

공간 분할형 광교환 구성

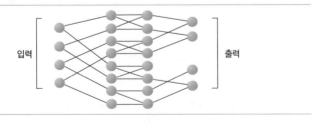

입력　　　　　　　　　　　　　　　　출력

시 분할형 광교환 방식은 현재의 전자교환기에서 사용되는 시 분할형 교환 방식과 동일하며 이들의 접합이 용이한 방식으로 시스템의 크기를 줄일 수 있어서 대용량 광교환에 적합하다. 시 분할형 광교환기는 시 분할 다중화기TDMuxi: Time Division Multiplexer, 타임 슬롯 교환기TSLI: Time Slot Interchanger 및 시 분할 역다중화기LTD DMUXi: Time Division Demultiplexer로 구성된다.

시 분할형 광교환 구성

파장 분할형 광교환 방식은 여러 개의 파장을 갖는 광신호들이 동일한 매체를 통해 전달되어도 각자 신호에 아무런 영향을 받지 않는 특성을 이용한 방식으로, 시스템의 크기를 줄일 수 있어서 대용량의 광교환 방식에 사용될 가능성이 높다.

파장 분할형 광교환 구성

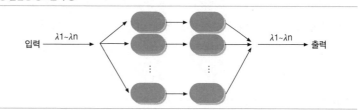

자유공간형 광교환 방식은 자유공간에서 고해상도의 공간 다중화를 하는 것으로, 공간 분할 방식과 구분된다. 이 방식은 공간을 효율적으로 사용하고 광대역의 특성을 최대한 활용할 수 있다는 장점이 있으나, 제작이 어렵다는 단점이 있다.

자유공간형 광교환 구성

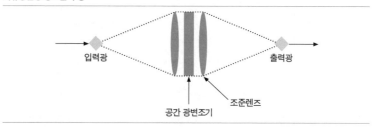

OXC는 광신호 자체를 교차 연결해 분배·접속하는 장치로, 다중화된 파장 단위로 처리해주는 장치이다. 트래픽 증가에 따른 초고속 회선 분배 기능이 요구되고 WDM 기술이 보급되면서 OXC의 필요성이 점점 커지고 있다.

광스위치의 소자로는 MEMS Micro Electro Mechanical Systems, 버블 스위치, 열광학 스위치 등이 사용되고, 광스위치 패브릭의 구조에 따라 스위치를 행렬 방식으로 배치하는 2D MEMS 방식과 입출력의 모든 경로를 확보하는 3D MEMS 방식이 있다.

광스위치는 구조에 따라 opaque(불투명) OXC, transparent(투명) OXF, translucent(반투명) OXC로 나뉜다. Opaque OXC는 광-전-광 변환을 통해 전기적 스위치 기반으로 동작하고, 그루밍 grooming 기능을 제공해 트래픽을 52Mbps 단위의 채널로 분리하여 스위칭을 한다. 포트 수와 속도가 증가하면 장비 가격이 늘어나 확장성에 한계가 있다.

Transparent OXC는 광스위치 소자를 사용해 광섬유 또는 파장 단위로 스위칭을 하는 방식으로, 종류로는 FXC Fiber X-Connect, WSXC Wavelength Selective X-Connect, WIXC Wavelength Interchanging X-Connect가 있다. FXC는 광섬유 단위로 스위칭이 동작하며, WSXC는 파장 채널 단위의 회선을 분기·결합하는 기능을 지원하고, WIXC는 WSXC에 파장 변환 기능을 추가한 것이다.

Translucent OXC 방식은 광스위치에 부하가 많이 걸릴 경우에 전기 스위치에서 처리를 해주는 하이브리드 방식이다.

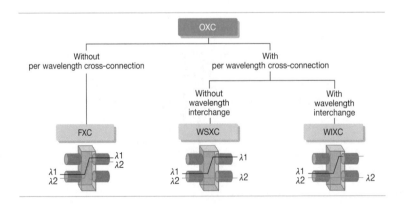

9 전광 네트워크를 위한 광다중화 기술

9.1 개요

미래의 정보화 사회에서 요구되는 대량의 정보 욕구를 충족하고 기존의 전기적 정보 처리의 한계를 극복하기 위한 방안 중 하나로 광학적 방법에 의한 WDM과 OTDM 방식이 있다. WDM 방식은 상용화되었지만 광학적인 제약으로 무한정 확장이 어려워, 이를 보완하기 위한 방법으로 OTDM 방식이 제안되었다. 장래의 전광통신망all optic network을 구현하기 위해서는 이들의 상호 보완적인 관계를 이용한 망 구현이 필요하다.

9.2 WDM Wavelength Division Multiplexing

WDM은 광케이블의 개수를 늘리지 않고 정보를 실어 나르는 파장의 숫자를 늘림으로써 더 많은 전송 용량을 확보하는 효율적인 기술이다. 1550nm 대역의 25THz 대역폭을 이용하며, 데이터의 전송 속도나 변조 방법 및 전송 형태에 무관하게 다중화가 가능한 장점이 있다. WDM은 파장 분할의 밀도 및 간격에 따라 CWDMCoarse WDM(저속, 단거리, 저가)과 DWDMDense WDM(고속, 장거리, 고가)으로 분류된다.

WDM은 채널 수의 증가에 따른 채널 간 누화가 발생할 수 있는데, 채널 간격을 달리하는 것으로 이를 어느 정도 해소하고 있으나 근본적인 해결책은 아니다. 대역폭 증가를 위해 사용하는 파장의 수를 늘리고(코어당 160여 개, 수천 Gbps까지 가능), 분산 특성이 우수한 광섬유(영분산 천이 광섬유)를 사용해야 한다.

영분산 천이 광섬유
손실이 최소인 1550nm에서 분산이 최소화되게 한 섬유

9.3 OTDM Optical Time Division Multiplexing

OTDM은 짧은 광펄스를 사용해 낮은 속도의 광신호들을 시간축상에서 서로 끼워 넣음으로써 전송 용량을 증대하는 방법이다. 하나의 파장을 사용하므로 채널 간 누화는 발생하지 않지만, 용량을 증대하기 위해서는 펄스의 폭을 좁게 해야 하는데, 이러한 극초단 펄스를 생성해내는 기술이 매우 어

렵다. 이를 해결하기 위해서는 레이저다이오드 형태의 광원 확보가 선행되어야 한다.

9.4 OFDM Optical Frequency Division Multiplexing

OFDM은 광을 주파수별로 다중화해 분할·전송하는 방식으로 WDM보다 좀 더 작은 주파수 대역으로 나누는 방식이다. 광주파수 분할을 위해서는 주파수 간격 확보가 필요해 주파수가 비교적 낮은 장파장 대역에서 검토되고 있다.

9.5 상호 결합을 위한 기술적 해결 사항

WDM과 OTDM을 결합한 테라비트 전송 및 전광망으로 진화하기 위해서는 파장 변환과 WDM-to-OTDM(또는 역과정) 및 RZ-to-MRZ 변환 기술 등이 필수이다. 결과적으로 OTDM과 WDM은 상호보완적 관계여서 장래의 테라비트 전송을 위해서는 WDM과 OTDM을 결합한 형태로 나아갈 것으로 예상된다.

10 광통신 시스템의 향후 전망

광섬유 전송 기술은 현재 1개의 파장당 100Gbps 이상의 장거리 전송 시스템이 상용화되어 있으며, 1개의 광섬유로 테라비트급 전송도 실현 가능하다. 광통신 시스템의 발전은 대용량 정보의 효율적인 장거리 전송에 이용되어 전송 비용의 저감에 크게 기여하고 있으나, 향후 도래할 엑사바이트 (Exabyte, 10^{18} bytes) 시대에 대응하기 위해서는 추가적인 광섬유 혁신과 전송 기술 향상을 통해 전송 용량의 대폭 확대가 필요한 상황이다.

  광섬유 전송 기술은 크게 빛의 변조 속도 고속화TDM와 파장 분할 다중화 WDM 두 가지 기술 분야로 발전해왔으며, 현재 상용화된 기술은 TDM으로는 파장당 최대 40Gbps 속도와 WDM으로는 실사용 가능 파장 100개 미만의 다중화가 가능한 수준이다.

현재의 한계를 극복하기 위해 연구·개발되고 있는 기술에는 한정된 대역에 다중화 가능한 파장 수를 늘리기 위한 고밀도 파장 다중화, 광섬유에 존재하는 2개의 편파축을 이용한 편파 다중화, 광파의 진폭과 위상을 활용한 다치 변복조N-QAM, 코어 간 간섭을 억제시켜 광파워의 상한을 극복하는 멀티코어 다중 전송 기술, 여러 개의 전파 모드 간 간섭 제거 기술을 통한 멀티모드 전송 기술 등이 있다. 이러한 기술의 발전 속도에 따라 향후 광통신 시스템은 현재보다 월등한 수준의 장거리화, 대용량화가 가능한 통신망으로 발전할 것으로 예상된다.

참고자료

삼성 SDS 기술사회. 2007.『핵심정보기술총서 1: 컴퓨터 구조·네트워크』. 한울.
≪월간전기≫. 2017. "광섬유 통신 인프라의 개발과 기술동향 ③: 초대용량 전송 기술", 2017년 7월호.
위키피디아(www.wikipedia.org).
팰레스, 조지프(Joseph C. Palais). 2005.『광통신공학』. 김영권·강영진·정진호 옮김. 피어슨에듀케이션코리아.

기출문제

111회 정보통신 광섬유증폭기 EDFA(Erbium Doped Fiber Amplifier). (10점)

110회 정보통신 광섬유 모드 간 분산과 모드 내 분산. (10점)

110회 정보통신 라만(Raman) 광증폭기. (10점)

108회 정보통신 광(光)신호 전송 시 손실과 분산에 대하여 서술하시오. (25점)

105회 정보통신 Coherent 광전송 기술에 사용되는 편광다중화 기술. (10점)

104회 정보통신 광케이블의 정규화(규격화) 주파수(V Number). (10점)

102회 정보통신 파장분할다중화(WDM)용 광증폭기. (10점)

98회 정보통신 광섬유(Optical Fiber) 전송원리. (10점)

96회 정보통신 광다중화(Optical Multiplexing) 방법 중에서 네 가지를 선정하여 설명하시오. (25점)

92회 정보통신 광섬유에 대한 도파 원리와 광학적 파라미터에 대해 설명하시오. (25점)

86회 정보통신 FLC(Fiber Loop Carrier)와 광섬유 손실에 대하여 설명하시오. (25점)

83회 정보통신 통신에서 OXC(Optical Cross Connector)를 이용한 ADM(Add-Drop Multiplexer)의 구조와 이를 이용한 광교환기의 원리를 설명하시오. (25점)

81회 정보통신 서울~부산 간 광케이블 코어가 부족한 경우가 발생했다고 가정하고 파장 분할 다중 방식(WDM)으로 해결하는 방안을 제시하시오. (25점)

81회 정보통신 광통신에 사용하는 광섬유의 3개의 저손실창(low loss window)에 대해 설명하시오. 또 각 창의 중간 파장으로 광통신에 사용하는 파장과 각각의 손실을 구하시오. (10점)

75회 정보통신 광증폭기 종류를 열거하고(간단 설명 포함) 광중계기와의 차이점을 기술하시오. (25점)

72회 전보통신 광케이블이 전송 특성 중 광분산과 손실에 대하여 설명하시오 (10점)

65회 정보통신 WDM(Wavelength Division Multiplexing) 광전송 시스템의 개요 및 기술 발전 전망에 대해 설명하시오. (25점)

65회 정보통신 광섬유 도파 원리. (10점)

63회 정보통신 광통신의 품질 확보에 필요한 내용들을 아는 대로 열거하고 광케이블의 손실 특성과 분산 특성을 설명하시오. (25점)

직렬통신 Serial communication

―

직렬통신은 한 번에 한 비트씩 순차적으로 전송하는 기술로, 데이터를 판정하기 위한 정보의 유무에 따라 동기식과 비동기식으로 구분된다. 대표적인 표준 규격으로 동기식 방식은 I2C, SPI, 비동기 방식은 RS-232/422/485, UART 등이 있으며, 적용 분야에 따라 속도, 비용, 구조, 규모 등을 고려해 다양하게 활용되고 있다.

1 직렬통신의 개요

1.1 정의

직렬통신 방식이란 컴퓨터와 컴퓨터 간 또는 컴퓨터와 주변장치 간에 주로 사용되며, 한 번에 하나의 비트 단위로 데이터를 전송하는 과정을 뜻한다. 여러 개의 전송선을 사용해 한 순간에 여러 개의 비트씩 동시에 데이터를 전송하는 병렬통신과 대조되는 개념이다.

1.2 특징

직렬통신 방식은 병렬통신 방식과 비교했을 때 1개의 비트 단위로 송수신하기 때문에 구현하기 쉽고 기존의 통신선로(전화선 등)를 쉽게 활용할 수 있어 저비용 구현이 가능하다. 또한 병렬통신과 달리 1~2개의 선만을 사용하기 때문에 여러 통신선을 사용할 때 생기는 누화가 발생하지 않아 비교적 먼 전송 거리 구현도 가능하다.

1.3 방식 분류

직렬통신에서는 데이터가 하나의 신호선을 사용해 한 번에 한 비드씩 전송되므로 수신 측에서 데이터를 정확하게 판정하려면 송신 측에서 각 비트를 전송하는 속도(타이밍)를 알고 있어야 한다. 즉, 비트를 판정하는 주기인 클록(타이밍 신호)을 사용해야 하는데, 여기서 클록의 전달 없이 단말 자체 클록만으로 데이터를 송수신하는 비동기 방식과 데이터와 같이 클록 신호를 함께 전송하는 동기 방식으로 나뉜다.

2 동기 방식

2.1 I2C Inter-Integrated Circuit

2.1.1 정의

I2C는 Inter-Integrated Circuit의 약자로, 동기식 직렬통신의 한 방식이다. 보드 내 마이크로프로세서와 저속 주변기기 사이의 통신을 위해 동기신호와 데이터 신호를 전송하는 2개의 라인(SCL Serial Clock과 SDA Seral Data)이 필요하며, 표준 모드 100Kbps 속도로 반이중통신 half-duplex이 가능한 기술이다(필립스에서 고안한 방식).

2.1.2 특징

2개의 라인을 사용하는 master-slave 형태의 공유 버스 구조로 이루어지며, 공통 클록인 SCL에 장치들이 동기화되어 동작한다. 하나의 데이터 전송선인 SDA를 공유해 양방향 전송이 가능하며, 버스에 여러 개의 마스터가 존재하는 multi-master mode를 지원한다. 주로 chip 간 근거리 통신에 이용된다.

2.1.3 동작 방식

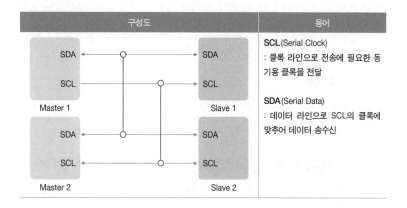

구성도	용어
SDA / SCL — Master 1, SDA / SCL — Slave 1, SDA / SCL — Master 2, SDA / SCL — Slave 2	**SCL**(Serial Clock) : 클록 라인으로 전송에 필요한 동기용 클록을 전달 **SDA**(Serial Data) : 데이터 라인으로 SCL의 클록에 맞추어 데이터 송수신

I2C는 기본적으로 위와 같은 구조로 구성되며, multi-master 및 multi-slave가 모두 같은 통신 라인에 연결되어 있다. 통신 방식은 다음과 같다. 최초에 라인에 연결된 master들 중 하나가 start 신호를 보내고 해당 bus를 점유하게 된다. Bus를 점유한 master가 slave address와 read/write 정보를 bus에 전송하고, master가 보낸 address와 일치하는 slave가 ACK 신호로 응답하며, ACK 신호를 수신한 마스터는 해당 slave에 데이터 전송을 시작한다. Masters는 전송이 완료되면 점유했던 bus를 해제하며 다음 start 신호 시까지 대기 상태를 유지한다.

2.2 SPI Serial Peripheral Interface

2.2.1 정의

SPI는 Serial Peripheral Interface의 약자로, 범용의 고속 I/O 용도로 사용하기 위해 4개의 라인으로 구성된 전이중통신full duplex 모드로 동작하는 동기식 시리얼 인터페이스이다. 하나의 master와 하나 또는 다수의 slave device 간의 통신 프로토콜이며, 통식 방식이 단순해 다양하게 활용된다(모토롤라에서 고안한 방식).

2.2.2 특징

4개의 라인을 사용하는 master-slave 형태의 공유 버스 구조이기 때문에 데이터 송수신 라인이 따로 있어 동시 송수신이 가능하다. Master/slave 고정 또는 master의 클록에 동기하여 데이터를 송수신하는 동기식 방식이며, 자체 분주기로 125가지 통신 속도 및 데이터 크기 조절(1~16 bit)이 가능하다. MCU와 메모리, 센서 등 주변장치 간의 짧은 거리 통신에 주로 사용된다.

2.2.3 동작 방식

다음 그림은 multiple slaves 구조에서 master와 slave 간의 데이터 송수신 구조를 나타낸 것이다.

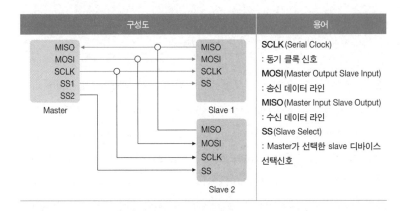

구성도	용어
	SCLK(Serial Clock) : 동기 클록 신호 **MOSI**(Master Output Slave Input) : 송신 데이터 라인 **MISO**(Master Input Slave Output) : 수신 데이터 라인 **SS**(Slave Select) : Master가 선택한 slave 디바이스 선택신호

첫 번째로 master가 SS 라인을 통해 선택한 slave 장치에 신호 전달의 시작을 알린다. 이후 master는 데이터 전송을 시작하며, SPI는 시프트 레지스터 방식이기 때문에 master에서 slave로 한 비트를 전송하면 동일하게 slave에서도 master로 한 비트를 전송하게 된다. 순서대로 데이터 전송이 끝나게 되면 slave는 기존 master의 데이터를 가지게 되며, 반대로 slave의 데이터를 가지게 된 master는 해당 데이터가 불필요한 경우 폐기하게 된다. SPI는 이러한 동작 방식을 기본으로 하며 경우에 따라 아래 동작 구조를 선택해 불필요한 데이터의 전송을 방지할 수 있다.

- Master만 slave로 데이터 전송(master가 데이터 전송, 더미 수신)
- Master와 slave 간 상호 전송(master와 slave의 데이터가 교환)
- Slave만 master로 데이터 전송(slave만 데이터 더미 수신)

2.3 동기 방식 비교

I2C는 대표적인 TWI Two Wire 방식의 인터페이스로서, master-slave 형태의 공유 버스 구조이다. SPI는 송수신 전용 라인으로 전이중통신full duplex을 구현하고, 입출력 디바이스에 따라 수 Mbps까지의 고속 통신이 가능한 인터페이스 방식이다.

구분	I2C	SPI
통신 방식	- 반이중(half duplex)	- 전이중(full duplex)
구성 방식	- 2개 라인(SCL, SDA)	- 4개 라인(SCLK, MOSI, MISO, SS)
연결 방식	- Master-Slave 공유 구조	- Master-Slave 간 1:1 연결 - Master-Slave 간 Daisy-Chain 연결
속도	- 저속, 표준 모드 100kbps - 다양한 전송 속도(10kbps~3.4Mbps)	- 고속, 70Mhz
용도	- 마이크로프로세서와 저속 주변기기 간 연결용	- 주로 간섭이 작은 고속의 근거리 통신용
장점	- 다중 master - 다양한 전송 속도	- 유연한 전송규격(네 가지 통신 모드) - 고속의 전송 속도(전이중 방식)
단점	- 동시 양방향 통신 불가능(반이중 방식) - SPI에 비해 저속 - Slave의 주소 길이 제한(7 bit)으로 다수의 slave 사용 시 주소 충돌 가능성	- 1:1 연결이 기본이므로 bus 방식(다수의 디바이스 간 통신 구성)에는 부적합 - 장거리 통신에는 부적합하므로 주로 보드 내 근거리 통신에 활용

3 비동기 방식

3.1 RS-232C

3.1.1 정의

EIA (Electronic Industries Association)
1924년에 설립된 미국 전자업계 표준 제안을 위한 연합 단체

TIA (Telecommunication Industries Association)
1988년에 설립된 정보통신 기술 산업을 지원(표준 개발)하기 위한 비영리협회

EIA/TIA에서 표준화한 DTE 및 DCE 간 양방향 직렬 인터페이스 물리적 규격을 뜻하며 기계적·전기적·기능적·절차적 특성을 정의한 표준이다. 일반적으로 컴퓨터와 터미널 또는 컴퓨터와 모뎀 등 다양한 기기와의 접속에 사용된다.

3.1.2 특징

RS-232 방식은 IBM 호환 PC에서 주로 사용되며, PC 시리얼 포트와 디바이스 간 point to point 연결로만 구성된다. 사전에 입출력 전압이 결정되어 있으며, baud rate에 따라 케이블의 최대 길이가 달라지는 특성이 있다. 1만 9200 baud rate 기준으로 최대 선송 거리는 15m이나.

3.1.3 동작 방식

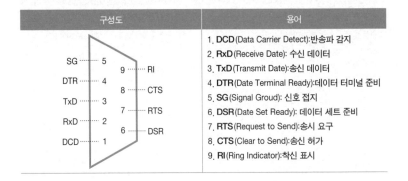

구성도	용어
	1. **DCD**(Data Carrier Detect):반송파 감지
SG ···· 5	2. **RxD**(Receive Date): 수신 데이터
9 ···· RI	3. **TxD**(Transmit Date):송신 데이터
DTR ···· 4	4. **DTR**(Date Terminal Ready):데이터 터미널 준비
8 ···· CTS	5. **SG**(Signal Groud): 신호 접지
TxD ···· 3	6. **DSR**(Date Set Ready): 데이터 세트 준비
7 ···· RTS	7. **RTS**(Request to Send):송시 요구
RxD ···· 2	8. **CTS**(Clear to Send):송신 허가
6 ···· DSR	9. **RI**(Ring Indicator):착신 표시
DCD ···· 1	

거의 대부분 PC의 시리얼 포트는 RS-232C의 서브 세트(9핀)가 표준으로 장착되어 있다. 풀full 규격은 25핀의 'D' 형태 커넥터로, 그중 22핀을 통신에 사용한다. 그러나 보통의 PC 통신에서는 이들 대부분의 핀은 사용되지 않는다.

3.2 RS-422/485

3.2.1 정의

RS-422은 EIA/TIA에서 표준화한 DTE 및 DCE 간 양방향 직렬 인터페이스 물리적 규격이며, RS-232C의 제약을 극복해 고속 전송(10Mk baud)이 가능하며 전송 거리(최대 1.54km)를 확장한 방식이다. RS-485는 RS-422의 확장 버전으로 홈 네트워크를 지원하는 직렬통신 프로토콜 표준이다.

3.2.2 특징

RS-422는 애플사의 컴퓨터에서 주로 사용되는 방식으로, RS-232가 single

ended 방식을 사용하는 것과 달리 RS-422/485는 differential 신호를 사용한다. Differential 신호 방식이 소음이 적고 장거리 통신에 좀 더 적합한 특성을 띠며, point to point 및 multi drop 모드 둘 다 사용 가능하다.

RS-422와 비교했을 때 RS-485는 제한된 디바이스 개수를 확장하고 입력과 출력 전압 부분을 강화함으로써 여러 네트워크에 분산된 장비와의 통신에서 다수의 디바이스를 사용해야 하는 환경에 특화된 통신 방식이다.

3.2.3 동작 방식

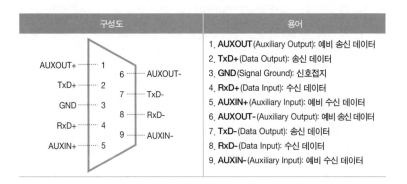

구성도	용어
AUXOUT+ ⋯ 1 TxD+ ⋯ 2 GND ⋯ 3 RxD+ ⋯ 4 AUXIN+ ⋯ 5 6 ⋯ AUXOUT- 7 ⋯ TxD- 8 ⋯ RxD- 9 ⋯ AUXIN-	1. **AUXOUT** (Auxiliary Output): 예비 송신 데이터 2. **TxD+** (Data Output): 송신 데이터 3. **GND** (Signal Ground): 신호접지 4. **RxD+** (Data Input): 수신 데이터 5. **AUXIN+** (Auxiliary Input): 예비 수신 데이터 6. **AUXOUT-** (Auxiliary Output): 예비 송신 데이터 7. **TxD-** (Data Output): 송신 데이터 8. **RxD-** (Data Input): 수신 데이터 9. **AUXIN-** (Auxiliary Input): 예비 수신 데이터

RS-422/485 통신용 커넥터는 크게 DB-9, DB-25, 10 포지션의 세 가지로 구분되며, 위 구성도는 DB-9 방식을 나타낸다. 통신 방식은 multi-master 구조의 2-wire(Tx, Rx) 방식으로 반이중통신half duplex을 기본으로 하지만, master-slaver 구조에서는 결선 방식을 4-wire(Tx+, Tx-, Rx+, Rx-)로 구성함으로써 개선해 사용할 수 있다.

3.3 **UART** Universal Asynchronous Receiver Transmitter

3.3.1 정의
UART란 병렬 데이터의 형태를 직렬 방식으로 전환해 데이터를 전송하는 개별 집적회로(마이크로 칩)를 가리킨다. 일반적으로 RS-232/422/485와 같은 통신 표준 인터페이스(신호 증폭용 트랜시버)와 함께 사용되며, SCI Serial Communication Interface라고 불리기도 한다.

3.3.2 특징

UART는 1:1 통신에 특화되어 있으며, Tx와 Rx 두 개의 선을 사용해 전이중통신full-duplex을 지원한다. 주로 장거리 통신(보드 간 통신)에 이용하므로 chip의 신호만으로는 그 강도가 약하기 때문에 별도의 트랜시버를 이용하여 신호를 증폭해 통신한다. 통신 데이터 크기 조질이 가능하며, 6만 5535가지의 자체 분주기를 사용할 수 있다.

라인 코딩 방식으로는 NRZNone Return to Zero를 사용하며, 네 가지 방식의 error detection flag를 가지고 있다. Polling 방식 및 interrupt 방식으로 송수신이 가능하며, 16비트 송수신용 FIFO를 가지고 있다. 또한 한쪽의 통신 속도를 체크해 상대편의 속도를 맞춰주는 자동 baud rate 감지 기능도 제공한다.

3.3.3 동작 방식

UART는 데이터 송수신이 별도로 이루어지는데, 2개의 shift register가 있으므로 데이터의 상호 교환이 가능하다. 데이터 변환 시, 내부에서 외부로 나갈 때는 'byte → bit stream'으로, 외부에서 내부로 들어올 때는 'bit stream → byte'로 변환된다. 최대 8 bit를 기본 통신 단위로 하며, parity bit를 사용해 에러 발생을 검증하며, 흐름 제어 기능 start 및 stop bit를 추가해 제공한다.

UART 구성도

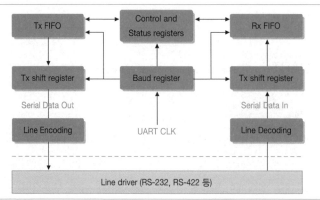

　　　　　　　　　　　　　　　　　　B · 유선통신 기술

UART 구성 요소

구성 요소	설명
TxD register	데이터 송신 시 사용하는 register로 CPU가 해당 register에 byte 단위로 데이터 입력 시 이를 bit stream으로 변환
RxD register	데이터 수신 시 사용하는 register로 외부로부터 bit stream으로 수신한 데이터를 CPU가 byte 단위로 읽을 수 있게 변환
Baud register	직렬-병렬 변환 속도를 결정하는 register로 통신 속도를 결정
Control register	정지 비트 길이, parity 사용 유무 등을 결정
Status register	Rx 완료, Tx 완료, Tx register empty 유무 등의 상태 확인

3.4 비동기 방식 비교

UART는 비동기통신 방식이기는 하지만 RS-232C/422/485 등의 인터페이스 규격이 아닌 직렬통신을 위해 송수신기 역할을 하는 하드웨어 회로를 뜻한다. 따라서 전송 거리가 매우 짧고 noise에 취약한 특성이 있어, 이를 보완하기 위해 같이 사용되는 인터페이스 기술(RS-232 등)에 따라 종속적인 특성을 띤다.

구분	RS-232C	RS-422	RS-485
동작 모드	Single-Ended	Differential	Differential
최대 Driver / Receiver 수	1 Driver / 1 Receiver	1 Driver / 32 Receiver	32 Driver / 32 Receiver
최대 거리	약 15m	약 1.2km	약 1.2km
최대 속도	20Kbps	10Mbps	10Mbps
지원 방식	Full duplex	Full duplex	Half duplex
최대 출력 전압	±25V	-0.25V ~ +6V	-7V ~ +12V
최대 입력 전압	±15V	-7V ~ +7V	-7V ~ +12V

4 동기·비동기 방식 비교

I2C는 복수의 master를 두 개의 선으로 구성할 수 있지만, 연결 노드가 늘어날수록 복잡성이 증가하는 특성이 있으며, 송수신을 동시에 할 수 있는 전이중통신full duplex을 지원하지 않는다.

SPI는 데이터 전송률이 비교적 높으며 장거리 전송도 가능하지만, master

와 slave가 고정되어 있기 때문에 역할 변경을 할 수 없으며, slave 추가 시
별도의 라인이 필요해져 하드웨어 구성이 복잡해지는 특성이 있다.

UART는 하드웨어가 단순해서 거의 모든 장치에서 지원하기 때문에 사용
하기 편리하지만, 1:1 통신만 지원하며 양단 간 동일한 속도(baud rate)를 맞
추고 시작해야 한다는 제한이 있다.

구분	I2C	SPI	UART
동기 방식	동기	동기	비동기
지원 방식	Half duplex	Full duplex	Full duplex
Data Rate	0.1~1Mbps	10~20Mbps	115Mbps
연결선 개수 (N 개 슬레이브)	2 (data 1, clock 1)	3+n (data 1+n, clock 1, control 1)	2n (data n, clock n)
연결 방식	1 : n	1 : n	1 : 1
HW 복잡성	고	중	저
슬레이브 선택	소프트웨어(주소 지정)	하드웨어(SS 라인)	-

※ UART는 회로를 의미하기 때문에 RS-232/422/485 등의 인터페이스 기술을 포함해 비교함.

5 기술 동향

직렬통신 기술은 관련 분야가 광범위하기 때문에 앞서 언급한 기술 이외에도
PC의 COM port, USB, HDMI, IEEE 1394, PCI express, Fibre channel,
Ethernet, CAN, LIN 등 다양한 기술이 있다.

오랫동안 활용되어온 RS-232 규격은 현재 주변기기의 접속 용도로는
USB, IEEE 1394로, 통신 용도로는 Ethernet으로 그 역할이 대체되고 있다.
그 외에도 컴퓨터 주변기기 접속 용도로는 SPI, PCI Express, Serial SATA
등이 사용되며, 비디오 연결에는 SDI, HDMI, DisplayPort가, 오디오 연결
에는 I2C 등이 다양하게 활용되고 있다.

차량 내 네트워크 구현을 위한 통신 규격으로는 CAN Controller Area Network 과
LIN Local Interconnect Network이 있다. CAN은 차량 내에서 호스트 컴퓨터 없이
마이크로컨트롤러나 장치들이 서로 통신하기 위해 설계된 고성능의 표준
통신 규격인 반면, LIN은 CAN의 대역폭과 다양한 기능 등 높은 성능이 필
요하지 않은 애플리케이션에 효율적인 통신을 제공하기 위한 표준이다. 특

히 CAN은 메시지 기반 프로토콜로 최근에는 차량뿐만 아니라 산업용 자동화 기기나 의료용 장비에도 종종 사용된다.

이처럼 직렬통신 기술은 각 특성에 따라 속도, 비용, 구조, 규모 등을 고려해 다양한 분야에서 활용된다.

참고자료

위키피디아(www.wikipedia.org).

정보통신기술용어해설(www.ktword.co.kr).

RF Wireless World. "UART vs SPI vs I2C: Difference between UART, SPI and I2C." www.rfwireless-world.com/Terminology/UART-vs-SPI-vs-I2C.html

기출문제

102회 컴퓨터시스템응용 I2C(Inter Integrated Circuit) 버스를 사용하는 직렬통신 방식의 특징과 패킷 형식, 주소 지정 방식, 통신 과정에 대해 설명하시오. (25점)

84회 정보관리 SATA(Serial Advanced Technology Attachment)에 대해 설명하시오. (10점)

80회 컴퓨터시스템응용 SATA(Serial AT Attachment): 데이터 전송 속도를 최고 1.5Gbps까지 높일 수 있는 하드 디스크 드라이브 (10점)

77회 정보통신 Serial 통신 방식 중 RS-232C와 RS-485를 비교하시오. (10점)

B-11

OSP 네트워크 구축 방안

건물 외부에 네트워크를 구축할 때는 다양한 제약 조건을 고려해야 한다. 먼저 외부 네트워크의 규모에 따라 전력 및 네트워크 케이블 포설 방법을 선정하고, 이에 따라 인프라, 망 토폴리지를 정하며, 전력 공급 정도와 요구 네트워크 규모에 따라 전송망, 가입자망을 설계한다.

1 OSP 네트워크의 개요

OSP Outside Plant 네트워크는 건물 외부에 구성하는 네트워크를 의미한다. OSP는 주로 야외 케이블링 포설을 의미하는 경우가 많으나, 여기서는 케이블링을 포함한 네트워크 구축으로 정의한다. 건물 내부에는 전원 공급 및 케이블 포설이 용이해 안정적이고 효율적인 네트워크 구성이 가능하나, 건물 외부의 네트워크 구성은 환경에 따라 여러 가지 제약 조건이 존재한다. 예를 들어, 군부대, 테마파크, 대형 항만 시설 등 넓은 부지에 건물이 일부 부지에만 위치한 경우에 부지 전체의 야외 네트워크는 어떤 방식으로 구축해야 할 것인가? 이때는 전력, 케이블의 설치 규모와 방식, 전송 네트워크의 토폴로지 및 장비 구성, 유선·무선 네트워크의 혼합 등 비용과 효율을 고려해 네트워크 구축을 검토해야 한다.

한편, 외곽에 보안 강화를 위한 CCTV 설치 시에는 업무망과 보안망을 분리해 구성하고 전원 공급의 원활한 정도에 따라 PON Passive Optical Network 장비와 PoE Power over Ethernet 장비를 이용해 망을 구성한다.

2 OSP 네트워크의 구성

2.1 인프라(전력·통신 인입 및 케이블 포설)

OSP 인프라는 일반적으로 폐쇄적인 자가망으로 구축된다. 밀집 지역과 비밀집 지역을 구분해 전력·통신 케이블 공사 방안을 검토하는데, 밀집 지역에는 공동구 및 맨홀을 이용해 구성하고, 비밀집 지역은 직매 방식으로 포설한다. 도로, 가로 등의 기반 시설을 중심으로 용량을 산정하고 물량을 도출한다. 각 접점의 수, 규모에 따라 링형, 스타형, 메시형 등의 토폴로지를 고려하되 향후 증설에도 대비해야 한다.

테마파크(야외) 네트워크 구성 예시

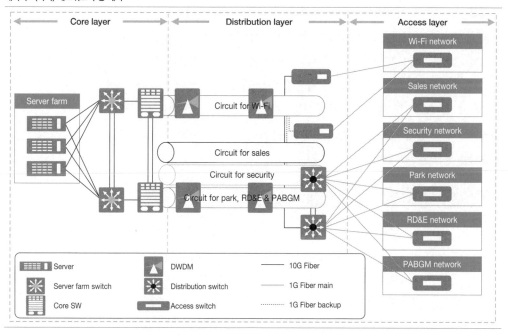

 키포인트

넓은 부지에 네트워크를 구축할 때 요구되는 대역폭은 크지 않다면 어떻게 구성해야 할까? 이때는 전력 공급 및 케이블링도 원활하지 않을 가능성이 크다. 따라서 광대역 무선 AP 또는 LPWAN 기술 적용을 검토하고, 소형 발전기 및 배터리를 이용해 전력을 공급하는 방안을 고려한다.

2.2 코어망

공장, 군부대 등의 코어망은 주로 메인 데이터센터에 위치해 각 area의 분배 구간을 연결하고 다양한 망과 인터넷 등 외부망과 연결하는 역할을 한다.

보통 데이터센터 서버랑에 서버, 스토리지 등 각종 응용 서비스를 제공하기 위한 장비가 위치한다. 또한 외부 인터넷망의 접점이 되며 각 건물 네트워크를 연결해주는 기능을 한다. 중앙 집중 구조인 경우 고가용성 기반 제공을 위한 이중화, 백업을 위한 인프라를 구비해야 한다.

2.3 전송망

트래픽 규모, 주기, 사용자를 고려해 용량을 산정하고, 이를 기반으로 전송망을 설계한다. 예컨대, 트래픽 규모가 크고 접점이 많은 경우에는 ring 토폴리지 기반의 MSPP 또는 WDM 장비를 이용한 전송망을 구성한다. 트래픽 규모가 크지만 접점이 많지 않은 경우에는 star/mesh형의 토폴로지를 구성하고 L3 스위치를 이용해 구성이 가능하다. 또한 트래픽 규모가 작고 전력 공급에 제한이 있는 환경에서는 OLT/Splitter를 이용한 PON 기반의 전송망을 구축할 수도 있다.

구분	AON	PON
전원	필요	필요 없음
장비	L2/L3 스위치	OLT, ONU, Splitter
장점	높은 신뢰성, 서비스 품질 우수, 표준화 구성	전원 포설 불필요, 간단한 구성
단점	전원 포설 필요	낮은 품질
활용	건물 내부/외부, 아파트	야외 공터, 주택가 등

B · 유선통신 기술

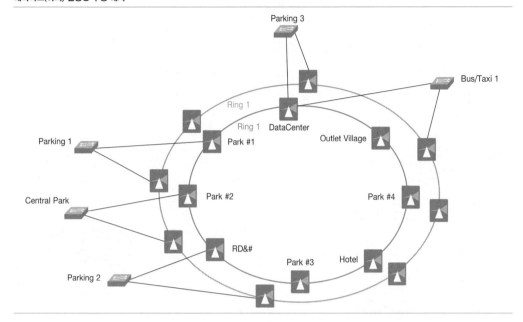

2.4 Access망

각 area 분배 장비로부터 사용자 단말, 디바이스를 접속하기 위한 주로 L2
스위치까지의 구간을 의미한다. 이 구간은 단말까지의 거리, 트래픽 용량을
고려해 여러 구간으로 나눌 수 있으며, 환경에 따라 스위치 네트워크를 ring
형 또는 star형으로 구축 가능하다. 또한 외부에 위치하는 경우에는 기후·
환경 변화에 민감하므로 이중화 및 장애 시 대응책을 미리 강구해야 한다.

3 CCTV 구축을 위한 필요 기술

3.1 PON Passive Optical Network

PON은 주택가 등 가입자망을 위한 기술로 널리 활용되어왔다. PON은 CO
Central Office 에서 중간 접점까지는 AON으로 구성하고 접점에서 수동소자인
splitter를 활용해 회선을 공유한다. 전원이 필요 없다는 장점이 있다.

Ethernet-PON, WDM-PON, G-PON 등 다양한 방식의 PON 기술이 있으며, OSP 네트워크에는 주로 G-PON 방식이 많이 채용된다.

최근에는 이를 확장해 5G-PON 기술을 이용한 기지국 외곽 네트워크 구성, 군부대, 넓은 부지 외곽에서 필요한 전용 네트워크 구성에 활용된다. 또한 외곽 CCTV 구축 시 PON 기술을 이용해 zone별로 네트워크를 분배하는 역할을 수행한다.

PON을 이용한 CCTV 네트워크 구성

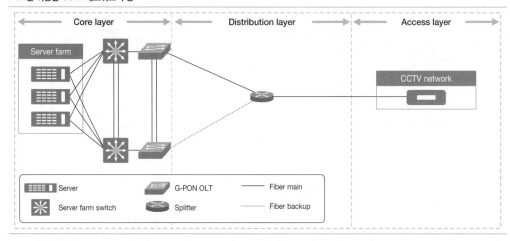

3.2 PoE 기술 및 장비

PoE Power over Ethernet는 네트워크 장비에 따로 전원을 연결하지 않고 UTP 케이블을 이용해 데이터와 전력을 전송하는 기술을 말한다. UTP 케이블에 통합된 전력과 데이터는 category 5/5e 규격에서 최대 100m까지 전송이 가능하다.

단말에서 요구되는 전력에 따라 두 가지 PoE 표준으로 나뉜다. 2003년에 제정된 표준인 IEEE 802.3af는 port당 15.4W의 전력을 제공하며, 약 350mA의 전류를 제공한다. 하지만 802.11n 지원 무선 AP 및 PTZ 카메라 등 PoE 디바이스 장비의 성능 향상으로 15.4W 이상의 전력이 필요하게 되어 30W의 전력을 공급하기 위한 IEEE 802.at가 제정되었고 이를 PoE+ 규격이라고 한다.

PON 장비도 L2/L3 스위치 형태로 공급되므로 단순히 말단 접속 장비로

만 활용하지 말고 논리적 구성을 설정해 네트워크 분배 역할을 수행하도록
해야 한다.

4 고려 사항

네트워크 설계는 환경에 따라 다양한 방식으로 구성할 수 있다. 획일화된
방식이 아니라 사용자 요구 사항 및 요건에 맞는 맞춤형 인프라를 구성하려
면 건설, 토목, 전기, 소방 등 다양한 형태의 요건을 고려해야 한다.

  외곽의 전력 공급 및 네트워크 공급 접점을 적절히 설계해 이를 중심으로
네트워크 확장이 가능하도록 구성해야 한다. 또한 발전기, 배터리 시설 등
전력 공급이 어려운 상황을 대비한 방안도 강구해야 하며, 상용망의 기지국
설치 개소에 따라 위성통신, LPWA, 자가망 등 다양한 네트워크를 활용해
안정적이고 비용 대비 효율적인 네트워크를 구성할 수 있어야 한다.

참고자료
위키피디아(www.wikipedia.org).

기출문제
107회 컴퓨터시스템응용 PoE(Power over Ethernet). (10점)

B-12

Campus/DataCenter 네트워크 구축 방안

네트워크 디자인 및 구축은 사용 목적에 따라 고려 사항이 달라진다. Campus 네트워크는 사용자의 내부 업무 시스템 접속 및 인터넷 기반의 외부 협업이 중요시된다. 또한 사용자 단말의 이동이 많기 때문에 이를 고려한 유·무선 환경의 통합 운영도 중요한 요소이다. 반면 DataCenter 네트워크는 이러한 사용자의 다양한 요청을 처리하기 위한 고성능·대용량 시스템이 안정적이고 효율적으로 동작할 수 있게 하는 데 초점이 맞춰진다. 최근 DataCenter는 클라우드 서비스를 제공하고자 시스템의 가상화, 사용자 self service 적용이 확대되고 있어, 이를 수용하기 위한 네트워크 구조 및 기술 전환이 진행되고 있다.

1 네트워크 구성 시 고려 사항

네트워크 기술은 회사, 학교, 데이터센터 등 다양한 곳에서 자료를 찾고 저장하고 전달하는 데 매우 중요한 인프라가 되었다. 하지만 사용하는 목적과 영역에 따라 고려해야 할 요소는 각기 다를 수밖에 없으며, 이를 고려한 적절한 디자인과 구축이 사용의 편리성과 확장성, 안정성 확보에 중요한 요소이다.

먼저 회사 및 학교에서의 네트워크를 의미하는 campus 네트워크를 고려해보자. 사용자는 자신의 자리 또는 회의실, 강의실을 옮겨 다니면서 사내 시스템, 강의 자료, 인터넷 등을 이용해 본인이 필요한 자료를 찾고 공유·수정하게 된다. 또 국내 또는 해외 업무 파트너들과 다양한 주제로 자료를 공유하고 음성 또는 화상으로 회의를 진행한다. 다양한 외부인이 사내로, 교내로 들어와서 네트워크를 함께 사용하지만, 이들로 인해 내부 인력이 기존 서비스를 이용하는 데 영향을 받아서는 안 된다. 다양한 취약점을 보유하고 있는 단말들은 내부 사용자, 외부 사용자를 불문하고 네트워크에 연결하여 서비스를 이용하고자 한다. 이러한 다양한 환경에서도 campus 네트워크는 안정적이고 목표한 품질에 적합한 서비스가 상시 제공될 수 있도록 관리되어야 한다.

DataCenter 네트워크로 눈을 돌려보면, 또 다른 요구 사항이 존재한다. DataCenter는 중요한 데이터를 보관하고, 이를 바탕으로 새로운 데이터를 생성하는 시스템을 안정적으로 서비스하는 것이 중요한 목표이다. 이를 위해 다양한 서비스 요소(서버, 스토리지, 백업 등) 간의 고속 데이터 전달을 지원해야 하며, 끊임없이 확장되는 서비스 요소를 수용할 수 있어야 한다. 다른 한편으로 각 서비스 요소는 고객의 요구 사항에 따라 상호 연결이 엄격히 분리되어야 한다. 최근 이러한 DataCenter는 클라우드 서비스와 소프트웨어 기반의 인프라 자원 제공이 가능하도록 SDx/NFV 기반으로 네트워크 인프라가 진화하고 있다.

네트워크 서비스의 주요한 두 가지 영역에 대해서는 공통의 기술 영역과 각 서비스 영역만의 고유한 요구에 맞는 적절한 디자인 및 기술 적용이 필요하다.

2 네트워크 아키텍처

네트워크 서비스의 본질은 사용자와 서비스, 서비스 자원 간의 데이터를 빠르고 안전하게 전달하는 데 목적이 있다. 이를 위해서는 다양한 장비 간 연결을 보장해야 하는데, 이를 위해 각 장비 간 연결은 OSI 7 Layer 계층 구조 기반으로 설계되어 동작하고 있다.

이 모델은 두 개의 표준화 단체(ISO: ISO 7498 / ITU-T: Standard X.200)에서 각각 개발되어 1983년에 통합되었다. 주요 영역별 역할은 다음과 같다.

OSI 7 Layer 기능

계층	기능
Application	애플리케이션과 연계해 일반적인 응용 서비스 수행
Presentation	각 서비스 간 연계 담당. 인코딩, 데이터 압축, 암호화 등
Session	양 종단 간의 지속적인 정보 전달을 위한 TCP/IP 세션 관리
Transport	양 종단 간의 신뢰싱 있는 데이터 연결 보장(송수신 체크)
Network	주소를 기반으로 다수 경로에 대한 경로 설정 및 트래픽 관리 담당
Data link	물리적으로 연결된 두 노드 간 신뢰성 있는 데이터 전송 담당
Physical	물리 영역(케이블, 장비 등)을 이용해 bit 기반의 데이터 전송 담당

Campus/DataCenter에서는 이러한 계층에 맞도록 기술을 선택하고 있으며, 각 기술의 단점을 극복하기 위한 이중화 기술 역시 함께 적용해 활용하고 있다.

OSI 계층에 대응되는 네트워크 기술

계층	기능	
	주요 기술	이중화 기술
Application		
Presentation	L4/L7 port & session 관리	L4/L7 load balancing, DNS
Session		
Transport		
Network	Gateway, Routing	HSRP, VRRP, OSPF/BGP
Data link	MAC, V(x)LAN	(R)STP, MLAG, vPC
Physical	1G/10G/25G/50G/100G, Fiber/UTP, 802.11a/b/g/n/ac(무선)	회선 및 전송 경로 이중화, 로밍

3 Campus 네트워크 아키텍처

Campus 네트워크의 디자인 및 구축에서 초점을 맞추는 것은 사용자의 편리하고 안정적인 네트워크 사용이다.

Campus 네트워크의 중심은 사용자 단말(PC, 무선 단말)이다. 해당 장비들은 네트워크에 접속하기 위해 access layer 장비에 연결을 한다. 이 장비접속을 연결하는 역할을 OSI 7 Layer의 물리 계층이 담당한다. 유선으로는 UTP/Fiber와 같은 케이블 영역, 무선은 2.4Ghz/5Ghz 주파수를 사용하는

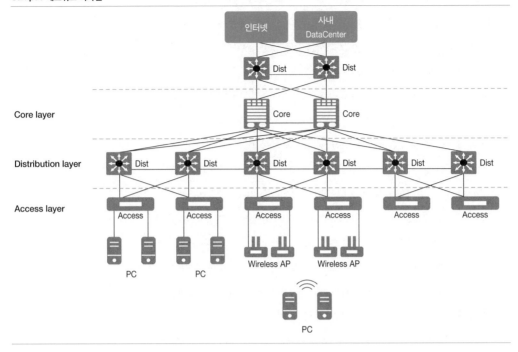

Core layer

Distribution layer

Access layer

전파와 AP가 연결을 담당한다. 이러한 물리적 연결은 access layer의 통신을 담당하는 access switch로 연결된다. 해당 구간은 물리적 연결이 중심이 되는 구간이므로 안정적인 서비스 제공을 위해 회선 이중화, 로밍(무선) 등의 기법이 활용된다.

로밍(roaming)
무선 LAN AP 간 연결을 신호 세기에 따라 옮겨가는 것

Access layer의 연결을 담당하는 네트워크 장비(보통 access switch라고 부름)는 OSI Layer의 데이터 링크 계층의 통신을 담당하는데, 유·무선 단말들이 생성하는 데이터에서 MAC 주소를 확인해 데이터 전송을 처리한다. 또한 해당 구간의 에러를 감지·보정하는 역할도 담당한다. 무선 구간에서는 단말과 AP 간의 통신을 구성하기 위한 연결 기능도 제공한다. 해당 구간은 다중 물리적 링크를 이용함으로써 장애가 발생했을 때 우회 회선을 이용해 서비스를 복구하는 것을 목표로 한다. VLAN을 활용해 네트워크를 논리적으로 분리할 경우에 이중화 구성을 하게 되면 논리적인 loop가 발생한다. 이때 STP를 이용하게 되면 한 개의 회선이 논리적인 block 상태로 빠지게 되고, 주 회선에 장애가 발생하면 block이 forwarding 상태로 전환되어 장애가 복구된다. 또한 MLAG/vPC 기술을 활용해 물리적인 2개 이상의 회선

을 논리적인 1개의 회선으로 구성함으로써 물리 회선 장애 발생 시에도 즉각적인 회선 재구성이 이루어질 수 있게 한다. 해당 계층에서 단말은 보통 1Gbps를 기본으로, 상위 구간은 1G를 24포트 또는 48포트 단위로 묶어 전달하므로 10G/40G로 구성하게 된다.

이러한 access layer에는 많은 네트워크 장비가 설치되어 있으므로 이를 중간 집선하는 역할이 필요한데, 그 역할을 distribution layer에서 처리한다. 또한 일반적으로 PC에서 설정하는 gateway를 이 영역에서 생성한다. Distribution layer 구성에는 다수의 access layer 접속을 연결하기 위해서 포트 집적도가 높은 대형 장비가 활용된다. Distribution 구간은 단말이 외부(인터넷, 사내 시스템) 접속을 위한 IP 주소 기반 통신에서의 gateway 역할을 하며, 단말에 설정하는 X.X.X.1(default gateway)을 생성한다. 해당 주소는 외부 통신에서 반드시 필요한 정보이므로 이중화가 중요하여 이를 지원하기 위한 기술로 VRRP Virtual Router Redundancy Protocol, HSRP Hot Standby Router Protocol가 활용된다. 이 기술은 2개 이상의 장비가 상호 통신하여 X.X.X.1의 master 역할을 하는 장비의 이상 유무를 체크하고, 이상이 발생했을 때 standby 장비가 해당 default gateway 역할을 대신하도록 한다. 인근 core 장비와 라우팅 정보를 연계해 최적의 통신 경로를 계산하여 데이터 전달을 담당한다.

Core layer는 distribution layer에서 전달받은 데이터에서 IP 정보를 확인·관리하고 있는 라우팅 테이블을 참조하여 적절한 경로로 전달하게 된다. 이 영역은 사용자 요청이 집적되는 곳으로, 고용량 데이터를 처리할 수 있는 장비로 구성된다. 이 영역에서는 라우팅 프로토콜(OSPF, BGP)을 활용해 장애에 대응한다.

4 DataCenter 네트워크 아키텍처

DataCenter 네트워크는 사용자 요청을 시스템에 전달할 뿐 아니라, 시스템 간 대용량 데이터 전달을 보다 빠르고 안전하게 처리하는 데 목적이 있다.

다음 구성은 최근의 DataCenter 네트워크 아키텍처이다. DataCenter에서는 서버 간의 고속 데이터 처리가 중요하기 때문에 무선 LAN은 고려되지

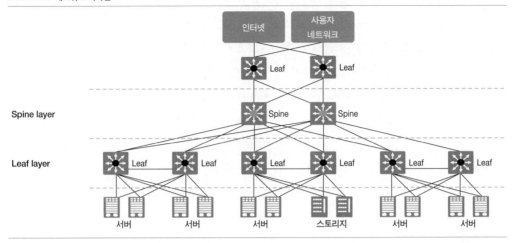

않는다. 또한 10G 이상 대역폭 요구 사항이 증가하고 있어, UTP의 경우 category 7급 또는 fiber 케이블을 물리적 미디어로 활용하고 있다. 본 구간의 이중화는 서버 NIC에 2개의 물리적 케이블을 연결해 장애 발생 시 fail-over가 되도록 구성한다. 서버에서는 teaming 또는 network HA라는 용어로 이를 부른다.

DataCenter는 campus 네트워크와 다르게 최소 지연으로 고속 대역폭을 처리하기 위해 2계층 구조로 디자인한다. 서버 및 스토리지는 leaf 스위치에 직접 연결해 10G/25G/40G 등의 대역폭을 제공할 수 있도록 구성한다. 서버와의 연결 이중화에는 MLAG/vPC 기술을 활용해 2개의 물리 회선을 active/active로 제공함으로써 물리적 회선 장애에도 신속하게 대응할 수 있게 구성한다. Leaf layer는 campus 네트워크의 access layer와 distribution layer의 통합 기능을 수행한다. 장비 간 연결은 STP로 인한 fail-over 시간 지연을 단축하고자 MLAG/vPC 기술을 활용한다. 2개 이상의 회선을 논리적으로 1개 회선으로 구성함으로써 STP로 인한 forwarding delay를 제거하거나, L3 라우팅 기술을 이용하여 LEAF 장비 간 연결을 구성함으로써 빠른 fail-over 시간을 달성한다. gateway 이중화에는 campus 네트워크와 동일한 VRRP, HSRP 기술이 활용되는데, 최근에는 분산 gateway 기반으로 모든 leaf 장비가 default gateway를 생성하도록 구성하기도 한다.

Spine layer 장비는 leaf 장비 간의 연결 또는 외부 네트워크와의 연결을 중계하는 역할을 한다. 서버 회선이 10G 이상으로 확대됨에 따라 leaf와 spine 간 연결에는 최소 40G 이상을 기반으로 다수 회선을 연결하거나 50G/100G와 같은 고용량 회선을 사용하는 방식으로 전환되고 있다. spine 과 leaf 간 연결에서는 라우팅 프로토콜(OSPF, BGP)을 이용해 장비 간 연결을 이중화하고 있다. 서비스 네트워크는 VxLANVirtual Extensible LAN/VRFVirtual Routing and Forwarding 를 이용해 네트워크 분리 및 multitenancy(보안 정책이 분리된 서비스 그룹)를 생성하고 있다.

　　DataCenter 네트워크는 사용자에게 안정적인 애플리케이션 서비스를 제공하는 것이 핵심 목표이므로, 이를 위해 애플리케이션 정보에 따른 트래픽 처리가 가능한 L4/L7 스위치 및 DNS로 애플리케이션 이중화를 적용하고 있다. L4/L7 로드 밸런싱 장비는 물리적인 다수의 서버를 그룹핑하여 사용자 접속을 위한 별도의 가상 IP를 생성한다. 로드밸런서에서는 물리 서버들의 상태를 체크해 이상이 발생한 서버는 해당 그룹에서 제거함으로써 사용자들에게 안정적인 서비스를 제공하게 된다.

　　DNS는 사용자 URL 요청을 IP로 변환해주는 기능을 담당하는 장비이다. DNS에 한 개의 URL에 다수의 IP를 등록하면 사용자 요청에 대해 순차적으로 IP 정보를 응답함으로써 부하 분산, 장애 예방을 할 수 있다.

5 아키텍처 설계 시 고려 사항

네트워크 아키텍처 설계 및 구축 시에는 서비스 특성이 고려되어야 한다. 다양한 서비스 접속과 이동성이 중요시되는 campus 네트워크와 고용량, 안정적 서비스가 중요시되는 DataCenter에 적합한 기술은 별도로 존재하므로, 비용 및 서비스 안정성을 고려한 효율적인 구성이 필요하다.

참고자료

시스코(www.cisco.com).

위키피디아. "OSI_model". en.wikipedia.org/wiki/OSI_model

기출문제

110회 정보통신 스위치 네트워크의 Spanning Tree Protocol에 대하여 비교 설명하시오. (25점)

104회 컴퓨터시스템응용 VLAN의 개념과 Tag VLAN 설명. (25점)

102회 정보통신 서울에 본사, 6개 광역시에 각 지사, 중소도시에 40개 지점을 보유한 기업이 전용망을 구성하고자 한다. 해당 기업의 통신망 설계 시 고려 사항, 소요 장비 및 통신망 구성에 대하여 기술하시오(단, 본사의 데이터센터와 각 지사, 지점 간에는 최대 3[Gbps]의 트래픽이 있다고 가정한다). (25점)

96회 컴퓨터시스템응용 라우터 Backbone 네트워크에 대하여 설명하시오. (10점)

Information

Communication

C

무선통신 기술

—

C-1

변조와 복조

변복조는 무선 또는 유선으로 많은 양의 아날로그 및 디지털 신호를 전송하는 데 필수 기술이다. 이동통신 및 디지털방송의 발달로 변복조의 중요성과 성능은 날로 증가하고 있으며, 이를 통해 진정한 디지털 시대의 양방향통신을 실현할 수 있다.

1 변복조의 개요

1.1 정의

변조란 원래의 정보 신호와 주파수 f_c인 반송파 신호를 인코딩하는 과정, 즉 신호의 주파수 대역을 다른 주파수 대역으로 옮기는 과정을 의미한다. 대체적으로 낮은 주파수를 높은 주파수 대역으로 옮기는 과정이며, 이를 주파수 천이frequency translation 라고 정의한다. 이때 변조하는 주파수를 반송파carrier 라 한다. 복조란 변조의 역동작으로서, 변조된 수신 신호를 원래의 데이터로 추출하는 과정을 말한다.

1.2 변조의 필요성

변조의 종류에는 아날로그 변조, 디지털 변조, 펄스 부호 변조, 디지털 변환 등이 있다. 이를 통해 원래의 신호를 통신로의 특성에 알맞도록 변환하여

변복조 기술
우리가 흔히 사용하고 있는 거의 모든 통신 방식에는 변조가 사용되고 있다. 현재 대부분의 무선통신에서는 QAM, PSK를 기반으로 한 OFDM 방식을 사용하고 있으며, 흔히 사용하는 무선 LAN, 공유기 또한 변복조 기술과 더불어 MIMO 등의 기술을 사용해 많은 양의 데이터를 전송할 수 있다.

정보를 반송파에 실어 먼 거리를 전송할 수 있게 한다. 또한 한 전송 매체에 많은 신호를 전송할 수 있고, 혼신이 감소되어 잡음 대책에 유리하여 통신 품질을 개선할 수 있다.

높은 주파수를 이용하기 때문에 무선의 통신에서는 안테나의 크기를 줄일 수 있으며, 1개의 전송 매체를 이용해 다수 회선을 사용하는 다중화가 가능하여 주파수 할당과 가용 채널 확보가 용이하다.

2 변조의 종류

변조의 종류에는 소스 및 타깃에 따라 아날로그 변조, 디지털 변조, 펄스 부호 변조, 디지털 변환 등이 있다.

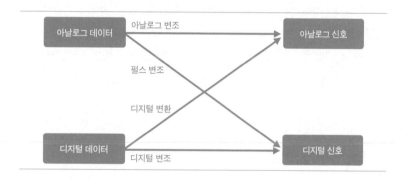

3 아날로그 변조

아날로그 변조AM: Analog Modulation 는 아날로그 데이터의 진폭에 따라 반송파의 진폭, 주파수, 위상 등을 변화시키는 방식이며, 종류에는 AM, FM, PM 등이 있다.

3.1 아날로그 변조의 발전

아날로그 변조는 신호의 진폭을 변화시키는 변조 방식이며, 단파대 이하의 통신이나 방송에 주로 사용된다. 진폭 변조된 신호를 주파수 해석을 하면

상측파대USB: Upper Sideband와 하측파대LSB: Lower Sideband가 생성된다. 이를 DSB-LCDouble Sideband - Large Carrier라 한다. 하지만 이는 양측에 똑같은 정보를 가지고 있어서 더욱 효율적인 전송을 위해 carrier를 제거한 DSB-SC Double Sideband - Suppressed Carrier로 변환하거나 carrier를 제거한 후 한쪽만 보내는 SSBSingle Sideband로 변환해 사용할 수 있나. 그러나 이는 정밀한 필터가 필요하고 회로가 복잡해지는 단점이 있어 DSB보다 대역폭을 줄이고 SSB와 일부의 대역폭을 보정한 VSBVestigial Sideband 방식으로 발전했다.

3.2 응용 예

TV 영상신호는 변조신호의 대역폭이 넓으면 차단 특성이 예민한 필터 설계가 어렵기 때문에 VSB 방식을 적용하고 있다. 특히 한국의 디지털방송에서는 8-VSB8-level Vestigial Sideband(8레벨 잔류 측파대) 방식을 사용한다. 참고로 디지털 케이블 TV의 변조 방식으로는 QAMQuadrature Amplitude Modulation을 사용하는데, 디지털 TV를 소유한 아날로그 방식 케이블 TV 가입자를 위해 케이블 TV 전송에도 8-VSB 방식을 적용하는 것을 검토 중이다.

4 펄스 부호 변조

4.1 정의

펄스 부호 변조PCM: Pulse Code Modulation는 송신 측에서 아날로그 데이터를 디지털 신호로 변환해 전송하고 수신 측에서 아날로그 데이터로 다시 역변환하는 것이다. 시 분할 변조 다중화 방식으로 음성 특성을 이용한 음성 디지털 부호화 방식의 일종이다.

4.2 펄스 부호 변조의 과정

펄스 부호 변조는 표본화sampling, 양자화quantization, 부호화coding 세 가지 과정으로 이루어진다. 표본화는 $125\mu s$ 단위로 이루어지며, 양자화는 진폭 값을 평준화하기 위해 양자화 계단이라는 이산적인 과정으로 나누는 과정이다. 부호화를 거치면 신호는 디지털 신호로 만들어지게 된다.

4.3 펄스 부호 변조의 발전

기본적인 펄스 부호 변조를 거치면 64K의 신호가 만들어진다. 전송량 감소를 위해 신호가 32K인 DPCM Differential Pulse Code Modulation 과 양자화 잡음을 감소시킨 16K의 DM Differential Modulation, 또한 DPCM과 DM의 양자화기를 적응형 양자화기로 대체한 것이 ADPCM Adaptive DPCM, ADM Adaptive DM 이다.

4.4 펄스 부호 변조의 특성

음성 데이터에 대한 디지털화로 잡음noise 및 누화crosstalk 에 강하고 고가의 필터가 불필요해 양질의 서비스를 제공할 수 있다. 그러나 양자화 잡음이 발생하고 점유 주파수가 넓다는 단점이 있다.

5 디지털 변조

5.1 정의

디지털 변조는 디지털 데이터를 아날로그 신호로 변환하는 것을 의미하며, 현재 가입자선로의 대부분을 차지하는 동선(아날로그 회선)을 위해 필요하다. 디지털 변조 방식에는 ASK Amplitude Shift Keying, FSK Frequency Shift Keying, PSK Phase Shift Keying, QAM Quadrature Amplitude Modulation 등이 있다. ASK 방식은 구조는 간단하나 현재 거의 사용되지 않는다. QAM은 상기한 방식 중 가장 많은 데이터를 보낼 수 있는 변조 방식으로, 주로 영상, 이동통신 등에 사용된다.

　디지털 변조는 잡음 및 채널 손상에 강하고 보안성이 크며 다중화가 용이한 장점이 있는 반면에 복잡하고 정확한 동기가 필요하다는 단점이 있다.

5.2 FSK Frequency Shift Keying

FSK는 디지털 신호 0과 1에 따라 서로 다른 2개의 반송파 주파수로 변화시키는 변조 방식이다. 기본 FSK 방식은 2개의 반송파의 전환으로 인한 위상의 불연속성이 발생하여 이를 줄이고자 CPFSK Continuous Phase FSK 방식이 등장했고, side lobe를 최소화(협대역화)한 MSK Minimum Shift Keying 방식과 Gaussian LPF 필터를 사용해 main lobe를 협대역화한 GMSK Gaussian filtered MSK 방식으로 발전했다.

5.3 PSK Phase Shift Keying

PSK는 디지털 신호 0과 1에 따라 반송파의 위상을 변화시키는 변조 방식이다. 위상차 개수에 따라 2진 PSK BPSK, 4진 PSK QPSK, 8PSK 등으로 나뉜다. 위상차를 증가시키면 잡음에 대한 부호오율이나 장치의 복잡함이 생겨 일반적으로 QPSK가 주로 사용된다.

PSK 방식의 발전은 검파 시 기준 반송파가 불필요한 DPSK Differential PSK, QPSK 방식에서 최대 위상 변화를 반으로 줄여 전력 소모를 줄인 OQPSK Offset QPSK 방식, side lobe를 협대역화한 sine filtered OQPSK(또는 MSK) 등으로 발전했다. PSK 방식은 주로 이동통신에 사용된다.

5.4 QAM Quadrature Amplitude Modulation

QAM은 디지털 신호 0과 1에 따라 반송파의 위상과 진폭을 동시에 변화시키는 변조 방식으로 APK Amplitude Phase Keying 의 한 종류이며, 'QAM=QPSK+ASK'의 관계를 나타낸다. QPSK의 직교 성분을 각각 ASK 하면 4진×4=16진이므로 16진 QAM이라고 한다. 현재는 더욱더 많은 신호를 보내기 위해 64QAM, 256QAM 및 그 이상의 방식도 사용된다. QAM의 스펙트럼 효율을 향상시키기 위해 PRF Partial Response Filter 를 사용한 방식을 QPR Quadrature Partial Response signaling 라고 한다. QAM은 가장 많은 신호를 실어 보낼 수 있는 방식이며, 현재 방송과 이동통신 등에 널리 사용된다.

6 디지털 변환

디지털 변환은 0과 1로 표현된 디지털 정보를 에러 문제와 동기 문제를 해결하기 위해 적절한 규칙에 따라 디지털 신호로 변환하는 것을 의미한다. 이 디지털 신호는 일련의 불연속적인 전압 펄스로 구성되며, 베이스밴드, 무변조 상태하에서 가입자선로, 동선로, 광선로 등으로 전송하는 데 필요하다.

6.1 디지털 변환의 종류

디지털 변환의 종류에는 단극형unipolar, 극형polar, 양극형bipolar, 다치형multilevel, mBnB 형태의 블록코드형 선로 부호가 있다.

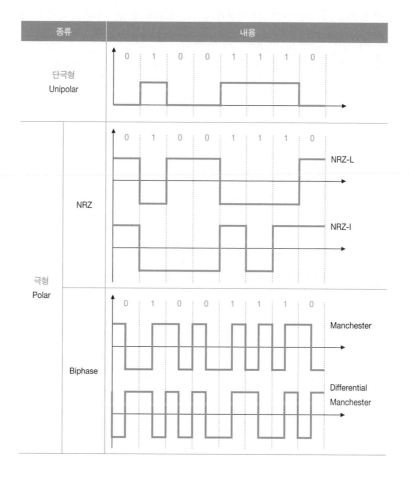

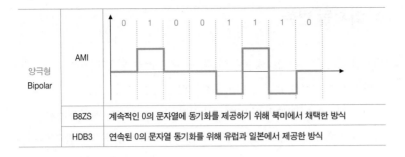

양극형 Bipolar	AMI	
	B8ZS	계속적인 0의 문자열에 동기화를 제공하기 위해 북미에서 채택한 방식
	HDB3	연속된 0의 문자열 동기화를 위해 유럽과 일본에서 제공한 방식

6.2 디지털 변환의 사용

이더넷에서는 극형 중에 biphase 방식 중 하나인 맨체스터Manchester 방식을 사용하며, 기가비트 이더넷과 10기가비트 이더넷에서는 블록코드형 방식인 8B/10B과 64B/66B을 각각 사용한다. 이 중 8B/10B는 서버/스토리지 전송 프로토콜인 fibre channel, InfiniBand, ESCON Enterprise Systems Connection 에서도 사용된다. 또한 장거리 전화망에는 양극형 방식인 B8ZS(북미), HDB3(유럽)을 사용한다.

참고자료
오규태. 2007. 『정보통신기술』. 세화.
정진욱·한정수. 2002. 『데이터통신』. 생능출판사.

기출문제
60회~86회 정보통신 BPSK(Binary PSK)와 QPSK(Quadrature PSK)의 BER (Bit Error Rate) 특성 외 다수.

C · 무선통신 기술

C-2

전파 이론

전파 이론은 전자기파를 구성하는 전계와 자계의 성질을 이해하고, 전파의 전파 경로상에서 발생하는 다양한 전파의 성질을 분석하는 이론이다. 전파의 경로에는 기상 변화, 건물의 밀집, 주파수 혼선, 출력 문제 등 다양한 위험이 존재한다. 이를 효율적으로 극복하기 위해서 지형 및 통계치를 이용한 전파 모델의 분석, 각종 다이버시티 기술, 안테나 기술 등의 연구와 개발이 지속적으로 이루어지고 있다.

1 전파의 개요

1.1 정의

전파란 시간에 따라 변화하는 전기장과 자기장의 상호작용에 의해 빛의 속도로 퍼져나가는 파동에너지이다. ITU-R에서는 인공적인 도파체 없이 공간을 전파하는 3000GHz(0.1nm의 파장)보다 낮은 전자기파로 정의하고 있다.

1.2 전파의 성질

전파는 전기장과 자기장으로 구성된다. 전기장과 자기장은 서로 수직하면서, 전파의 진행 방향과도 수직이다. 전파는 균일한 매질을 진행할 때는 직진성을 띠지만, 서로 다른 매질의 경계면을 진행할 때는 굴절과 반사 현상이 발생한다. 경로 중간에 장애물이 있으면 회절 현상에 의해 음영 지역에도 전파가 도달하는데, 주파수가 낮을수록 회절 특성은 커진다.

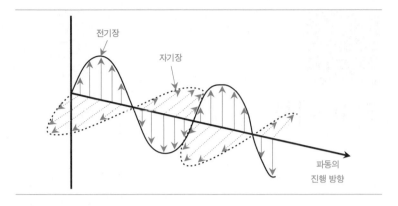

전파는 수직·수평·원편파·타원편파 등 전자기파의 진행 방향에 대한 전계의 극성 방향인 편파 특성을 띤다. 또한 전파는 매질을 진행하면서 감쇠되며, 특히 평면파는 고체 상태의 도체에서 이러한 감쇠가 급격히 발생하는데, 이렇게 도체 내에서 전계 강도가 급격히 감소하는 현상을 표피 효과라고 한다. 그 외에 두 전파가 서로 간섭하여 보강·상쇄하는 간섭성, 뾰족한 물체에 부딪혀 산란하는 특성도 있다.

1.3 주파수에 따른 전파의 종류

일반적으로 무선통신에는 3kHz~300GHz 범위의 전파가 사용된다.

구분	대역 기호	주파수	용도
초장파	VLF	3~30kHz	선박
장파	LF	30~300kHz	항해용
중파	MF	300~3000kHz	항공, AM방송
단파	HF	3~30MHz	아마추어 무선, 단파방송
초단파	VHF	30~300MHz	TV, FM방송
극초단파	UHF	300~3000MHz	TV 방송, 이동통신
센티미터파	SHF	3~30GHz	위성통신, 마이크로파
밀리미터파	EHF	30~300GHz	미사일, 우주통신

1.4 전달 경로에 따른 전파의 종류

전파 통로를 크게 나누면 지상파와 공간파로 나뉜다. 지상파에는 지표파,

C · 무선통신 기술

직접파, 반사파, 회절파가 있고, 공간파에는 대류권파와 전리층파가 있다. 낮은 주파수(HF 이하)에서는 지표파가 많이 사용되며, 높은 주파수(VHF 이상)에서는 직접파와 반사파가 주로 이용된다.

지상파의 특성

구분	특징
지표파	- 지상 안테나에서 복사된 전파가 지표면을 따라 수신점에 도달하는 전파 - 야간 전리층 반사파와 간섭을 일으켜 페이딩의 원인이 됨
직접파	- 대지면 접촉 없이 수신 안테나에 직접 도달하는 전파 - 주로 VHF대 이상의 주파수 사용 - 도달거리는 가시거리의 영향을 받고, 대기 굴절률을 고려, 등가지구반경을 적용해 전파 가시거리 산정
반사파	- 대지 또는 해면에서 한 번 반사되어 수신점에 도달하는 전파 - 대지 또는 해면의 전기적 특성으로 일부 전파는 열에너지로 흡수되고, 남은 에너지가 대기 중으로 반사
회절파	- 전파의 진행 경로상에 존재하는 장애물 뒤쪽으로 전송되는 전파 - 대기 중에 회절파와 직접파의 상호 간섭으로 전계가 크게 요동치는 구역이 생성되는 것을 프레넬존(Fresnel zone)이라고 함

1.4.1 대류권파

대류권파란 대류권에서 전송되는 전파이다. 대류권은 지표면으로부터 대기의 대류 현상이 일어나 기상 변화가 생기는 지역으로 극지방은 9km, 적도 근처는 16km 정도 높이에 위치한다. 기상 변화가 대기의 유전율에 변화를 일으켜 전파의 전파 상태(속도)에 영향을 미치고, 굴절률이 큰 지표보다는 굴절률이 낮은 대기 중을 통과할 때 전파의 속도가 빨라진다.

대류권에서는 라디오 덕트radio duct 현상이 발생하는데, 이는 굴절률의 급격한 변화로 대기가 덕트의 역할을 하게 되어, 마치 소리가 환풍용 덕트를 통해 멀리 전달되는 효과와 동일하게, 해당 덕트 지역에 들어간 전파가 감쇠되지 않고 원거리에 도달하는 현상이다. 제어가 불가능해 통신에 응용하기는 어렵다. 대류권에서 수신점의 전계 강도가 시간에 따라 변하는 페이딩 현상이 발생한다. 종류로는 신틸레이션, K형, 덕트형, 산란형 및 감쇠형 페이딩이 있다.

1.4.2 전리층파

전리층에서 전송되는 전파로서, 전리층은 대기가 태양 자외선에 의해 전리되어 도전성을 가지게 된 층으로 전기적 성질이 있어 전파 전달에 영향을 미친다. 전리층 내의 도전성은 일 단위, 계절 단위로 변한다. 이러한 도전성의 변화 때문에 전파의 전리층 반사로 인한 전송 거리 변화, 직접파와 반사파 간의 간섭으로 인한 페이딩 등이 발생할 수 있다. 전리층에 입사된 전파는 전리층 내 자유전자의 영향으로 전파강도가 낮아지는데, 이를 감쇠라고 하며, 전파가 최초 전리층을 통과할 때 발생하는 감쇠를 '1종 감쇠', F층에서 반사될 때 발생하는 감쇠를 '2종 감쇠'라고 한다.

주파수 고정 후 입사각을 증가시키면서 전파를 전송할 때 최초로 전리층에 반사된 전파가 도착하는 곳까지의 거리를 '도약거리'라고 한다. 전파가 직접 전달되는 곳과 도약거리 사이에는 아무리 입사각을 조절해도 닿지 못하는 지역이 있는데, 전리층파에는 이러한 '불감지대'가 발생한다. 전리층에서 발생하는 페이딩으로는 간섭성·편파성·흡수성·선택성·도약성 페이딩이 있다.

전리층에서는 태양 면의 폭발로 발생하는 자외선의 영향으로 단파통신이 불가한 델린저 현상이 발생하는데, 저위도 지방에서 수 분에서 수 시간에 걸쳐 발생한다. 또한 태양 면 폭발로 발생한 자기 입자가 지자계에 영향을 미쳐 고주파 대역에 특히 영향을 주는 자기폭풍 현상이 발생하는데, 주로 고위도 지역에서 며칠 동안 발생한다. 자기폭풍은 주기성이 있어서 예측이 가능하다. 전리층에서 발생하는 다른 현상으로는 지구상의 대척점에 도달하는 무수히 많은 경로를 통해 전파된 전파의 전계가 대척점에서 증가되는 대척점 효과 등이 있다.

2 페이딩

2.1 정의와 개요

전파 통로(매질)의 특성 변화로 수신점에서의 전계 강도가 시간적으로 변동하는 현상을 페이딩이라고 한다. 페이딩의 종류는 발생 주기에 따라 대규모(장기, 저속) 페이딩과 소규모(단기, 고속) 페이딩으로 구분된다. 대규모 페이딩은 넓은 지역에서 주로 전송로 손실 때문에 발생하고, 소규모 페이딩은 주로 좁은 지역에서 다중경로 반사파 때문에 발생한다. 통과 매질에 따라서는 대류권 페이딩, 전리층 페이딩, 이동통신 페이딩으로 나뉜다.

 키포인트

전파는 빛과 마찬가지로 직진, 반사, 굴절, 회전, 간섭, 감쇠, 편파 등의 특성을 지닌다. 높은 주파수일수록 직진성이 강한 특성을 띤다. 황금 주파수 대역인 800MHz는 직진성은 1.6GHz대보다 낮지만 회절성이 우수해 음영 지역에서도 통화가 잘되는 장점이 있어 무선통신에 최적인 전파 특성을 지닌다.

2.2 대류권 페이딩

대류권 페이딩은 기상 조건의 변화 때문에 발생하는데, 이에 영향을 미치는 주파수대는 VHF, UHF, SHF 대역이다. 페이딩의 종류에는 신틸레이션·K형·Duct형·산란형·감쇠형 페이딩이 있다.

신틸레이션scintillation 페이딩은 대기의 와류에 의해 유전율이 불규칙한 공기 뭉치가 발생하고, 여기에 입사된 전파의 산란파가 직접파와 간섭하여 발생한다. AGCAutomatic Gain Control를 사용해 극복할 수 있다.

K형 페이딩은 지표면의 굴곡과 기상 변화로 인해 발생하고 종류에는 간섭형과 회절형이 있다. 등가지구반경계수(K)로 보정하고 다이버시티diversity를 사용해 극복한다. 간섭형은 직접파와 대지 반사파가 간섭하여 발생하고, 회절형은 전파로와 대지 간 격리가 불충분할 때 기상 조건에 따라 대지에 의한 회절 상태가 변화하여 발생하는 페이딩이다.

덕트형duct type 페이딩은 대기의 역전층에 의해 발생하고 실용상 특히 문제가 된다. 종류에는 간섭형과 감쇠형이 있는데, 간섭형은 직접파의 전파 통로 위에 라디오 덕트가 발생해 덕트로 반사된 전파가 직접파와 간섭하여 발생하고, 감쇠형은 송수신점 근처에 덕트가 발생하여 대부분의 전파가 위로 굴절해 나가서 수신 전계 강도가 심하게 변하여 발생한다. 덕트형 페이딩은 다이버시티 기법을 사용해 극복할 수 있다.

산란형 페이딩은 대기의 소기단군, 난류 등에 의해 생긴 산란파의 간섭으로 발생한다. AGC 또는 다이버시티를 사용해 극복할 수 있다.

감쇠형 페이딩은 전파가 대기 중에서 비나 안개, 구름 등에 의해 흡수 또는 산란되어 변화됨으로써 발생하며, 대기 감쇠에 취약한 10GHz 대역에서 현저하게 나타난다. AGC를 사용해 극복할 수 있다.

2.3 전리층 페이딩

전리층의 페이딩 주파수대는 중단파대에 있으며, 페이딩의 종류에는 간섭성·편파성·흡수성·선택성·도약성 페이딩이 있다.

간섭성 페이딩은 동일 전파를 서로 다른 통로를 경유해 수신했을 때 전리층의 변동으로 두 신호의 차 또는 합이 시간에 따라 달라져 발생하고, 공간·주파수 다이버시티를 사용해 극복할 수 있다. 근거리 페이딩은 방송파 대역에서 지표파와 전리층 반사파 간의 간섭으로 발생하며, 원거리 페이딩은 단파 대역에서 전리층파 간의 간섭으로 발생한다.

편파성 페이딩은 전리층에서 전파가 지구 자계의 영향으로 타원편파가 됨으로써 전파의 세기가 일정해도 편파면이 시간적으로 회전하기 때문에 수신전력이 변동되어 발생한다. 편파 다이버시티로 극복한다.

흡수성 페이딩은 전리층의 전자 밀도 변화에 따라 전파가 흡수됨으로써 전파에너지의 감쇠가 일어나 발생한다. AGC를 사용해 극복할 수 있다.

선택성 페이딩은 전리층이 급속히 상하 좌우로 이동할 때 반송파와 측파대가 받는 영향이 달라져서 발생한다. SSB Single Sideband 통신 방식을 사용하거나 주파수 다이버시티를 사용해 극복할 수 있다.

도약성 페이딩은 도약거리 근처에서 발생하고, 전자 밀도 변화가 큰 일출, 일몰 때 많이 발생한다. 전파예보곡선의 최적사용주파수FOT: Frequency Of Optimum 를 사용해야 하고, 주파수 다이버시티를 사용해 극복할 수 있다.

도약거리
전파가 전리층을 관통해 되돌아오지 않게 되어 반사파가 존재하지 않는 거리를 도약거리라 한다.

2.4 이동통신 페이딩

이동통신은 극초단파UHF 대역에서 동작하므로 직접파 구간에서 페이딩이 발생한다. 고정 통신계에서 발생하는 페이딩보다 전파 변화 폭이 크고 빠르기 때문에 페이딩의 영향이 커서 적절한 대비책이 반드시 필요하다.

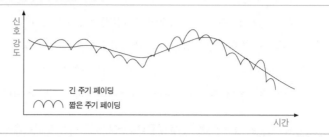

이동통신 시스템에서의 수신 강도 예시

긴 주기 페이딩은 산이나 언덕 같은 자연적인 물체에 의해 발생하며, 수신전계 세기의 변화가 느리고 주로 도시 외곽에서 발생하는 페이딩이다.

짧은 주기 페이딩은 레일리Rayleigh 페이딩이라고도 하며, 도시의 건물이나 철탑, 광고판 등 인공적인 물체에 의해 발생한다. 직접파는 없이 반사파만 수신되는 다중경로 페이딩multi-path fading으로 수신 전계 세기의 변화가 빠르고 대도시 지역의 이동통신 환경에서 발생한다.

라이시언Rician 페이딩은 short term fading의 일종으로 가시경로LOS: Line Of Sight에 의한 직접파와 주변 환경에 의한 반사파가 동시에 존재하는 경우이다.

주파수 선택적 페이딩은 다중경로 지연으로 이웃 펄스와 겹쳐서 발생한다. 특정 주파수 대역에서만 일어나고, 신호 간 간섭ISI을 발생시키는 현상이다.

시간 선택적 페이딩은 이동국의 움직임에 의한 도플러 효과로 발생하며, 단말의 이동속도가 전파보다 현저히 느려서 영향이 크지는 않다.

페이딩은 다양한(공간·시간·편파) 다이버시티 기법을 사용해 방지할 수 있다. TDMA Time Division Multiple Access(GSM) 방식은 등화기equalizer, CDMA Code Division Multiple Access 방식은 레이크 수신기rake receive를 사용해 방지한다.

3 다이버시티

3.1 개요

다이버시티는 무선 전파 환경에서 수신 전계의 불규칙한 변동과 같은 페이딩 현상이 발생하는 것을 방지하는 데 사용된다. 수신파의 진폭과 위상은 수신하는 위치, 편파, 주파수 등에 따라 달라지므로, 다이버시티를 사용해 수신하고 이들을 선택하거나 합성하면 페이딩에 따른 품질 열화를 개선할 수 있다. 다이버시티의 종류에는 공간·주파수·편파·시간·각도 다이버시티가 있고, 합성 수신법의 종류에는 선택·등이득·최대비 합성법이 있다.

구분	설명
공간 다이버시티	둘 이상의 수신 안테나를 이용해 출력을 합성하거나 양호한 출력을 선택해 페이딩을 경감하는 방법
주파수 다이버시티	동일 지점에서 2개 이상의 주파수로 신호를 송신하는 방법
편파 다이버시티	수평·수직 면 안테나를 따로 설치해 편파 성분을 분리·제거하는 방법
시간 다이버시티	동일 신호를 상관관계가 충분히 낮은 시간 간격으로 전송하는 방법
각도 다이버시티	지향성이 다른 안테나를 따로 설치해 출력을 선택·합성하는 방법

3.2 다이버시티 종류

공간space 다이버시티는 공간적으로 충분히 떨어진 지점에 2개 이상의 수신 안테나를 사용해 수신하는 방법으로, 안테나 간의 거리 d는 사용 파장의 2분의 1보다 커야 한다.

개선 효과 $L = \dfrac{7 \times 10^{-5}AS^2f}{dL^2}$

A: 두 안테나의 이득차 S: 안테나 간 거리(ft) f: 수신 주파수(GHz)
d: 전송 거리(mile) L: 페이딩 깊이

편파polarization 다이버시티는 수평 편파와 수직 편파를 따로 수신하는 안테나를 이용하는 방법으로, 이동통신의 경우 도심에서는 공간 다이버시티에 가까운 효과를 기대할 수 있다.

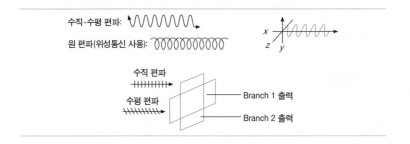

시간time 다이버시티는 일정한 시간 간격으로 동일한 정보를 복수로 전송하고, 이를 상관관계가 충분히 낮은 시간 간격으로 전송하는 방식으로 전송 용량을 희생하는 대신에 신뢰도를 높일 수 있다.

주파수frequency 다이버시티는 주파수가 다른 복수의 송신 주파수를 이용해 동시에 송신하는 방식으로 주파수 자원을 비효율적으로 사용하는 단점이 있다.

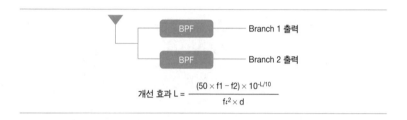

각도angle 다이버시티는 지향성이 상이한 수신 안테나를 이용하는 방식으로 고속 디지털 전송 시 다른 방식에 비해 다중 지연에 의한 오율을 개선할 수 있다. branch 수를 증가시키려면 송수신 폭이 좁고 첨예한 수신 안테나가 필요하다.

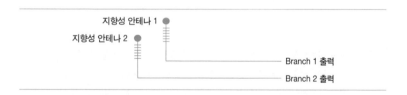

3.3 합성수신법

다이버시티를 사용해 페이딩이 발생한 복수의 신호를 수신한 이후에는 이 신호들을 선택하거나 합성하면 페이딩에 따른 품질의 열화를 개선할 수 있다. 합성수신법의 종류에는 선택 합성법, 등이득 합성법, 최대비 합성법이 있다.

선택 합성법은 복수의 수신 신호를 모두 비교하여 최대의 포락선 레벨을 갖는 것만 선택 수신하는 방식으로 다음과 같이 동작한다.

등이득 합성법은 포락선 레벨이 적고 SNR가 낮은 페이딩파에도 동일한 가중치로 합성하는 방식으로 약 2.6dB의 이득 개선이 발생한다.

최대비 합성법은 신택 합성과 등이득 합성 방법을 조합하여 페이딩파가 합성수신파에 대해 기여를 적게 하고 포락선 레벨이 큰 것이 크게 기여하도록 해 합성수신 효과를 최대로 하는 방식이다. 다른 방식과 비교해 회로가 복잡하나 약 3dB의 이득이 개선된다.

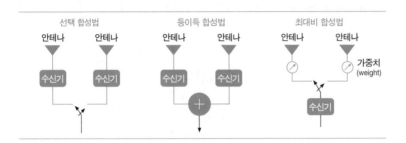

참고자료

강승민 외. 1998. 『안테나공학』. 진문당.
김충남. 2001. 『(차세대)이동통신 실무기술』. 진한도서.
삼성 SDS 기술사회. 2007. 『핵심정보기술총서 1: 컴퓨터 구조·네트워크』. 한울.
오규태. 2007. 『정보통신기술』. 세화.
위키피디아(www.wikipedia.org).

기출문제

99회 정보통신 고정통신계의 fading과 이동통신계의 fading에 대하여 fading의 종류와 원인을 기술하고 방지 대책으로 다이버시티 기법을 설명하시오. (25점)
90회 정보통신 무선(전파)통신 시스템에서의 편파(Polarization). (10점)
86회 정보통신 무선페이딩 채널의 각종 특성에 대해 설명하시오. (25점)
83회 정보통신 전리층 전파에서의 페이딩(fading) 종류별 주요 내용을 설명하시오. (25점)

C-3

OFDM의 필요성과 적용 기술

─────

대용량화하는 유·무선 환경에서 기존 주파수 자원을 효율적으로 사용하고, 페이딩과 같은 품질 열화요인의 제거를 위해 반송파를 다중으로 분리 전송하는 OFDM 기술이 고속 통신에서는 기반 기술로 활용되고 있다. 방송뿐 아니라 무선 LAN, 이동통신 등 활용 분야는 다양하다.

1 OFDM의 등장 배경 및 필요성

무선통신에서 신호 주기가 짧은 고속 데이터 전송 시 단일 반송파single carrier를 사용하면 신호 간 간섭이 심해져 수신 측의 시스템이 복잡해진다. 그러나 다중 반송파multiple carrier의 경우에는 데이터 전송 속도를 그대로 유지하면서 부반송파sub-carrier에서의 신호 주기를 부반송파만큼 확장할 수 있어 하나의 등화기로 무선통신의 성능 저하의 가장 큰 원인인 페이딩에 잘 대처할 수 있다. 이러한 역할을 담당하는 것이 OFDMOrthogonal Frequency Division Multiplexing이다. 즉, OFDM은 여러 개의 반송파를 서로 직교orthogonal하도록 복수의 반송파를 사용하여 각 전송 주파수 일부를 중첩해 전송하므로 주파수 이용 효율이 높아지는 효과가 발생할 수 있어 고속 데이터 전송에 적합하기 때문에 802.11a, HyperLAN2, IEEE 802.16 광대역 무선 액세스, DMBDigital Multimedia Broadcast, 디지털 TV에서 사용하며, 유선통신에서는 xDSL에서 OFDM과 유사한 DMTDiscrete Multi-tone 방식을 표준 방식으로 채택했고, 4세대 이동통신, WiBro, 차세대 homePNA, PLC에서도 고속 데이터 전송을

직교 주파수 특성
sin, cos 함수의 특성상 해당 파형에 90도의 위상 차이가 나는 신호를 곱하게 되면 0이 되는 특징을 이용한 것이다.

위해 OFDM 방식을 채택하고 있어 그 필요성이 계속 확대되고 있다.

2 OFDM의 기본 기술

2.1 OFDM의 특징

OFDM 방식은 여러 개의 반송파를 사용하는 다수 반송파 전송의 일종으로 반송파의 수만큼 각 채널에서의 전송 주기가 증가한다. 이 경우 광대역 전송 시에 나타나는 주파수 선택적 채널이 신호 간 간섭이 없는 주파수 비선택적 채널로 근사화되기 때문에 간단한 단일 탭 등화기로 보상이 가능하다.

　OFDM은 1966년에 다채널을 통해 대역 제한된 신호를 신호 간 간섭 및 채널 간 간섭 없이 동시에 전송할 수 있는 원리가 제시되었으나, 이론적 개념으로만 존재하다가 소자가 상용화되어 최근 무선통신에서 고속 데이터 전송을 위한 핵심 방식으로 사용되고 있다. 또한 ISI를 방지하기 위해 연속된 OFDM 신호 사이에 채널 최대 지연보다 긴 보호구간을 삽입해 사용되고 있다.

2.2 OFDM의 기본 원리

전송될 데이터들은 QAM 신호로 변조되어 신호화되고, 이렇게 변조된 신호들이 직병렬 변환기를 거치게 된다. 병렬화된 다수의 데이터 신호들은 해당 반송파에 의해 변조되고, 그 결과가 더해져 하나의 OFDM 신호를 구성하며, 최종적으로 RF 단에 입력되어 채널로 전송된다. 이때 다중경로 채널을 통과해 수신된 신호는 기저 대역으로 변환된 후 복조 과정이 수행되는데, 이때 송신 데이터를 정확히 복조하기 위해서는 모든 부반송파가 상호 직교해야 한다. 각 부채널로 전송되는 신호는 시간 영역에서 신호 주기 길이의 구형파 윈도를 곱한 형태이므로, 각 부채널에서의 스펙트럼은 sync 함수로 표현될 수 있다. 따라서 인접 부반송파의 간격을 신호 주기 역수의 정수배로 설정하면 모든 부반송파 사이의 직교 조건이 만족되어 수신 단에서 왜곡 없이 복조할 수 있게 된다.

OFDM 전송·수신 개념도

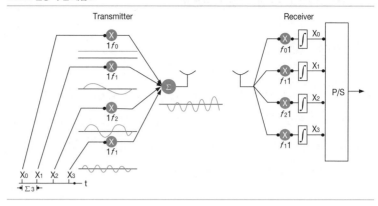

2.3 다중 액세스 기술

방송용이 아닌 셀룰러 이동통신, 무선 ATM, 무선 LAN 등에 OFDM 전송 방식을 사용하는 경우에는 단일 반송파 전송 방식과 마찬가지로 다수의 사용자를 위한 다중 액세스 방식이 필요하다. 대표적인 방식으로는 TDMA Time Division Multiple Access, FDMA Frequency Division Multiple Access, CDMA Code Division Multiple Access가 있으며, OFDM과 이들 다중 액세스 방식을 결합해 사용한다. OFDM·TDMA는 전체 대역이 N 개의 부채널로 구성되어 있고, 각 사용자는 할당된 시간 동안 N 개의 부채널을 모두 이용한다.

OFDM·FDMA는 전체 부채널 중에서 일부 부채널을 이용해 시간에 제한받지 않고 이용하는데, 부채널의 할당은 사용자의 요구에 따라 동적으로 변할 수 있다.

한편 OFDM·CDMA는 각 사용자가 고유의 확산부호를 사용해 모든 시간과 부채널을 이용하는데, 확산 방식에 따라 MC Multi Carrier-CDMA, DS Direct Sequence-CDMA, MT Multi Tone-CDMA로 구분할 수 있다.

OFDM 다중접속 방식

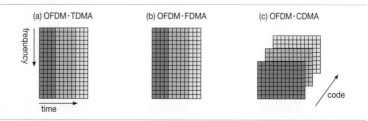

3 OFDM의 주요 적용 사례

3.1 무선 LAN

802.11b는 2.4GHz 내역에서 DSSS Direct Sequence Spread Spectrum 방식을 사용하지만, 그 외 802.11a(5.0GHz 주파수 대역), 802.11g(2.4GHz 주파수 대역), hyperLAN2(5.0GHz 주파수 대역), 802.11n 등에서 OFDM 방식을 사용해 50~수백 Mbps급 전송 속도를 지원하고 있다.

3.2 BWA Broadband Wireless Access, WiBro Wireless Broadband

광대역 무선 액세스 기준인 IEEE 802.16의 802.16a는 2~11GHz 대역에서의 사용을 목적으로 표준화하고, IEEE 806.11b는 5~6GHz 대역에서의 사용을 위한 무선 인터페이스 표준이다. 상호 유사한 부분을 통합해 IEEE 802.16ab로 OFDM을 이용함으로써 각 가입자들에 대해 좀 더 효율적으로 자원을 배분할 수 있으며, 각 부채널에서의 개별적인 순방향 전력 제어 forward APC가 가능해졌다. 한편 한국에서 한때 각광받았던 같은 계열의 802.16e WiBro 기술도 OFDM 기술을 채용했다.

3.3 Digital broadcasting

현재 지상파 디지털 라디오방송 시스템은 크게 유럽식·미국식·일본식으로 나뉘는데, 모두 OFDM 방식을 채용한다. 또한 유럽의 DMB 방식의 eureka-147에서도 OFDM 방식을 채택해 1.5MHz 전송 대역을 이용하여 고음질의 스테레오 프로그램을 전송한다. 한편 유럽 디지털 TV 및 데이터 방송을 위한 DVB Digital Video Broadcasting 시스템에서는 지상파(DVB-T) 방송용 변조 방식으로 COFDM Coded Orthogonal Frequency Division Multiplexing 을 사용한다.

3.4 ADSL, VDSL

ADSL Asymmetric Digital Subscriber Line은 기존 전화선을 이용해 OFDM과 유사한

DMT 방식을 사용하여 640Kbps(상향), 1~8Mbps(하향)의 비대칭 서비스를
제공한다.

VDSL Very high bit rate Digital Subscriber Line 방식은 약 12MHz의 대역폭을 이용
해 가변적인 비대칭성과 함께 52Mbps까지의 초고속 전송률을 지원하는데,
이를 위해 OFDM과 동일한 동작 방식인 DMT 방식으로 서비스된다.

4 5G에서의 OFDM 기술의 응용

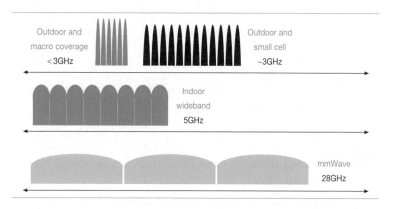

5G 무선망은 다양한 대역의 주파수를 공유해 사용한다. 주파수별 특성을
고려했을 때, 가변적인, 확장을 고려한 OFDM 기술을 사용해야 한다. 전파
환경 및 서비스에 따라 OFDM의 PHY 구조 및 부반송파 간격 등을 다양하
게 적용한다. 참고로 5G에서 OFDM은 CP-OFDM(DL) 등으로 표준화가 진
행되고 있다.

5 결론

OFDM 방식은 주파수 효율이 높고, 간단한 단일 탭 등화기로 고속 전송 시
급격히 증가하는 신호 간 간섭의 보상이 가능하며, 고속으로 구현할 수 있
다. 이 때문에 고속 데이터 무선통신을 위한 전송 방식으로 채택되어왔고,
최근에는 순방향에서 요구되는 높은 link budget 또는 채널 용량을 향상시

키기 위해 송수신 단에 다중 안테나를 사용함으로써 독립적인 페이딩 채널을 다수 형성해 다이버시티 이득과 코딩 이득을 동시에 얻는 시공간 부호화된 MIMO Multiple Input, Multiple Output 기법과 스마트 안테나 기법을 적용하여 고속화를 기하고 있다. OFDM 전송 기법은 유한한 주파수 자원을 효율적으로 사용해 주파수 효율을 높이고, 인터넷과 같은 고속 데이터 전송에 특히 적합하기 때문에 4G-LTE, WiBro, 5G 등 고속통신 방식의 핵심 기술로 채택되어 활용되고 있다.

참고자료

위키피디아(www.wikipedia.org).
정보통신산업진흥원(itfind.or.kr).
조용수. 2004. 「차세대 이동통신을 위한 OFDM 기술」. 한국정보통신기술협회.
≪TTA Journal≫, 제91호.

기출문제

78회 정보통신 OFDM(Orthogonal Drequency Sivision Multiplexing) 기술에 대해 설명하시오. (25점)
62회 정보통신 OFDM(Orthogonal Drequency Sivision Multiplexing)을 설명하시오. (10점)

C-4

마이크로웨이브 안테나

주파수 300MHz~3GHz, 파장 1m 이하의 전파대인 마이크로웨이브(극초단파) 대역은 지향성이 우수하고 전파의 주파수 대역이 넓어 이동통신, RFID/USN 등 다양한 통신 분야에서 사용하는 주요 주파수가 망라되어 있다. 특히 개인 휴대기기 발전 및 5G 시대를 맞아 안테나의 성능 및 소형화가 더욱 중요시되고 있으며, 급격한 기술 개발이 이루어지고 있다.

1 안테나의 개요

1.1 마이크로웨이브 안테나의 개념

안테나
송수신을 하기 위한 전자파 에너지를 주로 공간을 통해 송출 또는 수신하기 위한 장치

마이크로웨이브
주파수가 300MHz~300GHz이고, 파장이 1mm~1m인 전자기파

안테나는 전압·전류로 표현되는 전기적 신호와 전기장·자기장으로 표현되는 전자기파를 서로 변환해주는 역할을 한다. 한정된 전파 자원의 효율과 송수신의 정확성을 높이기 위해서는 안테나 성능을 결정하는 파라미터를 파악하는 것이 중요하다. 안테나 성능을 결정하는 주요 파라미터로는 안테나 Q, 안테나 효율, 이득, 지향 특성, loading 등이 있다.

안테나를 구조에 따라 분류하면 선상 안테나, 입체(개구면) 안테나 등으로 구분할 수 있으며, 마이크로웨이브 대용 안테나로는 주로 입체 안테나가 사용된다. 종류로는 파라볼라parabola 안테나, 전파렌즈 안테나, 전자혼horn 안테나, 유전체dielectric 안테나, 슬롯slot 안테나 등이 있다.

1.2 안테나 개념도

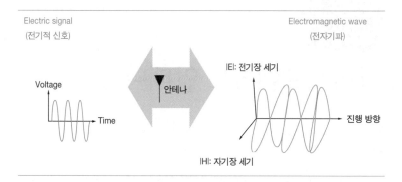

전자파란 주기적으로 세기가 변화하는 전자기장이 공간 속으로 전파해나가는 파동으로, 시간적으로 변하는 자계에 도체가 존재하면 패러데이 법칙에 따라 유도기전력이 발생한다. 안테나의 동작 원리는 전기장의 세기(E)와 자기장의 세기(H)의 관계를 설명한 맥스웰 방정식으로 설명될 수 있다.

 키포인트
주파수와 안테나의 관계 '광속＝주파수×파장'이며, 안테나의 길이는 다이폴 안테나의 경우 파장의 2분의 1배에 수렴한다. 주파수가 1MHz일 때 파장을 구하면 300m가 되고, 필요한 안테나의 길이는 150m가 된다. 주파수가 클수록 안테나의 길이는 짧아지며, 따라서 마이크로웨이브 안테나의 길이도 짧아진다. 고주파를 활용한 안테나의 길이를 짧게 하기 위한 안테나 기술로 진화가 요구된다.

2 안테나의 성능

2.1 안테나 Q(안테나 선택도)

안테나 입사전력은 소비되는 에너지와 축적할 수 있는 에너지의 비로 측정된다. 이는 안테나 특성을 나타내는 하나의 척도이며, 입력전력을 회로적으로 집약한 실효 정수 회로로 선택도·양호도라는 Q 물리량이 사용된다. Q 값을 낮추면 대역폭이 낮아져 안테나의 광대역화가 가능해진다.

안테나 성능 기준
- 안테나 Q
- 안테나 효율
- 이득
- 지향 특성
- Loading

$$Q = \frac{fc}{BW}$$

2.2 안테나 효율

안테나 입력전력에 대한 방사전력비를 의미하며, 장중파대에서 많이 사용되는 접지 안테나에 적용된다. 일반적으로 방사전력비가 높으면 안테나 이득이 높고 안테나 효율도 높아진다. 안테나 효율은 다음과 같은 일반식으로 표현된다.

$$n = \frac{\text{방사전력}}{\text{입사전력}} = \frac{\text{방사전력}}{\text{방사전력} + \text{손실전력}}$$

2.3 이득(안테나 방사 효과)

동일 방향, 동일 거리에 동일 전계를 주기 위해 기준 안테나에 공급한 전력과 최댓값이 얻어지도록 방향을 설정한 임의의 안테나에 공급되는 전력의 비를 데시벨dB로 나타낸 것을 이득이라 하며, 이득의 종류로는 상대이득과 절대이득이 있다. 상대이득은 기준 안테나인 반파장 안테나에 대한 전력이득을 의미하며, 초단파(30~300MHz) 대역 이득 측정 시 많이 활용된다.

$$E = \frac{7\sqrt{Gh \times p}}{r}$$

(E: 전력강도, Gh: 상대이득, r: 안테나에서의 거리, p: 임의의 안테나 입력)

절대이득은 기준 안테나인 등방성 안테나에 따른 전력이득을 의미하며, 마이크로파(3~300GHz) 대역 이득 측정 시 많이 활용된다.

$$E = \frac{\sqrt{30 \times Ga \times p}}{r}$$

(E: 전력강도, Ga: 절대이득, p: 임의의 안테나 입력)

2.4 지향 특성

반치각
안테나 지향성의 예민성을 나타내는 가능이 되는 각

지향 특성은 안테나의 방사 패턴이 특정 방향으로 얼마나 더 많이 쏠리느냐를 나타내는 지표이다. 안테나 지향 특성에 중요한 파라미터인 반치각은 main lobe의 최대 방사 방향으로부터 -3dB되는 두 점 사이의 각도를 의미하며, 반치각이 좁을수록 지향 특성이 예민함을 의미한다.

2.5 Loading

Loading이란 여진 주파수로 공진시켜 안테나 전류가 최대가 되게 하는 기술을 가리킨다. 종류에는 콘덴서(C)를 삽입해 안테나 길이를 단축하는 기술인 단축 콘덴서와 고일(L)을 삽입해 안테나 길이를 연장하는 기술인 연장 고일 기술이 있으며, 삽입 위치에 따라 base loading, center loading, top loading이 있다. 특히 top loading은 안테나 상단에 위치시킨 것으로, 수직 접지 안테나의 고각도 지향성을 개선해 간섭성 페이딩에 강한 특성이 있다.

공진
특정 주파수에 에너지가 모이면서 주파수 선택적 특성을 보이는 현상

2.6 위성 안테나의 조건

위성 안테나는 대기와 지상 간의 전파 환경 특성에 따라 공간에서의 손실이 크기 때문에 이득, 저잡음, 예민한 지향성 안테나를 필요로 하며, 송수신 공용의 전력 제한 시스템으로 광대역이 요구된다.

　　또한 위성 안테나는 공간 분할 다중접속 방식을 사용해 특정 지역을 위한 지구국용 빔이 정확하게 위성을 향하는 특성, 즉 지향성이 예민해야 한다.

위성 안테나의 종류
스폿 빔 안테나, 전방향 안테나, 멀티 빔 안테나, 혼 안테나, 파라볼라 안테나 등

공간 분할 다중접속(Space Division Multiple Access)
복수의 지역별 스폿 빔 안테나를 이용해 다수의 지구국으로부터 신호를 위성 내에서 다중화하는 접속 방식

3 마이크로웨이브 안테나의 특성

3.1 전송 형태

마이크로웨이브 안테나는 급전선 → 도파관 → 전자파 형태로 전송된다.

급전선
무선 주파수 에너지를 전송하기 위해 무선 송신기와 안테나 사이를 잇는 도선

3.2 특성

마이크로웨이브 안테나는 주파수의 특성상 파장이 짧아 안테나 크기의 소형화, 고이득, 고지향성을 얻을 수 있다. 안테나의 이득, 지향성은 안테나의 개구면적에 비례하는데, 이러한 특성에 따라 마이크로웨이브 안테나는 송수신 안테나 간의 결합도를 작게 할 수 있어 송수신기를 동일 장소에 설치할 수 있다. 마이크로웨이브 대역을 사용하는 위성통신 지구국용 안테나는

도파관
속이 빈 금속판으로 만든 마이크로파 전송로

개구면적
안테나 위치의 단위 면적당 전자에너지를 흡수하는 면적

정확한 구동 제어 기능 및 자동 추미 기능을 갖춰야 한다.

4 마이크로웨이브 안테나의 종류

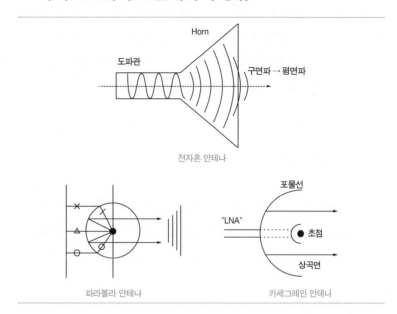

전자혼 안테나

파라볼라 안테나   카세그레인 안테나

4.1 파라볼라 안테나

파라볼라 안테나는 광학에서 포물면경의 초점에서 나온 빛이 반사경에 반사된 후 평행광선이 된다는 원리를 이용한 안테나로, 파라볼라의 초점에 1차 복사기로 전자혼, $\lambda/2$ dipole, 슬롯 등을 설치해 여진 동작을 한다. 종류로는 방사기가 진초점에 위치하고 주반사경과 부반사경이 공동의 허초점을 갖고 반사되도록 한 카세그레인Cassegrain 안테나와 반사경의 포물면 일부만을 반사기로 사용하는 오프셋offset 파라볼라 등이 있다.

4.2 전파렌즈 안테나

전파렌즈로 유전체 및 금속을 사용해 구면파를 평면파로 만들어 예민한 지향성을 얻는 안테나로, 주로 혼horn 안테나와 결합해 사용하며, 유전체 렌즈형과 도파관 렌즈형, 지연형 렌즈형 등이 있다.

4.3 전자혼 안테나

선사혼 안테나는 도파관과 사유 공간을 정합시켜 완선한 선파의 방사가 이루어질 수 있도록 도파관의 입구를 넓게 해서 혼을 구성한 안테나로, 이득을 높이기 위해 개구각을 넓히고 예민한 지향 특성을 얻기 위해 혼의 길이를 증가시켰다. 종류로는 원추혼 안테나, 각추혼 안테나, 선형혼 안테나 등이 있다.

4.4 유전체 안테나

유전체 안테나는 도파관의 선단에 설치된 유전체봉을 통해 전파가 방사되는 안테나로, 진행파 공중선으로 동작되므로 반사파가 없으며, 유전체봉의 길이가 길수록 지향 특성은 예민하지만 기계적으로는 취약하다.

4.5 슬롯 안테나

커다란 금속 평면에 있는 슬롯이 RF 신호원과 결합되어 반사 표면에 설치된 쌍dipole 안테나처럼 동작하는 안테나로, 슬롯의 크기는 보통 장축long axis이 동작 주파수에서 2분의 1 파장이 된다. 슬롯의 형태로는 사각형과 원형이 있다.

5 안테나 기술 동향

안테나는 전파이론, 전자기파의 물리적 성질이 진화하면서 이론으로만 가능했던 기술이 상용화되고 새로운 형태의 안테나가 개발되었다. 또한 RFID Radio Frequency Identification, USN Ubiquitous Sensor Network 기술의 발달로 printable, microstrip 형태의 소형 안테나 기술이 비약적으로 발전하고 있고, 여러 소자를 하나의 소자에 집약하는 MEMS Micro Electro Mechanical Systems 기술 발전으로 안테나의 극소형화가 실현되고 있다. 특히 이동통신 분야에서는 마이크로웨이브 대역에서 4G LTE 핵심 기술 중에 하나인 MIMO Multiple Input, Multiple Output 기술을 이용해 높은 전송 속도와 신뢰성 있는 대용량 데이터 전송을 위한 적응형 스마트 안테나와 지향성 향상과 이득을 높이기 위해 여러 개의 소자를 배열한 위상 배열 안테나 등이 활용되고 있다.

참고자료
최홍주. 2000. 『안테나공학』. 차송.
한국정보통신기술협회 정보통신 용어사전(word.tta.or.kr/terms/terms.jsp).
RHDH(www.rfdh.com).

기출문제
105회 정보통신 안테나의 성능을 결정하는 주요 파라미터. (10점)
104회 정보통신 위성통신용 카세그레인 안테나와 파라볼라 안테나 비교. (10점)
102회 정보통신 다이폴안테나와 야기 안테나의 방사패턴 비교. (10점)
99회 정보통신 안테나의 급전 방식. (10점)
98회 정보통신 안테나에 전자파(Electromagnetic Wave)가 수신되는 원리에 대하여 설명하시오. (25점)
96회 정보통신 카세그레인(Cassegrain) 안테나. (10점)
95회 정보통신 Array 안테나. (10점)
95회 정보통신 안테나의 성능을 결정하는 파라미터의 종류와 안테나 이득을 설명하시오. (25점)
93회 정보통신 파라볼릭 안테나. (10점)
92회 정보통신 안테나 tilt를 설명하시오. (10점)
89회 정보통신 스마트 안테나. (10점)
86회 정보통신 위성통신 종류와 위성통신에 사용되는 지구국 안테나 세 종류를 설명하시오. (25점)
77회 정보통신 마이크로스트립 패치(microstrip patch) 안테나의 구조와 장단점을 간략하게 기술하시오. (10점)

C-5

이동통신의 발전 방향

1995년 동기식 CDMA를 상용화한 한국은 이동통신 시장을 중심으로 비약적인 발전을 이루었다. CDMA는 동기식(미국식)과 비동기식(유럽식)으로 구분된다. 국내는 3세대와 4세대가 혼재된 상태로 서비스가 진행 중이며, 동기식 방식을 주도하던 한국은 이동통신 시장원리에 따라 3GPP2의 CDMA 동기 방식을 이끌고 가는 데 한계를 보이면서 비동기 방식의 3GPP에서 3세대 WCDMA, 4세대 LTE, 5세대 IMT-2020을 주도하고 있다.

1 이동통신의 개요

이동통신은 무선통신망을 이용해 가입자단말의 이동성을 보장하는 음성·데이터통신을 의미한다. 이동통신을 통한 무선 데이터망은 북미를 중심으로 형성된 CDMA Code Division Multiple Access 계열과 유럽을 중심으로 발전된 GSM Global System for Mobile communications 계열로 구분된다. 3세대 이동통신이라고 하는 IMT2000을 계기로 유럽 중심의 GSM은 TDMA 방식에서 CDMA 방식으로 다원접속 방식을 변경했고, 4세대 이동통신에서는 OFDMA Orthogonal Frequency Division Multiple Access 방식을, 5세대 IMT-2020 기술에서는 NOMA Non-Orthogonal Multiple Access를 다원접속 방식으로 채택했다.

이러한 이동통신의 기본 기술로는 전력 제어 방안, 이동성 보장 방안, 전송 손실 제어 방안, 그리고 이동통신의 특성상 가용할 수 있는 주파수의 한정을 극복하기 위한 주파수 이용률 극대화 방안 등이 있다. 특히 주파수 이용률을 극대화하는 방안에는 다원접속 방법, 셀 분할, 주파수 재사용 방법, 스펙트럼 확산 방법 등이 있다.

2 이동통신의 요소 기술

2.1 전력 제어 방안

이동통신에서 사용하는 전력 제어 방식에는 이동단말에서 기지국으로 송신되는 출력을 제어하는 순방향 전력 제어와 기지국에서 단말로 송신되는 전력을 제어하는 역방향 전력 제어가 있다.

먼저, 순방향 전력 제어 방식은 인접 셀 간 간섭을 줄이기 위해 기지국에서 단말기로 보내는 송신출력을 제어하는 것으로, 통화 채널당 최대 6~8dB을 사용한다. 세부적으로는 순방향 전력 제어, 외부루프 전력 제어 방식이 있다. 순방향 전력 제어 방식은 이동단말에서 1.25ms 단위로 송신되는 전력 제어 비트에 따라 전력 제어 값을 조절하는 것이며, 외부루프 전력 제어 방식은 설정된 한계 값과 비교해 수신 프레임에 에러가 발생할 경우 이를 제어하는 것이다.

이와 반대로, 역방향 전력 제어는 기지국에서 이동단말기로 전송되는 출력을 제어하는 것이다. 동일 주파수 사용에 따른 근원간섭 문제를 해결하기 위해 이동단말기의 송신전력을 조절하는 것으로, 전력 제어로 8dB 이상을 사용한다. 종류에는 역방향 개방루프 전력 제어, 역방향 폐루프 전력 제어, 역방향 외부루프 전력 제어 등의 방식이 있다.

역방향 개방루프 전력 제어 방식은 기지국 접속 시나 기지국의 수신 응답이 없는 경우에 이동단말기에서 기지국 신호의 수신 세기에 따라 송신 세기를 결정하는 것이다. 그 외, 역방향 폐루프 전력 제어 방식은 기지국에서 이동단말기의 수신 세기에 따라 이동단말기의 송신 신호 세기의 증감을 명령하는 것이며, 역방향 외부루프 전력 제어 방식은 기지국 수신 임계값을 최소화해 단말기의 출력을 최소화하고, 기지국 자기 셀 역방향 통화 용량을 최대화하기 위해 사용한다.

2.2 이동성 보장 방안

이동통신에서 단말은 항상 움직이기 때문에 이러한 이동성을 보장하는 기술은 가장 기본적인 제어 기술이다. 이동성을 보장하기 위해 로밍, 핸드오

역방향 개방루프 전력 제어 방식
단말기의 수신 상태가 좋지 않은 곳에서 단말기의 전력이 빨리 소모되는 이유가 바로 역방향 개방루프 전력 제어 방식의 특성 때문이다.

프 등이 제공되며, 데이터통신의 이동성을 위해 모바일 IP 방식이 주로 사용된다.

이동성 보장
로밍, 핸드오프 기술이 이동통신망에서 음성통화 서비스의 이동성을 보장하는 서비스인 데 반해, 이동통신망에서 데이터 서비스의 이동성을 보장하기 위한 기술로는 모바일 IPv6 등이 주로 사용된다.

로밍roaming 기술은 서로 다른 교환국이나 사업자 간 통화 연속성을 보장하는 서비스를 의미하며, 주기적으로 전송되는 시스템 관련 정보를 통해 이동단말기의 위치를 파악한다. 해외 로밍 프로세스 이용은 단말기가 해당 지역 기지국, MSCMobile Switching Center에 등록되면 해당 국가 내부 HLRHome Location Register를 1차 조회, 국내 HLR를 2차 조회해 사용자 인증이 이루어지면 해당 국가 무선 시스템에 등록되어 사용할 수 있다.

핸드오프hand off 또는 핸드오버hand over 기술은 이동단말기가 이동 중에도 셀·섹터 간 통화 연속성을 보장하는 서비스를 의미하며, 일반적으로 수신 신호의 세기가 -100dBm보다 적은 경우에 사용된다. 기본적인 핸드오프 방식에는 hard H/O, soft H/O, softer H/O 등이 있으며, 향상된 기술로는 access H/O, enhanced H/O, enhanced soft H/O 등이 있다.

2.3 전파 손실 제거 방안

이동단말이 기지국의 서비스 범위를 벗어나거나 건물 및 터널 등 전파 전달이 어려운 음영 지역으로 이동할 때 전파 손실이 발생하게 된다. 이러한 전파 손실은 이동통신 서비스의 품질과 연관되기 때문에 이에 대한 전파 손실 제거 방안이 필요하다.

다음 그림은 이동통신에서 발생할 수 있는 여러 전파 손실을 보여주는 것으로, 전파 손실에는 크게 자유공간 손실, 평면대지 손실, 지형지물 손실, 그리고 건물 등과 같은 음영 지역의 손실 등이 있다.

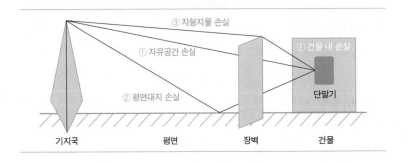

자유공간 전파 손실은 전자파가 자유공간에서 퍼져나가면서 전자파 에너지의 흡수·산란으로 신호의 세기가 점점 약해지는 전자파 복사 손실을 의미한다. 평면대지 전파 손실은 피코셀pico cell에 적용되며, 직접 전달되는 전파와 지면에 반사된 전파가 합쳐져 발생하는 것을 의미한다. 지형지물에 의한 손실은 UHF 대역(300M~3GHz)에서 산악이나 건물의 뾰족한 부분에서 발생하는 것이다. 이러한 외부 손실을 제어하는 방법으로는 전력 제어를 통해 송수신 전파 강도를 보장하거나 기지국을 재배치해 전파 구성을 효율화하는 방법, 다이버시티를 통해 수신 품질을 개선하는 방법 등이 있다.

그 밖에 실내 환경은 분산된 이동체의 밀도가 높고, 벽은 반사와 격리가 되는 특징이 있어 전파 환경이 매우 복잡한데, 이 때문에 페이딩, 지연 확산, 채널 간섭, 손실이 발생한다. 이런 경우에는 기지국을 재배치하거나 실내 안테나를 설치해 수신 품질을 개선한다.

2.4 주파수 이용률 극대화 방안

이동통신은 가용 주파수 대역 및 사용 범위가 제한되어 있기 때문에 주어진 주파수 대역에서 동시 여러 단말의 이동통신 서비스를 제공하는 데 한계가 많이 발생한다. 이러한 문제를 해결하기 위해 주파수 이용률을 극대화하는 방안이 필요하며, 세부적인 기술에는 다원접속 방법, 셀 분할, 주파수 재사용, 주파수 대역확산 등이 있다. 먼저, **다원접속 방법**은 동시에 여러 가입자가 주파수를 사용할 수 있도록 하는 기술로, 종류에는 FDMA(주파수 분할), TDMA(시 분할), CDMA(코드 분할), OFDMAOrthogonal Frequency Division Multiple Access(주파수 직교 분할), NOMANon-Orthogonal Multiple Access(비직교 분할)가 있다. CDMA 방식은 다수의 사용자가 하나의 광대역 주파수(1.25MHz, 3G WCDMA-5MHz)를 사용해 서로 다른 확산부호에 따라 사용자를 구분하며, 4G 기술에 활용되는 OFDMA 방식은 고속의 협대역 직교성이 있는 여러 부반송파를 병렬 전송해 다원접속하는 방식이다. 5G(IMT- 2020)에는 NOMA 방식이 채택되었다.

구분	FDMA	TDMA	CDMA	OFDMA
분할 개념	- 주파수	- 타임 슬롯	- 주파수와 직교하는 코드	- 직교 주파수
수용 가입자	- 적음(기준)	- 많음(3~8배)	- 큼(10~20배)	- 큼(20배 이상)
시스템 복잡도	- 간단	- 보통	- 복잡	- 복잡
사용 에	- AMPS	- GSM	- IS95A/B, IMT2000, - WCDMA	- 4G(LTE, WIMAX)
장점	- 동기 기술 불필요	- 상호 변조 불필요 - 스펙트럼 효율 높음	- 가입자 용량 큼 - 다중경로 페이딩에 강함 - 넓은 주파수 대역을 확보할 수 있음	- 부호·채널 간섭 적음 - 임펄스 잡음에 강함 - 고속 신호 처리
단점	- 기지국 장치 큼 - 전력 소모 큼 - 스펙트럼 효율 떨어짐	- 기지국과 항상 송신하는 동기화 기술 필요	- 장치 복잡	- 장치 복잡 - 전력 소모 큼

두 번째, 셀 분할 방식은 가입자 수의 증가로 하나의 셀에서 서비스받을 수 있는 최대 가입자 수를 초과할 경우에 작은 크기의 셀로 분할하는 것이다. 주파수 이용률을 늘리기 위해 셀을 120도 또는 60도 간격으로 섹터화하는데, 120도로 섹터화하는 것이 일반적이다. 최근 네트워크 용량 증대 및 매크로 로드 분산을 목적으로 도입되고 있는 small cell 분할 방식 기술로는 SON Self Organization Network, CoMP Coordinated Multi-Point, small cell on/off 기술 등이 있으며, 여러 종류의 small cell들이 기존 매크로 네트워크와 같이 혼합되어 이용되는 이종 간 네트워크를 HetNet Heterogeneous Network이라 한다.

구분	메가셀 (Mega cell)	매크로셀 (Macro cell)	마이크로셀 (Micro cell)	피코셀 (Pico cell)
영역	- 국제 간 통신 - 100~500km	- 시외 간 통신 - ~35km	- 시내 간 통신 - ~1km	- 실내 간 통신 - ~50m
이용 통신		- AMPS	- Digital cellular	- 2.5G/PCS
적용 지역	- 넓은 지역	- 교외 지역	- 통화 밀집	- 건물 밀집

세 번째, 주파수 재사용 방식은 분할된 셀 간에 한번 사용된 주파수 채널을 일정하게 떨어진 지역에 재사용하는 것으로, 동일 채널 간섭 영향을 고려해 설계해야 한다. 주파수 재사용 거리가 증가할수록 동일 채널 간섭이 배제될 가능성이 크나, 주파수 효율은 떨어지는 것이 특징이다.

2.5 주파수 대역확산 기술

현재 주어진 주파수 및 신호의 한계를 더 넓은 대역으로 확장해 효율을 높이는 스펙트럼 확산 방식이 있다. 이는 주파수 효율을 극대화하는 앞서 설명한 여러 방안 중 하나이다. 대역확산은 한정된 주파수 자원을 효율적으로 사용할 수 있도록 정보 신호 스펙트럼을 넓은 주파수 대역으로 확산시켜 전송함으로써 주위 간섭을 줄이고, 타 시스템과의 방해를 줄이는 효과가 있다. 대역확산 통신 방식은 무선 채널을 통해 전송되는 정보를 중간에서 수신하는 것을 방지하고, 전송 도중에 악의적인 전파방해jamming로부터 간섭을 제거하기 위해 군 통신용으로 개발되었다.

CDMA에서는 동일한 주파수와 시간에 직교 관계에 있는 코드를 부여해 더 많은 가입자를 수용하는 방식으로, 필요 정보량(채널 용량)은 한층 넓은 대역으로 신호를 확장함으로써 그 효율을 높이는 것이다. 데이터에 확산부호spread code를 추가해 확산 신호로 보내고, 수신 쪽에서 동일한 확산부호를 제거해 본래의 데이터를 만드는 것이다. 이러한 확산spreading과 역확산 de-spreading을 반복해 외부 간섭에 강한 특성을 띠게 된다.

주요 스펙트럼 확산 방식에는 직접확산 방식, 주파수 도약 방식, 시간 도약 방식, 처프 변조 방식, 혼합 방식 등이 있다.

 키포인트
대역확산 방식은 주파수의 효율적 사용을 위한 무선통신의 기술로서 주로 사용되는 기술 중 하나이며, 3세대 이동통신망인 IMT2000뿐만 아니라, HSDPA 및 4G, 5G 이동통신에서도 동일한 방식으로 채택된 고속 무선통신의 기본 개념이다.

첫 번째, 직접확산 방식DSSS: Direct Sequence Spread Spectrum은 송신 측에서는 데이터로 변조된 반송파를 직접 고속의 확산부호를 이용해 전송 대역을 확산시켜(백색잡음과 같은 형태로 만듦) 전송하고, 수신 측에서는 송신 측에서 사용했던 확산부호와 동기화되고 동일한 역확산부호를 이용해 원래의 스펙트럼 대역으로 환원시킨 다음 복조하는 것이다.

직접확산 방식은 확산부호로 PNPseudo Noise 부호를 사용하기 때문에 직접확산을 PN sequence라고도 한다. 직접확산 방식의 데이터 변조 방식으로는 주로 PSK 방식이 사용된다.

직접확산 방식

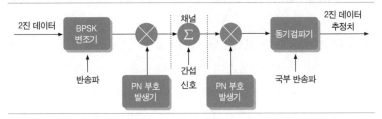

데이터로 변조된 반송파를 PN 부호로 변조하는 것은 시간 영역에서 두 시간 함수의 곱으로 이루어진다. 주파수 영역에서는 데이터로 변조된 반송파의 스펙트럼과 PN 부호의 스펙트럼과의 컨볼루션convolution 결과는 PN 부호와 같은 스펙트럼을 갖게 된다. PN 부호가 확산의 역할을 수행하므로 PN 부호를 확산부호라고도 한다. 보안성이 높고, 교란전력을 넓은 주파수 대역으로 확산시키기 때문에 간섭을 줄여 전파 방해에 강하며, 다중경로 페이딩에 강하다는 장점이 있다. 반면에 수신기에서 부호 동기를 포착하는 시간이 길고, 원근 간에 간섭near-and-far interference이 발생하는 단점도 있다.

주파수 도약 방식FHSS: Frequency Hopping Spread Spectrum은 송신 측에서는 데이터로 변조된 반송파를 시간에 따라 계속 변화하는 주파수 합성기frequency synthesizer의 출력신호와 곱해서 반송파의 주파수를 다른 주파수 대역으로 도약시켜 전송하는 것이다. 주파수 도약 방식의 데이터 변조 방식으로는 주로 M진 FSK가 사용된다(PSK도 사용 가능).

주파수 도약 방식

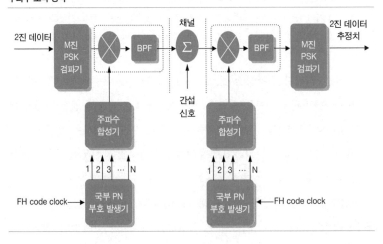

주파수 도약 방식은 수신기에서 부호 동기를 포착하는 시간이 짧고, 접근단 간섭이 발생하지 않는 것이 장점이다. 또한 빈번하거나 강한 교란이 생기는 주파수를 피할 수 있고, 약한 주파수를 증가시켜 스펙트럼 확산을 하는 데 용이하며, 직접확산보다 넓은 주파수 대역에 걸쳐 주파수 도약이 가능하다. 반면에 단점으로는 hit 간섭이 발생한다는 것인데, 이를 해결하기 위해서는 에러 정정 부호를 사용해야 하며, 복잡한 주파수 합성기를 사용해야 한다.

Hit
둘 이상의 사용자가 동시에 동일한 주파수를 사용하게 될 때 발생하는 간섭

주파수 도약 방식이 PN 부호 발생기의 2원 부호에 의해 결정되는 주파수 합성기의 출력을 가지고 데이터로 변조된 반송파의 중심 주파수를 불규칙하게 변동시키는 것인 데 반해, 시간 도약 방식THSS: Time Hopping Spread Spectrum은 PN 부호 발생기의 이진 출력에 의해 선택된 특정 타임 슬롯 동안 데이터로 변조된 반송파를 연집burst 형태로 송출하는 것이다. 일반적으로 DS 방식이나 FH 방식처럼 독자적으로 사용하지 않고 다른 방식과 함께 사용하게 된다. 또한 PN 동기 획득에 걸리는 시간이 짧은 것이 특징이다.

그 외에 처프 변조 방식CM: Chirp Modulation이 있는데, 이는 선형 주파수 특성을 이용해 반송파를 대역확산을 하는 것으로, 특히 스펙트럼 확산 신호를 처프 신호라 한다. 처프 신호만으로는 개별 부호를 얻기 어려워 보통 다른 부호와 조합해 사용한다. 처프 신호는 원래 레이더의 거리 분해 능력을 향상시킬 목적으로 사용했으나, 통신 시스템에도 사용한다.

이처럼 대역확산 방식은 통신로(자연매개물)상에서 발생하는 잡음 및 전파방해를 방지하고, 자원을 효율적으로 활용하기 위한 방안으로 사용되는데, 특히 CDMA 방식에서는 직접확산 방식과 주파수 도약 방식이 주로 사용된다. 3세대 이동통신망인 IMT2000, HSDPA High Speed Downlink Packet Access 및 4G 이동통신뿐만 아니라, 5G 이동통신에서도 대역확산 방식을 사용하게 될 것으로 예상된다.

3 이동통신의 발전 방향

3.1 기술 흐름

현재 이동통신 기술은 1996년 상용화 이후 사용해오던 동기식 CDMA 방식에서 비동기식 CDMA로 바뀌었고, 3.5G로 분류되는 HSDPA·HSUPA 기술 및 WiBro 기술을 거쳐 3GPPP release 8 표준 기반의 LTE, LTE-A의 release 14 4G 이동통신망으로 진화했다. LTE 보급과 함께 실감형 비디오 스트리밍 데이터의 증가로 모바일 데이터가 폭발적 증가했으며, 현재는 3GPP의 release 15 5G IMT-2020 이동통신 기술의 표준화가 진행 중이다.

3.2 패러다임 변화

1990년대 중반까지 1G 이동통신은 아날로그 방식 기술로, 음성 위주의 서비스를 위한 200~900MHz 대역의 주파수를 사용해 10Kbps의 속도로 제공되었다.

1990년대 후반부터 시작된 2G 이동통신은 디지털 이동통신 기술이 도입되어 다중접속 방식에 따라 미국과 한국의 동기화 방식, 유럽의 비동기 방식으로 양분되었다. 이때부터 음성과 데이터의 혼합 통신이 가능했다.

2000년 초반부터는 10Mbps 이상의 전송 속도를 제공하는 3G 이동통신이 보급되었다. 3G 이동통신은 3GPP 3G Partnership Project의 WCDMA Wideband Code Division Multiplex Access 계열과 3GPP2의 CDMA2000 계열로 양분되었는데, 국내에서는 이때부터 비동기 방식이 채택되었다. 3G 이동통신에서부터 음성 서비스보다는 데이터 서비스 사용량이 급증했다.

3G 이동통신 이후 사용자의 데이터 속도 요구 사항이 높아지면서 수십 Mbps의 고속 데이터 전송이 가능한 4G 이동통신이 제공되기 시작했다. LTE는 이론상 최대 전송 속도가 하향 100Mbps 이하, 상향 150Mbps인데, LTE-A 기술은 최대 전송 속도가 이보다 훨씬 향상된 1Gbps 이상이다. 4G 이동통신은 3GPP에서 진행된 LTE 계열과 IEEE 802.16에서 진행된 WiMAX 16계열로 양분되었다. LTE는 3.9G로 분류되고, LTE에서 진화된 기술인 LTE-A가 4G 기술로 규정되어 이동통신 서비스로 보급되고 있다.

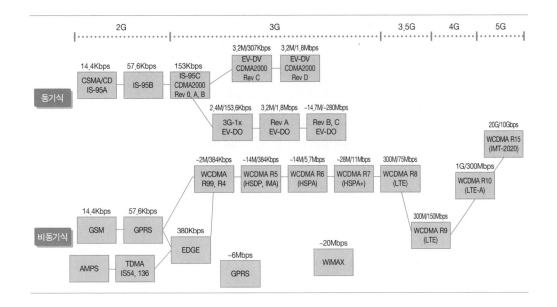

5G(ITU-R의 승인 용어는 IMT-2020)는 최고 전송 속도 20Gbps(downlink)/ 10Gbps(uplink)와 더불어, 이동 속도 최고 500km/h에서 eMBB enhanced Mobile Broadband, URLLC Ultra-Reliable Low Latency Communications, MIoT Massive Internet of Things 서비스를 제공하는 것을 요구 사항으로 하여 표준화가 진행 중이다.

4 이동통신의 발전 전망 및 의견

4.1 동향 및 전망

이동통신 서비스 사용량은 스마트폰, 스마트패드 등의 보급 및 동영상 미디어 스트리밍 사용량의 폭발적인 증가로 연간 2배 이상 증대하고 있으며, 2020년에는 2010년 대비 1000배 이상이 될 것으로 예상된다. 모바일 트래픽의 급격한 증가로 서비스 사업자의 부담이 점차 가중되고 있다.

국내에서도 010 번호 통합 및 스마트폰 보급을 계기로 이동통신이 3.5G 또는 4G로 빠르게 이동했고, 2G 서비스는 2013년에 막을 내렸다. 현재 4G 표준화에서는 WCDMA 계열이 LTE를 기반으로 가장 앞서나가고 있는데, 국내 토종 기술인 WiBro는 LTE에 밀려 서비스가 점점 축소되고 있으며

2019년 정부는 WiBro 사용 주파수인 2.3GHz 대역을 회수할 예정이다. 사실상 3GPP의 LTE 계열이 LET-A 및 5G IMT-2020 이동통신에서도 강세를 보일 것으로 전망된다.

향후 이동단말은 WPAN, LTE, Wi-Fi 등 다양한 통신 모듈을 하나의 단말기에서 사용할 수 있는 멀티 단말 형태일 것이며, 주위에 있는 최적화된 통신 방식을 능동적으로 유연성 있게 선택해 끊김 없는 서비스와 개인별 미디어 스트리밍 서비스가 더욱 증가할 것으로 전망된다. 또한 스마트폰 이후 새로운 통신 서비스와 새로운 단말기(스마트글래스, 스마트워치 등)가 대중적으로 보급될 것으로 보인다.

4.2 IMT-2020 이동통신 기술 전망

5G의 ITU-R 공식 승인 용어는 IMT-2020으로, 기존 이동통신보다 더욱 향상된 성능과 용량을 제공하기 위해 더 넓은 주파수 대역 사용과 커버리지 영역 확대 등이 예상된다. 또한 망 구성 및 무선 전송 기술의 발전뿐만 아니라 서비스 품질 향상을 위해 M2M Machine to Machine 기술, 네트워크 트래픽 절감을 위해 3GPP release 12부터 포함된 D2D Device to Device 기술로 나뉘어 발전할 것으로 보인다. IMT-2020은 최고 전송 속도 DL 20Gbps, UL 10Gbps와 더불어, 이동 속도 최고 500km/h에서 대표 서비스인 eMBB, URLLC, MIoT를 지원하는 것을 목표로 표준화가 진행 중이며, 이에 따라 현재 4G 이동통신에서 사용되는 MIMO 기술, OFDM, SON Self Organization Network, DC Dual Connectivity, network slicing 기술 등을 더욱 발전시키는 한편, HetNet Heterogeneous Network 기술로 다양한 셀 구성(macro cell, small cell, pico cell 등)을 통해 커버리지 보완 및 확대에 대응할 것이다. 기존 LTE 대비 1000배 더 큰 용량의 데이터 전송률을 제공하기 위해 주파수 대역은 최대 1GHz를 사용할 것으로 보이며, SHF Super High Frequency 또는 EHF Extremely High Frequency 주파수 대역이 후보가 되어 기술 적용이 진행되고 있다.

또한 주변 사물을 네트워크로 연결해 언제 어디서든 필요한 정보를 주고받을 있는 M2M 또는 사물인터넷 IoT: Internet of Things 기술이 앞으로 더욱 발전할 것으로 전망된다. 한편 사물지능통신 기술은 사람의 직접적 조작이나 개입 없이 사물과 사물이 서로 데이터통신을 수행하는 것으로, IEEE 802.15p

그룹 등에서 표준화 작업이 진행 중이다.

증가하는 데이터 트래픽을 제어하려면 기존 네트워크 인프라를 거치지 않고 디바이스 간에 직접 통신이 가능한 D2D 기술이 활성화될 것으로 전망된다. 또한 단말 이동통신 서비스의 용량 증가가 예상되며, 기지국의 과부하를 줄이는 방법으로 표준화가 진행될 것이다.

4.3 국내 동향

국내는 4세대망으로 진화하면서 스마트 기기의 보급으로 WCDMA망의 장점인 대용량 전송 속도를 살릴 수 있는 멀티미디어 스트리밍 서비스를 위해 가용 대역폭을 하나의 물리적 네트워크를 서로 다른 특성의 서비스에 대해 논리적으로 분리하는 network slicing 기술 등을 통해서 지속적으로 LTE-A 서비스를 진화·발전시켜오고 있으며, 4G 이동통신의 원천 기술 개발을 지속적으로 진행하고 있다.

이와 함께 산업체를 중심으로 5G 이동통신에 대한 표준화 및 기술 연구가 진행되고 있으며, HetNet 기술, CA Carrier Aggregation 기술, massive MIMO 기술, FBMC Filter Bank Multi Carrier 기술, IBFD In Band Full Duplex 기술, 30GHz 이상의 밀리미터파 mmWave 대역의 multipath 환경에서 주파수 이용에 대한 기술 개발 및 표준화도 진행되고 있다.

FBMC
5G 무선접속 기술로 부반송파의 직교성을 높이기 위한 기술

IBFD
5G Duplex 기술

참고자료
삼성 SDS 기술사회. 2007. 『핵심정보기술총서 1: 컴퓨터 구조·네트워크』. 한울.
위키피디아(www.wikipedia.org).
이상민. 2009. 「4G 기술, 무선통신사업의 대변화 예고」. LG경제연구원. ≪LG Business Insight≫, 2009.6.10.
이현우. 2009. 「4세대 이동통신 개요 및 동향」. ≪월간 전자부품≫, 2009년 7월호.
정보통신산업진흥원(itfind.or.kr).
한국정보통신기술협회(www.tta.or.kr).

기출문제
108회 정보통신 5G 이동통신 서비스를 도입하고자 할 때 현재 4G 네트워크가 가지는 한계점에 대하여 서술하시오. (25점)

105회 정보통신 5G 이동통신의 기술적 목표 다섯 가지와 이를 구현하기 위한 해당 무선통신 후보 기술에 대하여 기술하시오. (25점)

104회 정보통신 5G 이동통신에서 FBMC(Filter Bank Multicarrier) 전송 기술에 대하여 설명하시오. (25점)

98회 정보통신 LTE와 LTE-Advanced(4G) 이동통신의 차이점을 기술하고, 차세대 이동통신(5G) 기술 동향에 대해 설명하시오. (25점)

96회 정보통신 이동통신에서 동일채널 간섭과 타 채널 간섭에 대해 기술하고, 채널 간섭 경감 대책을 설명하시오. (25점)

96회 정보통신 무선통신 시스템에서 다원접속의 종류별 개요 및 특징을 기술하고, 상호 비교 설명하시오. (25점)

95회 정보통신 이동통신망의 데이터 고속화에 따른 주요 문제점과 해결 방안에 대해 설명하시오. (25점)

93회 정보통신 이동통신 신호의 전파 특성을 경로 손실과 다중경로 페이딩으로 나누어 설명하고 이동통신 서비스 구축을 위한 cell planning을 기술하시오. (25점)

92회 정보통신 4G 이동통신 핵심 기술을 설명하고, WiMAX와 LTE를 비교 설명하시오. (25점)

92회 정보통신 IS-95 CDMA 이동전화 시스템에서 무선망 최적화 수행 방법에 대해 설명하시오. (25점)

89회 정보통신 핸드오버와 로밍을 비교 설명하시오. (10점)

89회 정보통신 이동통신에서 발생할 수 있는 페이딩의 종류와 방지 대책에 대하여 설명하시오. (25점)

89회 정보통신 차세대 이동통신 기술인 LTE에 대하여 설명하시오. (25점)

87회 정보통신 이동통신 시스템의 전력 제어에 대하여 설명하시오. (25점)

86회 정보통신 IMT-advanced 서비스 구현을 위한 기술 이슈를 설명하시오. (25점)

84회 정보통신 4G 이동통신 기술에서 주파수 대역을 효율적으로 사용하기 위한 핵심 기술에 대해 설명하시오. (25점)

83회 정보통신 정보통신에서 이용되고 있는 스펙트럼 확산(spread spectrum) 방식의 종류별 내용을 설명하시오. (25점)

81회 정보관리 차세대 이동통신 종류와 특징에 대해 설명하시오. (10점)

C-6

최신 무선이동통신(LTE)

──

최근 스마트폰, 스마트패드, 스마트워치 및 구글 글래스 등 다양한 스마트 기기의 폭발적 보급과 함께 이동통신 단말 사용자의 데이터 요구량도 빠르게 늘고 있다. 이에 대응하기 위해 이동통신 서비스 업계에서는 대용량·고속 서비스가 가능한 LTE 서비스를 보급해왔다. 한편 이동통신의 무선 데이터 서비스는 LTE 및 LTE-A로 진화했을 뿐만 아니라 LTE 기술에서 음성 서비스를 제공하는 VoLTE로도 발전했다. 이처럼 음성 위주 서비스로 시작된 이동통신은 데이터 전송뿐만 아니라 고품질 음성 서비스를 제공하는 방향으로 계속 진화하고 있으며, 최근에는 IMT-2020 표준화 작업을 통해 다음 세대를 준비하고 있다.

1 이동통신의 무선 데이터망 개요

최근 스마트폰과 스마트패드를 비롯해 스마트워치, 구글 글래스 등 다양한 스마트 기기가 폭발적으로 보급되면서 이동통신 단말 사용자의 데이터 요구량도 빠르게 늘고 있다. 이에 대응하기 위해 이동통신 서비스 업계에서는 대용량·고속 서비스가 가능한 LTE 서비스를 보급해왔다.

국내에서 이동통신 기술은 1996년에 상용화된 이후 동기식 CDMA 방식을 통해 음성 위주로 서비스가 제공되었으며, 이후 2G 이동통신에서는 음성·데이터가 함께 제공되기 시작했고, 3G 이동통신부터는 대용량 데이터 전송이 가능해지는 등 비약적인 발전이 이루어졌다. 이후 3.5G로 분류되는 HSDPA·HSUPA 기술 및 WiBro 기술을 거쳐 현재 LTE, LTE-A 등 4G 이동통신 시장이 보편화되었고, 비디오 스트리밍 서비스 등 데이터 사용량이 급증하는 추세에 발맞춰 5G 이동통신 기술의 표준화가 진행되고 있다.

한편 이동통신의 무선 데이터 서비스는 LTE 및 LTE-A로의 진화뿐만 아니라, LTE 기술에서 품질에 민감한 기본 음성통화를 무선망에서 IP 기반으로 제공하기 위한 VoLTEVoice over LTE로도 발전했다.

2 무선 데이터망의 진화

2.1 CDMA 무선 데이터망의 진화

CDMA를 기반으로 한 무선 데이터통신은 퀄컴Qualcomm의 CDMA 원천 기술을 한국이 세계 최초로 상용화에 성공하면서 시작했다. 이후 국내에서는 IS95A/B, CDMA2000 1x, CDMA2000 1x EV-DO, EV-DV 등으로 계속해서 발전했다.

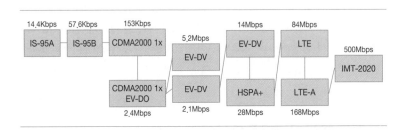

이를 세부적으로 살펴보면 다음과 같다. IS-95A부터 code로 가입자를 구분한 CDMA가 최초로 상용화되었고, IS-95B에서는 회선 교환circuit switching 방식을 사용해 64Kbps의 전송 속도를 제공했다. CDMA2000 1x는 패킷 교환packet switching 방식을 사용한 것이 특징이며, IS95A/B와 같은 1.25MHz의 대역을 사용해 144Kbps의 데이터 속도를 지원했다.

이어진 CDMA2000 1x EV-DO에서는 스트리밍 기술로 동영상 서비스를 이용하는 경우 2.4Mbps의 고속 데이터 서비스가 가능해졌다. EV-DV는 음성·데이터를 단일 칩에서 동시에 지원할 수 있으며, 최대 5.2Mbps의 전송 속도를 지원하면서 데이터 전송의 품질을 보장했다. 또한 3G 이동통신인 IMT2000(WCDMA)에서는 무선 환경에서 멀티미디어 서비스가 가능하도록 양방향 2.1Mbps의 속도를 지원했다.

현재는 HSPAHigh Speed Packet Access, HSPA+를 거쳐 LTE 기술에서 84Mbps 전송 속도를 지원하고, LTE-A에서 168Mbps 전송 속도를 지원하고 있다.

C · 무선통신 기술

구분	IS95A/B	CDMA2001x	1x EV-DV	IMT2000	HSPA+	LTE+
전송 방식	회선	회선·패킷	패킷	패킷	패킷	패킷
전송 속도	14.4/64Kbps	144Kbps	5.2Mbps	2.1Mbps	28Mbps	168Mbps
제공 트래픽	음성	음성 기반 데이터 지원	음성·데이터	음성·데이터	음성·데이터	데이터 기반 음성 지원

2.2 GSM 무선 데이터망의 진화

비동기식인 GSM의 무선 데이터망은 전 세계적으로 가장 대중화된 디지털 셀룰러 표준이다. HSCD, GPRS, EDGE, WCDMA로 발전하고 있으며, 그 중 WCDMA는 TDMA에서 CDMA로 전송 방식을 바꾼 것이다. 기술의 진화 과정과 특징은 다음과 같다.

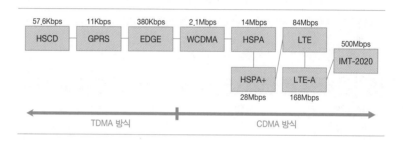

HSCD High Speed Circuit Switched Data 는 회선 교환 방식을 사용하며 57.6Kbps 의 속도로 메일 중심 서비스를 제공했다. GPRS General Packet Radio Service 부터 는 패킷 교환 방식을 사용했으며, 11Kbps의 전송 속도를 지원했다. GPRS 의 상위 버전인 EDGE Enhanced Data rate for the GSM Evolution 는 380Kbps의 전송 속도를 제공했으며, WCDMA부터는 TDMA의 GSM 방식에서 CDMA로 변경하여 2.1Mbps의 데이터 전송 속도를 지원했다.

3 3G 이동통신의 무선 데이터

3.1 3G 이동통신의 특징

3G 이동통신은 IMT2000이라는 명칭으로 2000년 초반 TDMA와 CDMA로

양분된 전 세계 이동통신을 통합하고 2Mbps급 전송 속도를 제공하기 위한 이동통신 서비스로 각광을 받았다. 서로 다른 통신 방식을 사용하던 나라로의 해외 로밍이 가능해지는 등 현재의 이동통신이 통합되는 최초의 시도였으며, 오늘날과 같은 이동통신의 폭발적 발전의 계기가 되었다.

3G 이동통신에서는 직접확산 방식DSSS이 사용되며, 3GPP의 WCDMA 표준이 주로 사용되었다. WCDMA는 5MHz 대역폭 및 비동기 방식을 채택했다. 동기 방식의 기지국 구분용 PN 코드를 이용해 기지국을 구분한 후 이 PN 코드를 이용해 스크램블된 코드를 활용하여 동기화를 수행한다. 데이터 전송 속도 개선이 주요 목적인 WCDMA에서는 다양한 전송 속도 할당을 위해 확산 속도 계수의 할당에 따라 속도를 가변한다. 속도 가변을 위한 세부적인 방법으로는 채널 간 구분 신호로 사용되는 월시코드Walsh code의 길이가 변화하는 OVSFOthogonal Variable Spread Factor 기법이 사용된다.

다른 한편으로 3GPP2의 CDMA2000 표준화 계열은 1.25MHz 대역폭 및 동기 방식을 채택했다.

구분	WCDMA	CDMA2000 1x EV-DO
반송파 간격	5MHz	1.25MHz
chip 속도	3.84Mcps	3.6864Mcps(1.2288Mcps×3)
동기화 방식	자체 동기	GPS
전송 속도(상/하)	HSPA+ 기준 28Mbps/11.5Mbps	Rev B 기준(반송파 3개) 9.3/5.4Mbps
무선 자원 관리	QoS 제공	없음
국제 로밍	용이	약간 복잡

3G 이동통신의 핵심 기술인 HSDPAHigh Speed Downlink Packet Access는 WCDMA에서 발전된 기술이며, 하향 링크의 전송 속도 개선을 위해 추가된 표준으로 3GPP release 5 표준화 규격을 발표했다. 기존의 전송 채널과는 다른 HS-DSCHHigh Speed Downlink Speed Channel라는 패킷 전용 채널을 도입해 최대 전송 속도를 14Mbps급으로 개선한 것이 특징이다.

HSUPAHigh Speed Uplink Packet Access 또는 HSPA+기술은 상향 링크uplink 전송 속도를 개선하기 위해 E-DCH 채널을 추가하여 최대 전송 속도 5.76Mbps를 지원한다. HSPA+는 LTE와 함께 4G 이동통신의 대역폭 요구 사항을 완벽히 만족시키지 않아 3.9G 이동통신이라고도 한다.

3.2 HSDPA와 WiBro 기술 비교

구분	HSDPA	WiBro
기반 기술	- 음성 중심에 부가적으로 데이터 서비스 제공	- 고속 데이터 전송에 가장 효율적인 IP 기반 전송 기술 채택(OFDMA 등)
시스템 효율성	- 가격 경쟁력 낮음 - 음성과 패킷 교환 구조 - QoS 보장으로 가격 높음	- 낮은 전송 효율 및 원가 - 광대역화 및 IP 기반 망 - QoS 보장 어려움
단말기	- 휴대전화 중심	- 휴대전화, 스마트폰, PDA 등
서비스	- 음성 중심, 중·저속 데이터	- VoD, AoD, 웹 브라우징
커버리지	- 전국	- 도심지 중심(84개 도심)
대역폭	- 5MHz	- 10MHz
최고 속도	- 상향 2Mbps/하향 14.4Mbps	- 상향 6.1Mbps/하향 18.4Mbps
이동 속도	- 250km/Hr 이상	- 60km/Hr 이상
요금제	- 종량제	- 정액제, 부분 정액제

키포인트

USIM(Universal Subscriber Identify Module) WCDMA에서 보급된 가장 근본적인 차이점은 USIM 카드의 사용이다. USIM 카드는 금융·인증·전자상거래·로밍 등의 다양한 기능을 한 장의 카드에 구현한 것이다. USIM 카드는 단말기를 자유롭게 교체하면서 사용할 수 있다는 장점이 있다.

3.3 3G 이동통신의 요소 기술

3G 이동통신의 무선 데이터 전송을 제공하기 위한 요소 기술로는 AMC, H-ARQ, 노드 B 스케줄링 등이 있다.

HSDPA의 핵심 기술

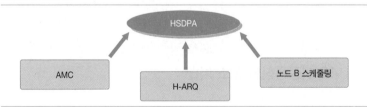

이동통신에서는 신호의 경로 손실과 페이딩 특성으로 인한 상태 변화가 매우 크다. 이러한 다양한 무선 환경의 변화에 대응하기 위해 적용된 기술이 AMCAdaptive Modulation and Coding이다. AMC는 무선 상태에 따라 부호율과 변조 기법(QPSK와 16QAM)을 변화시켜 데이터 전송 속도와 QoS 등을 가변적으로 할당한다. 한편 H-ARQHybrid Automatic Repeat Request 기술은 물리 계층의 채널 제어와 데이터 링크 계층의 ARQ를 혼용한 복합 제어 기법을 사용한 것이며, 노드 B 스케줄링 방식은 무선접속망의 RNCRadio Network Controller에서 RRCRadio Resource Control를 시행하던 것을 하단인 노드 B로 스케줄링 기능을 이전하고, 데이터 전송 단위를 기존 10ms에서 2ms로 변화시켜 데이터 전송의 효율을 향상시킨 것이다.

4 4G 이동통신 기술

4.1 4G 이동통신의 특징

정지 상태에서 1Gbps, 시속 60km 이상 고속 이동 시에도 100Mbps의 속도로 데이터를 전송할 수 있도록 개발된 4G 이동통신은 원래 공식 명칭이 IMT-Advanced였다. 4G 통신은 음성·데이터 외에도 방송 데이터의 멀티미디어 스트리밍 서비스도 제공할 수 있게 되었다.

4G 이동통신 표준은 3GPP의 LTE, 802.16m(mobile WiMAX), 퀄컴의 UMBUltra Mobile Broadband가 경쟁했으나, 이 중 LTE가 현재 시장에 가장 널리 보급되고 있다.

구분	LTE-A	UMB	WiBro-Evolution
개요	GSM·WCDMA 계열	CDMA 계열	WiMAX·WiBro 계열
주요 국가(업체)	유럽 국가(노키아)	미국(퀄컴)	한국(삼성전자)·미국·일본
전송 방식	OFDMA	OFDMA	OFDMA

4.2 4G 이동통신의 요소 기술

4G 이동통신에서 적용된 요소 기술로는 OFDM, MIMO 방식 등이 있다. 먼저 OFDMAOrthogonal Frequency Division Multiple Access는 복수의 반송파 사용으로 네트워크의 고속화를 실현하는 기술이다. 반송파의 제로 점에 새로운 반송파를 반복적으로 넣음으로써 전송 속도를 높인다.

MIMO Multiple Input, Multiple Output 는 복수의 안테나를 사용해 네트워크의 고속화를 실현하는 안테나 기술이다. 일반적으로 무선통신에서는 주어진 채널에 얼마나 많은 데이터를 실어 보낼 것인지가 매우 중요하다. 무선통신 이론(채널 코딩 이론)에 따르면, 채널이 많으면 많은 데이터를 보낼 수 있다. 이를 이용한 MIMO는 기지국과 단말기에 여러 안테나를 사용하여, 사용된 안테나 수에 비례해 용량을 높이는 기술이다. 즉, 실제 사용하는 물리적인 주파수 대역보다 전송 속도를 높이기 위해 송신 단과 수신 단에 여러 개의 안테나를 사용하여 동시에 여러 데이터를 송수신할 수 있다. 여기서 기지국은 송신 단을, 단말기는 수신 단을 의미한다. 예를 들면 기지국에 M개, 단말기에 N 개를 설치할 경우 $\min(M, N)$만큼 평균 전송 용량이 늘어난다. 안테나 기술 중 송수신 유형에 따라 MIMO Multiple Input, Multiple Output, MISO Multiple Input, Single Output, SIMO Single, Input Multiple Output, SISO Single Input, Single Output 등으로 구분된다. N=1로 기지국에만 여러 개 안테나를 사용하는 경우를 MISO라고 하며, M=1로 단말기에만 여러 개 안테나를 사용하는 경우를 SIMO라고 한다. 그리고 (M, N)=(1, 1)인 경우를 SISO라 한다.

이 중 MIMO 기술은 송신 단과 수신 단 모두에 해당되는 것으로, 다중 채널 전송의 단점을 보완한다. 현재 MIMO 기술은 무선 LAN의 IEEE 802.11n 표준에 적용되고 있으며, 4G 이동통신의 표준화 기술인 WiMAX와 LTE에서도 동일하게 사용된다. 다음은 LTE 주요 기술의 진화 과정이다.

LTE 주요 기술

LTE	LTE-ADV.	LTE-ADV.	LTE-ADV.	LTE-ADV.	LTE-ADV.
- 4×4 MIMO	- CA	- DL COMP	- D2D	- DC	- V2X
- 64QAM	- eICIC	- FeICIC	- FDD-TDD	- LAA	- eLAA
	- HetNet			- NB-IoT	- 64QAM
	- 8×8 MIMO			- CAT-M	
				- FD MIMO	
Rel. 8/9	Rel. 10	Rel. 11	Rel. 12	Rel. 13	Rel. 14

4.3 LTE Long-Term Evolution

LTE는 4G 이동통신 이전에 무선 데이터를 전송하기 위한 통신 규격으로 3GPP 기구에서 2008년 12월에 확장한 고속 데이터 패킷 접속 규격인 release 8을 기반으로 한다. 3G 이동통신 기술에 비해 전송 속도 및 효율성이 대폭 증가함으로써 망 성능을 개선하고 전송 지연을 최소화한 것이 장점이다. 핵심 요소 기술로 OFDM, MIMO 방식을 사용해 하향 84Mbps의 속도를 제공한다. HSPA+와 함께 3.9G 이동통신으로 분류된다.

현재 LTE는 20MHz 대역폭을 기준으로 최대 속도가 하향 100Mbps, 상향 50Mbps 이하이며, 접속 방식으로 하향 링크는 OFDM, 상향 링크는 SC-FDMA/DFTS-FDMA를 이용한다. IP 패킷에 대해 10ms 이하의 낮은 전송 지연을 제공하며, ALL-IP 기반의 망 접속이 가능하다.

LTE의 기술적 특징은 단순한 음성 서비스나 모바일을 통한 웹브라우징뿐만 아니라, M2M 및 스마트 기기들의 다양화, 방송 서비스와 같은 미디어 스트리밍의 요구화 등 멀티미디어 서비스에 대한 사용자 요구 증대를 불러왔다.

4.4 LTE-A Long-Term Evolution-Advanced

LTE-A는 2009년 ITU-T에서 4G 이동통신 표준 후보로 제시되었으며, 2011년 3GPP 기구에서 제시한 고속 데이터 패킷 접속 규격인 release 10을 기반으로 표준화되었다. 현재 WCDMA 계열의 4G 이동통신 기술로, LTE의 본래 규격이다.

LTE는 20MHz 대역에서 하향 100Mbps, 상향 50Mbps의 데이터 전송 속도를 지원하는 데 반해, LTE-A는 최대 100MHz 대역에서 하향 1Gbps, 상향 500Mbps의 데이터 전송 속도를 지원한다. LTE-A에서는 피코셀pico cell과 펨토셀femto cell을 포함한 다양한 셀을 지원하며, 빠른 데이터 전송 속도와 높은 QoS 제공을 목표로 하고, 단말 이동 속도와 커버리지를 개선을 진행하고 있다.

LTE-A 기술은 최대 전송 속도를 높이기 위해 CA Carrier Aggregation 기술과 기존 LTE의 MIMO 방식을 사용한다. CA 기술은 20~100MHz 폭의 LTE 주파수를 여러 개 묶어 하나의 주파수처럼 사용함으로써 전송 속도를 높인다. 또한 MIMO 방식을 사용해 LTE에서 4개(하향), 1개(상향)이던 전송 안테나 수를 각각 8개 이상, 4개 이상으로 늘렸다.

국내에서는 2013년 상용화를 시작해, 현재 150Mbps급의 데이터 전송 서비스를 제공하고 있다. 기존 LTE의 전송 속도를 높여 광대역 무선 데이터

펨토셀

1000조 분의 1을 의미하는 펨토(femto)와 이동통신단말기의 통신 기능 범위를 일컫는 셀(cell)의 합성어이다. Wi-Fi와 함께 소규모 지역의 집중 트래픽 발생을 수용할 우회망(대체망)으로 활용된다. Wi-Fi보다 보안이 우수하고, 핸드오버가 가능하며, 전파간섭이 없는 것이 장점이다.

서비스가 가능해진 덕에 방송 등 멀티미디어 스트리밍 서비스도 제공된다. 주요 4G 이동통신 표준 기술을 비교해보면 다음과 같다.

구분	LTE	LTE-A	WiMAX 802.16m(R2.0)
물리 계층	하향: OFDMA 상향: SC-FDMA	하향: OFDMA 상향: SC-FDMA	하향: OFDMA 상향: OFDMA
Duplex 모드	FDD/TDD	FDD/TDD	FDD/TDD
이동 보장 속도	350 km/h	350 km/h	350 km/h
최대 데이터 전송 속도	하향: 302Mbps 상향: 75Mbps	하향: 1Gbps 상향: 300Mbps	하향: 350Mbps 상향: 200Mbps
대기 시간	링크 계층: 5ms 이하 핸드오프: 50ms 이하	링크 계층: 5ms 이하 핸드오프: 50ms 이하	링크 계층: 10ms 이하 핸드오프: 30ms 이하

4.5 WiMAX Advanced

WiMAX 802.16m 기술은 WiMAX의 release 2.0으로 ITU-T의 4G 이동통신 표준 요구 사항에 맞춰 고속 서비스를 제공하기 위해 제안되었다. 이 기술은 이동 시 하향 100Mbps의 속도와 고정 시 1Gbps의 속도를 지원한다. 또한 기존 WiMAX 802.16e 기술과 호환성을 제공하며, 100MHz의 주파수 대역을 지원한다.

WiMAX 포럼은 전 세계 300개 이상의 컴퓨터 제조업체 및 통신 관련 회사들의 연합으로 구성되어 있다. WiMAX 포럼에서 제안한 초기 IEEE 802.16 표준은 고정형 시스템으로서 무선 시스템을 이용하여 광, 케이블, xDSL 링크와 같은 유선통신망과 비교해 좀 더 저렴한 비용으로 넓은 지역을 서비스하기 위한 기술로 정의되었다.

이후 802.16e에서 이동성의 개념이 추가되면서 이동통신의 데이터 서비스가 가능해졌고, mobile WiMAX로 불리게 되었다. 한국에서는 WiBro라는 이름으로 첫 상용 서비스를 제공했다. mobile WiMAX release 1.0은 wave 1, wave 2라는 하위 릴리스를 거치며 개선되었다. 주요 기술로는 OFDMA, MIMO, 스마트 안테나, 셀 간섭 등이 있으며, TDD, FDD, half-duplex FDD를 지원한다.

802.16m로 불리는 'WiMAX2'는 2010년 4월에 확정되었다. WiMAX의 큰 장점은 경쟁 기술인 LTE-A보다 시기적으로 빨리 적용된다는 것이다. 또

한 높은 스펙트럼 효율, VoIP 수용, 1Gbps급 데이터 전송, 향상된 셀 커버리지도 준비 중이다.

802.16m은 현재 상용화 서비스에 적용되고 있는 mobile WiMAX (802.16e) 기술과 하위 호환성을 지녀 기존 사업자들이 새로운 4G 표준으로 업그레이드할 때에도 비교적 적은 비용으로 할 수 있어 통신 사업자의 부담이 줄어든다. 하지만 부정적인 시각도 많아 WiMAX 802.16e의 첫 상용화와 지원에도 불구하고 많은 이동통신 사업자들이 LTE로 전환했고, 관련 서비스가 축소되거나 주파수 활용도 재검토되는 상태이다.

4.6 VoLTE Voice over LTE

VoLTE는 LTE 환경에서 IP 패킷망으로 구성되며 IMS망을 통해 QoS가 보장되는 고품질의 telephony 서비스를 제공하는 것이다.

VoLTE는 고품질의 음성뿐만 아니라 다양한 멀티미디어 서비스를 All-IP망 기반으로 끊김 없는 서비스를 구현한다. 특히 음성 서비스를 데이터 형태로 구현하는 것이 특징이다.

주요 요소 기술로는 IP망에서 멀티미디어 서비스를 제공하기 위한 프로토콜인 IMS IP Multimedia Subsystem 와 SIP Session Initiation Protocol 가 사용된다. IMS는 IP망에서 멀티미디어를 서비스하기 위해 3GPP에서 제안한 네트워크 구조 framework 로, ALL-IP망에서 멀티미디어 세션 제어 및 서비스 제공을 위해 서비스망에 대한 기능 구조와 인터페이스를 규정한다. 사용되는 주요 프로토콜로는 SIP와 diameter, H.248/MEGACO 프로토콜 등이 있다. IMS를 통해 IP망 환경에서 동적인 멀티미디어 서비스를 제공하고, 체계화된 과금 및 ID 체계를 유지하며, 물리적인 통신망 구조와 독립적인 서비스를 제공해 통합적인 유·무선통신 환경을 제공하는 것이 특징이다.

SIP는 IETF에서 정의한 것으로, 음성·화상 통화와 같은 멀티미디어 세션을 제어하기 위해 널리 사용되는 프로토콜이다. 인터넷 기반 회의, 음성 메일, 인스턴트 메시징 등 다양한 멀티미디어 서비스 세션의 생성·수정·종료를 제어하며, TCP와 UDP에 모두 사용할 수 있다. 각 사용자 구분은 IP 주소가 아닌 텍스트 기반의 SIP URL를 사용하기 때문에 구현하기가 쉽고, 다른 프로토콜과 결합해 다양한 서비스 구현이 가능하여 유연성과 확장성도 뛰어난 장점이 있다.

LTE망을 기반으로 고품질 음성통화를 제공하려면 단말기가 LTE를 지원하고, 다양한 서비스망 사업자 간 연동이 가능하며, 다양한 음성 부가 서비스(발신번호 표시, 착신 대기, 영상통화, 통화연결음 등)가 지원되고, 끊김 없는 서비스가 제공되어야 한다. 이를 더욱 원활히 하기 위해 다양한 기술 개발 및 연구가 진행 중이다. 특히 한국은 세계 최초로 VoLTE 서비스를 2012년부터 상용화하여 제공하고 있으나, Mobile-VoIP와의 차별화 실패로 크게 활성화되지는 않은 상황이다.

5 향후 무선이동통신 데이터망

5.1 5G 이동통신

ITU-T 공식 명칭 IMT-2020으로, 20Gbps(DL)/20Gbps(UL), 최대 500km/h에서 eMBB 서비스 등 제공의 요구 사항이 있는 5G는 4G 이동통신보다 향상된 성능 및 용량 수용을 위해 넓은 주파수 대역을 사용하여 기가비트급 전송 속도를 지원하는 것을 목표로 하고 있다. 이를 위해 고주파수 대역 사용, 이기종망을 연동한 HetNet 토폴로지Heterogenous Network topology 기술, D2D 기술, M2M 기술, massive MIMO 기술, network slicing, DC 기술 등의 사용이 예상된다.

HetNet 토폴로지 기술은 매크로셀 등 넓은 영역 셀과 피코셀, 펨토셀 같은 작은 셀이 혼재한 상태로 운영된다. 커버리지 보완 및 확대 효과를 가져오도록 멀티밴드를 사용해 데이터의 처리 용량 및 속도를 높이는 것을 목표로 한다.

5G 이동통신의 더 빠른 데이터 전송을 위해 SHF/EHF 주파수 대역을 후보로 최대 1GHz의 가용 대역을 검토하고 있으며, 트래픽 제어를 위해 디바이스 간 직접 통신이 가능한 D2D 기술, 주변 사물 간 통신을 위한 M2M, 사물인터넷IoT 기술 등이 발전·진화될 것으로 예상된다.

또한 송신전력을 줄이고 동일 단말과 기지국 간 정보 교환을 원활히 하기 위해 MIMO 기술보다 안테나 수를 늘려 전송 효율을 증대시킨 massive

MIMO 기술을 통해서는 기지국 간 채널의 fast fading 제거 및 셀 간 간섭 제거를 위한 기술이 채택될 것으로 보인다. 또한 기지국 안테나 수를 늘려 이득과 전력 효율을 높이고, 셀 반경을 확장해 여러 단말과 동시에 통신이 가능하도록 구성될 것으로 예상된다.

2013년 말에는 새로운 무선통신 기술로 Li-Fi가 등장했다. LED에서 나오는 가시광선을 이용해 초당 10기가바이트 속도로 데이터를 주고받는 데 성공한 것이다. 이는 현재 일상적으로 쓰고 있는 무선 LAN인 Wi-Fi(초당 100MB)의 100배, 무선통신 중 가장 빠르다는 LTE-A(초당 150MB)보다 66배 빠른 속도이다. Li-Fi는 LTE와 같이 OFDM 방식을 사용하며, 가시광선의 주파수 영역은 380~750THz(테라헤르츠, 1THz=1000GHz)로 무선통신 전체 주파수보다도 1만 배 이상 넓다. 다만 빛이 차단될 경우 신호가 끊길 수 있고, 빛을 직접 받아야 하는 장비를 얼마나 작게 만들 수 있을지 등의 문제가 있어 상용화하기까지는 시간이 걸릴 것으로 예상된다.

Li-Fi
Li-Fi라는 이름은 2011년 영국 에든버러 대학의 헤럴드 하스 교수가 Wi-Fi를 꺾을 새로운 근거리통신 기술이라는 뜻으로 지은 것이다. Li는 light에서 따왔다.

구분	4G	5G
최대 전송률	DL 1G/UL 0.5Gbps	DL 20G/UL 10Gbps
최대 이동 속도	350km/h	500km/h
에너지 효율	0.1Mbps/m^2	10Mbps/m^2
다중화	OFDMA	NOMA
망 구성	Flat	Flat
규격	Rel. 8~14	Rel. 15~

5.2 이동통신 무선 데이터망의 전망

5G 이동통신은 4G 이동통신보다 높은 대역 전송, VoLTE와 같은 높은 품질의 음성 서비스를 데이터통신망에서 구현할 수 있게 될 것이며, 인터넷 및 망 접속이 더욱 용이해질 것으로 보인다.

품질 보장을 위해 IP망에서 멀티미디어 서비스를 제공하기 위한 프로토콜의 사용도 늘어날 것으로 보이며, 데이터 전송 속도를 높이기 위해 다양한 CA 기술, 멀티플로 기술, 광대역 주파수 자원 활용, 위치 기반 기술, 단말기 위치 검출 등 다양한 서비스가 요구될 것으로 보인다.

또한 full HD급 영상을 넘어 UHD급 고품질 영상과 3D 동영상 등의 서

C • 무선통신 기술

비스가 모바일 단말에 제공되면서 다량의 실시간 멀티미디어 서비스가 요구되며, 이를 위해서 각 개인별 기가비트급 초대용량 무선 전송이 수 년 내에 가능해질 것으로 예상된다.

한편 앞으로도 LTE 계열과 802.16 계열의 경쟁이 이어질 것으로 예상되며, IEEE 802.11에서도 근거리 무선통신을 위한 6Gbps의 전송 속도 지원 기술 표준을 연구 중이다. 국내에서도 산업체를 중심으로 4G 이동통신 표준화 규격 이후 상용 시스템 구축 및 고도화를 위한 기술 개발과 함께 4G 이후 이동통신 기술 개발이 진행되고 있다.

 참고자료

김동기 외. 2013. 「5G 이동통신 기술전망 및 동향」. 한국방송통신전파진흥원.
변지민. 2014. "와이파이보다 100배 빠르게, 라이파이". ≪〈KISTI의 과학향기≫, 제2040호
삼성 SDS 기술사회. 2007. 『핵심정보기술총서 1: 컴퓨터 구조·네트워크』. 한울.
위키피디아(www.wikipedia.org).
이상민. 2009. 「4G 기술, 무선통신사업의 대변화 예고」. LG경제연구원. ≪LG Business Insight≫, 2009.6.10.
이현우. 2009. 「4세대 이동통신 개요 및 동향」. ≪월간 전자부품≫, 2009년 7월호.
정보통신산업진흥원(itfind.or.kr).
최수민. 2012. 「VoLTE(Voice over LTE)」. 한국인터넷진흥원.
최우용. 2013. 「이동통신 사업자간 VoLTE 서비스 연동규격」. 한국정보통신기술협회.
한국정보통신기술협회(www.tta.or.kr).

 기출문제

108회 정보통신 LTE 기반 소형셀 기지국을 기술 중심으로 서술하시오. (25점)
108회 정보통신 LTE-U(Unlicensed)에 대하여 서술하시오. (25점)
107회 정보통신 LTE-FDD와 LTE-TDD 방식을 비교 서술하시오. (25점)
102회 정보통신 LTE-A(Advanced)의 Multi Carrier, CA, Advanced MIMO, CoMP, Small Cell, eICIC 기술을 설명하시오. (25점)
101회 정보통신 MIMO 기술에 대해 설명하시오. (10점)
98회 정보통신 LTE와 LTE-Advanced(4G) 이동통신의 차이점을 기술하고, 차세대 이동통신(5G) 기술 동향에 대해 설명하시오. (25점)
95회 정보통신 이동통신망의 데이터 고속화에 따른 주요 문제점과 해결 방안에 대해 설명하시오. (25점)
92회 정보통신 4G 이동통신 핵심 기술을 설명하고, WiMAX와 LTE를 비교 설명

하시오. (25점)

92회 정보통신 MIMO의 채널 용량을 유도하시오. (25점)

89회 정보통신 차세대 이동통신 기술인 LTE에 대하여 설명하시오. (25점)

87회 정보통신 이동통신의 MIMO-OFDM을 설명하시오. (25점)

86회 정보통신 IMT-Advanced 서비스를 구현하기 위한 기술 이슈를 설명하시오. (25점)

81회 정보관리 차세대 이동통신 종류와 특징에 대해 설명하시오. (10점)

C・무선통신 기술

C-7

5G(IMT-2020)

———

4차 산업혁명 시대에는 연결성이 핵심 가치로서 네트워크를 통한 정보의 교환이 개인의 일상 및 산업 전반의 전 영역으로 확대될 것으로 전망된다. 이를 위한 차세대 인프라로는 다양한 서비스를 제공할 수 있는 지능화된 융합 네트워크가 필수적이다. 5G는 여러 가지 서비스 이용 유형에 따라 필요한 자원을 활용해 모든 서비스 제공을 하나의 네트워크에서 가능하게 하는 4차 산업혁명 시대 차세대 네트워크의 핵심 인프라로 자리매김할 것으로 보인다.

1 5G의 개요

1.1 정의

5G는 기존 통신 기술(4G) 대비 초고속, 초저지연, 초연결성의 특징을 가지는 기술로, 초광대역 주파수를 활용해 초고용량 실감형 데이터, 양방향 초실시간 통신, 증강·가상현실, 각종 센서 및 다양한 디바이스에 대한 실시간 통신 및 제어가 가능한 한 차세대 이동통신 기술이다.

1.2 발전 배경

막 4G LTE가 설치되기 시작할 무렵인 2010년대 초반, 이미 2020년대에는 데이터 폭증이 현재의 기술로는 감당할 수 없는 수준이 될 것이라는 예측이 대두되면서 전 세계적으로 4G 다음 세대를 준비해야 한다는 분위기가 조성되기 시작했다. 학계 및 각종 단체와 선도 기업에서는 차세대 기술에 대한 연구를 시작했고, 이에 발맞춰 유엔 산하 국제기구인 ITU International Telecommunication Union에서 집중적인 논의를 거쳐 2015년 9월에 IMT-2020에 대한 기술 비전을 공표했다.

ITU에서는 5G의 공식 명칭을 IMT-2020으로 명명하고, 5G가 지향하는 서비스의 방향과 IMT-Advanced(4G) 대비 5G가 갖춰야 할 기술적 우위 등을 제시했다. 5G 표준 제정은 ITU의 비전과 목표를 따라 제조사, 이동통신 사업자, 각종 연구 기관, 각국 정부 표준 기관 등이 참여하는 국제 이동통신 기술 표준 단체가 표준을 개발해 ITU에 그 결과를 제출하면 ITU에서 국제적 논의를 거쳐 국제 표준으로 최종 승인하는 과정을 거쳐 진행된다.

1.3 표준화 단체

과거에는 이동통신 표준을 만드는 단체가 여럿 있었지만, 오늘날에는 이동통신 표준 담당 세계 최대 기술 표준 단체인 3GPP에 주요 회사나 단체가 모두 모여 국제 5G 표준을 개발하고 있다.

3GPP는 전 세계 이동통신 사업자, 장비 제조사, 단말 제조사, 칩 제조사, 세계 각국의 표준화 단체와 연구 기관 등 약 500여 개 업체가 참여하는 최대 국제 이동통신 표준화 단체로, 각 이동통신 기술 세대에 걸쳐 WCDMA, HSPA, LTE, LTE-Advanced 등 전 세계적으로 통용되는 중요한 국제 표준들을 제정해왔다. 사실상 현재 최대의 이동통신 표준화 단체로 가장 영향력 있는 주체들이 모여 있고, 목표와 기한을 정해 집중 논의를 거쳐 결과물을 내는 방식을 따르기 때문에 빠른 기술 발전과 상용화를 도모하고 있다.

3GPP는 조직 구성은 크게 무선접속 기술을 다루는 RAN Radio Access Network 그룹, 서비스와 시스템 구조를 다루는 SA Service & Systems Aspects 그룹, 코어 네트워크와 단말을 다루는 CT Core Network & Terminals 그룹으로 나뉘어 표준을 논의하며 각 그룹 아래에는 좀 더 세분화된 워킹그룹들이 있다.

1.4 특징

5G 이동통신 기술은 크게 다음과 같은 세 가지 기술 진화 방향을 목표로 삼고 있다.

1.4.1 초광대역 서비스 eMBB: enhanced Mobile Broadband

UHD 기반 AR·VR 및 홀로그램 등 대용량 전송이 필요한 서비스를 감당할 수 있도록 더 큰 주파수 대역폭과 더 많은 안테나를 사용해 사용자당 100Mbps에서 최대 20Gbps까지 훨씬 빠른 데이터 전송 속도를 제공하는 것을 목표로 한다. 15GB 크기의 고화질 영화 한 편을 다운로드할 때 500Mbps 속도의 최신 4G는 240초가 소요되는 반면, 20Gbps 속도의 5G 에서는 6초가 소요된다. 특히 기지국 근처에 신호가 센 지역뿐 아니라 신호가 약한 지역(cell edge)에서도 100Mbps급의 속도를 제공하는 것을 목표로 하고 있다. 이렇게 되면 한 장소에 수만 명이 오가는 번화가나 주요 경기가 열리는 경기장 같이 사용자가 밀집된 장소에서도 끊김 없는 고화질 스트리밍 서비스가 가능해질 것으로 예상된다.

1.4.2 고신뢰·초저지연 통신 URLLC: Ultra-Reliable Low Latency Communications

로봇 원격제어, 주변 교통 상황을 통신을 통해 공유하는 자율주행차량, 실시간 interactive 게임 등 실시간 반응 속도가 필요한 서비스를 대비하기 위한 것으로, 기존 수십 ms가 걸리던 지연 시간을 1ms 수준으로 최소화하는 것을 목표로 하고 있다. 이를 위해 무선 자원 관리 분야나 네트워크 설계 등의 최적화를 진행하고 있다. 시속 100km/h 자율주행 차량이 긴급 제동 명령을 수신하는 데 걸리는 시간을 예로 들면, 4G에서 50ms 지연 가정 시 1.4m 차량 진행 후 정지신호를 수신하는 반면에, 5G에서는 1ms 지연 가정 시 2.8cm 차량 진행 후 정지신호를 수신하게 된다.

1.4.3 대량 연결 mMTC: massive Machine-Type Communications

mMTC는 수많은 각종 가정용, 산업용 IoT 기기들이 상호 연결되어 동작할 미래 환경을 대비하기 위한 것으로, 면적 1km²당 100만 개의 연결connection을 지원하는 것을 목표로 기술 개발 및 표준화가 진행 중이다.

2 5G(IMT-2020)의 기술 요구 사항

2.1 핵심 성능 지표

4G에서는 광대역 이동통신을 제공하기 위해 이동성과 최대 전송률 두 가지 지표만을 제시했으나, 5G에서는 체감 전송률user experienced data rate, 최대 전송률peak data rate, 이동성mobility, 전송 지연latency, 최대 연결 수connection density, 에너지 효율energy efficiency, 주파수 효율spectrum efficiency, 면적당 용량traffic volume density / area traffic capacity 등 총 여덟 가지 지표로 성능을 정의한다.

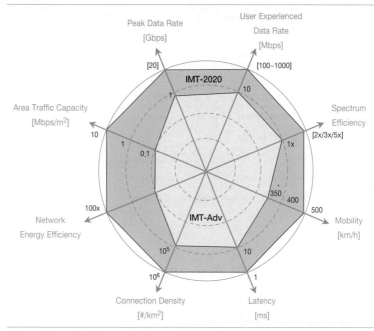

Peak Data Rate
[Gbps]

User Experienced
Data Rate
[Mbps]

[20]

[100~1000]

IMT-2020

10

Area Traffic Capacity
[Mbps/m²]

Spectrum
Efficiency
[2x/3x/5x]

10

1

0.1

1x

100x

350
400

500

Network
Energy Efficiency

IMT-Adv

Mobility
[km/h]

10⁵

10⁶

10

1

Connection Density
[#/km²]

Latency
[ms]

자료: ITU(2015).

2.2 핵심 성능 비교(vs. 4G)

5G는 전송 속도, 지연 시간latency 단말기 수용 능력에서 LTE와 비교되지 않을 정도로 우수한 기술이다. 속도는 정지 상태를 기준으로 최대 20Gbps를 목표로 하는데, 이는 1Gbps가 가능한 LTE보다 20배 빠른 속도이다. 동영상 콘텐츠뿐 아니라 VR이나 홀로그램 등 대용량 데이터 트래픽을 유발하는 서비스들도 5G 기술을 통해 효과적으로 처리될 수 있다.

한편 5G 기술 스펙에 따르면, 데이터 송수신 과정에서 발생하는 지연 시간은 1ms에 불과해 사실상 무지연 서비스가 가능하다. 이에 따라 5G를 통해 자율주행, 원격운전이나 원격수술 등 높은 신뢰성을 필요로 하는 서비스가 제공될 수 있다.

5G의 단말기 수용 능력 역시 LTE보다 우수하다. LTE는 1km²당 최대 10만 대의 단말기를 연결할 수 있는 데 비해, 5G는 100만 대까지 수용 가능하다. IoT 서비스를 위해 필요한 수많은 센서들을 연결하는 데 최적의 네트워크가 되는 셈이다.

항목	4G (IMT-Advanced)	5G (IMT-2020)
체감 전송률(User experienced date rate)	10Mbps	100Mbps~1Gbps
최대 전송률(Peak date rate)	1Gbps	20Gbps
이동성(Mobility)	350km/h	500km/h
전송 지연(Latency)	10ms	1ms
최대 연결 수(Connection density)*	10^5/km^2	10^6/km^2
에너지 효율(Energy efficiency)	-	4G 대비 100배
주파수 효율(Spectrum efficiency)	-	4G 대비 2~5배
면적당 용량(Area traffic capacity)	0.1Mbps/m^2	10Mbps/m^2

* 최대 연결 수는 단위 면적(km^2)당 연결 및 접속 가능한 전체 기기 수를 나타냄.

3 5G(IMT-2020)의 후보 기술

3.1 Network densification

단위 면적당 데이터 전송 용량을 확대함으로써 폭발적으로 증가하는 트래픽을 수용할 수 있게 해주는 5G의 핵심 기술이다. 셀의 크기를 줄임으로써 일정 영역 내 셀의 개수를 증가시켜 셀 분할에 따른 용량 증대를 효과를 얻는다. 특히 트래픽양이 많은 핫스팟 지역에 집중적으로 소형셀을 배치시켜 트래픽 요구를 효과적으로 수용할 수 있다. 고밀도 소형셀 배치에 따른 효율적 이동성 관리, 주파수 이용 효율 및 에너지 효율 증대를 위한 요소 기술로는 소형셀의 온오프와 디스커버리, 매크로셀과 소형셀에 대한 단말의 이중 연결성 등이 논의되고 있다.

3.2 Massive MIMO

기지국에 수많은 안테나를 배열해 동일 자원으로 다수의 사용자가 동시에 사용할 수 있게 해주는 다중 입출력 안테나 기술이다. 4G에서도 MIMO Multi-Input Multi-Output 기술이 사용되었으나, 적은 수의 안테나를 사용하여 빔이 예리하지 못해 사용자 구분에 한계가 있었고, 1차원 안테나 배열을 사용함으로써 자유도가 낮아 수평 방향 사용자만 구분하는 데 그쳤다. 5G에서는 수십 개 이상의 안테나를 2차원으로 배치해 수직·수평 방향의 사용자를 모두 구분할 수 있어 더 많은 다중 사용자를 동시에 지원할 수 있는 규격을 제공한다.

3.3 Super wide band

현재의 최대 20MHz 대역폭보다 1000배 많은 수백 MHz~수 GHz 대역폭을 활용한 광대역 무선 채널 지원 기술이다. 3.5GHz 등의 6GHz 이하 주파수와 28GHz, 39GHz 등 밀리미터파mmWave로 불리는 초고주파(6GHz 초과) 대역을 함께 사용하는 것을 포함해, 비면허 대역과의 연동까지 고려되고 있다. 초광대역 전송 지원을 위한 요소 기술로는 넓어진 대역폭의 채널 특성에 적합한 광대역 초기 접속 기술, 각 단말에 대용량 데이터를 효율적으로 전송하기 위한 H-ARQ 전송 및 피드백 지원 기술, 기존 셀룰러 대역과의 협력 기술 등이 고려되고 있다.

3.4 Beam forming

안테나에서 전파를 원하는 때 원하는 특정 방향으로만 방사 및 수신하는 지향성을 갖는 전파빔을 만들어내는 기술로, 5G에서 도입되는 초고주파의 물리적 특성을 극복하고 Massive MIMO 구조를 활용하기 위해 도입되었다. 빔 포밍 기술은 많은 수의 안테나에 실리는 신호를 각각 정밀하게 제어해 특정 방향으로 에너지를 집중시키거나 이와 반대로 에너지가 특정 방향으로 나가지 않도록 조절이 가능한 기술로서, 전파의 에너지를 집중시켜 거리를 늘리고 빔 간에는 간섭을 최소화할 수가 있다. 안테나를 많이 사용할수록 빔의 모양이 예리해져 에너지를 더 집중시킬 수 있으나, 단말이 빠르게 이동할 경우에 이처럼 예리한 빔을 계속해서 정확히 추적하는 것이 기술적 관건이다.

3.5 In-band full duplex

샤논의 한계Shannon limit 이론에 따른 무선 링크 전송량 증가를 위해서 송신 무선 자원과 수신 무선 자원을 공유해 무선 자원의 양을 높이는 기술이다. 전이중 송수신기는 송신 신호와 수신 신호가 섞여서 단일 안테나로 송수신하는 경우에 정상적으로 동작하기 않는데, 이러한 문제를 해결하기 위해서 송수신 안테나를 물리적으로 구분해 사용한다. 이동통신 시스템의 기지국에 적용하는 경우에는 반향 신호 수신전력의 제어 및 반향 제거 기법이 주요 고려 사항으로 논의되고 있다.

3.6 NOMA Non-Orthogonal Multiple Access

셀의 용량 증대 달성을 위한 후보 기술로 동일한 시간, 주파수, 공간 자원상에 2대 이상의 단말에 대한 데이터를 동시 전송해 주파수 효율을 향상시키는 기술이다. 기존의 직교 다중접속 방식, 예를 들어 OFDMA 방식이 갖고 있던 주파수 자원 할당 관점에서의 직교성을 깨고, 같은 주파수 자원상에 2대 이상의 단말을 동시에 중첩 할당하여 자원 효율을 높이는 방식이다. 셀 중심 지역의 단말에는 작은 전력을, 셀 경계 지역의 단말에는 높은 전력을 할당하고, 셀 중심 단말은 순차적 간섭 제거SIC Successive Interference Cancellation 방식에 따라 신호의 세기가 큰 셀 경계 단말의 간섭 신호를 먼저 복호하여 제거한 후 자신의 신호를 복호하며, 셀 경계 단말은 셀 중심 단말의 신호를 간섭으로 간주하여 자신의 신호를 복호하게 된다.

3.7 Low latency & high reliability

5G 이동통신 서비스로 실시간 게임, 실감형 통신, 원격의료, 원격제어 등이 대두되고 있다. 이러한 서비스는 공통적으로 저지연·고신뢰성의 무선 전송을 필요로 하는데, 이를 원활히 지원하려면 데이터 패킷의 단대단 지연 end-to-end latency이 수 ms 이하여야 하지만, 현재 4G 시스템으로는 한계가 있다. 저지연·고신뢰성 전송 기술은 주로 기지국과 단말 간 통신 구간에서 무선접속 구간(스케줄링 요청 및 자원할당)과 무선 전송 구간(데이터 전송 및 변복조)의 단대단 지연을 줄이는 기술이 핵심이 되며, 5G의 기본적인 TTI Transmission Time Interval는 4G 대비 10분의 1 정도로 줄어들 것으로 예상된다.

3.8 Device networking

5G에서 단말 간 통신은 공공안전은 물론 IoT를 포함한 상용 서비스 제공으로 무게중심이 옮겨갈 것으로 예측된다. 이를 위해 브로드캐스트는 물론 유니캐스트와 그룹캐스트도 규격화되고 커버리지 확대를 위해 멀티홉에 의한 단말 간 통신도 제공될 것이다.

5G에서는 물건들이 단말 간 통신을 통해 서로 소통하면서 인간의 행동과 주변 상황에 따라 적절히 반응하는 IoT를 바탕으로 의료, 자동차, 교육, 사회안전 등에서 새로운 서비스가 풍부하게 창조될 것으로 예측된다.

3.9 Network slicing

Network slicing은 물리적 자원을 논리적으로 분산하여 성능을 향상시키는 가상화 기술(SDN, NFV 등)이다. 4G에서는 voice와 data 서비스로 구분해서 voice에 대해서만 별도의 QoS를 제공했고, data 서비스 내에서는 모든 서비스들이 하나의 자원을 공유하므로 개별 서비스 간의 품질QoS 차별화가 불가능했다. 그러나 5G에서는 네트워크 슬라이싱을 통해 각각의 data 서비스들도 독립적인 네트워크 자원 할당이 가능하기 때문에, 타 서비스의 영향 없이 품질을 보장할 수 있게 된다. 특히 이러한 독립적인 네트워크 자원할당을 통해 시간 지연에 민감한 서비스mission critical service들의 품질을 보장할 수 있어 이동통신 사업자는 특화 서비스에 대한 별도의 과금 체계도 도입할 수 있게 되었다.

3.10 FTN Faster-Than-Nyquist

1Tbps를 전송했을 때 이를 최적으로 수신하기 위해서는 1/2THz의 기저대역 대역폭이 요구되는 Nyquist criterion의 한계를 넘어, 동일한 대역폭에서 Nyquist rate보다 더 빠른 rate로 전송해 capacity를 증대시키는 기술이다. 이를 이용해 전송률을 기존 대비 30~100%까지 향상시킬 수 있을 것으로 예상되며, 현재 연구 개발이 진행 중이다.

4 5G의 서비스 영역

4.1 제조

제조·공정 분야의 디지털 전환을 가속화하여 생산성을 향상시킬 것이다. 5G 기술로 고객 주문부터 재고 관리까지 전 과정을 실시간으로 통제·조정할 수 있어 신속한 제품 출시를 통해 비용 절감, 생산성 제고의 효과를 얻을 수 있을 것이다. 또한 VR 기반으로 시제품 체험 및 제조, 건설, 유지 보수가 가능해져 제조용 기계·로봇의 원격 조정 등 스마트 공장 고도화를 촉진하는 데도 기여할 것으로 전망된다.

4.2 미디어 및 엔터테인먼트

5G의 광대역을 이용해 4K·8K 영상, VR 등 새로운 몰입 경험을 제공할 것으로 기대된다. 실시간 360도 뷰 개인방송 등 몰입형 미디어 콘텐츠가 등장하고, 모바일 VR·AR 게임 시장이 본격화될 전망이다.

4.3 공공안전

5G 및 IoT 기술을 이용해 최소의 비용으로 시민의 안전 보장이 가능해질 것이다. 5G 통신망과 카메라, 센서 등으로 구조물 실시간 모니터링을 실시하여 공공장소의 보안 안전 시스템이 강화되고, 무인 로봇을 활용한 재해재난 복구 솔루션이 도입될 것으로 기대된다.

4.4 에너지 및 유틸리티

5G 도입으로 비용이 절감되고, 시설 보안 등의 효율성이 증대될 것이다. 5G 기술과 센서를 이용해 원격지에 있는 자산의 모니터링 및 유지보수가 가능해지고, 가상 전력 발전소 등을 통해 실시간 에너지 분배·관리가 가능해질 전망이다.

가상 전력 발전소
가정용 태양광, 연료전지 등 다수의 분산된 발전 설비와 전력 수요를 클라우드 기반의 소프트웨어로 통합하여 하나의 발전소처럼 관리하는 시스템

4.5 금융

보안, 편의성 등 고객 만족도를 높여 금융 거래가 더욱 활성화되고 5G와 첨단기술 결합을 통해 생산성 향상에도 기여할 것으로 보인다.

5G 기반으로 AI, 빅데이터 등 첨단기술이 도입되어 지능형 금융 서비스(생체인증 기술을 적용한 금융 결제 등)가 제공될 것이다.

4.6 자동차

실시간으로 교통정보를 활용해 운전자 안전도가 향상될 것으로 예상된다. GPS 성능 향상으로 실시간 교통정보 및 지도 업데이트를 제공하고, 지연 없는 기기 간 통신으로 위험 운전자 사전 탐지 및 자율주행 기능이 상용화될 것으로 전망된다.

4.7 헬스 케어

의료업계에서는 5G 도입을 통해 삶의 질을 향상시킬 수 있는 신규 의료 서비스 시장이 열릴 것으로 전망된다. 로봇 수술의 공간적 한계를 극복해 로봇과 5G 통신을 이용한 원격수술이 현실화될 것이며, 웨어러블 디바이스를 활용한 헬스 케어 시장이 확대될 것이다.

5 추진 현황

5.1 국가별 추진 현황

미국이 가장 빠르게 5G 전용 주파수 할당을 승인했으며(2016년 7월), 인프라 투자를 강조하는 트럼프 정부의 정책과 맞물려 5G 네트워크 관련 투자가 확대될 것으로 예상되는 상황이다.

한국은 이동통신 3사에서 2019년 초에 상용 서비스를 시작할 계획으로, 2018 평창 동계올림픽 5G 서비스 시범 적용 및 2018년 6월 주파수 할당을

국가	주파수 할당	정부 주도 협력체	주요 목표 시점	주요 기업
미국	2016년 7월	AWRI	2017년 상용화 테스트	AT&T, 버라이즌, 퀄컴
유럽	-	5GPPP, METIS	-	노키아, 에릭슨, 도이치텔레콤
일본	2018년(예정)	5GMF	2020년 도쿄 하계올림픽	NTT도코모
중국	-	IMT-2020 프로모션 그룹	2022년 베이징 동계올림픽	화웨이, China Mobile
한국	2018년 6월	5G 포럼	2018년 평창 동계올림픽	KT, SKT, 삼성전자

완료했다.

중국은 후발 주자이나 최근 정부 차원에서 상용화를 적극적으로 지원하고 있다. 과거 독자적인 통신 방식을 고수한 것과 달리 5G에서는 국제 표준을 수립하는 데 적극적으로 나서고 있으며, 2022년 베이징 동계올림픽 때 5G를 개선한 '5G Advanced'를 출시하는 것을 추진 중이다.

5.2 국내 주파수 할당 현황

국내 이동통신 업체 간 세계 최초의 5G 주파수 경매가 2018년 6월 19일에 종료되었다. 이번 주파수 공급으로 한국은 5G 이동통신의 핵심적인 주파수 대역인 중대역(3.5GHz)과 초고대역(28GHz)을 동시에 할당한 최초의 국가가 되었으며, 이들 대역은 전 세계에서 가장 많이 사용될 5G 주파수로 예상되고 있다.

커버리지가 넓은 3.5GHz 대역은 총 280MHz 폭에 대해 경매가 이루어졌는데, 과열 경쟁을 방지하기 위해 단일 사업자의 낙찰 한도를 100MHz 폭으로 제한해 진행했으며, 28GHz 대역은 향후 데이터 트래픽이 집중되는 핫스팟 지역에서 활용될 예정이다.

주파수 대역 (위치)	3.5GHz 대역			28GHz 대역		
	3.42~3.5GHz	3.5~3.6GHz	3.6~3.7GHz	26.5~27.3GHz	27.3~28.1GHz	28.1~28.9GHz
대역폭	80MHz	100Mhz	100Mhz	800MHz	800MHz	800MHz
낙찰가(원)	8095억	9680억	1조 2195억	2078억	2072억	2073억
통신사	LGU+	KT	SKT	KT	LGU+	SKT

6 향후 전망

기술적 측면에서 5G 표준 네트워크는 4G에서 5G로의 진화를 위한 코어 네트워크의 구조로 NSA Non-Standalone 구조와 SA Standalone 구조를 모두 고려하고 있다.

NSA는 초기 상용망에 구현될 것으로 예상되는 구조로서, 단말의 이동성 mobility 관리 등을 담당하는 제어 플레인control plane의 동작은 4G LTE망을 활용하면서 사용자 플레인user plane/data plane에 해당하는 데이터 트래픽은 5G망으로 주고받는다. SA 구조에서는 제어 채널이나 데이터 채널 모두 5G의 자체 구조를 사용한다. 두 가지 구조 모두에서 단말은 4G와 5G 두 무선접속을 동시에 지원하는 형태로 진화하게 된다.

비즈니스 측면에서는 IMT-2020이라는 단일 기술 정착으로 빠른 상용화가 가능할 것이고, 실질적인 유·무선의 통합으로 참여 사업자 수의 확대가 예상된다. 또한 네트워크 슬라이싱으로 인한 기업의 전용망 요구가 수용 가능해져 B2B 사업도 강화될 것으로 보인다. 다만 이러한 청사진이 실현되려면 소비자의 불확실한 지불 의향과 단시일 내에 본격화되기 어려운 B2B 애플리케이션 시장 문제가 해결되어야 하는 만큼, 정부가 해당 산업을 적극적으로 이끌면서 마중물 역할을 하는 동시에 이동통신업계가 함께 머리를 맞대는 노력이 지속되어야 할 것이다.

참고자료

고영조·방승찬. 2014. 「5G 무선기술」. 한국정보통신기술협회. ≪TTA Journal≫, 제152호.

김득원. 2017. 「4차 산업혁명 시대의 핵심 인프라, 5G」. 정보통신정책연구원, KISDI Premium Report 17-06.

박강순. 2018. 「5G 통신 서비스 및 산업기술 동향」. 정보통신기술진흥센터. ≪IITP 주간기술동향≫, 2018.2.14.

박선후. 2018. 「5세대 이동통신(5G)이 가져올 미래: 중소 통신장비기업에게 호재인가?」. IBK경제연구소.

삼성. 2018. 「5G 국제 표준의 이해: 3GPP 5G NR 표준의 핵심 기술과 삼성전자의 3GPP 의장단 인터뷰」.

위키피디아(www.wikipedia.org).

장재현. 2018. 「5G 서비스가 넘어야 할 과제들」. LG경제연구원.

정보통신기술용어해설(www.ktword.co.kr).

3GPP. "Specifications Groups." www.3gpp.org/specifications-groups

ITU. 2015. "IMT Vision: Framework and overall objectives of the future development of IMT for 2020 and beyond."

기출문제

114회 정보관리 초연결 시대의 5G 네트워크의 기술적 특징, 국내외 추진 동향 및 시사점에 대하여 설명하시오. (25점)

114회 컴퓨터시스템응용 5G 기술성능 요구 조건. (10점)

114회 컴퓨터시스템응용 차세대 이동통신에 적용된 네트워크 슬라이싱(Network Slicing)에 대하여 설명하시오. (25점)

113회 정보통신 5G 이동통신 서비스의 도입 필요성 및 성능 지표 중에서 체감 전송률(User Experienced Data Rate)과 종단 간 지연(End-to-End Latency)에 대해 설명하시오. (25점)

111회 정보통신 NOMA(Non-Orthogonal Multiple Access). (10점)

110회 정보통신 IMT-2020(5G) 후보 기술인 저지연 고신뢰(Low Latency High Reliability) 서비스 구현을 위한 기술적 이슈에 대하여 논하시오. (25점)

110회 정보통신 Duplexer의 기능 및 구조, In-Band Full Duplex와 Hybrid Duplex 기술의 개념에 대하여 설명하시오. (25점)

110회 정보통신 Massive MIMO. (10점)

108회 정보통신 5G 이동통신서비스를 도입하고자 할 때 현재 4G 네트워크가 가지는 한계점에 대하여 서술하시오. (25점)

108회 컴퓨터시스템응용 네트워크 기능 가상화(Network Function Virtualization)을 이용한 네트워크 슬라이싱(Network Slicing) 방안을 설명하시오. (25점)

107회 정보통신 D2D(Device to Device) 통신. (10점)

107회 컴퓨터시스템응용 IMT-2020/5G에 대하여 설명하시오. (10점)

105회 정보통신 5G 이동통신의 기술적 목표 5가지와 이를 구현하기 위한 해당 무선통신 후보 기술에 대해서 기술하시오. (25점)

105회 정보통신 FTN(Faster Than Nyquist) 전송 기술. (10점)

104회 정보통신 5G 이동통신에서 FBMC(Filter Bank Multicarrier) 전송 기술에 대하여 설명하시오. (25점)

위성통신

이동성, 광역성, 광대역 채널의 특징을 지닌 위성통신을 이용해 현재 위성서비스, 위성 DMB, 위성을 이용한 이동통신, 지리정보시스템(GIS), 위성항법시스템(GPS), 위치기반서비스(LBS) 등과 관련한 각종 통신 서비스가 제공되고 있다.

1 위성통신의 개요

위성통신은 지상의 기지국에서 발사된 전파를 10km 이상 떨어진 위성에서 수신·증폭하고 다시 지상으로 전파를 발사해 통신하는 것을 의미한다. 위성통신 시스템은 통신위성·관제소·지구국으로 구성되며, 최근 방송·통신 융합 측면에서 디지털 TV, 위성서비스와 위성 DMB, 그리고 위성통신을 이용한 지리정보시스템GIS, 위성항법시스템GPS, 위치기반서비스LBS 등 응용 서비스 이용이 늘고 있다.

2 위성통신의 구성

통신위성은 통신 기능을 담당하는 페이로드payload 부분과 전력 공급 및 제어를 담당하는 버스bus 부분으로 구분한다. 페이로드 부분은 중계기transponder와 안테나로 구성되며, 신호 수신, 주파수 변환, 주파수 증폭, 전파 송수신 기능 등을 담당한다. 버스 부분은 명령계, 제어기로 구성되며, 위성의 자세·궤도 정보를 지상관제소와 송수신하는 임무, 전원 공급 및 자세·궤도 제어 등을 담당한다.

관제소는 위성의 관리와 제어 기능을 담당하며, 주primary관제소와 부secondary관제소를 분리해 운영한다. 지구국은 정보의 송수신을 담당하며, 안테나 저잡음 수신기, 송수신 변환기, 고출력 증폭기 등으로 구성된다.

위성통신 수신 안테나의 종류에는 프라임 포커스 안테나prime focus antenna, 오프셋 안테나offset-fed antenna, 카세그레인 안테나Cassegrain antenna, 구면 안테나spherical antenna, 평면 안테나planar array 등이 있다.

3 위성통신의 회선 접속 방법

위성통신 회선 접속 방법에는 다원접속 방법과 채널 할당 방법이 있다. 그중 다원접속 방법에는 주파수 분할 방식FDMA, 시 분할 방식TDMA, 코드 분할 방식CDMA, 공간 분할 방식SDMA이 있다.

주파수 분할 방식FDMA: Frequency Division Multiple Access은 하나의 중계기를 여러 기지국이 공유할 수 있도록 중계기의 주파수 대역폭을 분할, 지상국에 배당함으로써 중계기에 접속하는 방식으로, 간단하고 저렴한 장점이 있다.

시 분할 방식TDMA: Time Division Multiple Access은 시간적으로 분할된 burst 정보를 중계기에 서로 중첩되지 않도록 삽입한 TDMA 프레임을 각 지구국이 공유하는 방식으로, 처리 능력이 주파수 분할 방식보다 크다.

코드 분할 방식CDMA: Code Division Multiple Access은 주파수 분할 방식과 시 분할 방식을 혼합한 방식으로, 시 분할 방식에 의한 여러 신호를 전송할 시간 대역폭으로 설정하고, 각 시간대별로 주파수 분할FDM에 의해 각 신호를 전송할 주파수 대역을 설정하는 방식이다.

공간 분할 방식SDMA: Space Division Multiple Access은 통신 지역을 분할해 한정된 자원을 반복해서 이용하는 방식으로, 이 방식을 사용해 수신 안테나의 크기를 줄일 수 있다.

채널 할당 방법 중 사전 할당 다원접속PAMA: Pre Assignment Multiple Access 방식은 고정된 주파수 또는 타임 슬롯을 특별한 변경 없이 한 지구국에 항상 할당해주는 고정 할당 방식이며, 요구 할당 다원접속DAMA: Demand Assignment Multiple Access 방식은 사용하지 않는 슬롯을 비워두고, 원하는 기지국이 활용할 수 있게 하는 방식으로, 중심 지구국에서만 슬롯을 할당하는 중앙 제어 방식과 모든 기지국이 슬롯을 직접 할당하는 분산 제어 방식이 있다. 임의 할당 다원접속RAMA: Random Assignment Multiple Access 방식은 전송 정보가 발생한 즉시 임의의 슬롯으로 송신하는 방식으로, 다른 지구국에서 송신한 신호와 충돌할 가능성이 있다.

4 · 위성통신의 특징

위성통신의 장점은 신속성·광역성·신뢰성·동보성이 높은 회선을 구성하기에 용이하고, 지진이나 풍수해 등 지상에서 발생하는 재해에 영향을 적게 받는다는 것이다. 하지만 위성통신은 0.25초의 전파 지연에 따라 오버헤드가 발생하고, 한정된 궤도에서 이동하는 위성의 특성으로 지상 방식과의 간섭이 발생할 수도 있다. 그리고 통신위성에 장애가 발생하면 수리하기가 어렵다. 또한 넓은 영역을 커버하는 위성통신의 특징으로 인해 통신보안을 위한 암호 대책이 필요하다.

5 · 위성통신 비교

구분	저궤도(LEO)	중궤도(MEO)	고궤도(GEO)
위치	400km	1만 2000km	3만 6000km
주기	90분	7시간	24시간
지속 관측	15분	3시간	24시간
소요 위성	60개	10개	3개
전파 지연	작음	중간	큼
주요 서비스	이동통신, 고속 데이터	이동통신, 고속 데이터	방송, 저속 데이터

6 위성통신 기술 동향 및 전망

최근에는 on-board-processing을 통해 중계 기능과 교환 기능을 동시에 수행하고 위성 간 직접통신이 가능한 기술을 개발하고 있으며, 중계기의 소형·경량화와 위성 자체의 관제, 위성의 수명 연장, 지구국의 소형·경량화와 대용량화, 위성통신을 이용하는 서비스의 융합화와 다양화 등의 기술 개발이 진행되고 있다.

국내 위성통신 사업자는 중계기 임대, 방송, 브로드밴드, 해상 위성통신 서비스를 제공하고 있으며, 특히 해상 위상통신 분야에서 꾸준히 수요가 늘고 있다. 2018년 1월 초고속 해상 위성통신 서비스를 상용화했는데, 이는 최대 속도 2Mbps를 제공하는 것으로, 위성을 통한 통신 속도가 3G 이동통신과 비슷해졌다.

기출문제

86회 정보통신 위성통신 종류와 위성통신에 사용되는 지구국 안테나 세 종류를 설명하시오. (25점)

81회 정보통신 위성통신에서 다중접속(multiple access)과 회선 할당 방식에 대해 설명하시오. (25점)

GPS Global Positioning System

인공위성을 이용해 전 세계적으로 현재의 위치나 시각을 결정할 수 있는 위성항법(측위) 시스템이다. 그동안 GPS 관련 기술은 미국이 주도했으나, 현재는 유럽, 러시아, 중국에 서 자체 GPS를 구축해 서비스를 제공하고 있다.

1 GPS의 개요

GPS
미국 국방부가 개발·추진한 전 지구적 무선 항행 위성

GPS는 인공위성을 이용해 전 세계적으로 현재의 위치나 시각을 결정할 수 있는 위성항법(측위)시스템으로, 전 세계적으로 이용되고 있는 GPS는 24개 의 인공위성을 통해 어떤 위치에서도 평면상의 위치와 속도, 시간을 계산할 수 있게 해준다. 처음에는 군사용으로 개발했으나, 점차 LBS(위치기반서비 스), 차량 내비게이션 기능 정보 등과 함께 제공되는 등 상업용으로 많이 활 용되고 있다. GPS의 위치 측정 기법에는 크게 단독측위 기법, DGPS Differential GPS, 후처리 GPS, 실시간 GPS 등이 있다.

2 GPS의 구성

2.1 개념도

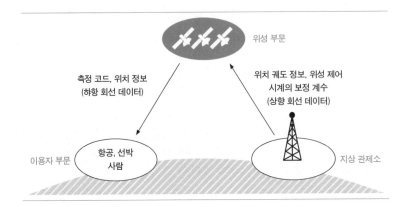

2.2 위성 부문

정밀 시계를 탑재한 24개(21개 동작 위성, 3개 예비 위성)의 위성이 약 2000~
2만 km의 위상고도에 위치해 2개의 L band 신호를 송신한다. 1575MHz의
SPS Standard Positioning System 는 민간용으로, 1227MHz의 PPS Precise Positioning
System 는 군사용으로 활용된다. 위성마다 고유의 PN Pseudo Noise 부호가 있어
서 이를 통해 위성을 구분한다.

2.3 지상관제소

위성을 관리하고 제어하는 역할을 담당하며, 주·부 관제국 및 지상송신국으
로 구성된다. 대부분 위성 부문을 관리하기 위한 상향 회선 데이터 전송이
많다.

2.4 사용자 부문

위성 신호를 수신해 위치와 속도, 시간을 계산하는 기능을 수행한다.

3 GPS 위치 측정 기법

3.1 동작 원리

삼각측정법과 유사하게 4개 이상의 위성으로부터 신호를 수신하면 측정 지점의 고도까지 알 수 있으며, 위성에서 전파 수신이 가능한 경우 자신의 위치를 파악할 수 있다.

3.2 후처리 GPS Post GPS

두 수신기에 모아진 자료를 다운로드한 후 이를 RiNEX 표준 형식으로 바꿔 전송하는 기법으로, 비실시간적 고정밀 위치 결정 요구 분야에 이용된다.

3.3 실시간 GPS Realtime GPS

수신기가 수신을 받은 즉시 기준 수신기는 보정값을 계산해 바로 이동 수신기로 전송하며, 실시간적 고정밀 위치 결정 요구 분야에 이용된다. DGPS와 차이점은 보정용으로 사용하는 데이터가 거리 오차 보정치가 아니라 기준 국가에서 수신한 반송파 자료라는 것이며, 그 외에는 DGPS 개념과 유사하다고 할 수 있다.

3.4 단독측위 기법

1대의 수신기를 이용해서 4개 이상의 위성으로부터 신호를 수신해 현재 자신의 위치를 실시간으로 계산하는 기법으로, 간단하게 측위가 가능하지만 정밀도가 떨어지는 특성이 있다.

3.5 DGPS Differential GPS

측량용과 항법용 수신기를 이용한 실시간 위치 측정 기법으로, 단독측위 기법의 정밀도를 향상시키기 위해 개발된 기법이다. 2대 이상의 수신기와 통신매체가 필요한데, 정지된 수신기stationary는 실제 위성을 이용한 측정값과 이미 정밀하게 결정되어 있는 실제값과의 차이를 계산하고 사용자는 수신된 측위 정보에 기준 국가로부터 수신한 보정값을 이용해 한층 정밀한 측위 정보를 얻게 된다. 정확도가 향상되어 이동체는 수 미터, 정지 대상은 1미터 범위 내의 위치를 확인할 수 있으나, 시스템 구현이 복잡하다는 단점이 있다. 배나 비행기의 항법 측정 이외에도 자동차 및 고정밀도가 요구되는 측지 등에도 활용된다.

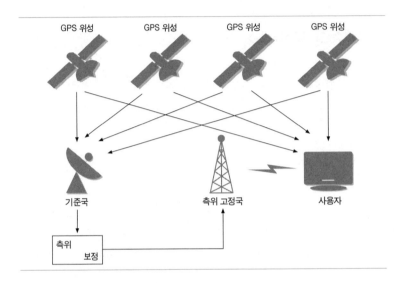

DGPS는 측정 보정 범위에 따라 지역 보정 항법 기법local area DGPS, 광역 보정 항법기법wide area DGPS, 반송파를 이용한 반송파 보정 항법이 있으며, 신호 처리 방식에 따라 후처리 DGPS, 실시간 DGPS 등으로 구분된다.

4 GPS의 특징

GPS는 3차원적으로 이용자의 위치·속도·시간 측정이 가능하며, 사용 범위가 전 세계적이고, 24시간 연속적으로 서비스를 받을 수 있다. 그런데 미국에서 운용 중인 GPS에 대한 의존도가 전 세계적으로 큰 탓에 유사시 이를 사용하지 못하게 될 경우 발생할 혼란에 대비해 여러 국가에서 유사한 시스템을 개발하고 있다. 유럽의 갈릴레오Galileo, 러시아의 글로나스GLONASS, 중

국가별 위성 기술 개발 동향
• 북미: GPS
• 유럽: 갈릴레오
• 러시아: 글로나스
• 중국: 북두항법시스템
• 일본: QZSS

C • 무선통신 기술

국의 북두항법시스템Beidou Navigation System, 일본의 QZSS Quasi-Zenith Satellite System 등이 대표적이다.

5 **SBAS** Satellite-Based Augmentation System

SBAS는 위치 오차를 3m 이내로 실시간으로 정확하게 보정하는 기술로, 정확도를 최대 10배까지 향상할 수 있는 기술이다. 분산 설치된 기준국에서 수집한 GPS 데이터의 보정 정보와 항법 신호의 이상 유무를 정지궤도 위성을 통해 이용자들에게 전달함으로써 해당 지역에 대한 정밀한 위치 정보를 얻을 수 있는 초정밀 GPS 오차 보정 시스템이다.

구분	정확도(수평)		신뢰성	경고
GPS	항공 서비스	36m 이내	(최저) 시간당 95%	없음
SBAS	항공 서비스(APV-I급)	16m 이내	500만 번 착륙당 1회 오류 확률	10초 이내
	공개 서비스	3m 이내	(최저) 95% 신뢰도	

※ 국내 구축되는 SBAS의 실제 성능은 1m 이내의 정확도로 서비스할 예정(국토교통부 홈페이지).

미국, 유럽, 일본, 인도는 자체 SBAS를 구축했고, 한국을 비롯해 중국, 러시아, 아프리카는 개발을 추진하고 있다. 한국에서는 2022년 서비스를 목표로 국토교통부 주도하에 개발을 진행하고 있다.

GPS 응용
• LBS
• ITS
• 텔레메틱스
• 기타

6 **GPS의 응용 분야**

6.1 **LBS** Location Based Service

LBS(위치기반서비스)는 이동 중인 사용자에게 무선통신을 통해 쉽고 빠르게 사용자의 위치와 관련한 다양한 정보를 제공하는 서비스로, 외부에서 이동 중인 사람이나 차량 등을 효율적으로 관리하는 데 이용할 수 있고, 어린이나 노약자 등 보호가 필요한 대상의 현재 위치나 이동 경로를 보호자에게 알려주는 데도 이용할 수 있다. 실제로 미국에서는 이미 휴대전화와 GPS를 통합한 'gpsOne' 솔루션을 바탕으로 긴급 구난 시스템인 911 시스템 E-911 에 LBS 개념을 도입해 긴급 상황 발생 시 해당자의 위치를 추적하는 데 활용하고 있다.

6.2 ITS Intelligent Transport System

ITS는 단거리 무선통신 기술을 이용해 도로변의 기지국 장치와 탑재 장치를 장착한 주행 차량 간의 정보를 중계함으로써 도로와 교통의 정보화를 지원할 수 있다. 활용 분야는 자동 요금 징수, 자동화도로시스템 advanced highway system 등 주로 교통과 도로가 중심 영역이었으나, GPS를 통해 얻은 위치정보와 결합해 운전자에게 주변 지형과 각종 정보를 제공하는 LBS 기술과 융합되어 활용된다.

6.3 텔레메틱스 Telemetics

텔레메틱스는 차량에서 다양한 정보를 사용할 수 있도록 지원하는 통신 서비스로, 점차 대중화되는 추세이다. 운전자의 휴대전화, GPS, 차내 GIS Geographic Information System 를 이용한 위치기반서비스로, 블루투스 기술을 활용해 차량 내의 여러 정보단말과 운전자의 휴대단말 간의 통신에 사용되기도 한다.

6.4 기타 응용 분야

자원 관리(지하자원·토지 관리), 군사(미사일 폭격 지점, 정착, 유도기), 과학(지상·지각 변동 연구, 해류 연구), 각종 위치기반서비스 등이 있다.

7 향후 전망

GPS는 현재 위치기반서비스 LBS, 차량 내비게이션, 이동통신의 동기 제어 등 많은 부분에서 상용화·서비스되고 있다. 앞으로 GPS의 정밀도를 향상시킬 수 있는 기술 분야와 응용 서비스 및 프로그램의 개발이 중요하다.

DGPS 기술은 현재 배와 비행기의 항법 분야 이외에도 도로 교통, 고정밀도가 요구되는 측지 등으로까지 활용 범위가 확대되고 있다.

미국 국방성에서 운용 중인 GPS는 그 한계를 10m급으로 제한해 민간에 서비스하고 있다. EU에서 발사하고 한국도 참여한 갈릴레오 시스템까지 추가로 이용된다면, 추가된 위치정보 위성을 바탕으로 도심지에서는 위치 확인율이 기존 55% 수준에서 95% 이상으로 개선되고, 정밀도도 기존 10m급에서 1m급까지 향상될 수 있어 개인 위치를 이용한 좀 더 다양한 서비스를 개발할 수 있다. 위치정보 신호는 군사적으로도 중요하므로 장기적으로는 한국도 독자적인 위성 측위 시스템을 구축이 필요하며, 2022년 서비스를 목표로 SBAS 시스템을 구축하고 있다.

참고자료
국토해양부. "초정밀 GPS 보정 시스템(SBAS)". http://www.molit.go.kr/USR/WPGE0201/m_35409/DTL.jsp
삼성 SDS 기술사회. 2007. 『핵심정보기술총서』. 한울.
위키피디아(www.wikipedia.org).
정보통신산업진흥원(itfind.or.kr).
한국인터넷진흥원(KISA). 「국내외 LBS 산업 동향 보고서」. 방송통신위원회·한국인터넷진흥원.

기출문제
101회 정보통신 GPS에 사용되는 다원접속 방식에 대하여 기술하고, GPS를 통해 위치정보와 시각(time)정보를 구하는 과정을 설명하시오. (25점)
93회 정보통신 GPS(Global Positioning System)의 LBS(Location Based Service) 응용에 대하여 설명하고, 위치 정확도를 높이기 위한 방법에 대하여 설명하시오. (25점)
89회 정보통신 GPS(Global Positioning System) 개요, 구성, 위치 측정 기법, 서비스 종류 등에 대해 설명하시오. (25점)
84회 정보통신 DGPS(Differential GPS). (10점)

C-10

무선 LAN 시스템

무선 LAN은 유선과 달리 프레임 충돌 검출이 쉽지 않은 무선 환경에서 전송 전 캐리어 감지를 통해 일정 시간 기다리며 사전에 가능한 한 충돌을 회피하는 CSMA/CA을 사용한 무선통신 방식이다. 초창기에는 성능 저하 및 취약한 보안성 등의 문제가 있었으나, 기술 발전으로 현재는 신뢰성 있는 고속 네트워크를 제공함으로써 다양한 산업군에서 활용되며, 자율주행 자동차, IoT 등 4차 산업혁명 시대의 핵심 기반 기술로 활용되고 있다.

1 무선 LAN 개요

1.1 정의

무선 LAN은 유선 케이블 대신 무선 주파수radio frequency 혹은 빛을 사용해 유선 네트워크 장비에서 각 단말까지 최대 100m 내외의 근거리 무선 네트워크를 구성하는 기술이다.

1.2 의미

이동통신 서비스가 보편화되고, 데이터 서비스에서도 이동성과 편리성을 추구하려는 소비자의 인식 변화에 따라 기존 유선 LAN과 무선 데이터 서비스의 단점을 보완하면서 저렴하고 효율적인 무선 데이터통신 솔루션의 필요성이 대두했으며, 그 결과 무선 LAN이 다방면으로 활용되고 있다.

최근 무선 LAN 기술은 노트북, 스마트폰뿐 아니라 디지털 가전, IoT, 자율주행 자동차 등 다양한 분야의 기기에 적용되어 홈 네트워크 및 유비쿼터스 네트워크를 실현하는 핵심 기술로 이용되고 있다.

2 무선 LAN 기술의 특징과 발전 단계

2.1 특징

무선 LAN은 비허가 대역인 ISM Industrial, Scientific and Medical 대역에 속하는 2.4/5/60GHz 주파수를 사용해 약 100미터 거리 내외에서 최대 수 Gbps의 속도로 데이터를 전송할 수 있으며, 주로 송신과 수신을 동시에 실행하지 않는 반이중통신 방식을 사용한다.

무선 LAN은 별도의 배선이 필요 없어 단말기의 재배치 및 이동성이 용이하지만, 유선 LAN에 비해 전송 속도가 낮고 신호 간섭이 발생한다는 단점이 있다.

2.2 발전 단계

단계	내용
1단계 (1991~1998년)	- 업체별 독자 기술 중심 - 802.11 표준 기술 발표(전송 속도 1~2Mbps)
2단계 (1999~2003년)	- 기존 무선 LAN 물리 계층을 보완한 802.11b 표준 발표(전송 속도 11Mbps) - 액세스 포인트(AP)의 보안 및 NW 관리 기술 등장
3단계 (2003~2007년)	- 802.11a/g/n 등 고속 무선 LAN 표준이 시장 주도(전송 속도 54Mbps) - 듀얼 밴드 듀얼 모드 지원 방식 - 유·무선 통합 개념으로 서비스 제공 - QoS 및 보안을 강화하는 기술 표준화 대두
4단계 (2008~2014년)	- 802.11n 기술이 상용화되면서 전송 속도가 300Mbps급 이상으로 증가 - MIMO, OFDM 기술의 발달로 속도 및 이동성 증가
5단계 (2015년~현재)	- 802.11ac, 802.11ad 차세대 무선 LAN 등장으로 Gbps급으로 속도 향상 - 802.11af/ah/ai/aj/ak/ax/ay/az/ba 등 다양한 차세대 무선 LAN 표준화 진행

3 무선 LAN 기술의 분류

3.1 접속 방식에 따른 분류

CSMACarrier Sense Multiple Access·CACollision Avoidance 방식은 무선 장비들이 네트워크의 반송파를 감지하고 있다가 네트워크가 비어 있을 때 목록에 등재된 자신의 위치에 따라 정해진 시간만큼 기다렸다가 데이터를 전송하는 방식이다. 전송 데이터 충돌을 사전에 처리·제어할 수 있으며, 현재 대부분의 무선 LAN에서 주로 사용된다. 전파 전송 감시를 위한 전력 소비가 많으나, 가격이 저렴하고 구성이 간단하다는 장점이 있다.

그 밖에 위성에서 사용하는 ALOHA, slotted ALOHA 방식이 있으나, 현재는 무선 LAN에서 대부분 사용하지 않는다.

3.2 전송 방식에 따른 분류

DSSSDirect Sequence Spread Spectrum 방식은 송신 측에서 확산부호PN를 이용해 데이터를 해당 채널의 전체 대역폭을 차지하는 대규모 스펙트럼 대역으로 확산시켜 전송하고, 수신 측에서 역확산부호를 이용해 복조하는 방식이다. 변조의 효율성이 좋고, 신호의 동기가 빠르며, 페이딩에 강해 대역 내 간섭이 적어 보안성이 높으나, 전력 소모가 크다는 단점이 있다. CDMA, IEEE 802.11b, ZigBee 등에서 사용된다.

FHSSFrequency Hopping Spread Spectrum 방식은 전송 신호를 하나의 중심 주파수에서 다른 중심 주파수로 도약(호핑)시켜 주파수 스펙트럼을 확산하는 방식이다. 전력 소모가 적지만, 페이딩에 약하다. 또한 빠른 주파수 합성기가 필요하며, HomeRF, 블루투스Bluetooth 등이 FHSS 방식을 이용한다.

적외선IR: Infra-Red 방식은 적외선 신호 방식을 무선 LAN에 적용한 것으로, 높은 전송 속도를 구현할 수 있으며 간섭이 적다. 또한 CDMA 등과 달리 무선 허가가 불필요하고 구성도 간단하다. 다만 빛처럼 직진성LOS: Line Of Sight 조건이 필요하다.

OFDMOrthogonal Frequency Division Multiplexing 방식은 현재 대부분의 무선 LAN에서 사용하는 변조 방식으로, 일정 주파수 대역에서 다수의 반송파를 이용해 많은 양의 데이터를 전송할 수 있으며, 이동성 및 에러 제어에 탁월한 성능을 보인다. 802.11a/g/n/ac/ad 등 차세대 무선 LAN 및 4G, LTE 등 차세대 이동통신의 핵심 기술로 꼽힌다.

4 무선 LAN 표준화 및 주요 내용

4.1 무선 LAN 표준화

표준화	내용
802.11	2.4GHz 주파수 대역에서 1~2Mbps 물리 계층 전송 속도를 지원하는 infrared, FHSS, DSSS 등 세 가지 PHY·MAC 정의
802.11b	2.4GHz 주파수 대역에서 DSSS 변조 방식으로 최대 11Mbps의 물리 계층 전송 속도를 지원하는 PHY 정의
802.11a	5GHz 주파수 대역에서 OFDM 변조 방식으로 최대 54Mbps의 물리 계층 전송 속도를 지원하는 고속 PHY 정의
802.11g	2.4GHz 주파수 대역에서 OFDM 변조 방식으로 최대 54Mbps의 물리 계층 전송 속도를 지원하는 고속 PHY 정의
802.11n	최대 600Mbps의 물리 계층(PHY) 전송 속도 정의
802.11ac	802.11n과 호환되는 5GHz 대역의 Gbps급 무선 LAN 기술로 최대 80m 지원
802.11ad	WiGig, 60GHz 주파수에서 최대 6.7Gbps 데이터 전송률, 최대 10m 이내의 짧은 통신 거리로 인해 멀티미디어 등으로 제한적 활용
802.11e	무선 LAN 인터페이스상에서 QoS를 향상시키기 위해 MAC 기능 강화
802.11f	여러 업체에서 생산된 각기 다른 액세스 포인트(AP) 간의 표준화된 프로토콜 정의
802.11i	802.11x, TKIP, AES 등을 도입해 무선 LAN 인증·암호화 프로토콜의 보안상 취약점을 개선하기 위해 MAC 기능 강화
802.11s	메시 기술을 무선 LAN에 적용해 전송 속도를 획기적으로 향상시키고 거리 제약 극복
802.11af	Super Wi-Fi 혹은 White Wi-Fi, 50-700MHz 사이 TV 유휴 대역(White space) 이용, 1km 내외의 거리에서 20Mbps급 저속 통신 지원
802.11ah	Wi-Fi HaLow, 1GHz 이하(보통 900MHz 대역) 광역 네트워크
802.11aj	차이나 밀리미터 웨이브(China Millimeter Wave), 802.11ad의 물리적 레이어와 MAC 레이어를 수정해 중국의 59~64GHz 대역폭에서 운용
802.11ak	IEEE 802의 다른 망과 브리지 형태로 연결 지원
802.11aq	Pre-Association Discovery, 사용자가 연동 프로세스 및 연결 이전에 특정 네트워크에 가용한 서비스를 결정
802.11ax	HEW(High Efficiency WLAN), 운동 경기장이나 공항과 같이 밀집된 환경에서 2.4/5GHz 스펙트럼을 유지하면서도 WLAN 성능을 향상하고자 고안

표준화	내용
802.11ay	Next Generation 60GHz, 60GHz 대역에서 최대 20Gbps의 속도를 보장하면서 전력 효율성 및 안정성 제고
802.11az	Next Generation Positioning, 위치와 추적, 포지셔닝에 왕복 시간을 적용
802.11ba	웨이크업 라디오(WUR), 사물인터넷 네트워크 내의 기기와 센서의 배터리 수명을 늘리기 위한 새로운 기술

4.2 주요 표준화 기술 비교

표준화	변조 방식	주파수 대역	최대 전송률	거리	MIMO
802.11	FH/DSSS	2.4GHz	1~2Mbps	20m	1
802.11b	DSSS	2.4GHz	11Mbps	35m	1
802.11a	OFDM	5GHz	54Mbps	35m	1
802.11g	OFDM	2.4GHz	54Mbps	40m	1
802.11n	OFDM	2.4/5GHz	600Mbps	50m	4
802.11ac	OFDM	5GHz	6.9Gbps	80m	8
802.11ad	OFDM	60GHz	7Gbps	10m	10 이상

5 무선 LAN의 기술 동향 및 전망

VHTVery High Throughput이라 불리는 차세대 무선 LAN 표준인 IEEE 802.11ac 가 2014년 표준화된 이후 2018년 현재 출시되는 대부분의 무선 LAN 장비는 이 표준을 지원하고 있다. 또 다른 VHT 기술인 WiGig는 2013년 1월 표준화를 거쳐 3월에 Wi-Fi Alliance로 포섭되어 IEEE 802.11ad 표준이 되었으며, 현재 802.11ad를 지원하는 장비의 출시도 증가하는 추세이다.

또한 무선 LAN 기술은 802.11af, 802.11ah, 802.11aj, 802.11ax, 802.11ay, 802.11ba 등 다양한 용도로 활용될 수 있는 차세대 무선 LAN 규격으로 그 영역을 확장하고 있으며, 4차 산업혁명의 초연결hyper-connectivity 시대를 이루기 위한 핵심 기반 기술로 활용될 전망이다.

참고자료

≪디지털 타임즈≫.

≪전자신문≫.

기출문제

113회 정보통신 무선랜 구축 시 고려 사항과 IEEE 802.11ac 주요 기술을 설명하시오. (25점)

107회 컴퓨터시스템응용 IEEE 802.11ac에 대해 설명하시오. (10점)

107회 컴퓨터시스템용용 IEEE 802.11i의 등장 배경을 설명하고 인증과 키교환 방식을 설명하시오. (25점)

107회 정보통신 WiGig(Wireless Gigabit, IEEE 802.11ad). (10점)

104회 정보관리 실내에서 WLAN(Wireless LAN)과 같은 상용 통신장치의 전파 특성(Radio Properties)을 이용하여 이동단말의 위치를 설정(Localization or Positioning)하는 방안에 대해 설명하시오. (25점)

104회 정보통신 IEEE 802.11의 멀티캐스팅 서비스를 기술하고, 서비스의 문제점을 설명하시오. (25점)

101회 컴퓨터시스템응용 기가 와이파이(802.11ac). (10점)

101회 정보통신 무선랜 표준 IEEE 802.11i에 대해 설명하시오. (10점)

98회 컴퓨터시스템응용 IEEE 802.11 네트워크에서의 BSS(Basic Service Set)에 대하여 설명하시오. (10점)

WPAN Wireless Personal Area Network

가전기기나 사무기기, 각종 정보기기를 근거리에서 배선 없이 서로 연결할 수 있는 WPAN 기술이 널리 이용되고 있다. WPAN은 10m 내외의 비교적 단거리에 사용되는 저전력, 소형, 저가의 개인 무선 네트워크 기술이다.

1 WPAN의 개요

WPAN은 언제 어디서나 누구든 정보통신의 혜택을 누릴 수 있는 유비쿼터스 시대를 실현하기 위한 네트워킹 요소 기술로서, 저전력·소형·저가 특성을 보장하기 위한 다양한 응용 프레임워크, 네트워킹 및 데이터 전송 방식에 관한 기술이다. WLAN Wireless Local Area Network 이 컴퓨터와 주변장치들 간의 통신 네트워크를 말한다면, WPAN은 개인 영역 내에 위치한 정보기술 장치들 간의 상호 통신을 의미한다.

2 WPAN의 특징과 발전 단계

2.1 WPAN의 특징

매우 짧은 거리의 통신 서비스를 제공하며, 저가·저전력에 초점을 맞춘 단거리 무선 연결이 가능하다. 또한 LAN, 인터넷 그리고 기존의 음성 및 데이터 통신망과도 연결할 수 있다.

무선통신 기술의 커버리지 및 표준화

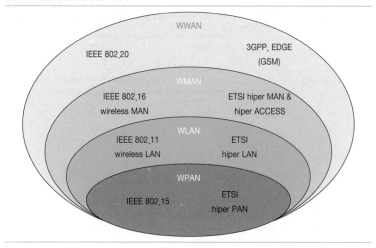

2.2 IEEE 802 LAN/MAN Standards Committee 표준화

- 802.1: Higher layer LAN protocols working group
- 802.3: Ethernet working group
- 802.11: Wireless LAN working group
- 802.15: Wireless Personal Area NetworkWPAN working group
- 802.16: Broadband wireless access working group
- 802.18: Radio regulatory TAG
- 802.19: Wireless coexistence working group
- 802.21: Media independent handover services working group
- 802.22: Wireless regional area networks
- 802.24: Smart Grid TAG

2.3 WPAN의 표준화(IEEE 802.15)

- 802.15.1: Bluetooth V1.1
- 802.15.3: High rate WPAN, 11~55Mbps

- 802.15.3a: Higher rate WPAN, 500Mbps, UWB

- 802.15.4: Low rate, low power, 200Kbps, ZigBee

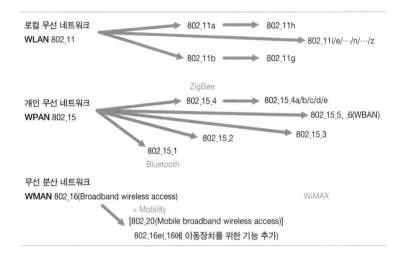

3 WPAN 기술별 비교

구분	블루투스	ZigBee	UWB	RFID
커버리지	- 10m	- 30m	- 2~10m	- 2m~100m
Data Rate	- 1Mbps	- 20/40/250Kbps	- 500Mbps	- 1.7/26.5Kbps
주파수 대역	- 2.4GHz	- 868/915MHz - 2.4GHz	- 3.1~10.6GHz	- 135kHz 이하 - 13.56MHz - 900MHz, 2.5GHz
표준화 단체	- IEEE 802.15.1	- IEEE 802.15.4	- IEEE 802.15.3	- ISO/IEC
개발 목적	- 근거리 유선 케 이블 대체	- 저전력·저가 - 기기 제어	- 근거리 기기 간 고속 데이터통신	- 사물정보 인식 - 주변 상황 정보 감지

3.1 블루투스

블루투스Bluetooth는 1994년 에릭슨Ericsson에서 최초로 개발한 개인 근거리 무선통신PANs을 위한 산업 표준이다. 소니 에릭슨, IBM, 노키아, 도시바가 참여한 블루투스 SIGBluetooth Special Interest Group에서 정식화하여 1999년 5월 20일에 공식 발표되었다. IEEE 802.15.1 규격을 사용하는 블루투스는 다양한 기기들이 안전하고 저렴한 비용으로 전 세계적으로 이용할 수 있는 무선 주파수를 이용해 서로 통신할 수 있게 한다.

블루투스는 ISM 대역인 2.45GHz를 사용한다. 버전 1.1과 1.2은 전송 속도가 723.1Kbps이며, 버전 2.0은 EDREnhanced Data Rate를 바탕으로 하여 2.1Mbps의 속도를 낼 수 있다. 블루투스는 유선 USB를 대체하는 개념이며, Wi-Fi는 이더넷을 대체하는 개념이다. 암호화에는 SAFER+Secure And Fast Encryption Routine +를 사용한다. 장치끼리 신뢰성 있는 연결을 하기 위해 키워드를 이용한 페어링pairing을 하는데, 이 과정이 없는 경우도 있다.

비콘beacon, 센서, 헬스케어 등 전력 공급이 제한되는 IoT 환경에서의 활용을 위해 블루투스 4.0에는 저전력 블루투스Bluetooth Low Energy 스펙이 추가되었다. 저전력 블루투스는 대부분의 시간 동안 슬립모드로 운용되며 밀리초ms 단위의 매우 짧은 동작 주기duty cycle를 갖는다. 2MHz 대역폭 및 약 200kbps의 전송 속도로 통신한다.

2016년 6월에는 블루투스 5.0 스펙이 발표되었다. 5.0은 기존 대비 커버리지 4배, 속도 2배, 용량 8배 등 대폭 향상된 성능으로 발표되었으며, 향후 IoT, 비콘, 드론 등 다양한 분양에서 활약이 예상된다.

블루투스 발전 과정

버전	발표 시기	특징
1.0/1.0B	1999년 5월 20일	- 핸드셰이킹 과정에서 블루투스 하드웨어 장치 주소(BD_ADDR)를 반드시 전송해야 하므로 프로토콜 수준에서의 익명(IP와 같은 주소 없이)의 연결(rendering anonymity) 불가
1.1	2002년 802.15.1 IEEE 표준 승인	- 1.0B의 문제점 수정 - 비암호화 채널(non-encrypted channels) 지원 - Received Signal Strength Indicator(RSSI) 수신 가능 - 전송 속도 723Kbit/s
1.2	2005년 802.15.1 IEEE 표준 승인	- 빠른 접속과 가까운 거리에서의 주파수 간섭 및 먼 거리에서의 분산 스펙트럼(frequency-hopping spread spectrum)에 대비 - 실제 전송 속도는 1.1과 같은 723Kbit/s - 패킷 오류나 재전송에 따른 음성 및 음원 신호의 품질 손실을 막는 extended synchronous connections(eSCO) 지원 - Three-wire UART를 위한 host controller interface(HCI) 지원
2.0+EDR	2004년 10월 표준화	- 평균 3배, 최대 10배의 데이터 전송 속도(data transfer rate) 향상: 3.0Mbit/s의 향상된 데이터 속도(EDR) 지원(실제 전송 속도 2.1Mbit/s) - Duty cycle 감소로 전력 소비량 저감 - Multi-link scenarios의 단순화로 사용할 수 있는 대역폭 증가

버전	발표 시기	특징
2.1+EDR	2007년 7월 채택	- 확장된 질의응답 - 스니프 서브레이팅(sniff subrating) 기술 - 부호화 일시 중지·재개(encryption pause resume) - NFC 코퍼레이션
3.0+HS	2009년 4월 발표	- 802.11 PAL(Protocol Adaptation Layer) 채용 - 속도 최대 24Mbps로 향상 - 블루투스 기기 간 대용량 그림, 동영상, 파일 송수신 가능 - PC와 모바일 기기 동기화 가능 - 프린터나 PC로 많은 사진을 전송 가능 - 내장된 전력 관리 기능을 통해 전력 소모 크게 저감
4.0	2010년 6월 채택	- 클래식 블루투스와 블루투스 하이스피드, 블루투스 로우에너지의 기능을 포괄
4.1	2013년 12월 발표	- 공존성(coexistence) 향상 - 더 나은 연결(better connections) - 데이터 전송 개선(improved data transfer) - 개발자에게 더 많은 유연성 제공
4.2	2014년 12월 발표	- 4.0 대비 전송 속도 2.5배 증가 - 패킷 1회 전송량 10배 증가 - IPv6 6LoWPAN을 통해 인터넷 직접 접속, 연결성 향상 - 개인 정보 보호 기능 강화
5.0	2016년 6월 발표	- 4.2 대비 도달거리 4배, 전송 속도 2배 증가 - 기기 간 정보 공유 메시지 크기 8배 증가 - 키보드, 마우스, 헤드셋 등 타 블루투스 기기와의 간섭 최소화

3.2 ZigBee

ZigBee는 소형·저전력 디지털 라디오를 이용해 개인 통신망을 구성하여 통신하기 위한 표준 기술로, IEEE 802.15 표준을 기반으로 만들어졌다. ZigBee 장치는 메시 네트워크 방식을 이용해 여러 중간 노드를 거쳐 목적지까지 데이터를 전송함으로써, 저전력 구조인데도 넓은 범위의 통신이 가능하다. Ad-hoc 네트워크적인 특성으로 인해 중심 노드가 따로 존재하지 않는 응용 분야에 적합하다. 전송 속도는 250Kbps이며, 낮은 수준의 전송 속도만 필요로 하면서 긴 배터리 수명과 보안성을 요구하는 분야에서 주로 사용된다. 주기적 또는 간헐적인 데이터 전송이나 센서 및 입력장치 등의 단순 신호 전달을 위한 데이터 전송에 가장 적합하다. 응용 분야로는 무선 조명 스위치, 가내 전력량계, 교통 관리 시스템, 그 밖에 근거리 저속통신을 필요로 하는 개인용 및 산업용 장치 등이 있다. ZigBee의 표준은 블루투스나 Wi-Fi 같은 다른 WPAN 기술에 비해 상대적으로 더 단순하며 저렴한 비용을 목표로 만들어졌다.

ZigBee 네트워크는 128비트 대칭키 암호화를 이용한 보안을 제공한다. 홈오토메이션 애플리케이션의 경우 전송 거리는 가시선 기준 10~100미터 정도이며, 이는 출력 강도 및 무선 환경에 따라 달라진다.

ZigBee 3.0에서는 IoT 환경에서의 application 표준을 지원하며, ZigBee Pro 2017에서는 dual-band mesh network(800~900MHz, 2.4GHz)를 지원하는 등 ZigBee 역시 IoT 환경에 대응하고자 분주한 움직임을 보이고 있다.

3.3 UWB Ultra Wideband

UWB는 기존의 스펙트럼에 비해 매우 넓은 대역에 걸쳐 낮은 전력으로 대용량의 정보를 전송하는 무선통신 기술이다. 3.1~10.6GHz의 주파수 대역을 사용하면서 10m~1km의 전송 거리를 보장한다. UWB는 지난 40여 년간 미국 국방부에서 군사용 무선통신 기술로 사용되다가 미국 통신 주파수 관할 기관인 연방통신위원회FCC가 최근 민간에 개방하면서 관심을 모으게 되었다. GHz의 주파수 대역을 사용해 초당 100~500M의 속도로 전송이 가능한 무선통신 기술로 큰 용량의 동영상을 떨림이나 버그 없이 완벽하게 전송할 수 있고 전송 거리도 블루투스의 100m보다 10배나 긴 1km에 달해, 이를 이용한 홈 네트워킹 시스템이 구현되면 모든 디지털 가전을 선 없이 연결하게 될 수 있다.

UWB 국제 표준화를 위한 IEEE 802.15.3a 위원회가 해체되면서 UWB 포럼과 WiMedia Alliance가 표준화를 진행해왔으나, WiMedia도 2009년에 해체되면서 USB Promoter Group, USB Implementers Forum, 블루투스 SIG로 권한이 이양된 상태이다.

4 WPAN 기술 전망

최근 무선통신은 유선통신이 제공할 수 없는 다양한 서비스를 제공하면서 급속히 확산되고 있다. WPAN은 무선 기반의 편리성과 이동성을 보장하고 언제 어디서나 사용자 맞춤형 서비스를 제공하는 유비쿼터스 시대를 조기에 정착시킬 수 있는 네트워킹 기술이다. 이 기술은 10m 내외의 비교적 단거리에서 디바이스들 간의 무선 연결을 통해 다양한 정보를 전달할 수 있다. 특히 저전력·소형·저비용 특성을 바탕으로 저속(Kbps)에서부터 초고속(Gbps)에 이르기까지 다양한 속도를 제공하며, 가정이나 사무실, 병원 등과 같은 실내 환경뿐만 아니라 외부망과 연동되어 원격지에서도 사용자의 필요에 맞는 서비스를 제공할 수 있게 한다. WPAN 전송 기술은 초기의 저전력망 구성을 확보하기 위한 연구에서 신뢰성 확보와 정보의 시의성을 보장하기 위한 방향으로 진화하고 있다. WPAN 기술은 저전력·소형화·저비용 등의 장점을 앞세워 스마트 그리드, 자율주행 자동차, IoT, 헬스케어 등 4차 산업혁명 시대 무선통신의 핵심 기술로 발전하고 있다.

참고자료

≪디지털 타임즈≫.

위키피디아(www.wikipedia.org).

≪전자신문≫.

≪IT FIND≫.

≪TTA Journal≫.

기출문제

113회 컴퓨터시스템응용 근거리 무선네트워크 기술 WPAN(Wireless Personal Area Network)의 Bluetooth, UWB, ZigBee를 비교하여 설명하시오. (25점)

113회 정보통신 Bluetooth Low Energy에 대해 설명하시오. (10점)

111회 정보통신 무선팬(WPAN) 시스템에서 IEEE 802.15.1, IEEE 802.15.2, IEEE 802.15.3 및 IEEE 802.15.4를 서비스 범위, 통신 속도, 음성지원 및 전력관리 측면에서 비교 기술하시오. (25점)

105회 컴퓨터시스템응용 BLE(Bluetooth Low Energy)에 대해 설명하시오. (10점)

105회 정보통신 댁내무선통신으로 활용이 가능한 ZigBee, Bluetooth, Wi-Fi 기술에 대해 설명하시오. (25점)

102회 컴퓨터시스템응용 ZigBee PRO의 특징을 ZigBee와 비교하여 설명하시오. (25점)

101회 정보통신 ZigBee 프로토콜 모델과 응용 서비스. (10점)

주파수 공유 기술

주파수 자원의 이용 효율을 높이기 위한 기술로는 셀 분할에 의한 주파수 재사용, 다원접속 방식, 스펙트럼 확산통신 등이 개발되어 사용되고 있으나, 다양한 무선망들의 간섭으로 인한 성능 저하 문제는 여전히 해결해야 할 과제이다. 주파수를 하나의 공유 자원으로 보고 이를 활용하기 위한 CR, SDR, UWB와 같은 주파수 공유 기술이 개발되고 있다.

1 UWB Ultra Wideband

1.1 개요

UWB(초광대역)는 중심 주파수의 20% 이상의 점유 대역폭을 지닌 신호, 또는 점유 대역폭과 상관없이 500MHz 이상의 대역폭을 지닌 신호를 말한다. UWB는 스펙트럼 확산 기술을 사용해 초광대역에 전력 스펙트럼 밀도가 매우 낮아 기존 다른 무선 신호와 상호 간섭 없이 주파수를 공유할 수 있다. IEEE 802.15.3a로 표준화가 진행되고 있다.

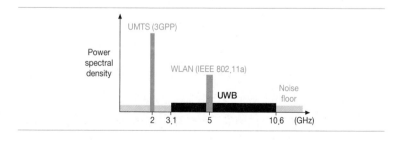

1.2 특징

UWB는 3.1~10.6GHz(7.5GHz 범위)의 주파수 대역을 사용하고, 벽과 같은 장애물에 대한 투과율이 좋다. 무선 LAN과 블루투스 등보다 훨씬 빠른 속도(500Mbps/1Gbps)와 저전력 특성(-41dBm 이하)을 지니며, 평균 거리 10~20m의 WPAN에서 사용되고, 수 센티미터의 정밀도로 위치 인식이 가능하다. UWB는 기저대역baseband 전송으로 회로가 간단해 저렴한 비용으로 소형화를 구현할 수 있다. 주파수 확산 방식으로는 DS-CDMA와 MB Multi Band-OFDM이 사용되고, 변조 방식으로는 PPM Pulse Phase Modulation 이 사용된다.

UWB는 PC와 주변기기 및 가전제품을 초고속 무선 인터페이스로 사용할 수 있게 하며(무선 USB, 무선 IEEE 1394), 벽 투시용 레이더, 고정밀도의 위치 측정, 차량 충돌 방지 장치, 신체 내부 물체 탐지 등에도 활용할 수 있다.

2 CR Cognitive Radio

2.1 개요

CR(무선 인지)는 사용하지 않는 주파수를 자동으로 검색해 무선통신을 가능하게 하는 주파수 공유 기술이다. 지역과 시간에 따라 사용하지 않는 주파수를 자동으로 검색하므로 유휴 스펙트럼을 찾아 환경에 맞는 통신 방식 및 주파수 대역폭을 능동적으로 판단해 재활용할 수 있다.

2.2 특징

CR는 단순한 주파수 이동이 아닌, 통신 용량과 전파 환경에 따라서 동적으로 최적의 주파수를 선택한다. 그러기 위해서는 수신 신호의 상관관계 값을 구해 존재 유무를 검출하고 SNR를 최대화하는 정합 필터 등 스펙트럼 검출 기술이 중요하다. 또한 상호 간섭을 회피하기 위해 주파수 사용을 중재하는 프로토콜과, 자신의 위치와 다른 송신기 위치를 파악해 적당한 운영 파라미터를 결정하는 능력이 필요하다. IEEE 802.22 WRAN Wireless Regional Area

Network에서 CR 기반으로 TVWS TV White Space를 이용한 주파수 공유 기술의 표준화가 진행되고 있다.

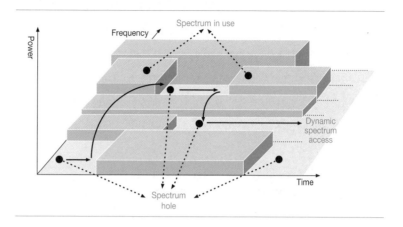

2.3 TVWS TV White Space

TV 채널	주파수	밴드
2, 3, 4	54~72MHz	VHF - Low band
5, 6	76~88MHz	VHF - Low band
7~13	174~216MHz	VHF - High band
14~51	470~698MHz	UHF band

TVWS(TV 유휴 대역)는 TV 방송 대역인 VHF, UHF 중에서 방송 사업자가 지역적·시간적으로 사용하지 않고 비어 있는 대역을 의미한다. TVWS는 전파 특성이 우수하고 서비스 권역이 넓기 때문에 공공안전 네트워크 또는 슈퍼 Wi-Fi(802.11af) 등의 용도로 사용할 수 있다.

주파수 간섭을 회피하는 기술에는 스펙트럼 센싱 방식과 데이터베이스 이용 방식이 있는데, 스펙트럼 센싱 방식은 주변 환경에 따라서 가용 채널을 능동적으로 확보하는 방식으로, 센싱 기술의 난이도가 높고 기기 제조 비용이 상승한다는 단점이 있다. 데이터베이스 이용 방식은 위치 기반의 TV 채널 정보를 데이터베이스로 구축해 이용하는 것으로, 대부분의 국가에서 채택하는 방식이다. 현재 전 세계적으로 TVWS를 이용해 슈퍼 Wi-Fi, 교통정보, 스마트 그리드 등의 다양한 시범 서비스를 진행하고 있다.

2.4 5G에서의 주파수 공유 기술 활용

5G NR에서는 주파수 자원을 효율적으로 사용하기 위한 다양한 방안을 도출하고 있다. 동적 주파수 공유 기술을 토대로 여러 대역에 걸쳐 사용되지 않는 자원을 가변적으로 할당해 사용하게 함으로써 주파수 효율을 극대화한다. 또한 LTE-U, LWA, MultiFire, Wi-Fi, CBRS/LSA 등 여러 가지 무선 기술과 대역을 혼합하여 사용하게 함으로써 주파수 효율과 주파수 대역에 따른 끊김 없는 서비스 제공이 가능하다.

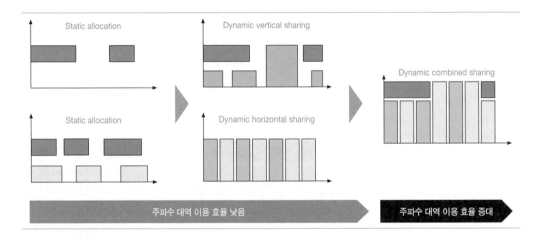

3 SDR Software Defined Radio

3.1 개요

SDR는 광대역의 신호 처리를 할 수 있는 하드웨어를 토대로 다양한 방식의 무선통신 서비스를 소프트웨어 변경만으로 통합 수용할 수 있는 기술이다. 안테나 이후의 대부분의 기능 블록을 통합해 DSP Digital Signal Processor로 구현된 소프트웨어 모듈에서 처리한다. CR 기술과 접목하면 CR를 이용해 비어 있는 유휴 무선 자원을 감지하고, SDR 기술로 통신을 수행함으로써 주파수 자원의 이용 효율을 극대화할 수 있다.

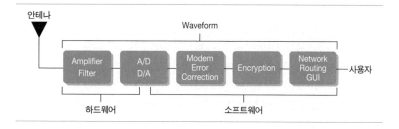

안테나

Waveform

Amplifier Filter — A/D D/A — Modem Error Correction — Encryption — Network Routing GUI — 사용자

하드웨어

소프트웨어

3.2 특징

SDR는 하드웨어 교체 없이 필요한 소프트웨어를 재구성함으로써 다중 무
선접속 규격, 다중 대역, 다양한 서비스를 통합적으로 제공할 수 있다. SDR
를 구현하기 위해서는 RF front-end 및 digital IF 기술, 기저대역 디지털 신
호 처리 기술과 효과적인 소프트웨어 다운로드 기능이 필요하다. SDR 기능
을 이용하면 하나의 단말기나 기지국으로 다양한 무선접속 서비스를 제공
받을 수 있으며, 통신 사업자는 저렴한 망 구축 비용으로 융통성 있게 망을
운용할 수 있다.

4 결론

사용할 수 있는 주파수 자원은 갈수록 줄어드는 반면에 무선에서의 사용자
트래픽은 급증하고 있어 무선 주파수를 효율적으로 사용하기 위한 주파수
공유 기술이 필요한 상황이다. 특히 TVWS 대역에서는 지역적·시간적으로
사용하지 않는 주파수를 공유해 슈퍼 Wi-Fi 등의 용도로 사용하는 노력이
계속되고 있다. 5G 서비스에서는 멀티 대역과 멀티 무선 전송 기술을 결합
해 서비스를 제공하기 위한 연구가 이루어지고 있으며, 다양한 융·복합 서
비스 및 시스템 출현이 예상된다. 이런 상황에서 CR와 SDR 기술은 주파수
의 이용 효율을 극대화하는 동시에 통신 사업자의 구축 비용을 절감할 수
있는 기반 기술로 주목받을 것이다.

C-13

LPWA Low Power Wide Area

———

센서를 이용한 IoT 서비스는 서비스 범위가 근거리를 대상으로 했고, 또한 자가망을 기반으로 제한된 서비스를 제공했다. 최근, 이동통신사들이 다양한 IoT 전국망 서비스를 시작함에 따라 거리 및 범위 제한이 없는 다양한 응용 서비스가 개발·확산되고 있다.

1 LPWA의 개요

IoT는 홈 IoT를 중심으로 발전하고 있다. 그동안 홈 IoT에서는 주로 블루투스, 와이파이 등 근거리 무선통신 기술을 이용해 서비스를 제공해왔다. 하지만 서비스 범위가 확대되면서 IoT 요건인 저전력·저비용을 만족하는 동시에 중·장거리를 지원하는 기술이 필요하게 되었다. 이를 위해 개발된 중·장거리용 IoT 광역 서비스망을 LPWA라고 한다.

 키포인트

IoT 네트워크는 보통 개별 센서망 중심의 소규모 자가망으로 구성되었다. 최근에는 다양한 기술 기반의 상용 서비스가 제공됨에 따라 선택의 폭이 매우 넓어졌으나, 기술 간 호환성, 연동 방식의 표준화 및 확장성을 추가로 고려해야 한다.

2 LPWA 기술

2.1 LPWA 기술의 분류

다양한 산업계 표준이 혼재하며, 크게 면허 대역과 비면허 대역, 즉 LTE로 대표되는 3GPP 기반과 비3GPP 기술로 구분된다.

LPWA 분류

2.2 Sigfox

UNBUltra Narrowband 기술을 사용해 별도의 기지국이나 중계 장비 없이 디바이스 또는 센서에 칩셋 기반의 통신 모뎀을 연결하여 서로 꼭 필요한 데이터만 주고받을 수 있게 함으로써 별도의 망 구축 비용과 전력 소모를 최소화하는 기술이다. LPWA 기술 가운데 가장 느리지만, 모든 게이트웨이를 통한 접속이 가능하고 이동성 지원을 위한 로밍이 필요 없다는 장점이 있다. 3km부터 시야가 확보될 경우 수백 km까지도 데이터 전송이 가능하다. 저전력·저비용 기반의 서비스를 지향하며, 동전 크기의 배터리 내장형 센서를 설치하면 이것을 통해 기지국과 연결할 수 있다. 교통, 원격 검침·제어 등 다양한 곳에서 활용 가능한 기술이다.

2.3 LoRa Long Range

LoRa는 Semtech에서 소유하고 특허를 보유한 기술로, ISM 대역에서 작동하며 물리층은 확산 스펙트럼인 SSM을 사용해 기본 신호를 더 넓은 대역폭으로 확산시켜 전력 소비를 줄이고 간섭에 대한 내성을 향상시킨다.

세계 통신 사업자들 사이에서 가장 인기 있는 IoT 전송 기술이며, 2021년까지 약 50억 개 이상의 단말이 LoRa를 통해 연결될 것으로 전망된다.

독보적인 배터리 성능, ADR Adaptive Data Rates 기술을 통해 개별 기기의 속도를 제어하고 기기별로 특정 알고리즘 적용이 가능하다. 이를 통해 네트워크의 효율적 운영이 가능하다. 또한 stat-to-star 방식의 용이한 설치 및 확장성, AES 128을 이용한 우수한 보안성, 양방향 통신을 보장한다. 시스코, IBM 등 400개 이상의 alliance에서 후원하는 통신 기술로, 국내에서는 SKT가 2016년 상용 서비스를 시작해 활발히 지원하고 있다.

2.4 LTE-M(Cat.0, Cat.1, Cat.M)

KT가 2016년에 전국망 서비스 상용화를 개시한 글로벌 표준인 3GPP 기반 기술이다. Release 8에 정의된 Cat.1 단말을 이용하고 release 12에서 정의된 PSM Power Saving Mode 기능을 추가했다.

현재 운용되는 LTE망 기반의 IoT 기술로 기존 통신가 면허 대역 주파수를 사용하기 때문에 간섭이 적고 서비스 품질이 보장된다. 속도는 Cat.1 기준으로 하향 10Mbps를 제공해 데이터양이 큰 IoT 서비스에 적합하다. 하지만 USIM 기반으로 프로토콜이 무겁고, 전력 소모가 크며, 칩과 모듈 가격, 사용 요금이 상대적으로 높아 비효율적이다.

2.5 NB-IoT Narrowband IoT

기존 LTE 방식을 응용한 IoT 기술은 Cat-M에서 저전력·저비용 구조가 강화되었으나 한계점을 노출하여 3GPP에서는 기존 LTE와 호환성을 고려하지 않은 새로운 규격을 디자인하게 되는데 그것이 NB-IoT이다.

기존 대역 일부를 할당한 200kHz 대역으로 IoT 기기 20만 대를 지원하는 동시에 기존 네트워크를 활용해 넓은 지역을 커버하며, 전력 소모가 적고, 배터리 교환 없이 최대 10년간 사용이 가능하다. LoRa와 비슷한 기술 특성을 지니고 있으나, LoRa가 무선 마이크 주파수를 활용해 간섭에 약한 탓에 주로 야외에서 활용 가능한 반면에, NB-IoT는 밀집 지역, 외진 곳, 지하 등에서 서비스가 가능하다는 장점이 있다. 한국에서는 2017년 KT와 LG U+가 협력해 망 구축을 완료했다.

2.6 LPWA 기술 비교

구분	전용망(비면허 대역)		비전용망(면허 대역)	
	Sigfox	LoRa	LTE-M	NB-IoT
커버리지	~13km	~5km(rural) ~5km(urban)	~11km	~15km
표준화	ETSI	LoRa Alliance	Cat.1: Rel. 8 PSM: Rel. 12	3GPP Rel. 13
주파수 대역	8~920Mhz	8~920Mhz	LTE 대역	LTE 대역
대역폭	200kHz	~500kHz	20MHz	200kHz
통신 속도	~1kbps	~10kbps	~10Mbps	~200kbps
배터리 수명	~10년	~10년	~10년	~10년
국내 상용화	-	2016년 4분기(SKT)	2016년 3분기(KT) 2018년 4분기(SKT)	2017년 2분기 (통신 3사)

3 국내 통신사 IoT 서비스의 동향

국내 통신 3사는 IoT 서비스 다양화를 통해 수익 모델을 늘려가고 있다. 현재는 IoT를 스마트홈에 적용하던 수준을 넘어 지하철 시설 관리, 블랙박스, 전력 관리, 소화전, 가구, 배관 등 다양한 영역에 적용하고 있다. 이와 함께 빅데이터, 인공지능 등과 결합해 시너지 효과를 내는 여러 가지 실험을 진행하고 있다.

SKT는 LoRa 전국망을 시작으로 LTE-M, NB-IoT 등 다양한 망을 구축해 서비스를 제공하고 있다. 2018년 3월 부산교통공사와 함께 IoT, 빅데이터를 이용해 도시철도 시설물을 관리하기로 했으며, 주차나 주행 중 발생한 상황을 자동으로 전송하는 IoT 블랙박스 서비스를 선보였다.

KT는 한국전력기술과 MOU를 맺어 IoT와 AI를 활용한 에너지 관리 플랫폼을 개발했고, 신성금고와 결합한 IoT 금고 서비스, 지하철 5호선 역사에 IoT를 기반으로 공기 질 관리, 지능형 CCTV 서비스 등을 제공하고 있다.

LU U+는 NB-IoT 기반의 지능형 소화전을 국내 최초로 개발하고 경북소방본부에 제공하고 있다. 또한 IoT를 이용한 스마트 의자인 링고스마트를 선보이기도 했으며, NB-IoT 기반의 스마트 배관망 관리 시스템을 구축해 상용 서비스를 시작했다.

통신 3사는 다양한 전국망을 기반으로 기존에 제한적으로 제공하던 IoT 서비스를 위한 통신망 제공뿐 아니라 자체적으로 다양한 서비스를 발굴하여 적용을 확대하고 있다.

4 향후 전망 및 고려 사항

현재 산업에서 활용하기 위한 다양한 통신망이 제공되고 있다. 이때 제공하려는 서비스를 면밀히 파악해 상용망 또는 자가망 활용을 검토해야 하며, 통신 기술 급변에 따른 확장성, 모듈의 교체, 타 서비스와의 연계를 고려해야 한다.

IoT 서비스는 단순히 전달하는 기능뿐 아니라 빅데이터, AI 등의 기술과 결합하여 모니터링, 정보 제공 이외의 다양한 서비스와 연동함으로써 새로운 부가 서비스를 창출해야 한다. 다양한 통신 기술, 게이트웨이, 서비스 융합을 위해서는 MQTT, CoAP 등 IoT를 위한 통신 프로토콜, 데이터 표준화도 고려해야 하며, 한편으로 end-to-end 보안을 위해 인증, 암호화, 복호화 등 보안성 적용도 고려할 필요가 있다.

참고자료
위키피디아(www.wikipedia.org).
한국인터넷진흥원(KISA). 「국내외 LBS 산업 동향 보고서」. 방송통신위원회·한국인터넷진흥원.

기출문제
110회 정보관리 LPWA(Low Power Wide Area)에 대해 설명하시오. (10점)

C-14

M2M(사물지능통신)

1990년대 유럽에서 송유관의 누유를 원격으로 관리하기 위해 탄생한 M2M은 IoT 및 IoE 등 사물과 인간을 연결하기 위한 지능통신의 근간이 되는 개념으로, 제4차 산업혁명의 초연결(hyper connectivity) 사회를 이루기 위한 핵심 기술이라 할 수 있다. 현재 차량, 의료, 스마트 그리드, 농업 등 다양한 분야에서 활용되고 있으며, 향후 차량 분야에서의 트래픽이 급증할 것으로 예상된다.

1 M2M의 개요

1.1 개요

M2M Machine to Machine(사물지능통신)이란 우리 주변의 다양한 기기들이 사람의 개입 없이 유·무선 네트워크를 통해 정보를 교환하며 서로 반응하는 지능적인 통신 기술을 의미한다. M2M의 역사를 거슬러 올라가 보면 1990년대 러시아 유전으로부터 원유를 공급받던 유럽 국가들이 누유를 막기 위해 송유관에 센서와 통신 장치를 부착해 관리한 데서 시작되었다고 알려져 있다. 이후 RFID, USN 등 무선에 기반한 통신 기술들이 발전해왔고, 현재는 IoT와 IoE까지 그 영역이 확장되었다고 볼 수 있다.

1.2 M2M과 IoT

4차 산업혁명을 설명할 때 M2M보다 더 많이 등장하는 단어가 바로 IoT

C • 무선통신 기술

Internet of Things(사물인터넷)와 IoE Internet of Everything(만물인터넷)이다. 다수의 문헌 및 매체에서 M2M과 IoT를 유사 혹은 동등 개념으로 취급하거나 IoT가 M2M을 흡수·대체하는 개념으로 인식하는 등 그 차이점에 대해 명확히 인지하지 못한 채 모호하게 혼용하여 사용하고 있다.

M2M과 IoT의 차이점에 대해 연구한 논문은 다음에 설명할 다양한 관점으로부터 그 차이점을 구분하고 있다. 즉, 관계(시간 흐름에 따른 단순 선후 관계 혹은 상하위 관계), 연결 주체(M2M은 기계 중심, IoT는 환경 중심), 연결 능동성(M2M은 수동적, IoT는 능동적), 연결의 정도(M2M은 단순 통신, IoT는 소통과 교감이 추가), 연결 방식(M2M은 유·무선 네트워크, IoT는 인터넷 프로토콜), 서비스(M2M은 기술, IoT는 환경·서비스) 등의 관점에서 차이를 두고 있다.

또한 ETSI, IEE, 3GPP, ITU-T 등 다수의 표준화 단체에서도 M2M 및 IoT에 대한 정의가 조금씩 상이하며, 3GPP의 MTC Machine Type Communication처럼 사물 간 통신을 지칭하는 용어 자체가 다른 경우도 있다. 이 책에서는 M2M 챕터에서 M2M 네트워크 구축 주요 기술 및 관련 서비스·응용 분야에 관해 설명하고, IoT 챕터에서 IoT 통신의 근간이라 할 수 있는 RFID, NFC, 센서 네트워크 기술에 대해 다룰 예정이다.

2 M2M 네트워크 구축 기술

2.1 M2M 네트워크 구축 기술 개요

M2M 네트워크 구축을 위해 다양한 통신 기술이 활용된다. 상용화된 지 수십 년이 되는 셀룰러 네트워크 및 Wi-Fi부터 최신 LPWAN 기술인 LoRa 및 SigFox까지 다양한 통신 기술이 사용된다. 각 통신 기술들의 세부 특징 및 스펙 등은 이 책 곳곳에서 자세히 다루므로, 여기서는 M2M 적용을 위한 각 기술의 특징을 비교 분석해본다.

2.2 구축 기술 비교

M2M 네트워크 구축을 위한 구축 기술들은 일반적으로 상용 주파수 대역의

기술과 ISM band 기술로 구분할 수 있다. 정부의 허가를 받고 사용하는 상용 주파수를 이용한 4G LTE 주도 기술들이 있으며, 모든 기기 사용자들이 타인을 방해하지 않는 범위 내에서 자유롭게 이용할 수 있는 비면허 대역 기술로 Wi-Fi, 블루투스, LoRa 등이 있다.

셀룰러 네트워크는 M2M 통신에서 가장 널리 사용되는 기술이며, 휴대폰이 가능한 모든 지역에서 대량의 데이터를 빠른 속도로 전송할 수 있다. 그러나 기존 4G 환경에서는 비효율적인 대역폭 사용, 많은 전력 소모 등의 한계점이 있었으며, 3GPP에서 이를 보완하고자 release 8의 category 1, release 12의 category 0, release 13의 category M(eMTC) 및 NB-IoT, release 14의 NB-IoT Enhance 등 다양한 버전으로 M2M 통신을 진화시켜 왔다. 5G(IMT-2020) 시대에는 저지연, 고속 및 고에너지 효율 등 훨씬 개선된 M2M 및 IoT 네트워크 구축이 가능할 것으로 보인다.

ISM band를 이용하는 비면허 대역으로는 가장 많은 사용자를 보유하고 있는 Wi-Fi가 있으며, 이로 인해 M2M 기기를 Wi-Fi망에 연결하는 것은 비교적 쉽다. 최대 100미터 거리에서 1Gbps 이상의 데이터를 전송할 수 있지만, 비용 및 전력 소모 문제로 이상적인 방법은 아니다. Wi-Fi보다는 느리고 기반망도 부족하지만 주파수 및 전원 효율성에서 블루투스와 ZigBee 등이 우세하다고 할 수 있다. 또한 LoRa 및 SigFox 등 다양한 LPWAN 기술이 등장해 저비용으로 고효율·고성능의 M2M 네트워크를 구축할 수 있는 기술적 선택의 폭이 커지고 있다.

다음은 상용 주파수 대역과 ISM band를 이용한 M2M 네트워크 구축 기술에 대한 비교 분석 결과이다.

구분	LTE-MTC	NB-IoT (enhanced)	LoRa	SigFox	Wi-Fi	블루투스	NFC	ZigBee
주파수	상용		ISM					
	700M-2.2GHz 452.5-467.5MHz	0.2MHz	433/868/915 MHz	868/915/921 MHz	2.4/5.0GHz	2.4GHz	13.56MHz	2.4GHz
대역폭	1.4/20MHz	0.2MHz	~0.5MHz	0.2MHz	20~160MHz	2MHz	14kHz	2/5MHz
속도	0.2/1Mbps	0.1Mbps	~50kbps	~1kbps	1Gbps~	50Mbps	424Kbps	250Kbps
거리	~5Km	~15Km	~30Km	~50Km	~100m	~250m	~50cm	~100m
표준/기타	Rel. 12 Rel. 13	Rel. 13 (Rel. 14)	LoRa Alliance	UNB(Ultra Narrowband)	IEEE 802.11 b/a/g/n/ac	IEEE 802.15.1	ISO/IEC 18092, 21481	IEEE 802.15.4

C · 무선통신 기술

3 M2M 서비스 및 응용 분야

3.1 차량용 M2M

주니퍼 리서치Juniper Research는 보고서에서, 차량용 M2M 트래픽이 향후 5년 내로 전체 M2M 트래픽의 98%를 차지할 것으로 예상했다. 또한 M2M 기술이 향후 자율주행 시스템 개발을 더욱 가속화할 것이며, C-V2V Cellular Vehicle to Vehicle 기술이 이 과정에서 큰 역할을 할 것으로 전망했다.

차량용 통신은 크게 차량 내 통신IVN: In Vehicle Network과 차량 간 통신V2V, 차량 및 인프라 간 통신V2I: Vehicle to Infrastructure, 차량 및 보행자 통신V2P: Vehicle to Pedestrian을 포함하는 V2X Vehicle to Everything로 나눌 수 있는데, 분야별로 사용하는 통신 기술이 상이하다. 통신 거리가 짧은 IVN에서는 LIN, CAN, MOST, FlexRay 같은 유선통신 기술과 ZigBee, 블루투스 등 근거리 무선통신 기술이 사용되고, 통신 거리가 IVN보다 긴 V2V, V2I, V2P에서는 셀룰러, Wi-Fi, DSRC, WAVE 등 중·장거리 무선통신 기술이 사용된다. 차량에서 사용되는, 특히 V2V와 V2I에서 많은 M2M 통신 기술을 사용하고 있다. 각 기술의 세부 내용은 이 책의 다른 챕터에서 다룬다.

3.2 의료용 M2M

세계보건기구WHO에 따르면, 전 세계 당뇨병 환자는 WHO에서 '당뇨병과의 전쟁'을 선포할 만큼 그 수치가 급증하고 있으며, 심장질환과 뇌졸중으로 인한 사망 또한 연간 2000만 건 이상으로 증가할 것으로 전망되고 있다. M2M을 활용하게 되면 환자의 상태를 실시간으로 모니터링하여 적시에 의료 서비스를 공급할 수 있으며 의료 비용 또한 절감할 수 있다. 이러한 유·무선 통신 기술은 이전에도 존재했지만, 전 세계적인 고령화 추세, 건강에 대한 의식 변화, 정보통신 기술 발전 등이 복합적으로 작용해 의료 분야에서 더욱 각광받고 있는 상황이다.

환자 혹은 가정에 부착된 각종 센서(움직임, 맥박, 혈당, 혈압, 심박 등)를 통해서 수집된 생체 정보를 ZigBee, 블루투스 등 무선통신 기술을 이용, gateway가 수집하여 LTE, 5G, LPWAN 및 Ethernet망을 통해 의료진에게 실시간으로 전달함으로써 위급 상황 발생 시 즉시 대처할 수 있게 하는 데 M2M 기술이 활용된다.

3.3 스마트 그리드 Smart grid

급격한 산업화와 경제 발전은 많은 에너지를 필요로 했고 그 과정에서 탄소 배출 등 심각한 환경오염을 야기했다. 스마트 그리드는 에너지 사용량을 지능적으로 분석 및 예측해 에너지 효율을 극대화하기 위한 기술이며, 그중에서 M2M 통신은 에너지 소비량 및 전력기기의 상태 등 다양한 정보를 실시간으로 계측하여 유·무선 네트워크를 통해 관리자에게 적시에 전달하는 역할을 한다.

산업통상자원부에서는 2017년부터 일정 규모 이상의 계약 전력을 사용하는 공공기관 신축 및 증축 시 BEMS와 ESS의 도입을 의무화했다. 이러한 공공기관 및 빌딩에서 에너지 사용 현황 등 각종 정보를 유·무선 네트워크를 통해 중앙처리장치로 전송한 다음, 이 정보를 바탕으로 사용량에 대해 분석하고 에너지 사용량을 제어 및 예측할 수 있는 M2M 기반의 스마트 그리드 서비스 활용이 가능하다.

3.4 스마트 팜 Smart farm

우리나라 농업은 농촌 인구 감소와 고령화, 곡물 자급률 하락, 1인 가구 증가와 소비 감소, 농가 소득 정체 현상, 기후변화 심화 등에 따른 문제로 어려움을 겪고 있다. 이러한 문제점을 타개하고자 농업에 IT를 접목해 생산성 향상 및 부가가치 증대를 이루고자 하는 움직임이 수년 전부터 진행되고 있으며, 그중 M2M 기술을 활용한 스마트 팜에 대한 관심 및 도입이 증가하고 있다.

스마트 팜은 스마트 온실, 스마트 축사, 시설원예, 로봇 분야 등 다양한 분야로 세분화할 수 있다. 스마트 온실에서는 환경 모니터링 및 에너지 관리, 스마트 축사에서는 가축 및 생체정보 모니터링 및 질병 관리, 시설원예에서는 생육 진단 및 과실 위치 측정, 로봇 분야에서는 자율주행, 자동수확에서 M2M 통신 기능이 활용된다.

향후 병해·재배·관리 데이터 모델을 기반으로, 머신 러닝을 통한 융합 학습으로 예측 및 분석이 가능한 인공지능형 스마트 팜으로 발전할 전망이다.

4 향후 전망

GSMA(세계이동통신사업자협회)는 2011년 20억 개였던 M2M 기기들이 2020년에는 6배 증가하여 120억 개에 이르고, 시장 규모 또한 2011년 1490억 달러 수준에서 CAGR 22%씩 성장해 2020년 약 9500억 달러에 달할 것으로 전망하고 있다.

위에서 밝힌 것처럼 2021년 전체 M2M 트래픽의 98% 이상이 자동차에서 발생할 것으로 전망되고 있기에, 가파르게 성장하는 M2M 시장에서 특히 자동차 분야의 수요가 급증할 것으로 예상된다. 자율주행차 등 인명과 직결된 자동차 분야에서 데이터의 위조 및 변조 등 각종 공격 위협에 대한 대비가 필요하기 때문에, 차량 운행 정보 및 각종 주요 데이터 등을 블록체인으로 기록하는 등 블록체인 기술과 결합한 융합 기술의 발전도 예상된다.

참고자료

김예진 외. 2013. 「사물인터넷 산업 활성화를 위한 M2M과 IoT 범위 획정 연구」. 한국인터넷 정보학회 추계학술발표대회 논문집 제14권 2호.
위키피디아(www.wikipedia.org).
윤현기. 2013.11.1. "차세대 인터넷 신산업으로 부상한 M2M". ≪컴퓨터월드≫.
Juniper Research. 2016. "New Connected Car Infotainment & Telematics Services to Account for 98% of M2M Data Traffic by 2021."

기출문제

108회 정보관리 oneM2M 아키텍처에 대하여 다음의 질문에 대하여 답하시오. (25점)
가. oneM2M 아키텍처의 엔티티
나. oneM2M 아키텍처의 참조 포인트
107회 정보통신 IoT(Internet of Things)와 M2M(Machine to Machine)의 기술에 대해 비교하고, IoT 보안에 대해 서술하시오. (25점)

102회 정보관리 M2M(Machine to Machine)과 IoE(Internet of Everything)를 비교 설명하시오. (10점)

99회 컴퓨터시스템응용 MM2M(Machine to Machine) 통신에 대해 설명하시오. (10점)

95회 정보통신 M2M(Machine to Machine)에 대해 설명하시오. (10점)

C-15

IoT Internet of Things

인공지능, IoT(사물인터넷), 빅데이터, 클라우드, 블록체인 등 첨단 정보 기술에 기반한 4차 산업혁명 시대가 도래했다. 제4차 산업혁명은 초연결(hyper-connectivity), 초지능(superintelligence), 무인화·자동화(automation) 등을 특징으로 하는데, IoT를 통해 사람과 사물, 사물과 사물 등 모든 것이 연결되는 초연결 사회를 이룩할 수 있다. IoT라는 용어는 1999년 영국의 케빈 에쉬튼(Kevin Ashton)이 RFID에 대해 연구하던 중 처음 언급하여 탄생했으며, 이후 2005년 ITU 보고서 제목에도 사용되면서 공식 용어로 자리 잡기 시작했다.

1 IoT의 개요

IoT Internet of Things는 다수의 기관 혹은 단체마다 정의하는 개념이 조금씩 다르지만, 여러 정의를 종합해보자면 센서 및 통신 기능이 내장 된 각종 사물이 인간의 개입 없이 상호 지능적으로 정보를 교류하며 관계를 형성하고, 상황 인식 기반의 지식이 결합되어 지능적 서비스를 제공하는 인프라 혹은 지능 연결망을 의미한다. 현재는 그 의미가 단순 인프라 혹은 연결망을 뛰어넘어 차세대 인터넷 혹은 서비스 개념으로 확장되었으며, 4차 산업혁명에서 초연결hyper-connectivity 사회를 이루는 데 핵심 개념이라 할 수 있다.

시장조사 업체인 가트너Gartner의 보고서에 따르면, 2017년 전 세계 IoT 기기 수가 전년 대비 31% 늘어난 84억 대를 기록했으며, 2020년에는 204억대에 달할 것으로 예상된다. 매출 규모는 2017년 1조 6896억 달러(약 1938조 1402억 원)에서 2020년 2조 9258억 달러(약 3356조 1852억 원)로 늘어날 전망이다.

이 챕터에서는 IoT의 기반 기술이라 할 수 있는 RFID 및 무선 네트워크 기술에 대해 중점적으로 다루고자 한다.

2 IoT 무선 네트워크 기술

2.1 RFID Radio Frequency Identification

RFID는 마이크로 칩을 내장한 태그tag와 이를 판독하는 리더reader가 라디오 주파수를 이용해 데이터를 상호 교환하는 무선 데이터 송수신 기술로, M2M 및 IoT라는 용어가 등장하기 전부터 사용된 무선 전송 기술이다. RFID는 출입 관리, 도난 방지, 물류·유통, 교통요금 징수, 생산 관리, 위치 추적 등 다양한 산업 분야에서 광범위 하게 활용되고 있다. 라디오 주파수 답게 저주파 대역부터 고주파 대역까지 다양한 주파수 대역 이용이 가능하며, 애플리케이션 특성에 맞는 주파수 선택이 요구된다.

2.1.1 RFID 구성 요소

RFID 시스템은 태그, 안테나, 리더, 미들웨어, 그리고 이를 활용하기 위한 legacy 및 application으로 구성된다. 태그는 식별 정보를 담고 있으며 IC 칩과 안테나로 구성되어 있고, 이 식별 정보를 읽거나 쓰기 위해 리더가 사용된다. 실제로 태그의 정보를 송수신하는 작업은 리더의 안테나에서 발생하는 무선 전파를 통해 이루어진다. 중앙 미들웨어는 각 거점의 리더로부터 Ethernet망을 통해 수신받은 태그 데이터를 취합 및 정제하는 역할을 하며, legacy 및 application이 원하는 데이터 형태 혹은 사전에 정의된 형태로 데이터를 전송하는 가교 역할을 한다. 데이터 처리 효율성을 제고하기 위해 중앙화된 미들웨어가 각 거점의 리더 단으로 분산된 edge형 미들웨어도 많이 활용된다.

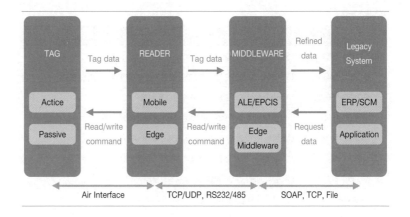

2.1.2 RFID 구분

RFID는 태그 동작 방식에 따라 크게 능동형active 시스템과 수동형passive 시스템으로 구분된다. 능동형 시스템은 태그가 배터리 등 별도의 전원을 내장하고 있어 원거리 통신이 가능한 장점이 있지만, 전원으로 인해 크기가 커지고 주기적으로 관리가 필요하다는 단점이 있다. 수동형 시스템은 태그에 별도의 전원 없이 리더의 안테나로부터 발생하는 전파를 이용해 태그 정보를 교환한다. 전원이 없기 때문에 소형화가 가능해 상품item 단위의 부착이 가능하지만, 원거리 인식은 불가능하다.

RFID는 주파수 대역에 따라서도 구분된다. 출입 관리, 교통카드 등 일상생활에서 가장 많이 활용되는 HF 대역은 인식 거리가 10cm 내외이며, 물류·유통 분야의 UHF 대역은 인식 거리가 약 10m 내외이다. 무선 인식이 필요한 거리 및 태그 특성 등을 고려해 application 특성에 맞는 주파수 대역 선택이 필요하다.

2.1.3 RFID 표준

RFID의 공식 표준De jure standard은 ISO/IEC에서 관리되고 있으며, GS1의 EPCglobal에서는 EPC Network에 대한 사실상 표준De facto standard을 관리한다. GS1 EPCglobal의 UHF 대역 표준인 Generation 2 스펙은 ISO 18000-6 공식 표준으로 제정되기도 했다.

표준	설명
ISO 11784~5/14223	134.2Khz, 동물 인식 표준
ISO/IEC 14443	13.56MHz, 교통카드 등 가장 많이 활용되는 비접촉 스마트카드 표준
ISO/IEC 15693	13.56MHz, 신용카드에서 지불 수단으로 사용
ISO/IEC 18000	다양한 범위의 주파수를 포함하는 Item 단위의 RFID 표준
ISO/IEC 18092	시스템과 NFC 간 인터페이스 및 프로토콜(NFCIP-1)
ISO 18185	433MHz/2.4GHz, 물류 컨테이너 추적용 전자봉인(e-seals) 표준
ISO/IEC 21481	시스템과 NFC 간 인터페이스 및 프로토콜2(NFCIP-2)
ISO 28560-2	도서관에서 사용되는 인코딩 표준 및 데이터 모델

GS1 EPCglobal 표준

표준	설명
TDS	Tag Data Standard: RFID tag의 코드에 관련된 표준
Tag Protocol	Tag와 Reader가 통신하기 위한 air interface에 관련된 표준
LLRP	Low Level Reader Protocol: Host 및 reader 간 통신 프로토콜
RM	Reader Management: 다수의 리더를 효율적으로 관리하기 위한 표준
ALE	Application Level Events: ECSpec으로 단위 업무를 정의하여 태그 데이터를 리딩 후 정제·필터링하고, ECReport를 발행하여 application과 open API로 연계하기 위한 미들웨어
EPC IS	EPC Information Service: 기업 간 EPC 데이터 공유를 위한 표준 저장소
ONS	Object Name Service: EPC Code로부터 상품 및 연계 정보 조회(DNS와 유사)

2.2 NFC Near Field Communication

2.2.1 NFC 개요

NFC는 10cm 이내 거리에 있는 이동통신 단말기, 가전제품 및 PC 간의 데이터 호환을 지원하는 근거리통신 방식이다. NFC는 스마트폰과의 융합을 통해 단말 간 데이터통신을 제공할 수 있을 뿐만 아니라 기존의 비접촉식 스마트카드 기술 및 RFID와의 상호 호환성을 제공한다. 기능적으로는 스마트카드와 리더기를 하나로 합쳐놓은 것으로, 읽기와 쓰기의 양방향 데이터 전송과 암호화를 지원한다.

2.2.2 특징

NFC는 비허가 대역인 ISM 대역에 속하는 13.56MHz를 사용하고, 대역폭은 14kHz이다. 통신 특성은 초기 동기화 시간이 매우 짧고(0.1초), 10cm 이내의 초근접 거리에서 동작하며, 데이터통신 속도는 최대 425Kbps까지 지원한다. NFC는 스마트카드, 교통카드, 신용카드, 멤버십·쿠폰, 전자 신분증, 자동차 스마트키, 농축산물 이력 조회 등 다양한 용도로 사용될 수 있으며, 스마트폰에 장착되어 상용화되고 있다.

2.2.3 동작 모드

NFC의 동작 모드는 세 가지로, 카드 에뮬레이션, read/write 모드, P2P 모드가 그것이다. 카드 에뮬레이션 모드는 NFC 핸드폰이 RFID 카드처럼 수동형 태그로 동작해 모바일 결제(신용카드, 교통카드 등)에 이용할 수 있고, reader/writer 모드는 NFC 단말이 카드 리더기로 동작해 결제 단말기 또는 미술관이나 박물관 등에서 작품 정보 제공 등의 용도로 사용할 수 있다. 또한 P2P 모드는 두 대의 단말이 서로 peer-to-peer로 통신하는 모드로, 명함 및 사진 교환, 전화번호부 교환 등에 사용된다.

2.3 무선 센서 네트워크 기술

2.3.1 Ad-hoc 네트워크

Ad-hoc 네트워크란 고정된 네트워크 토폴로지가 아닌, 네트워크 참여 노드들에 의해 동적으로 망 구성이 가능한 기반 구조가 없는 네트워크를 의미하며, 중앙 시스템의 도움 없이 언제 어디서나 기기 간 통신을 가능하게 해준다. Ad-hoc 네트워크는 다중 홉multi-hop(각각의 노드가 호스팅 기능 외 라우팅 기능 수행), 루프 방지(목적지까지 도달하지 못하고 내부에서 순환하는 오류 방지), 동적 네트워크, 오버헤드 방지, 멀티링크 등의 특징이 있다.

　Ad-hoc 네트워크는 효율적인 라우팅을 위해 다양한 라우팅 방식을 제공한다. 테이블 관리 방식table-driven은 네트워크 토폴로지가 변할 때마다 라우팅 정보를 브로드캐스팅하여 네트워크에 참여하는 모든 노드가 최신 라우팅 정보를 유지하는 방식이다. 이로 인해 트래픽 발생 시 경로 탐색 지연 없이 통신이 가능한 장점이 있지만, 브로드캐스팅 시 전원이나 대역폭 등 부족한 자원을 더 소모해야 한다는 단점이 있다. 이런 오버헤드 문제를 해결하고자 요구 기반 방식on-demand-driven이 등장했으며, 이를 이용하면 패킷 라우팅이 반드시 필요한 경우만 경로를 탐색하기 때문에 제한된 자원의 효율적인 이용이 가능하다. 또한 전체 네트워크 범위를 zone이라는 논리적 단위로 묶어서 zone의 안과 밖에서 각각 proactive와 reactive 방식을 동시에 사용하는 hybrid 방식의 프로토콜도 존재한다.

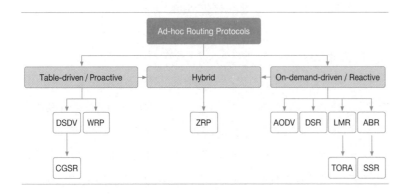

방식	프로토콜	설명
Table-Driven	DSDV	- Destination Sequence Distance Vector - Bellman-Ford 알고리즘, 목적지 순차 번호 사용, 토폴로지 변화에 의한 라우팅 루프 발생 방지
	WRP	- Wireless Routing Protocol - 라우팅 정보를 이웃한 노드에게만 전파하여 오버헤드 감소
	CGSR	- Cluster head Gateway Switch Routing - DSDV 라우팅 정보를 감소시키기 위해 이동 노드들을 계층적으로 분류
On-Demand	DSR	- Dynamic Source Routing - 다중경로 보유, 비대칭 링크 지원, source routing으로 오버헤드, stale cache 문제 존재
	ADOV	- Ad hoc On demand Distance Vector - Multicast 지원, 데이터 패킷에 경로 미포함, 대칭 링크 가정, 주기적인 hello message 필요
	TORA	- Temporary Ordered Routing Algorithm - 다중경로 보유, multicast 지원 가능, 모든 노드의 동기화 문제
	ABR	- Area Border Routing - 오래 지속되는 경로 선택, 중간 노드 부분적 경로 재설정
	SSR	- Scalable Source Routing - 강한 연결성을 가진 경로 선택, 중간 노드 부분적 경로 재설정 불가
Hybrid	ZRP	- Zone Routing Protocol - 전체 네트워크를 작은 단위의 zone으로 묶음, zone에서 proactive 방식의 라우팅 기법 사용, 빠른 통신 - Proactive 방식의 단점인 테이블 유지에 드는 오버헤드를 극복 - Zone의 범위를 넘어서는 reactive 방식의 라우팅

C・무선통신 기술

Ad-hoc 네트워크 응용 서비스들은 대부분 multipoint-to-multipoint 통신을 요구하기 때문에 Ad-hoc 네트워크에서의 효율적인 멀티캐스트 방법도 중요하다. Ad-hoc 네트워크를 위한 멀티캐스트 프로토콜은 데이터 전달 구조의 형태에 따라 크게 트리 기반 방식과 메시 기반 방식으로 나눌 수 있다.

트리 기반tree-based 방식은 각 목적지에 대해 유일한 최단 경로가 결정되어 이를 통해 데이터를 전달하는 방식이기 때문에, 호스트 이동성이 커지면 이에 대한 오버헤드가 매우 커지거나 경로 단절로 인한 패킷 손실이 커진다. 대표적인 트리 기반 프로토콜로는 AMRoute Ad-hoc Multicast Routing, AMRIS Ad-hoc Multicast Routing protocol utilizing Increasing id-numberS, MAODV Multicast operation of the Ad-hoc On-demand Distance Vector routing protocol 등이 있다.

메시 기반mesh-based 방식은 각 송신원으로부터 모든 수신원에 이르는 최단 경로상의 노드들로 데이터 전달 메시를 구성하여 하나 이상의 경로를 통해 데이터를 전달하는 방식이기 때문에 그룹 내 송신원 수가 증가할수록 데이터 전달 트리 수가 증가하고 이를 유지하기 위한 오버헤드가 커지게 된다. 대표적인 메시 기반 프로토콜은 ODMRP On-Demand Multicast Routing Protocol, CAMP Core-Asisted Mesh Protocol 등이 있다.

이를 해결하고자 송신원 수가 많은 상황에서 효율적인 멀티캐스트 통신을 제공할 수 있는 SMMRP Scalable Multi-source Multicast Routing Protocol 같은 확장성 있는 프로토콜도 연구되었다.

2.3.2 센서 네트워크

센서 네트워크란 온도, 습도, 조도 등 다양한 센서에서 수집한 데이터를 상호 교환할 수 있도록 구성한 무선 네트워크를 의미한다. 일종의 ad-hoc 네트워크이나, 일반 ad-hoc 네트워크보다 가용 자원과 환경적인 면에서 더욱 가혹한 제약을 가진다.

센서 네트워크는 모든 노드가 동등한 입장에서 하나의 라우팅 기법을 이용하는 평면 라우팅, 노드의 지리적인 위치 정보를 이용한 위치기반 라우팅, 각 노드들이 네트워크에서 할당받은 주소를 기반으로 트리 형태의 토폴로지를 형성하는 계층 라우팅 방식으로 분류할 수 있다.

방식	프로토콜	설명
평면 라우팅	DD	- Directed Diffusion - 원하는 정보를 얻기 위해 전체 센서 노드로 질의 후, 취득한 데이터를 수집 노드로 전송, 데이터 중심 라우팅 프로토콜
	SPIN	- Sensor Protocols for Information vis Negotiation - 데이터 중복 등 네트워크 자원 낭비 해결을 위해 실제 데이터 전송 이전에 센서 데이터의 메타 데이터를 전송하는 기술
위치기반 라우팅	LAR	- Location Aware Routing - 메시지 전달 노드 수를 제한하여 라우팅 오버헤드 및 경로 탐색 지연 최소화
	GPSR	- Greed Perimeter Stateless Routing - 패킷 수신한 노드가 점진적으로 패킷 포워딩을 하는 방법
계층 라우팅	LEACH	- Low Energy Adaptive Clustering Hierarchy - 센서 노드들이 스스로 지역적 클러스터를 형성하고 에너지 소모를 고르게 분산시켜 효율적인 클러스터 구성, 사전적 센서 네트워크
	TEEN	- Threshold sensitive Energy Efficient sensor Network protocol - LEACH와 유사, 주기적 전송 데이터를 가지지 않으며 임계값에 기반하여 데이터 전송 여부 결정, 반응적 센서 네트워크
	APTEEN	- Adaptive Periodic Threshold sensitive Energy Efficient sensor Network protocol - 데이터를 주기적으로 전송하며, 측정한 데이터 속성 값의 갑작스러운 변화에도 대응 가능, 하이브리드(사전+반응적) 네트워크

3 IoT 표준 단체

ISO/IEC, ITU, IEEE에서 IoT 관련 공식적 표준을 제정하는 반면, 민간 단체 및 기관 주도 하에 설립된 AllSeen Alliance, OICOpen Interconnect consortium, Thread Group 등의 단체들은 업계 기술 선도 및 주도권 경쟁 확보를 위한 사실상 표준을 제정하는 단체들로 분류된다(2016년 말 AllSeen Alliance와 OIC는 OCFThe Open Connectivity Foundation으로 통합됨).

단체	설명
ISO/IEC	- 국제표준화기구(ISO: International Standardization Organization)와 국제전기표준회의(IEC: International Electronical Committee)의 공동 회장 조정 그룹 - ISO: 표준화(standardization)를 위한 국제 위원회 - IEC: 전기 기술에 관한 표준의 국제적 통일과 조정, ISO의 전기 부문 가입
ITU	- 국제전기통신연합(International Telecommunication Union) - 전기통신 부문 국제 협력 및 표준화 기구
IEEE	- 전기전자기술자협회(Institute of Electrical and Electronics Engineers) - 세계 최대 전기·전자·컴퓨터·전기통신 분야 전문가 단체

단체	설명
IETF	- 국제인터넷표준화기구(Internet Engineering Task Force) - 인터넷 운영, 관리, 개발에 대한 협의 및 표준화 작업
3GPP	- 3rd Generation Partnership Project - GSM, WCDMA, GPRS, LTE 등 무선통신 관련 국제 표준 제정 - LTE망에서 M2M 지원을 위한 다양한 release 제정
oneM2M	- M2M, IoT 기술 요구 사항, 아키텍처, API 사양, 보안 솔루션, 상호 운용성을 제공하기 위한 글로벌 단체 - 한국의 TTA를 비롯해 7개 세계 주요 표준화 기관 공동 설립
OCF	- Open Connectivity Foundation - 삼성, 인텔 주도의 OIC(Open Interconnect Consortium)에 마이크로소프트, 퀄컴이 주도한 AllSeen Alliance를 통합하여 2016년 10월에 출범
Thread Group	- 구글(Nest labs) 주도의 새로운 IP(Internet Protocol) 기반 무선 네트워킹 프로토콜 개발 및 표준화 단체

4 향후 전망

M2M의 사물지능통신으로부터 발전한 IoT는 지금도 변화를 거듭하며 진화하고 있다. M2M이 무선통신을 넘어 인터넷 구조상에 적용될 때 IoT가 되고, IoT가 단순 인터넷을 넘어 클라우드의 더 많은 정보와 연계될 때 IoE로 발전된다. 또한 '모든All' 사람과 사물이 '하나One'로 연결되어 유기적·지능적으로 소통하며, 동시에 통제control까지 하는 'AtO'의 시대가 도래하고 있다.

IoT 시장 주도권을 선점하기 위해 5G 시장을 둘러싼 글로벌 경쟁은 이미 달아올랐으며, 한국도 2018년 6월 5G 주파수 경매를 마무리했다. 5G 상용화 시점에 IoT 기술은 더욱 고도화될 것이며, 관련 시장은 더욱 성장할 것으로 전망된다.

참고자료

위키피디아(www.wikipedia.org).
삼성 SDS 기술사회. 2014. 『핵심 정보통신기술 총서 2: 네트워크』. 한울.
정보통신기술진흥센터(www.itfind.or.kr).
Gartner. 2017. "Gartner Says 8.4 Billion Connected 'Things' Will Be in Use in 2017, Up 31 Percent From 2016." Press Releases, February 7, 2017.

111회 정보관리 사물인터넷(IoT) 네트워크는 초연결성을 가지고 있어 장치 간 신뢰성 확보가 필수적으로 요구된다. 사물인터넷(IoT) 네트워크 보안 기술의 개념, 특성, CoAP/MQTT/LwM2M 프로토콜 구조, 보안 이슈에 대해 설명하시오. (25점)

111회 정보통신 사물인터넷(IoT) 단말의 접속을 위한 LPWA(Low Power Wide Area)에 대해 기술하시오. (25점)

108회 컴퓨터시스템응용 초연결 사회 구현을 위한 기술인 IoT(Internet of Things)와 CPS(Cyber Physical Systems)를 비교 설명하시오. (25점)

107회 정보관리 IoT 기술 표준화 단체인 Thread group과 Allseen Alliance를 비교 설명하시오. (10점)

107회 정보관리 기존 컴퓨팅 환경과 사물인터넷(IoT) 환경에서 정보 보호 차이를 정보 보호 대상, 보호 기기의 특성, 보안 방법, 정보 보호 주체 관점에서 비교 설명하시오. (25점)

107회 컴퓨터시스템응용 농축산물 생산 및 이력 관리 시스템의 구성도를 설계하고, RFID 센서 태그 적용 시 ① 전원 공급 방식, ② 사용 주파수 대역 방식, ③ 통신망 접속 방식에 따라 동작을 비교 설명하시오. (25점)

105회 컴퓨터시스템응용 RFID 응용 인터페이스의 설계 원칙에 대하여 설명하시오. (25점)

105회 정보통신 IoT 컨소시엄 동향과 활성화 방안을 기술하시오. (25점)

D

멀티미디어통신 기술

D-1

PCM Pulse Code Modulation

펄스 부호 변조는 아날로그 신호 전송을 위해 송신 측에서 아날로그 신호를 디지털 신호로 변환·전송하고 수신 측에서 이를 다시 아날로그 신호로 변환하는 방식으로, 아날로그 신호를 시간별로 표본화·양자화·부호화하여 음성, 음악, 동영상 비디오 등 아날로그 데이터를 디지털화하는 데 사용된다.

1 PCM의 개요

1.1 정의

PCM은 저역통과필터LPF: Low Path Filter를 거친 아날로그 신호파를 표본화 sampling해 PAM Pulse Amplitude Modulation 형태로 만든 후 양자화quantizing하여 디지털 신호(2진 코드)로 변환해서 전송하는 변조 방식으로, 시 분할 다중화에서 사용하는 방식이다. 주로 음성과 같은 아날로그 신호를 디지털 부호화하는 데 사용하며, 잡음noise과 혼선crosstalk에 강하고, 고가 필터가 불필요한 장점이 있지만, 양자화 잡음이 발생하고 점유 주파수가 넓은 단점이 있다.

키포인트
정보통신 시스템에는 효율적 전송(전송 효율을 높이는 방안, 압축), 효과적 전송(에러를 줄이는 방안), 안전한 전송(보안 강화)이 중요하게 요구된다. 아날로그 신호를 디지털로 변환한 후 전송하는 PCM 통신은 전송 효율이 높으며, 서비스 품질 개선을 위한 음성 디지털화에 가장 많이 사용되는 핵심 기술이다.

변조
반송파에 원하는 정보를 실어 보내는 송신 과정

PCM
아날로그 신호의 순간 크기를 고정된 길이의 부호 열로 변환한 디지털 부호 방식

양자화 잡음
원신호에 비교하여 양자화된 아날로그 신호의 오차분

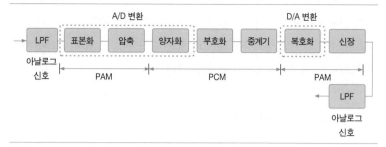

1.2 단계별 개념

PCM 단계
① 표본화
② 양자화
③ 부호화

PCM은 아날로그 신호를 표본화sampling, 양자화quantizing, 디지털 신호로 부호화encoding 하는 과정이다. 아날로그 신호(아날로그 종파 신호로 보통 300~3400Hz) 대역을 푸리에 변환 과정을 통해 표본화하고, 표본화한 신호를 이산화하는 양자화, 각각의 데이터를 부호화하는 단계를 거친다.

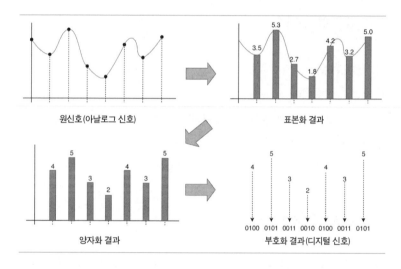

2 표본화Sampling

2.1 정의

표본화란 연속적으로 변화하는 값을 일정한 시간적 간격으로 나누어 표본

을 추출하는 것으로, PCM의 아날로그 음성신호를 디지털화하기 위한 사전
작업이며, 샘플링 시간 간격으로 나누어 추출하는 과정이다.

표본 수가 많으면 정보량이 커지고, 표본 수가 적으면 원래 신호와 차이
가 커지므로, 최적화된 표본 수를 찾는 것이 중요하다.

표본화
아날로그 신호를 펄스 진폭으로 추
출하는 과정

2.2 PAM과 PCM의 관계

PAM Pulse Amplitude Modulation 은 PCM의 표본화 단계에서 샘플링 신호의 진폭
에 따라 비례하는 펄스로 변환하는 방식으로, 각 표본 펄스의 높이가 원래
아날로그 신호의 진폭과 같고 잡음이 그대로 복조 출력으로 나타나므로 신
호 대 잡음비 S/N가 떨어지며, 페이딩의 영향에 민감한 단점이 있다.

PAM은 독립적으로 사용되기보다는 일반적으로 PSK, QAM 및 PCM을
위한 중간 단계 변조 방식으로 사용된다.

PAM
다중화된 음성 등의 신호를 공통의
전송로로 보내어 교환하는 아날로
그형 시 분할 교환 방식

신호 대 잡음비
신호전력에 대한 잡음전력의 비를
데시벨(dB)로 표현한 값

페이딩
전파가 전파되는 과정에서 전파 환
경에 따라 신호의 세기와 위상이
변화하는 현상

2.3 표본화 주파수

음성신호는 신호 대역이 300~3400Hz로 보호 대역 guard band 을 합쳐 4kHz를
대역으로 쓰고 있다.

샤논의 정리 및 나이퀴스트 이론에 따르면 신호 주파수의 2배 주파수로
샘플링할 경우에 가장 경제적으로 원래 신호를 복원할 수 있어 PCM에서는
4kHz의 2배인 8kHz를 샘플링 주파수로 사용한다.

표본화 주파수
표본화 과정에서 표본을 얻어내는
빈도

보호 대역
대개 2개의 통신로 간섭을 막기 위
해 데이터 전송 장치의 2개 통신로
에서 사용하지 않고 남아 있는 주
파수 대역

2.4 에일리어싱 Aliasing

표본화율(1/Ts)이 나이퀴스트 주파수(2fm)보다 작은 경우에 일어나는 오차
로, 신호를 이상적인 임펄스 함수로 표본화한 경우 표본화율(1/Ts)이 나이
퀴스트 주파수보다 높으면, S(f)를 구성하고 있는 삼각형이 서로 떨어져 있
으므로 표본화된 신호 Ss(t)를 얻을 수 있다.

fs가 나이퀴스트 주파수보다 낮으면 다음 그림의 (b)와 같이 서로 겹치므
로, (d)와 같이 차단 주파수가 fm인 저역통과필터 LPF를 통과하면, (c)와 같
이 왜곡이 일어나는데, 이를 에일리어싱 aliasing이라고 한다.

에일리어싱
표본화 주파수가 신호의 최대 주파
수의 2배보다 작거나 필터링이 부
적절하여 인접한 스펙트럼이 서로
겹쳐 생기는 신호 왜곡 현상

임펄스 함수
이상화된 충격파로서 단위 면적을
가지는 것으로, 델타 함수 또는 충
격 함수라고 함.

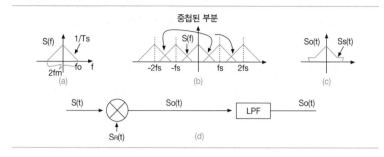

3 양자화 Quantization

3.1 정의

양자화
입력신호를 유한한 개수의 값으로
근사화하는 것

양자화란 연속적인 아날로그값을 이산적인 디지털값으로 변환하여 표본화된 펄스의 크기를 부호화하기 위한 값으로 바꾸어주는 과정이다.

양자화 단계에서는 양자화 오차(양자화 잡음)가 발생하는데, 레벨이 적으면 양자화 잡음이 커지고, 레벨이 많으면 정보량이 많아진다. 음성은 256레벨(8비트), 오디오 CD는 6만 5536레벨(16비트)로 양자화 과정을 거친다.

3.2 양자화 오차(양자화 잡음)

양자화 오차(quantizing noise)
• 양자화된 아날로그 신호의 원신
호 대비 오차분을 말함
• 경사 과부화, 과립형 잡음

양자화 오차 개선 방안
• 양자화 시 스텝 폭 조정
• 선형 양자화 채택
• 비선형 양자화 채택
• 압신기 채택
• 고효율 PCM 기법 활용

아날로그 신호를 표본화한 PAM은 이산화된 값으로 정확하게 표현할 수 없으므로, 사사오입형(반올림)·절상형(올림)·절하형(내림)의 형태로 양자화해 크기를 결정하게 된다. 샘플링 신호의 기울기가 큰 경우(⌈)에는 경사 과부하가 발생해 계단 크기를 증가시켜 잡음을 억제하며, 샘플링 신호의 기울기가 완만한 경우(⌐)에는 과립형 잡음이 발생하여 계단 크기를 감소시켜 잡음을 억제하게 된다.

3.3 선형 양자화(균일 양자화)

양자화 간격을 일정하게 하여 PCM에서 적용하는 방식으로 직선 눈금을 사용해 각 단계의 1/2점에서 사사오입을 하면 최대 오차는 +1/2이다. 일반적으로 고레벨 신호보다 저레벨 신호에서 오차가 크게 발생한다.

예컨대 +1/2의 오차가 발생하면 100레벨의 신호에서는 0.5/100=0.5%의 오차가 발생하며, 1레벨의 신호에서는 0.5/1=50%의 오차가 발생하기 때문에 레벨이 적으면 양자화 잡음이 커져 신호의 신뢰성에 문제가 있고, 고레벨인 4096레벨로 직선 양자화하면 만족스러운 양자화 잡음비 S/N ratio: Signal to quantizing Noise ratio를 얻을 수 있으나, 부호기 및 복호기가 복잡해지고 점유 주파수 대역폭이 넓어지므로 너무 많은 단계(스텝 수)는 사용하지 않는다. 또한 양자화 잡음을 줄이려면 양자화 스텝 폭 간격을 좁혀 스텝 수가 많게 해야 하지만, 스텝 수가 증가할수록 부호화·복호화 장치가 복잡해지고, 가격이 상승하며, 점유 대역폭이 증가하고, 선로 손실이 증가하며, 중계 거리가 단축되는 등의 문제가 발생해 최적화된 트레이드 오프 trade off가 요구된다.

3.4 비선형 양자화(비균일 양자화)

비선형 양자화란 비직선 단계(단계의 크기가 동일하지 않음)에 의해 양자화하는 것으로, 고레벨 신호는 넓은 단계를 사용하고, 저레벨 신호는 좁은 단계를 사용해 신호 대 잡음비를 개선하는 양자화 방법이다.

비선형 양자화
일정한 신호 대 잡음비를 유지하기 위해 입력신호가 작은 곳은 양자화 스텝을 세분하고 신호가 큰 곳은 넓게 하여 양자화하는 기법

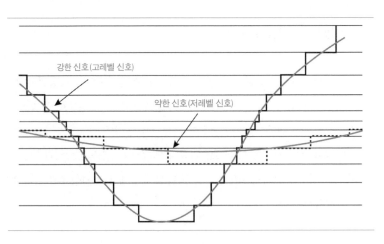

4 압신 Companding

4.1 정의와 목적

압신이란 '압축compress'과 '신장expanding'의 합성어로, 양자화하기 전에 작은 입력신호는 크게, 큰 입력신호는 작게 압축해서 양자화하고, 수신 측에서는 압축된 값을 신장해 다시 원래의 신호 크기를 갖게 하는 고효율 PCM 기술이다. 이를 통해 선형 양자화(균일 양자화)를 하면서도 비선형 양자화(불균일 양자화)의 효과(선형 양자화보다 양자화 잡음을 더 줄임)를 얻을 수 있다.

즉, 압신을 함으로써, 입력신호의 대소에 관계없이 항상 일정한 신호 대 잡음비를 얻을 수 있게 되어 PCM 전송 품질을 향상시킬 수 있을 뿐 아니라, 선형 양자화 방식보다 양자화 스텝 수를 훨씬 줄여 전송 효율을 높일 수 있다는 장점이 있다.

4.2 종류

μ 법칙은 북미 방식 기술로, 작은 입력신호나 큰 입력신호 모두에 대해서 대수곡선logarithmic curve 형태로 compression 커브의 세그먼트segment 수는 15절선이며 μ 법칙의 신장 특성 곡선은 압축 특성 곡선과 반대되는 특성이 있다. 미국 벨 시스템Bell System은 T-1 디지털 반송 시스템에 μ=255의 압축량을 사용하고 있다.

A 법칙은 유럽 방식 기술로, A=87.6의 압축량을 적용해 작은 입력신호에 대해서는 선형적(낮은 레벨에서 μ 법칙보다 더욱 선형적) 형태를 보이고, 큰 입력신호에 대해서는 대수곡선 형태를 나타내며, compression 커브의 세그먼트 수는 13절선을 사용하여 전송 효율을 높인다.

4.3 μ 법칙과 A 법칙의 비교

압축과 신장 곡선은 아주 작은 신호에서 직선linear, 큰 신호에서는 대수곡선을 따르며, ITU-T는 대수 함수를 몇 개의 직선으로 근사시키는 절선 방식, 압축 방식으로 15절선 방식(μ 법칙)과 13절선 방식(A 법칙)을 채택했다.

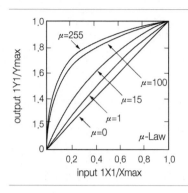
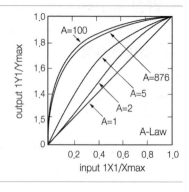

5 PCM 통신의 특징

5.1 장점

PCM 통신은 잡음·간섭 등 통신 방해에 강하며, 고속 데이터 전송에 적합하고, 중계에 의한 통화 품질 열화가 적다. 또한 전송로 손실 변동의 영향을 받지 않으며, 다중화 장치가 경제적(고가의 필터가 필요하지 않음)이라는 장점이 있다.

PCM 장점
• 잡음과 간섭에 강함
• 열화 적음
• 경제적

5.2 단점

PCM 통신은 PCM 방식 고유의 잡음이 발생하고, 기기·부품의 구성이 복잡하며, 점유 주파수 대역폭이 넓어 주파수 이용률이 저하될 수 있는 단점이 있다.

PCM 단점
• 고유 잡음 발생
• 구성 복잡
• 점유 주파수 대역폭이 넓어 주파수 이용률 저하

5.3 PCM 잡음 경감 방안

PCM 잡음을 줄이기 위한 방안으로는 비선형 양자화 방식 채택, 양자화 레벨을 세분화하여 시스템에 적용, 시스템의 S/N을 조절하여 최적의 값 채택, ADPCM, ADM 등 고효율 PCM 채택 등이 있다.

고효율 PCM
DPCM, DM, ADPCM, ADM

6 PCM의 발전

6.1 DPCM Differential Pulse Code Modulation

DPCM은 PCM의 전송량(64Kbps)을 경감시키고 주파수 효율을 증대시키기 위한 방안으로, 차동 펄스 부호 변조 방식이라 한다. 원래의 표본값을 양자화 시 예측 기법을 통해 연속된 표본값의 차이만 전송하여 레벨의 수가 감소되고 정보량이 압축되어 32Kbps의 전송량으로 속도가 PCM보다 2배 빠른 장점이 있지만, 경사 과부하 및 양자화 잡음이 발생할 가능성이 있다.

6.2 DM Delta Modulation

PCM 방식은 8비트 단위로 부호화하는 데 반해, DM 방식은 1비트 단위로 부호화하여 전송량이 16Kbps으로 감소한다. 현재의 표본값에서 이전 표본값을 뺀 차동신호가 플러스(+)면 '1'로, 마이너스(-)면 '0'으로 부호화한다. 많은 정보량을 압축할 수 있고 회로 구성이 간단해 신뢰성이 높은 장점이 있다. 하지만 입력신호의 기울기가 DM 기울기보다 크면 경사 과부하 잡음이 발생하고, 입력신호의 기울기가 DM 기울기보다 작으면 양자화 잡음이 발생해 실제 시스템에 응용하기는 어렵다.

6.3 ADPCM Adaptive DPCM

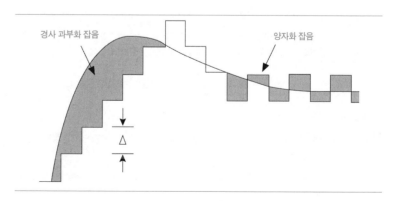

ADPCM은 경사 과부하에 의한 왜곡을 줄여 DPCM 방식의 품질 성능을 개선하기 위해 제안된 예측 부호화 중 하나로, 과거 신호의 샘플링값 변화에 따라 스텝 크기를 변화하고, 음성신호의 특징을 이용해 과거 신호에 의한 예측값과 샘플링값의 차이를 적용하여 PCM과 동일 이상의 품질을 유지하면서 DPCM과 동일한 전송 속도(32Kbps)로 전송이 가능하다. 다만 PCM보다 구성이 복잡하다.

ADPCM
양자화의 단계 폭을 신호의 진폭에 따라 적응적으로 변경하는 방식

6.4 ADM Adaptive DM

ADM은 DM 방식의 경사 과부하 잡음과 양자화 잡음 발생으로 인한 양자화 잡음비(신호 대 잡음비)가 좋지 않은 것을 개선하기 위한 방식으로, 입력신호의 기울기가 급격히 증가하거나 감소하는 경우에 스텝 크기를 증가시키고, 입력신호가 서서히 변화하거나 입력신호의 레벨이 감소하면 스텝 크기 및 잡음을 감소시켜 16Kbps인 DM과 동일한 전송 속도로 변조하는 방식이다.

ADM
진폭의 변화율에 따라 적응적으로 ±1의 양자화 단계 폭을 변경하는 델타 변조

6.5 음성 디지털 코딩 방식 간 비교

범주	파형 코딩		하이브리드 코딩		보코딩
방법	PCM	ADPCM, ADM	RELP, APC, SBC, ATC	LPC	format, vocoder, vector, quantizer
bitrate(Kbps)	56~64	16~48	8~16	2.4~4.8	0.05~1.2
품질	뛰어남	고속에서 뛰어남	좋음	약함	좋지 않음
복잡성	간단함	간단함	복잡함	복잡함	매우 복잡
개요	음성 파형을 표본화·양자화·부호화하는 방식		파형 부호화와 보코딩의 장점 혼합	음성의 특징을 추출해 전송하고 재생하는 방식	

참고자료
경성대학교. 1998. 「음성 부호화기 성능 평가를 위한 DB 구축 연구」. 정보통신연구진흥원 학술기사.
삼성 SDS 기술사회. 2007. 『핵심정보기술총서 1: 컴퓨터 구조·네트워크』. 한울.
위키피디아(www.wikipedia.org).
정보통신산업진흥원(www.itfind.or.kr).
정진욱 외. 2008. 『데이터통신의 이해』. 생능출판사.

D-2

VoIP Voice over Internet Protocol

VoIP는 인터넷을 이용해 음성 서비스를 제공하는 기술이다. 2008년부터 본격적으로 인터넷전화가 보급되고 있으며, 압축 및 전송, QoS의 개선으로 음성 품질은 지속적으로 개선되고 있다. 시그널링 프로토콜은 SIP가 대중화되어 사용되고 있고, VoIP는 이동통신망으로도 확산되고 있다.

1 VoIP의 개요

1.1 정의

VoIP Voice over Internet Protocol 는 IP 네트워크상으로 음성 및 팩스 데이터를 전송하는 기술이며, 인터넷망을 기반으로 하는 음성 응용 서비스이다. 디지털 음성신호를 패킷 데이터로 변환해 인터넷망을 통해서 교환하고 인터넷전화 및 음성 부가 서비스를 제공할 수 있다. VoIP의 망구조는 PSTN과 게이트웨이를 통해 연동하거나 인터넷 단독망으로 구성할 수 있다.

1.2 특징

VoIP의 장점은 음성 압축 기술을 이용해 적은 대역폭을 사용할 수 있고, IP 네트워크가 연결된 곳에서는 전화선이 없어도 전화망을 구축할 수 있다는 것이다. 또한 음성, 비디오 및 데이터를 위한 통합망을 구축해 네트워크를

효율적으로 관리할 수 있고, 통합 메시징 서비스UMS: Unified Messaging System 제
공, 다양한 응용 소프트웨어, DB 처리 등 관련 기술 통합 적용, 다양한 부가
서비스 제공 등이 가능하다. 다만 VoIP는 PSTN에 비해 음질 및 접속 안정
성이 떨어질 수 있으며, IP 네트워크는 QoS가 보장되지 않으므로 서비스
품질 확보를 위해 QoS 보장 기술을 반드시 확보해야 한다.

2 VoIP 스택

계층	OSI 참조모델	VoIP 스택	비고
Layer 7	애플리케이션		
Layer 6	프레젠테이션	G.711, G.729, G.723.1	압축
Layer 5	세션	H.323, SIP, MGCP	신호
Layer 4	트랜스포트	RTP/UDP, RTCP	운송자
Layer 3	네트워크	IP	ToS, QoS
Layer 2	데이터 링크	이더넷	
Layer 1	물리	Copper, fiber	

3 VoIP의 주요 기술

3.1 음성 코딩 및 압축 기술

VoIP는 저비트율, 고압축률, 고음질을 위한 음성 코딩 기술들을 활용해 네
트워크에서 요구하는 대역폭을 절감하여 사용하고 있다. 주로 압축 코덱인
G.723.1(5.3/6.3Kbps), G.729(8Kbps)를 많이 사용하고 있으며, 비압축 코
덱인 G.711(64Kbps)를 사용하기도 한다. 또한 최근에는 좀 더 명료하고 자
연스러운 음질의 광대역 코덱이 적용되고 있다. 코덱 음성 압축은 망의 효
율성 제고 측면에서 두드러지는 VoIP의 핵심 기술로, 음성 압축을 통해 중
복된 정보나 중요하지 않은 정보를 제거함으로써 대역폭 부담을 줄이는 중
요한 기술이다.

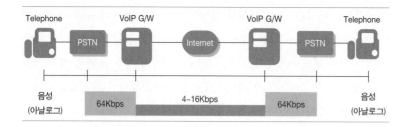

음성 압축 표준

표준	코딩 타입	속도(Kbps)	비고
G.711	PCM	64	PSTN
G.726	ADPCM	32	PSTN
G.728	LD-CELP	16	휴대전화
GSM	RPE-LTP	13	휴대전화
G.729	CS-ACELP	8	VoIP
G.723.1	ACELP	6.4	VoIP

3.2 실시간 전송 프로토콜

실시간 전송 프로토콜에는 RTP Real-time Transport Protocol와 RTCP Real-time Transport Control Protocol가 있다. RTP는 코딩된 음성 데이터를 실시간으로 인터넷 망을 통해 전송하기 위한 프로토콜이며, 신뢰성은 없으나 빠르게 데이터를 전달할 수 있는 UDP와 함께 사용되고, 전송률 제어 등을 위하여 RTCP와 함께 사용된다. 실시간 데이터 전송 시에 발생하는 패킷 손실, 지터 jitter 등은 RTP의 sequence number와 time stamp로 재조립할 수 있다.

RTCP는 RTP의 송수신과 관련하여 멀티미디어 세션 참여자들이 QoS 관련 정보(패킷 지연, 패킷 손실, 지터 등)를 주기적으로 교환하도록 하는 제어 프로토콜이다. 수신 측에서 송신 측으로 RR Receiver Report를, 송신 측에서 수신 측으로는 SR Sender Report를 보내 RTP 데이터 스트림을 제어하게 된다.

3.3 패킷 복구 및 침묵 제거 기술

인터넷으로 음성 데이터를 전송 시 발생하는 현상은 단대단 지연 end to end

delay, 지터 및 패킷 손실loss이 있다. 전송 경로상에서 발생하는 에러를 제어하는 방식에는 크게 ARQAutomatic Repeat Request와 FECForward Error Correction가 있으며, 연속적이 아닌 간헐적인 패킷의 손실을 복원하는 데는 은 묵음이나 바로 전후의 패킷으로 복사해 재생하는 방법이 있다. 보통 사람의 대화에서 50% 이상을 차지하는 침묵을 제거해 효율을 높이는 기술이 있는데, silence suppression 또는 VADVoice Activity Detection라고 한다. VAD를 사용하면 대역폭의 50%를 줄이는 효과가 있다.

3.4 VoIP 신호 프로토콜

VoIP 신호signaling 프로토콜은 IP망 또는 PSTN망에서 IP를 이용해 전송하게 해주는 핵심 프로토콜로서 호 접속, 연결, 제어 등의 기능을 내재한 프로토콜 suite이다. 대표적인 프로토콜로 H.323, SIP, MGCP/MEGACO가 있으며, All-IP 등 IP망 발전에 따라 SIP 기반으로 통합되는 추세이다.

4 SIP Session Initiation Protocol

4.1 개요

SIP는 인터넷 환경에서 멀티미디어 세션의 개설·변경·종료 등을 수행하기 위한 프로토콜이다. 현재 SIP는 VoIP 서비스와 IMInstant Message 서비스를 제공하는 데 주로 사용되며, 여러 분야의 응용 서비스에도 사용된다. IMSIP Multimedia Subsystem 등 차세대 이동통신 및 All-IP망에서 통합의 핵심 제어 프로토콜로 활용되고 있다.

4.2 프로토콜 구조도

	SIP API		
SIP	SDP	Audio codec	Video codec
		RTP/RTCP	
TCP/UDP		UDP	
IP			
Physical			

분류	항목	설명
시그널링	SIP	SIP header, message body로 구성(RFC 3261)
	SDP	멀티미디어 세션 파라미터 설정(RFC 4566, 3264)
멀티미디어 전송	RTP/RTCP	실시간 데이터 전송 및 제어 프로토콜(RFC 3550, 3551)
	Audio codec	음성 코덱 파트(G.711A, G.723.1, G.729A)
	Video codec	비디오 코덱 파트(H.263, MPEG-4, H.264)

4.3 개념도 및 구성 요소

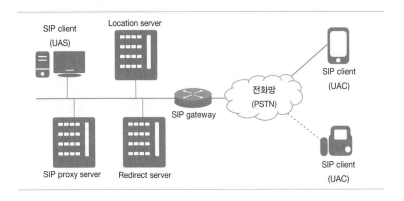

SIP의 구성 요소는 크게 단말, 서버, 게이트웨이로 나눌 수 있다. 단말SIP client은 세션 종단에 위치하는데, 호의 생성과 해제(능동적)를 담당하는 UAC User Agent Client와 호의 수락, 거부(수동적)를 담당하는 UASUser Agent Server로 구성되며, 단말 간의 호 설정 시 동작 모드에 따라 프록시 서버proxy server 또는 리다이렉션 서버redirection server를 통한 연결이 수립된다.

서버SIP server는 UAC로부터 받은 호 설정 요청을 다른 위치로 다시 시도하라는 응답 메시지를 발송하는 리다이렉션 서버, UAC와 UAS를 대신해 요청이 있으면 다른 쪽 서버에 연결 요청을 하는 프록시 서버, 사용자의 위치를 등록할 때 사용되는 레지스트레이션 서버registration server, 실제적인 사용자의 위치정보를 저장·검색하는 로케이션 서버location server 등으로 구성된다.

　마지막으로 게이트웨이SIP gateway는 PSTN 전화망과 IP 네트워크를 서로 연결해주는 역할을 한다.

4.4 특징

SIP는 세션의 설정, 변경, 종료를 위한 일종의 시그널링 기술로, IETF 표준 프로토콜이다. ITU-T 표준인 H.323 프로토콜 대비 구조가 매우 단순하며, 세션 설정 과정도 단순하다.

　텍스트 기반text-based의 응용 계층 프로토콜이기 때문에 HTTP의 클라이언트/서버 통신 방법 및 URL 주소 방식 등을 이용한 구현이 용이하며, 신호 전달 프로토콜로는 UDP를 기본으로 하나 TCP도 사용 가능하다.

　1개 또는 2개 이상의 세션을 제어할 수 있고, 사용자 이동성personal mobility 제공이 가능하다. 또한 데이터·음성·영상을 통합 지원하는 멀티미디어 통신 및 게임, 채팅, 다자간 회의 등 다양한 부가 기능을 구현하기가 용이한 특징이 있다.

4.5 세션 생성 및 종료 절차

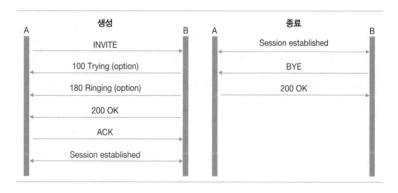

SIP 세션을 생성하는 데는 3-way handshake에 사용되는 INVITE, 200 OK, ACK는 필수 메시지이며, 추가적인 옵션 메시지인 100 trying 응답과 180 ringing 응답이 함께 사용된다. 최종 ACK 메시지 수신 이후 세션의 생성established이 완료되며 통신 가능한 상태가 된다.

SIP 세션 생성 절차

절차	유형	설명
INVITE	요청 메시지	B의 전화기가 INVITE 메시지를 수신하면, 100 trying 응답 메시지가 즉시 송신됨. INVITE를 정상적으로 처리하여 벨이 울리기 시작하면 180 ringing을 A의 전화기로 보냄
100 trying	응답 메시지	SIP INVITE를 수신하여 처리하는 중임을 나타냄
180 ringing	응답 메시지	착신 전화기의 벨이 울리고 있으나, 링백톤을 재생하거나, 컬러링과 같은 음수신을 준비하라는 의미로 전송됨
200 OK	응답 메시지	INVITE 메시지에 대한 최종 응답 메시지임
ACK	요청 메시지	INVITE 메시지에 대한 최종 응답인 200 OK를 수신했음을 통지함

SIP 세션 종료 절차

절차	유형	설명
BYE	요청 메시지	B가 수화기를 내려놓으면 BYE 메시지가 송신됨
200 OK	응답 메시지	A는 200 OK로 응답 메시지를 전송하면서 세션이 종료됨

5 H.323 프로토콜

5.1 개요

H.323 프로토콜은 QoS가 보장되지 않는 네트워크상에서 실시간 음성·데이터·비디오를 전송하는 표준으로, ITU-T SG16에서 표준화되었다. 터미널, 게이트웨이, 게이트키퍼 및 MCUMultipoint Control Unit 간의 프로토콜로, 호설정call set-up 기능이 다소 복잡하며, 구현의 난이도도 높은 편이다.

5.2 개념도

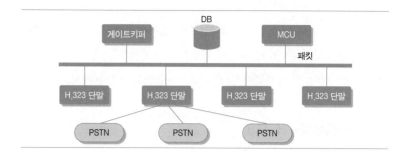

5.3 구성 요소

H.323의 구성 요소는 인터넷(VoIP)과 타 망(PSTN)의 신호 처리 및 음성 압축·복원을 처리하는 게이트웨이, 서비스 관리(구성 요소 관리, 호 인증 및 호 라우팅)를 담당하는 게이트키퍼 및 IP phone, PC 등 VoIP 기능을 담당하는 단말기로 구성된다. 또한 다자간 통화를 제어하기 위한 MCU와 과금 데이터CDR: Call Detail Recorder를 수록하기 위한 데이터베이스 서버가 필요하다.

6 MGCP/MEGACO

6.1 개요

MGCPMedia Gateway Control Protocol는 MGC/call agent에 의해 중앙 집중적으로 게이트웨이를 제어하는 프로토콜로, MGMedia Gateway, MGCMG Controller, SG Signalling Gateway 간의 게이트웨이 제어 프로토콜이다.

6.2 MGCP

MGCP는 IETF에서 1998년 제정된 VoIP 표준안으로, 통신 사업자Telco/ISP가 사용하는 대형 게이트웨이 시스템에 적합한 표준이다. Level 3 communication상의 IP device controlIPDC, 벨코어Bellcore와 시스코Cisco의 Simple

Gateway Control Protocol SGCP 등 게이트웨이 제조업자에 의해 H.323 대체 표준으로 제안되었다.

MGCP는 IP망에 적합하게 설계되었으며, 클라이언트·서버 구조를 채택했고, 다양한 클라이언트의 효과적 개발과 서버에서의 모든 제어 및 설정 관리가 용이하다. 또한 과금과 망 관리에도 효율적인 특징을 가지고 있다.

6.3 MEGACO/H.248

MEGACO/H.248은 IETF와 ITU-T 간 표준화 협력 작업을 통해 제정된 표준안이다. MGCP에 비해 메시지 처리 과정이 효과적으로 개선되었고, 멀티미디어 기능이 개선되어 음성 및 영상, 데이터까지 지원하게 되었다. MGCP가 수송용 프로토콜로 UDP만 사용하는 데 반해, MEGACO는 TCP/UDP를 모두 사용할 수 있어 서비스 확장성이 커졌다.

7 VoIP 비교 및 전망

7.1 신호 프로토콜 비교

구분	SIP	H.323	MGCP/MEGACO
개요	- 인터넷상에서 멀티미디어 서비스를 제공하기 위한 표준 - user agent, 프록시 서버, 리다이렉션 서버 간 프로토콜	- QoS가 보장되지 않는 LAN으로 실시간 음성·데이터·영상 등을 전송하는 표준 - 터미널·게이트웨이·게이트키퍼 및 MCU 간의 프로토콜	- 중앙 집중식으로 MGC에 의한 게이트웨이를 제어하기 위한 표준 - MG·TG·SG·MGC 간의 게이트웨이 컨트롤 프로토콜
표준 단체	- IETF	- ITU-T	- ITU-T·IETF
특징	- 웹 기반의 클라이언트 서버 프로토콜로, H.323에 비해 호 설정이 용이	- end point에 다양한 기능 부가 - 전화망에 기반을 둔 전화와 패킷을 연동하는 프로토콜 - All-IP망에는 부적합	- 망의 확장성과 서비스 구현 용이 - 대형 게이트웨이 시스템에 적합 (Telco·ISP 등)
적용 가능성	- SIP 기반 단말기 증가 - 전화, 화상회의, 채팅 등 다양한 멀티미디어 서비스에 사용 중	- 호 설정 기능 복잡, 호환성 및 확장성 부족 - 유지 보수비 높음 - 점점 사용하지 않는 추세	- 기간통신 사업자에게 적합한 컨트롤 기능 강점 보유 - 확장성·개방형 프로토콜 제품 간 상호 운용성 양호

D · 멀티미디어통신 기술

7.2 VoIP 동향 및 전망

국내 인터넷전화 가입자 수는 이미 1200만 명을 돌파했으며, 전 세계 가입자 수는 10억 명을 넘긴 것으로 추산된다. VoIP망에서는 시그널링 프로토콜signaling protocol이 SIP 형태로 통합되고 있으며, 기존 데스크톱 컴퓨터, IP 전화기 등을 통해 이용할 수 있었던 VoIP 서비스는 모바일 기기 등으로 서비스 영역이 확산되었다.

현재 VoIP는 무선 LAN 기반의 FMCFixed Mobile Convergence, 이동통신망 기반의 mobile VoIP 서비스(스카이프, 페이스타임, 보이스톡, 라인 등), LTE망을 이용한 VoLTE 등 모바일 서비스 등으로 급격히 성장했으며, 최근에는 AI 스피커에서 이용자 간 VoIP를 활용한 음성통화가 가능하도록 개발이 진행되어 곧 상용화될 전망이다. 이처럼 VOIP는 앞으로도 다양한 기술과 연계하여 융·복합 서비스로 발전해나갈 것으로 예상된다.

참고자료

위키피디아(www.wikipedia.org).
정보통신기술용어해설(www.ktword.co.kr).

기출문제

113회 정보통신 VoIP(Voice over Internet Protocol) 음성 품질에 영향을 주는 요인과 대책. (10점)

98회 컴퓨터시스템응용 RTP(Real-time Transport Protocol)의 개념과 특징에 대하여 설명하시오. (10점)

93회 컴퓨터시스템응용 VoIP(Voice of Internet Protocol). (10점)

87회 정보통신 SIP(Session Initiation Protocol)에 대해 아래 사항을 설명하시오. (25점)
① SIP의 구조와 특징, ② SIP와 H.323 비교, ③ 메시지 전송을 위한 TCP와 UDP 비교

78회 정보통신 VoIP 서비스 제공망과 구성 방식을 약술하시오. (10점)

77회 컴퓨터시스템응용 인터넷전화 시스템에 대해 구성도, 프로토콜, 연동 방법, 국내 통신위원회의 인터넷전화번호 부여 상황 등에 관해 논하시오. (25점)

74회 정보관리 SIP(Session Initiation Protocol). (10점)

69회 정보통신 SIP(Session Initiation Protocol). (10점)

VoIP 시스템

___

광대역 통합망의 VoIP 서비스를 처리하는 핵심 요소 기술이었던 소프트스위치는 call 신호 제어와 스위칭 기능을 소프트웨어적으로 수행하는 기능을 통해 음성교환망과 IP망을 연계하여 음성 서비스 솔루션을 제공해주었으나, 현재는 인터넷과 유·무선 통신 환경 발달로 음성 서비스뿐만 아니라 All-IP 기반의 광대역 멀티미디어 서비스가 가능한 IMS 기술 중심으로 발전해나가고 있다.

1 소프트스위치 Softswitch

1.1 등장 배경

광대역통합망 BcN: Broadband convergence Network 은 유·무선의 다양한 망 접속 환경에서 고품질과 보안이 보장된 음성, 데이터 및 방송이 통합된 멀티미디어 서비스를 제공하는 통합 네트워크이다. 광대역통합망이 도입되면서 적용된 대표적인 서비스가 음성·데이터 통합 서비스인 VoIP이다. 기존의 음성서비스를 IP망을 활용해 제공하기 위해서는 PSTN 음성교환기의 교체와 TCP/IP 기반의 통신 제어가 요구되었다.

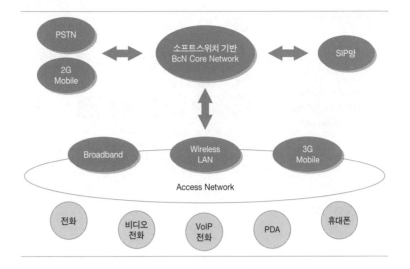

1.2 정의

소프트스위치는 기존 음성교환기에서 call 처리 제어 기능을 소프트웨어적으로 처리하는 기술로, 스위칭 기능과 제어 기능을 분리해 확장성에 강점을 지니는 개방형 멀티 서비스 교환 기술의 한 구성 요소이다. 기존의 PSTN망, 음성 지능망 및 전용망을 통합해 멀티미디어 서비스를 제공하며, 대부분의 통신 사업자들은 기존 음성교환기를 소프트스위치로 대체해나가고 있다.

1.3 기존 PSTN 교환기와 구성 비교

기존 회선 교환기는 한 시스템 내에 호 제어, 서비스, 스위칭, 전송 인터페이스 등을 통합한 구조로, 각 모듈 간에 표준이 없으며 확장이 어렵다.

구성 비교

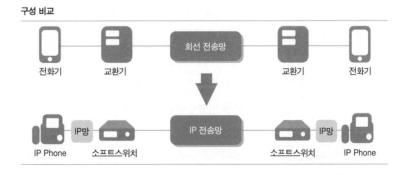

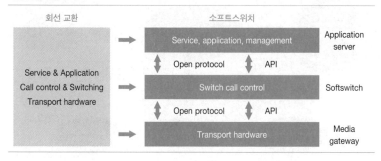

1.4 주요 기능

소프트스위치는 call 분배 및 라우팅(Class 4/5 서비스) 역할을 하고, 소프트스위치와 연결된 단말, 게이트웨이들에 대한 호 로직과 호 제어 시그널링 및 음성, 데이터 및 동영상 등 멀티미디어통신을 위한 세션 처리 등 기본 호 처리를 담당한다. 또한 전화번호(E.164), SIP URI, e-MAIL 등 다양한 주소체계 분석 및 번역을 통한 호 라우팅 경로를 결정하고, 액세스access 게이트웨이, 트렁크trunk 게이트웨이, 시그널링signaling 게이트웨이 등 각종 게이트웨이 장비를 제어한다. 이를 위해 SIP, BICC, H.323, Q.931, ISUP, MEGACO/H.248, MGCP 등 다양한 호 제어 프로토콜을 지원한다.

애플리케이션 서버, 미디어 서버, 과금 서버 등 각종 부가 장치들과의 연동과 개방형 인터페이스open API 및 동종 혹은 이종 프로토콜 간의 상호 운용성을 보장하여 타 서비스 및 장비와의 연동 기능을 제공한다.

1.5 주요 기술

소프트스위치의 아키텍처에는 신뢰성과 확장성 그리고 특히 개방성을 고려해 개방형 OS를 주로 사용하며, 패킷망 기반의 프로토콜을 지원한다. 시그널링 프로토콜로는 H.323, SIP, MGCP 혹은 MEGACO/H.248, BICCBearer Independent Call Control 등 IP 연동 프로토콜, ISUP, TCAP, INAP, MAP, CAP 등 PSTN/지능망 연동 관련 프로토콜, RTP, RTCP 등 전송 프로토콜을 지원하고, 데이터 패킷에 QoS 및 우선순위 제공, RIP, OSPF 프로토콜, BGP, RSVP 등 라우팅 프로토콜도 지원한다. 애플리케이션 서비스는 응용 서버

(애플리케이션 서버)를 중심으로 서드 파티3rd party와의 연동을 위해 open API를 제공한다.

1.6 망구조

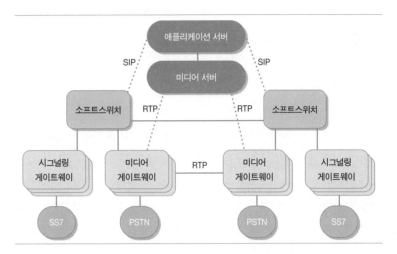

망 구성은 소프트스위치를 중심으로 응용 서비스(응용 서버, 미디어 서버)와 기존의 PSTN 네트워크가 연동되는 구조이다. 애플리케이션 서버는 다양한 응용 서비스를 제공하고, 미디어 서버는 응용 서비스를 위한 미디어(안내방송, 비디오 등)를 지원한다. 미디어 게이트웨이는 음성 압축, 미디어 변환, 아날로그 전화 및 PBX를 수용해 IP망과 PSTN망을 연동하는 역할을 하고, 시그널링 게이트웨이는 VoIP 호 신호와 SS7(No.7) 신호 간 변환을 제공한다.

1.7 특징

소프트스위치는 기존 PSTN 교환기의 호 처리 기능을 하드웨어 스위칭 기능과 분리하고, 두 기능 사이를 표준 프로토콜을 사용해 연결한다. 하드웨어 스위칭 기능은 미디어 게이트웨이media gateway가 수행하고 소프트스위치는 호 처리 기능을 수행하는데, 호 처리 및 라우팅 기능을 다양한 네트워크(PSTN, ATM, IP망 등)에 적용할 수 있게 하고 다양한 서드 파티의 응용 서비스를 쉽게 연동할 수 있도록 open API 구조를 제공한다.

키포인트

소프트스위치는 기존 아날로그 교환기를 소프트웨어적으로 처리하고자 하는 수요
에 맞게 활용되어왔으나, 현재는 대부분의 시스템에서 유·무선 통합 솔루션인 IP
멀티미디어 서브시스템(IMS)이 그 역할을 대체하고 있다.

2 IMS IP Multimedia Subsystem

2.1 정의

IMS는 3GPP release 5에서 표준화된 이동통신망에서 IP 기반의 멀티미디
어 서비스를 제공하기 위한 규격이다. 음성과 데이터 서비스를 하나의 구조
로 통합하며 이를 IP 네트워크에 고정된 장치 혹은 모바일 장치로 전달하는
역할을 한다. 호 처리 프로토콜로 표준 SIP Session Initiation Protocol를 사용해 네
트워크를 개방형으로 전환하고, 유·무선 네트워크의 서비스 다양성 및 유연
성을 높여주는 기술이다.

2.2 구조

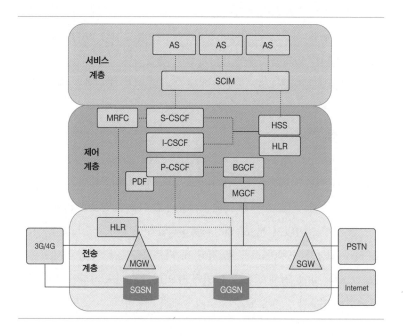

IMS의 구조는 크게 전송, 제어, 서비스의 3계층으로 구성되며, 기능별로 블록으로 관리된다. **전송 계층**은 휴대전화, (무선) LAN, 초고속 가입자망 등을 수용하며, 멀티미디어 스트림의 생성, 처리 및 믹싱 기능을 제공하는 MRFP Multimedia Resource Function Processor 와 IP망과 PSTN 망 사이에서 미디어를 변환하는 MGW Media GateWay 로 구성이 된다.

제어 계층은 호 제어, 미디어 세션 처리 및 가입자 정보를 관리하는 역할을 한다. 구성 요소로는 SIP 서버로 단말 등록 및 인증, 호 처리 기능을 담당하는 CSCF Call Session Control Function 가 있는데, CSCF는 역할에 따라 S Serving, I Interrogating, P Proxy 세 가지 종류가 있다. 다른 구성 요소로는 가입자 식별, 인증 및 이동성 정보를 저장하는 HSS Home Subscriber Server/HLR Home Location Register, 서비스별로 정책 기반의 QoS를 관리하는 PDF Policy Decision Function, MRFP를 제어하는 MRFC Multimedia Resource Function Controller, PSTN 착신호에 대해 최적의 MGCF를 선택하는 기능을 제공하는 BGCF Border Gateway Control Function 및 MGW를 제어하는 MGCF Media Gateway Control Function 가 있다.

서비스 계층은 다양한 응용 서비스(게임, 비디오 등)를 제공하며, 각각의 응용 서비스를 제공하는 AS Application Server, 응용 서버와 제어 계층 사이에서 서비스 delivery를 제어하는 SCIM Service Capability Interaction Manager 으로 구성된다.

SCIM
SIP 프로토콜을 사용해 IMS 시스템에서 전달된 요청에 대한 IMS 단말기의 정보 조회, 사용자 조회, 접속 정보 조회 등의 역할 담당

IMS의 주요 기능 블록

기능 블록	기능 요소	역할
세션 제어 기능 블록	P-CSCF (Proxy)	- 유저가 IMS망에 최초로 액세스하는 지점 - 위치 등록 시 할당되는 SIP 서버
	I-CSCF (Interrogating)	- 다른 망으로부터 SIP 메시지를 수신하는 gateway 성격의 서버 - 유저가 위치 등록할 때 해당하는 HSS를 선택
	S-CSCF (Serving)	- 세션 제어 중심적인 SIP 서버로 유저 단말 정보를 HSS에 전송 - HSS로부터 다운로드받은 가입자 정보를 보관 유지
홈 가입자 서버 블록	HSS	- Home Subscriber Server - 세션 제어, 서비스 제어에 필요한 모든 정보를 저장 - UE의 물리적 위치정보를 가지고 있는 HLR과 연동 정보 보관
	SLF	- Subscriber Locator Function - IMS망 내에 복수의 HSS 존재 시 해당 유저 정보를 가진 HSS를 찾기 위한 정보를 가짐 - 단일 HSS 존재 시 불필요

기능 블록	기능 요소	역할
애플리케이션 서버 블록	AS	- IP 패킷망에서 CSCF/HSS 등과 연동을 통해 다양한 부가 서비스를 제공할 인프라 제공
	User profile	- S-CSCF에 의해 다양한 서비스를 제공하기 위해 SIP 메시지 종류에 따른 조건 저장 필요 → HSS 내에 user profile로 저장
멀티미디어 제어 블록	MRFC	- Multimedia Resource Function Processor - 음성, 비디오 등의 stream을 mix, 생성, 처리
	MRFP	- Multimedia Resource Function Controller - SIP 메시지를 IMS 내의 다른 서버와 송수신하여 MRFP를 제어
기존 망과 게이트웨이 블록	MGCF	- MGW Control Function - IM-MGW 제어 - IMS의 SIP와 circuit network의 ISUP 간 signaling 변환
	IM-MGW	- IP Multimedia-Media Gateway - IP network와 circuit network 간 음성·비디오 변환 기능
	SGW	- Signaling Gateway - SIP ↔ ISUP 변환
	BGCF	- Breakout Gateway Control Function - IMS로 전송한 세션 요청 메시지를 전송할 MGCF 선택
QoS 제어 블록	PCRF	- Policy and Charging Rule Function - 정책 결정
	PCEF	- Policy and Charging Enforcement Function - 정책 실행

2.3 제공 서비스

IMS를 이용하면 VoIP 및 화상전화 서비스, IMInstant Messaging 등의 기존 교환기, 지능망 서비스 형태의 각종 부가 서비스를 포함한 기본적인 멀티미디어 서비스가 가능하며, 비디오, 콘텐츠 파일, 애플리케이션 공유 서비스나 push-to-talk, 다자간 화상회의 및 협업(교육, 게임, 스트리밍) 서비스도 제공할 수 있다.

또한 유선 VoIP에서 제공하는 것과 동일한 서비스를 유·무선 통합 서비스 및 통신과 방송이 통합된 IPTV도 원활한 서비스 제공이 가능하다. 그 외에도 각종 세션 제어 기반의 다양한 멀티미디어 커뮤니케이션 서비스를 제공할 수 있다.

3 기술 동향

소프트스위치는 제어 계층에 위치하여 패킷 교환망(인터넷 등)을 포함해 각종 음성교환기까지 지능망 서비스를 제공하는 통합 제어망 역할을 수행하며 그 활용 범위 및 목적에 따라 다양하게 사용되어 왔지만, 최근에는 유선망 환경을 수용하는 유·무선 통합 솔루션 응용에 대한 표준화 기술인 IP 멀티미디어 서브시스템 IMS이 대부분 적용되어 활용되고 있다.

회선 교환 스위치, 소프트스위치에 이은 3세대 교환 시스템으로 자리 잡은 IMS는 유·무선 네트워크의 컨버전스를 완성하고 VoLTE 등 다양한 멀티미디어 서비스들을 제공하고 있다.

다양한 멀티미디어의 수용을 포함하는 패킷 기반 서비스 제공을 위해 현재 상용화된 IMS 기술 수준의 프로토콜 표준화는 ITU-T, IETF, 3GPP 등에서 마무리된 상태이며, 앞으로의 IMS 발전 방향에 대해서는 여러 방면으로 연구가 진행되고 있다.

우선 이동통신망의 5G 전환에 따라 IMS도 해당 환경에 발맞추어 발전해나갈 것으로 예상되며, 그 활용 범위도 재난안전망과 철도망을 기본으로 무전기를 사용하는 모든 영역으로 확대될 전망이다. 현재 주파수공용통신 TRS도 IMS 기반 LTE로 교체될 예정이다.

한편 네트워크 가상화 기술도 IMS에 적용되어 빠른 속도로 발전될 것으로 예상된다. IMS의 완전한 가상화인 vIMS virtual IMS 도입을 통해 운영자가 서비스의 신속하고 저렴한 배포 및 업그레이드를 할 수 있는 환경을 제공하여, 서비스 출시 기간 단축 및 운영 비용 절감 등을 통해 IMS 기술 시장은 더욱더 확장되고 발전해나갈 것으로 전망된다.

참고자료

김용범. 2004. 「BCN 서비스를 위한 소프트스위치 기술」. 정보통신산업진흥원. ≪주간기술동향≫, 제1167호.
≪디지털데일리≫(www.ddaily.co.kr).
송복섭·권수갑. 2007. 「IMS 구축동향」. 정보통신산업진흥원. ≪주간기술동향≫, 제1290호.
위키피디아(www.wikipedia.org).

≪전자신문≫(www.etnews.co.kr).
정보통신기술용어해설(www.ktword.co.kr).
정보통신산업진흥원(itfind.or.kr).
채우진 외. 「소프트스위치 기술 및 개발방향」. 한국정보통신기술협회. ≪TTA
Journal≫, 제96호.
한국정보통신기술협회. 2008. 「ICT Standardization Roadmap 2009」.

기출문제

89회 정보통신 IMS(IP Multimedia Subsystem)에 대해 설명하시오. (10점)

80회 정보통신 IMS(IP Multimedia Subsystem)의 주요 특징과 도입 방안에 대해
설명하시오. (25점)

78회 정보통신 VoIP 서비스 제공망과 구성 방식을 약술하시오. (10점)

69회 정보통신 소프트스위치에 설명하시오. (10점)

66회 정보통신 소프트스위치를 기존 교환 시스템과 비교 설명하시오. (25점)

디지털 TV(지상파) 방송 기술

디지털 기술의 발달과 망의 광대역화에 따라 고품질, 대용량의 다양한 디지털 콘텐츠의 실시간 전송이 가능해졌고, 최근 3D 입체영상 기술 및 UHDTV 보급 확산으로 디지털 TV 방송 기술에 대한 활용도가 점차 높아지고 있다.

1 디지털 TV(지상파)의 개요

1.1 정의 및 배경

지상파 TV 방송은 1960대 흑백 TV를 시작으로 1970년대부터는 컬러 TV 서비스를 제공했다. 이후 디지털 기술의 발달과 함께 사용자 접속 대역폭 개선, 압축·전송 기술 발달, 사용자 단말 성능 향상으로 디지털방송 서비스가 가능해졌다. 이에 국내에서는 2013년을 기점으로 아날로그 TV 방송을 중지하고, 현재는 HD High Definition급 또는 UHDUltra HD의 고화질 디지털 TV 서비스를 제공하고 있다.

이러한 디지털 TV는 입체영상을 실현한 3D TV, 스마트 TV, UHDTV 등 실감영상, 통신과 융합된 양방향 융합 방송 서비스, 고화질 등의 방향으로 기술 및 서비스가 발전해나가고 있다.

1.2 디지털방송 서비스 분류

디지털방송 서비스란 비디오·오디오 등의 정보를 디지털 처리한 후 디지털 전송 방식으로 전송하는 방송 서비스를 총칭한다. 디지털방송의 종류에는 지상파 TV 방송을 디지털로 처리하는 디지털 TV, 케이블 TV 방송을 디지털화한 디지털 CATV, 오디오방송을 디지털로 처리하는 DMB, TCP/IP 기반으로 방송을 전달하는 IPTV 등이 있다.

구분	단말	매체	특징
디지털 TV	TV	방송망	- 디지털로 제작하는 프로그램 및 일반 프로그램을 디지털 방식으로 전환해 제공하는 텔레비전 방송 서비스
디지털 케이블방송	TV	케이블방송	- 케이블 모뎀을 포함한 케이블 TV 방송을 디지털화한 서비스로, 구축 비용이 저렴하며, 케이블 사업자가 방송·데이터·음성 등 다양한 서비스 제공 - DOCSIS 표준으로 정의
디지털 오디오방송 (모바일 TV)	휴대단말	라디오방송, 이동통신망	- 라디오방송을 디지털화(DAB)하여 문자방송, 무선 호출, 영상 등 데이터를 전송하는 서비스로 국내에서는 DMB로 정의 - 지상파 DMB와 위성 DMB로 구분 - 모바일 방송망 또는 이동통신망을 통해 제공되는 모바일 방송 서비스를 의미 - 휴대전화를 포함한 다양한 휴대용 단말을 대상으로 한 방송
IPTV	TV, PC	유선통신망	- 유선 인터넷망을 통해 셋톱박스가 설치된 TV 또는 PC를 통해 시청하는 서비스(실시간, VoD 포함)

디지털 TV 방송은 기존 아날로그 TV 방송에 비해 방송 수신율이 높고, 열악한 전파 환경에서도 고화질의 TV 방송 시청이 가능하다. 현재 국내에서는 아날로그 TV 방송 서비스가 종료되고, 디지털 TV 방송 서비스가 제공되고 있다.

디지털 케이블방송은 케이블 사업자가 제공하는 케이블망의 디지털화를 구현한 것으로, 저렴한 비용으로 방송 서비스 및 인터넷 서비스 등의 통합 서비스가 가능한 것이 특징이다.

디지털 오디오방송(모바일 TV)은 외부에서 이동 중에 휴대단말에서 TV 방송을 보기 위한 것이다. 주요 표준으로는 eureka-147(DAB 유럽 표준), 위성 DAB(미국), 위성 DMB(MBCo에서 제공, 일본)이 있다. 국내에서는 eureka-147 기반의 T-DMB를 사용해왔으며, 2016년부터는 고효율 비디오 코딩인 H.265/HEVCHigh Efficiency Video Coding를 적용하여 기존 대비 화질을 12배(1280×720) 개선한 HD-DMB를 상용화해 서비스를 제공하고 있다.

IPTV는 사용자망의 광대역화, 다양한 콘텐츠의 요구, 통신 사업자의 새로운 수익 창출의 필요성에 따라 발전된 기술로, 광대역의 가입자망을 기반으로 멀티캐스트를 이용한 실시간 방송이 적용된 통신망을 활용해 서비스를 제공하고 있다.

2 디지털 TV 방송

2.1 지상파 디지털 TV 방송

지상파 디지털 TV 방송은 디지털 TV 방송의 제작·송출·단말을 모두 디지털화해 시청자에게 서비스하는 것을 의미한다. 현재 UHF 또는 VHF 대역을 통해 서비스되고 있다. 제작된 방송 프로그램은 송신소로 보내지고, 송신기에서 변조 과정을 거쳐 UHF 또는 VHF 주파수 대역을 통해 송신 안테나를 거쳐 TV 수신 안테나까지 무선으로 전달된다. 국내에서는 여러 잡음과 열악한 전파 환경을 해소하기 위해 미국의 전송 방식인 ATSCAdvanced Television System Committee 8-VSB를 사용해왔다.

구분	아날로그 텔레비전	디지털 TV(SDTV)	디지털 TV(HDTV)
화면 비율	4:3	4:3(16:9)	16:9
해상도	525	720(640)×480	1920×1080
음성다중	2CH(스테레오)	5.1CH	5.1CH

최초의 국내 컬러 TV 방송(아날로그방송)은 1980년대 미국 컬러 TV 표준인 NTSCNational Television System Committee 방식을 표준으로 채택했다. 당시 방송은 NTSC 방식의 아날로그 TV 방식으로 낮은 해상도의 화질을 제공했으나, 디지털 TV 방식으로 발전하여 SD, HD에 이어 최근에는 UHD 수준의 고품질 방송 서비스를 제공하고 있다.

현재 디지털 TV 방송은 디스플레이의 대형화 추세에 따라 초고해상도의 고품질 영상에 대한 소비자의 욕구가 증가하고 있고, 대용량 콘텐츠 전송

수요가 증가해 주파수 부족 현상이 발생하면서 이에 대한 해결책으로 주파수 이용 효율을 향상시키기 위한 기술 개발이 지속되고 있다.

국내 디지털 TV 방송 표준인 ATSC는 2016년 7월 국내 UHD 방송 표준 규격으로 ATSC 3.0을 채택해 2017년 2월부터 이를 활용한 지상파 UHD 방송 서비스를 시작했으며, 향후 차세대 방송에서 필요로 하는 주파수 이용 효율 극대화를 위한 방송 전송 기술 및 방송망 기술(eSFN)의 연구도 진행되고 있다.

2.2 지상파 디지털 TV 표준 비교

구분		ATSC(미국)	DVB-T(유럽)	ISDB-T(일본)
반송파		- 단일	- 다수	- 다수
전송 방식		- 8-VSB(19.28Mbps)	- OFDM	- BSD-OFDM
압축	영상	- MPEG-2	- MPEG-2	
	음향	- Dolby AC-3	- MPEG-2	
특징		- SFN - 이동 수신 어려움 - 강력한 오류 정정 부호	- 멀티패스에 강함 - 단일 주파수 가능 - 이동 수신 가능	

ATSC(Advanced Television System Committee)
미국의 차세대 지상파 텔레비전 방식인 고도화 텔레비전(ATV) 방식을 심의하기 위하여 설치된 위원회 또는 규격

DVB(Digital Video Broadcasting)
디지털 TV 방송, 디지털 위성방송 관련 기술 개발, 주파수 계획 등에 대한 범유럽적 연구 개발과 표준화 활동을 위한 프로젝트이자 단체의 이름

ISDB(Integrated Services Digital Broadcasting)
일본에서 독자 개발한 디지털 텔레비전(DTV) 및 디지털 오디오방송(DAB) 형식

지상파 디지털 TV 표준으로는 미국의 ATSC, 유럽의 DVB-T, 일본의 ISDB-T가 있다. 국내에서는 ATSC를 디지털 TV 서비스 표준으로 채택해 고화질의 HD 서비스를 제공해왔다. 최근에는 UHD 서비스를 위한 차세대 표준으로 미국과 한국은 ATSC 3.0를, 유럽은 DVB-T2를 선정해 점차 그 서비스 영역을 확장해나가고 있다.

3 지상파 TV 핵심 기술

3.1 ATSC 1.0

국내 지상파 디지털 TV 표준은 미국 표준으로, 이동성 보장보다는 고화질 영상 제공에 초점이 맞춰진다. 이러한 핵심 기술로 ATSC를 들 수 있다.

ATSC 방식은 1996년 표준으로 채택된 지상파 디지털 TV 규격으로, 고화

질 영상 제공을 목표로 한다. AC-3 Dolby 디지털 오디오를 지원하고, 8-VSB 변조 방식을 사용한다. 오류 정정 부호로 RS Reed-Solomon와 TCM Trellis Coded Modulation 을 사용해 전송 오류를 최소화한 것이 장점이다. 하지만 이동 단말에 대한 제어가 없어 이동 서비스가 제공되지 않는 단점이 있다.

특히 ATSC 방식에서 사용하는 변조 방식은 기존 아날로그 변조 방식인 8-VSB 변조 방식을 사용하므로 다중경로 페이딩에 취약하고 전송로의 각종 간섭에 약한 특성을 보인다. 따라서 이러한 단점을 보완하기 위해 데이터 랜덤화기data randomizer, 리드-솔로몬Reed-Solomon 인코더, data interleaving, trellis 인코더 등의 에러 제어 기법을 사용한다.

데이터 랜덤화기는 00000이나 11111 등과 같이 고정 반복되는 값의 패턴을 줄이기 위해 입력된 데이터값을 랜덤으로 생성하기 위한 것으로, 데이터 전송이 없을 때에는 랜덤 데이터가 전달되어 수신 측이 최적으로 데이터를 수신하는 데 유리한 역할을 수행한다.

리드-솔로몬 인코더는 전향 에러 제어FEC의 블록코딩 기술 중 하나로, 데이터를 블록 단위로 구분하고, 블록당 패리티를 추가해 수신 측에서 에러를 보정할 수 있게 함으로써 대량의 에러를 처리하는 데 효과적이다.

또한 data interleaving은 데이터 보호를 위해 사용되며, trellis 인코더는 FEC 기술 중 컨볼루션 코드 부호화 기술을 사용하는 것으로, 오류 정정 능력을 높이기 위해 사용된다.

ATSC는 DVB의 DVB-T2와의 표준화 경쟁을 위해 차세대 방송 표준인 ATSC 3.0이 정의되었고, 현재 국내 및 미국의 UHD 방송 서비스의 표준 규격으로 선정되어 사용되고 있다.

3.2 ATSC 3.0

2010년대 들어서 고화질(4K UHD) 방송 시대의 도래와 인터넷 환경 발달로 모바일 트래픽이 폭발적으로 증가했다. 이에 따라 북미 지상파 디지털 TV 방송 규격 표준화 기구인 ATSC에서는 2010년 초반 UHD·모바일·양방향 방송을 지원하기 위해 ATSC 3.0이라는 IP 기반 방송 표준 기술 제정을 시작했고, 2015년에 ATSC 3.0 CS Candidate Standard라는 잠정 규격 개발 후 2018년 1월 표준 완료를 공식 선언했다. 국내에서도 ATSC 3.0 기반으로 국내 실정에 맞는 지상파 UHDTV 방송 서비스를 제공하기 위한 표준 제정을 진행했고, 2016년 6월 TTA에서 최종 승인되었다.

ATSC 3.0에서는 물리 계층 전송 방식으로 OFDM, 비디오 압축 방식으로 HEVC, 오디오 압축 방식으로 MPEG-H 3D Audio, 시스템 프로토콜로는 IP를 채용한다.

물리 계층에서는 차세대 전송 기술(OFDM, LDPC code 등)을 채용해 기존 보다 전송 용량이 약 30% 이상 개선되었고, HEVC 비디오 코덱, 실감 오디오와 연계해 실질적인 고화질 프리미엄 UHDTV 방송 서비스 제공이 가능해졌다.

응용 계층은 기존 방송 송수신 정합 규격의 MPEG2-TS 대신 IP를 시스템 프로토콜로 활용해 IP망 간의 이종 서비스hybrid service 제공 및 고정·이동 단말에서의 방송 수신을 원활하게 해줄 뿐만 아니라 콘텐츠 보호 기술 및 3D TV 서비스도 제공할 수 있게 해준다.

기존 디지털 TV의 전송 용량은 하나의 전송 채널인 6MHz 대역폭에서 19.4Mbps이었지만, ATSC 3.0에서는 HEVC가 기존 대비 2배의 압축 효과가 있어 약 25Mbps의 데이터 전송이 가능하다. 4K UHD 방송 서비스를 위해서는 통상 20~25Mbps 정도가 요구되므로, ATSC 3.0을 통해 4K UHD 방송 서비스가 가능해진다. 앞으로 HEVC 압축 장비의 성능이 개선되면 UHD 방송을 위한 데이터 전송 용량이 15Mbps 정도로 낮아질 것으로 예상되며, 그에 따라 UHD + Full HD 방송 서비스도 가능해질 것으로 보인다.

구분	ATSC 1.0 (현 DTV)	ATSC 3.0 (UHD 방송)
변조 방식	8-VSB	OFDM
제공 서비스	고정 HD	고정 UHD 및 이동 HD, 방통 융합 서비스, 재난 경보 서비스
비디오 압축 방식	MPEG-2	HEVC
오디오 압축 방식	AC-3	MPEG-H 3D Audio
전송 다중화	-	TDM, FDM, LDM
오류 정정 부호	TCM+RS	LDPC+BCH
전송 용량	19.39Mbps	1.3~52.2Mbps
시스템 프로토콜	MPEG2-TS	IP

3.3 지상파 디지털 TV 방송망 설계 방식

지상파방송망의 설계 방법은 각 송신기 및 중계기의 동일 주파수 사용 유무에 따라 SFN Single Frequency Network, MFN Multiple Frequency Network, RSFN Regional SFN으로 구분된다.

SFN은 송신기 및 중계기가 모두 같은 주파수로 송신하는 것으로, 이를 구축하기 위해서는 수신기가 2개 이상의 송신기에서 송신된 데이터를 안정적으로 수신하여 처리할 수 있어야 하고, 각 송신기 및 중계기마다 동기화가 필요하다. 유럽의 디지털 TV 방식인 DVB-T나 국내의 T-DMB 등에 적용되고 있다.

반면 MFN은 기존 아날로그 TV에서부터 사용한 것으로, 인접한 셀에서의 송신기 및 중계기의 주파수를 모두 다르게 하는 방식이다. 잡음에 약한 환경에서 주로 사용되었다. ATSC에서도 다중 페이딩이나 잡음에 취약하여 중계소마다 다른 주파수를 사용해야 한다.

국내의 RSFN 방식 도입
2012년 국내 지상파 TV 전환을 위해 2010년 경북 울진군의 디지털 TV 전환에 RSFN 방식을 최초로 도입했다.

RSFN은 국부적인 지역별로 하나의 주파수망으로 묶는 방식이다. SFN으로 구축하기에는 잡음(고스트) 처리 능력이 부족한 곳에서 사용된다. 주로 주송신기의 주파수는 달리하고, 중계기의 주파수는 해당 셀의 송신기의 주파수와 일치시킨다.

또한 지역방송 때문에 전국 단일 주파수 사용이 불가능했던 것을 보완하고자 지역방송을 포함해 전국방송이 가능하도록 방송 주파수 효율을 향상시킨 차세대 방송 전송 및 방송망 기술인 eSFN evolved Single Frequency Network이 주목받고 있다. eSFN은 동일 채널 간섭을 최소화하고, 인접 방송 구역에 동일 채널을 사용하며, 방송 구역이 겹치는 지역에서도 양측의 서비스를 모두 수신할 수 있는 기술로 ATSC 3.0의 요구 사항을 만족하면서 방송 주파수를 효율적으로 이용할 수 있는 차세대 방송을 위한 기반 기술이 될 것으로 전망된다.

3.4 TV 유휴 주파수 대역 활용

기존 TV 방송용으로 할당된 54~698MHz의 주파수 대역에서 지역적(공간적)으로 사용되고 있지 않고 비어 있는 주파수 대역을 TVWS TV White Space라고 한다. 국내에서는 DTV 주파수 대역 중 470~698MHz 사이의 비어 있는 주파수 대역을 의미한다. TVWS는 저주파 대역 활용으로 전파 특성이 우수해 전파 도달거리가 길기 때문에 커버리지 확보에 용이하여, 장애물에 대해 굴절, 회절, 통과 등의 전파 특성으로 다양한 용도에서 활용이 가능하다.

TVWS는 지역별로 비어 있는 채널이 상이하며, 가용 채널도 TV 방송 서비스 보호를 위해 소규모 지역에 한해서 사용이 가능하기 때문에 TV 방송국이 밀집된 수도권, 대도시보다는 교외 지역에서 가용 채널을 확보하기가 상대적으로 용이하다.

주요 기술로는 TV 서비스 보호를 위한 시·공간에 따른 가용 채널을 사용하기 위해, 전파 환경이 저장된 DB에 접속하여 특정 위치의 가용 채널을 획득하는 DB 접속 방식이 사용된다.

이러한 TVWS는 전파의 투과율이 좋은 장점을 이용한 지하 재난 영상 전송, 특정 지역(고궁, 박물관, 경기장 등)에서 안내 및 경기 정보 제공 등의 특화된 소규모 지역 정보 전송, 인터넷 활용이 어려운 도서산간 지역의 무선 가입자망, 수질 및 대기오염 물질 등을 센서 단말기로 측정한 정보를 TVWS를 통해 관제센터까지 전달하는 환경정보 수집 분야 등에 널리 활용된다.

TVWS 활용 서비스는 2012년 주파수 분배표 및 무선 설비 규칙 개정안을 마련한 뒤 2014년 시범 서비스를 시작했고, 2017년까지 각 지역 지자체 협력 TVWS 시스템을 구축해 현재 상용 서비스를 실시하고 있다.

4 지상파 TV의 최근 기술 동향

4.1 입체영상 기술(3D 영상 기술)

2009년에 개봉한 영화 〈아바타〉를 통해 국내외에서 입체영상 기술에 대한 관심과 욕구가 더욱 커졌으며, 이를 계기로 3D TV 서비스 또한 대중화되기 시작했다.

입체영상 기술은 기존의 2차원 영상에 깊이 정보를 부가해 시청자가 입체감을 느낄 수 있게 함으로써 생동감과 현장감을 제공하는 차세대 고품질 방송 서비스 중 하나이다.

입체영상 기술은 오른쪽 눈과 왼쪽 눈이 바라보는 서로 다른 영상을 합성해 하나의 입체영상을 볼 수 있게 하는 스테레오스코피streoscopy 기술을 바탕으로 한다. 이러한 영상 기술을 구현하려면 영상을 좌우 양방향 영상으로 분리해야 하는데, 이를 위해 편광안경 또는 색필터안경 등이 사용된다. 안경을 사용하지 않는 방법도 있지만, 현재로서는 안경을 이용하는 방식이 일반적이다.

3D 입체영상은 사람의 좌우 눈 역할을 하는 두 개의 카메라를 사용하거나 두 개의 렌즈 또는 센서가 달린 특수 카메라를 사용해 만든다. 여기에는 IOD Inter-Ocular-Distance와 영점convergence point 기술이 활용되는데, IOD는 두 카메라 사이의 간격에 따라 좌우 영상의 가로 편차를 조정해 전체 입체감을 조정하는 것이며, 영점은 두 카메라의 시각이 합쳐지는 점을 의미한다.

입체영상을 만드는 방법에는 컴퓨터그래픽 작업, 실사 촬영, 이 둘의 혼합형, 그리고 2D를 3D로 변환하는 방법이 있다. 현재 새롭게 만들어지는 애니메이션이나 SF 영상에서는 주로 컴퓨터그래픽과 실사를 합친 혼합형이 많이 활용된다.

하지만 3D TV 및 서비스는 안경을 착용해야 하는 불편함, 3D 전환 시 품질 저하, 영상 콘텐츠 부족, 장시간 시청 시 피로감 등 3D 콘텐츠 소비 환경의 낮은 만족도와 이를 기술적으로 극복하는 작업의 지연 등으로 인해 수요의 성장이 더딘 상황이다.

앞으로는 3D 입체영상 콘텐츠 제작 및 공급을 위한 인프라 조성에 대한 투자를 늘릴 수 있는 환경을 조성하고, 3D 입체영상에 물리적 효과(진동, 움직임, 냄새, 물방울 등)를 추가한 이른바 체감형 4D 서비스를 더욱 확대하는 방향으로 3D TV가 발전해나갈 것으로 예상된다. 그 밖에도 사용자 동작인식gesture recognition을 통한 영상 감시, 시청자와의 상호작용, 지능형 서비스 등을 제공하는 기술에 대한 연구 개발도 지속되고 있다.

4.2 UHDTV 기술

입체영상 기술을 이용한 3D TV와 함께 차세대 디지털방송 서비스로 각광받는 UHDTVUltra HDTV는 기존 HDTV보다 해상도가 4~16배 높은 영상을 제공하는 차세대 방송 규격으로, 일본 NHK에서 개발했다. 해상도에 따라 4K

UHDTV와 8K UHDTV로 구분된다.

구분	HDTV	4K UHDTV	8K UHDTV
해상도	1920×1080	3840×2160 (4배)	7680×4320 (16배)
화소당 비트 수	24	24~36	24~36
화면 비율	16:9	16:9	16:9
오디오 채널 수	5.1 CH	10.1~22.2	10.1~22.2
데이터양	746Mbps	3~18Gbps	12~72Gbps

UHDTV 서비스는 사실감과 현장감을 높여 실감형 방송에 대한 소비자의 요구에 대응하고, LCD 및 full HDTV 보급 이후 선명한 화질에 대한 요구 증대, 차세대 실감형 방송 및 HDTV 이후 시장 선점을 위한 기술 경쟁을 위해 개발되었다.

보통 방송 서비스를 위해서는 비디오·오디오 데이터 획득, 편집, 부호화, 전송, 단말 수신, 화면 출력 등의 단계를 거치는데, UHDTV를 제공하기 위해서는 획득 및 편집 단계에서 고품질의 영상과 다채널 오디오를 획득·저장하는 기술이 필요하며, 부호화 단계에서는 대용량의 UHD 데이터를 효율적으로 전송하기 위한 압축 기술 및 다중화 기술이 필요하다. 또한 전송 단계에서는 부호화된 UHD 데이터를 매체 특성에 맞게 전송하는 기술이 필요하며, 단말 수신 단계에서는 여러 신호를 효율적으로 수신하기 위한 MIMO 등의 기술, 역다중화, 압축 처리 기술 등이 요구된다.

현재 북미 지상파 디지털 TV 방송 규격 표준화 기구인 ATSC에서 표준화한 ATSC 3.0이 북미 및 국내 표준 규격으로 선정되었다. ATSC 3.0의 주요 기술인 OFDM 및 LDPC code 등을 통한 전송 용량 증대, HEVC High Efficiency Video Coding 비디오 코덱, 실감 오디오와 연계해 현실감과 몰입감을 높인 고화질 실감 미디어 구현이 가능해져 3D TV와 융합한 실감형 방송 서비스가 제공되고 있다.

국내에서는 2014년에 지상파 3사가 시험 방송을 시작했으며, 주파수 배분을 놓고 장기간의 논의가 이루어진 끝에 2015년 7월 700MHz 대역에 총 30MHz 대역(5개 채널)이 UHD 방송용으로 할당되었다. 이후 UHD 표준 규격(ATSC 3.0 기반)이 제정되었으며, 2017년 5월부터 수도권 지역 UHD 본 방송이 시작되었다. 2017년 12월 평창 동계올림픽 개최지인 강릉의 실험방송 개시 후 현재 5대 광역도시권 전 지역에서 UHD 방송이 제공되고 있으며, 2021년까지 전국으로 서비스가 확대될 예정이다.

5 다른 차세대 TV 기술과의 비교

현재 지상파 디지털방송 서비스는 통신 사업자를 중심으로 초고속 인터넷망을 통해 서비스되는 IPTV, 기존 케이블 TV 사업자를 중심으로 한 디지털 케이블 TV, 구글과 애플, 삼성 등 스마트폰 사업자를 중심으로 한 스마트 TV 등이 시장 점유율을 높이기 위한 경쟁을 벌이고 있는 상황이다. 각 서비스에 관해 간략히 살펴보면 다음과 같다.

구분	지상파 디지털 TV	IPTV	스마트 TV
주요 사업자	KBS, MBC, SBS	KT, SKB, LGU+	구글, 애플, 삼성, LG
망	방송망	인터넷망(QoS 보장)	인터넷망(일반)
비즈니스 모델	방송 수신료, 광고	월 수신료, 콘텐츠 이용료	앱스토어, 콘텐츠 이용료
요금	무료, 유료	유료	유료·무료 혼합
콘텐츠	방송 사업자 콘텐츠	사업자가 확보한 콘텐츠	웹상의 모든 콘텐츠
서비스 대상자	기존 방송망 시청자(대중적)	가입자 기반	가입 의무 없음
주요 서비스	지상파방송	지상파방송 및 VoD 서비스	다양한 프로그램 이용, 지상파방송 및 VoD

5.1 IPTV

IPTV는 초고속 인터넷망에서 IP를 이용해 시청자에게 디지털방송 서비스를 제공하는 기술로서, 주로 인터넷망 사업자를 중심으로 서비스가 제공되는 것이 특징이다.

IPTV는 별도의 AV 신호를 직접 전달하기 때문에, 사용자는 비디오 입력이 지원되는 모니터만 가지고 있어도 방송을 시청할 수 있으며, 또한 IPTV는 패킷 손실 및 지연에 민감하기 때문에 광대역으로 빠른 인터넷망의 인프라가 확보되어야 서비스가 가능하다. 현재 IPTV는 주문형방송 시청 및 정보 검색, 쇼핑, VoIP 등 부가적인 서비스 제공이 가능하며, 최근에는 스마트폰, 스마트패드 등 스마트 기기와 디지털 TV 서비스를 융합한 형태로 보급되고 있기 때문에 지상파, 케이블방송이 주류를 이루던 방송시장에서 점유율을 빠른 속도로 확보해나가고 있다.

5.2 스마트 TV

스마트 TV는 TV, 휴대폰, PC 단말 등의 스크린을 자유자재로 사용하면서 데이터의 끊김 없이 방송 서비스를 제공받을 수 있는 TV 서비스이다. 구글, 애플, 삼성 등을 중심으로 서비스가 제공되고 있다. 스마트 TV는 콘텐츠를 실시간으로 다운로드해서 보고, 뉴스와 날씨, 이메일 등을 확인할 수 있는 기능을 부가적으로 제공한다.

다만 스마트 TV는 기존 TV보다 조작법이 상대적으로 불편하고 어려우며, 더욱이 기존의 수동적인 TV 시청자가 능동적으로 이를 사용·조작하는 데 익숙하지 않다는 점, 또한 스마트 TV에 특화된 콘텐츠가 아직 충분하지 않으며, 버그 발생 빈도가 잦고, 사용자 UI 편의성이 부족하다는 점 등의 미비점이 있어 이에 대한 기술적 보완이 지속적으로 진행되고 있다.

현재 스마트 TV는 스마트 TV 2.0으로 진화해 방송과 인터넷의 결합을 통한 방송·통신 융합 인프라를 기반으로 실시간 방송 서비스, 인터넷 콘텐츠, VoD, 앱 서비스를 제공하는 형태로 발전하고 있으며, 일반 TV 대비 시장 점유율이 지속적으로 상승하고 있다.

구분	스마트 TV 1.0	스마트 TV 2.0
적용망	방송망, 인터넷	방송망, 인터넷망, 모바일망
적용 기기	TV	TV, 스마트폰, 스마트패드
미디어 압축	MPEG-2, MPEG-4/H.264	MPEG-2, MPEG-4/H.264, SVC
웹 플랫폼	HTML 3/4 기반	HTML 5 기반
QoS	Best effort QoS	Seamless QoS

6 향후 전망

지상파 방송은 2013년 아날로그 TV 서비스가 종료되고 디지털로 전환된 후, 3D TV 도입 및 UHD 방송 상용화 등 짧은 시간 많은 변화를 이루었다.

3D 방송은 콘텐츠 부족, 화질 저하, 안경 사용의 불편함 등 기술적 미비

점을 비롯해 정부의 3D 방송 전환 정책 수립 및 추진 노력 부족 등 아직 보완해야 할 부분이 많다. 이에 비해 UHD 방송은 빠르게 보급되어 2021년까지 국내 전 지역으로 서비스가 확대될 예정이며, 2018년 현재 모바일 지상파 UHD 방송(TV는 UHD 화질, 모바일은 HD 화질)도 시범 서비스가 이루어지고 있다. 2년 내에 해당 서비스 상용화를 계획하고 있으며, 현재 정부 부처와 기준 마련을 위한 협의가 진행 중이다.

지상파 디지털 TV는 TV 제조사 및 스마트폰 개발사 중심의 스마트 TV와 연계해 기존 인터넷망 사업자 중심의 IPTV와 방송 콘텐츠를 놓고 서비스 경쟁이 가속화될 것으로 전망된다. 기술적 측면에서는 스펙트럼 효율이 높은 전송 방식, 주파수 사용의 효율화를 위한 eSFN 기술, MIMO 기술, 잡음에 강한 오류 정정 부호와 같은 요소 기술에 대한 연구가 지속될 것이다.

아울러 지상파 디지털 TV는 본연의 서비스인 방송 콘텐츠 제공뿐만 아니라 실감형 방송 서비스를 위한 차세대 디지털 기술로 활성화되고 있으며, 이러한 방송 기술은 실감교육, 원격진료, 증강현실 등 다양한 분야에 적용될 것으로 예상된다.

 참고자료

박상일·김지균·김흥묵. 2012. 「지상파TV방송 전송 기술 현황 및 전망」. 한국방송통신전파진흥원. ≪PM Issue Report≫, 제1권.

박세영·이은희·박상택. 2012. 「스마트TV 기술동향 및 산업전망」. 한국방송통신전파진흥원. ≪PM Issue Report≫, 제12권.

위키피디아(www.wikipedia.org).

전파자원개발센터. 2013. 「주요국의 유휴주파수-TVWS 상용화 어디까지 왔나」. 정보통신산업진흥원(itfind.or.kr).

한국방송통신전파진흥원. 2012.12. 「입체영상 제작기술 및 현황」.

_____. 2013. 「UHDTV 기술동향과 산업 전망」.

한국소프트웨어진흥원. 2007. 「2006년 해외 디지털콘텐츠 시장 조사(디지털방송편)」.

한국전자통신연구원. 2013. 「다중미디어 실감 전송시스템 기술동향」.

한국정보통신기술협회. 2017. 「UHD 방송 표준안내서」.

KBS 미래기술연구소. 2017. 「UHDTV 전송기술 및 전반적 이해」.

RAPA 주파수 공동사용 지원센터(spectrum-sharing.or.kr/tvws).

113회 정보통신 UHDTV(Ultra High Definition Television)의 HDR(High Dynamic Range). (10점)

113회 정보통신 ATSC(Advanced Television Systems Committee) 3.0에 대해 설명하시오. (25점)

110회 정보통신 지상파 UHDTV 전송 기술에 대하여 설명하시오. (25점)

105회 정보통신 UHD-TV 방송 서비스를 제공하기 위한 구성 요소(획득, 저장, 부호화, 전송, 수신 단말, 디스플레이 등)에 대해 설명하시오. (25점)

102회 정보통신 3D TV의 기술 개요, 입체감 생성 요인 및 대표적인 3D 디스플레이 방식에 대하여 기술하고 향후 전망에 대하여 논하시오. (25점)

102회 정보통신 스마트 TV 기반 멀티스크린 서비스 기술 (10점)

101회 정보통신 스마트 TV의 주요 특징과 서비스를 기술하고, 스마트 TV 1.0과 스마트 TV 2.0을 비교 설명하시오. (10점)

99회 정보통신 국내 VHF/UHF 대역의 주파수를 이용하여 UHDTV(8K) 서비스를 제공하고자 한다. UHDTV의 개념과 전체 시스템 구성도 및 전송 기술에 대해 설명하시오. (25점)

99회 정보통신 지상파 아날로그방송 종료 이후에 실시되고 있는 채널 재배치의 개념과 필요성 및 향후 전망에 대해 설명하시오 (25점)

96회 정보통신 위성 디지털방송, 지상파 DTV 방송, 디지털 CATV 방송, 디지털 오디오방송(DAB)의 개요와 특징 등을 설명하시오. (25점)

93회 정보통신 3D 입체영상 기술에 대해 설명하시오. (10점)

93회 정보통신 TVWS(TV White Space)에 대해 설명하시오. (10점)

93회 정보통신 지상파 디지털 TV 방송의 개념을 제시하고, 아날로그 TV와 디지털 HDTV를 비교하고, 미국 유럽, 일본 방식의 특징을 설명하시오. (25점)

93회 컴퓨터시스템응용 3차원 TV 및 실감방송(Immersive Broadcasting)을 정의하고, 이를 구현하기 위한 기술 중에서 3차원 비디오 부호화(Video Encoding) 기술을 설명하시오. (25점)

92회 정보통신 3D 디지털 TV 방송의 이점 및 특징과 향후 추진 방향에 대해 설명하시오. (25점)

89회 정보통신 디지털 지상파 TV 방식인 ATSC 방식을 설명하시오. (25점)

89회 정보통신 UHDTV 기술 및 표준화에 대하여 설명하시오. (25점)

83회 정보통신 NTSC 또는 PAL 방식의 컬러 TV변조에서 사용하는 주파수 간 삽입 방식(Frequency Interleaving)에 대해 설명하시오. (25점)

D-5

케이블방송 통신

光섬유를 이용해 동축케이블에 전달된 무선 주파수 신호를 텔레비전에 보내 방송을 수신하는 체계를 케이블방송 또는 CATV, 유선방송이라고 한다. 현재는 이를 통해 방송뿐 아니라 인터넷전화와 초고속 인터넷 서비스까지 제공하는 TPS 서비스가 상용화되었다.

1 케이블방송의 개요

케이블방송은 VHF, UHF 등 텔레비전 안테나를 통한 전통적인 TV 수신 방식과는 다르게 동축망 및 HFC Hybrid Fiber Coaxial 망으로 전달된 주파수 신호를 통해 텔레비전에 신호를 보내는 것으로, CATV Communication Antenna Television 또는 유선방송으로도 불린다. 케이블방송은 본래 1948년에 등장한 공동 안테나 텔레비전을 의미하며, 산악 지대 등 전파를 수신하기 어려운 곳에 사용되었다. 유선방송은 미국에서 1948년에 난시청 해소 대책으로서 동축케이블을 사용해 텔레비전 방송파를 재송신하면서 시작되었다. 국내 케이블방송은 1995년 보도, 영화, 스포츠, 교양, 오락 등 11개 분야의 종합유선방송으로 시작해, 현재는 채널 선택의 다양성을 바탕으로 시청자의 만족도를 높이고 IPTV와 경쟁하고자 DCATV, 8-VSB/Clear QAM, CSS Cable Convergence Solution 등의 기술을 도입해 발전하고 있다.

구분	정식 명칭	약어
방송채널사용 사업자	Program Provider	PP
종합유선방송 사업자	System Operator	SO
전송망 사업자	Network Operator	NO

2 케이블방송의 구성

2.1 케이블방송의 개념 및 구성

케이블방송은 동축망 또는 HFC망을 이용해 난시청 지역이나 기상 조건에 구애받지 않고 가입자에게 지상파방송 및 고품질의 콘텐츠를 제공하기 위한 유료 방송 서비스이다. 지상파 방송을 재송신하거나 다양한 전문 콘텐츠를 직접 제작·편성함으로써 다채널 지역 밀착 방송이 가능한 양방향적 특징이 있다.

케이블방송은 광케이블과 동축케이블이 혼합된 HFC망을 통해 제공되며, 광케이블 구간은 성형망, 동축케이블 구간은 트리, 브랜치 혼합형으로 구성된다.

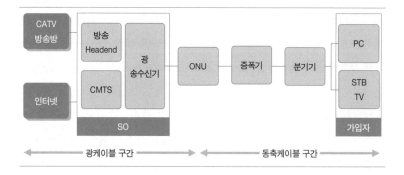

2.2 8-VSB 변조 방식

유럽의 지상파 디지털 방식인 COFDM이 복수반송파multi-carrier 변조 방식인데 비해 북미의 8-VSB(8레벨 잔류 측파대) 방식은 단일반송파single carrier 방식이다. 8-VSB는 기존의 아날로그 TV전송 방식인 잔류 측파대VSB: Vestigial

Sideband 변조 방식으로 디지털 부호 세트code set를 8레벨의 VSB 신호에 매핑시켜 전송하는 방식이다. 미국은 디지털 지상파 TV 방송 방식으로 8-VSB 변조 방식을 채택했으며, 한국은 미국에 TV를 수출하기 위한 산업적 논리에 따라 미국과 같은 방식을 채택하게 되었다.

BPSKBinary Phase Shift Keying는 1개의 부호(1심벌)로 1비트의 정보를 전송하는 것이다. 즉, 전송하려는 바이너리신호를 반송파의 0도(同相)과 180도(逆相)에 대응시켜 전송하는 디지털 변조 방식이다. 이에 비해 QPSKQuadrature PSK는 반송파의 위상 변화를 90도 간격으로 하여 1심벌로 2비트의 정보를 전송하는 방식이며, 동일한 주파수 대역폭에서 BPSK에 비해 2배의 정보를 전송할 수 있다. QPSK는 위상 특성이 양호한 위성방송 분야에 널리 사용되며, 지상파 무선 변조 방식으로는 거의 사용되지 않는다.

3 한국 케이블 TV

한국케이블TV방송협회에는 92개 SO, 57개 PP 등이 가입해 있다.

- 종합유선방송 사업자SO: System Operator:전국 시군구별로 분리되어 있었으나, 사업자 간 수평적 결합으로 복합 소유의 MSOMulti System Operator로 통합되고 있다.
- 방송채널사용 사업자PP: Program Provider
- 전송망 사업자NO: Network Operator

3.1 종합유선방송 사업자

국내 케이블 TV 방송 시장은 77개의 각 권역에 독점적인 종합유선방송 사업자SO를 허가했다. 2000년 통합방송법의 시행으로 중계유선방송 사업자 RO가 종합유선방송 사업자로 전환하면서, 경쟁권역들이 등장했다. 케이블방송사의 소유·겸영 규제 완화를 담은 방송법 시행령 개정안이 2008년 말 공포·시행되면서 하나의 케이블방송사가 소유·겸영할 수 있는 SO의 수가 전국 77개 권역의 5분의 1(15개)에서 3분의 1(25개)로 늘어났다.

케이블 TV 방송 시장은 'PP-SO-시청자'의 가치사슬로 구성되며, 특히

PP-SO는 쌍방독점bilateral monopoly의 특성을 보인다. 즉, SO는 PP가 제공하는 프로그램 없이는 시청자를 유치할 수 없으며, PP는 SO 없이 시청자에게 자신의 프로그램을 제공할 수 없다. SO의 합병이 동일 권역에서만 이루어질 뿐만 아니라 배타적인 권역에서 독점인 SO 간의 합병도 활발히 진행되어 왔다. 케이블방송 서비스는 현재 90개 SO가 전국을 78개 권역으로 나누어 제공하고, 복수 개의 SO를 소유한 복수종합유선방송 사업자MSO가 80여 개를 소유하고 있다.

애초에 과학기술정보통신부가 진흥 업무를, 과학기술정보방송통신위원회가 규제 업무를 맡기로 했다가, SO 업무 이관을 위해 협의를 진행한 결과 SO와 IPTV, 위성방송 등 뉴미디어 관련 업무를 과학기술정보통신부에서 수행함으로써 과학기술정보통신부에서 방송과 통신을 융합하는 업무를 주도하게 되었다.

3.2 방송산업의 플랫폼 중심 재편

다양한 스마트 기기가 출시되고 플랫폼 경쟁이 심화되면서 콘텐츠 가치가 증대함에 따라 네트워크의 가치도 중요해져, 방송산업은 결국 플랫폼 중심으로 재편되고 여기서 SO가 중요한 역할을 할 것으로 예상된다.

여기서 중요한 변수 중 하나가 8-VSB이다. 8-VSB는 지상파 디지털방송의 전송 방식으로 쓰이고 있어, SO들이 지상파 신호를 변조하지 않고 그대로 재전송하기 때문에 아날로그 케이블 가입자들도 디지털 TV만 있으면 HD 수준의 화질로 지상파방송을 볼 수 있다. 유선방송 채널PP들은 압축률이 높은 QAM이라는 방식으로 전송되는데, 아날로그 케이블에서는 HD 수준으로 전송해도 SD 수준으로 화질이 떨어지게 된다. 즉, 아날로그 케이블을 통해 지상파방송을 시청하는 가입자들은 지상파방송사들이 디지털로 방송을 내보내고 있어도, 이 방송을 아날로그 케이블로 받아서 다시 컨버터를 통해 디지털 TV로 보기 때문에 SD 수준의 지상파채널을 보게 된다.

지상파방송의 디지털 전환 이후 수신 감도가 좋아져 안테나만 세워도 지상파를 직접수신할 수 있는 지역이 크게 늘어났다. 하지만 직접수신하는 사람들이 거의 없는 현실에서 8-VSB 방식을 도입하면 아날로그 케이블에서도 HD 수준의 화질을 볼 수 있는데, 현재는 지상파채널에만 허용되어 있다.

종합편성채널과 보도전문채널은 8-VSB를 허용해줄 것을 요청하고 있는데, 8-VSB를 도입하게 되면 화질이 크게 개선되어 다른 PP들과 차별화도 가능해진다.

SO 입장에서는 디지털 케이블이 아날로그 케이블보다 수신료가 서너 배 비싼 탓에 많은 가입자들이 굳이 디지털로 옮겨갈 이유를 못 느껴 아날로그 케이블을 이용하고 있는 상황이다. 그런데 종합편성채널 등에 8-VSB를 허용하고 화질이 개선되면 디지털 전환 속도가 더욱 더뎌질 수 있다. 디지털 전환이 상당히 진행된 규모가 큰 SO들은 8-VSB가 부담스럽고, 디지털 전환 비율이 상대적으로 낮은 소규모 SO들은 오히려 8-VSB를 반긴다.

문제는 8-VSB 방식이 주파수 대역을 많이 차지하기 때문에 8-VSB 채널 하나면 쾀QAM 방식 채널을 최대 4개까지 전송할 수 있다는 데 있다. 지상파나 케이블이나 주파수 대역을 통해 방송을 전달하기 때문에 전달할 수 있는 채널에 한계가 있는 현실을 고려한다면, 4개 종합편성채널이 8-VSB 방식으로 전환하면 기존의 다른 채널이 최대 12개 가까이 빠지게 된다.

SO들은 88~552MHz를 아날로그방송 대역으로, 552~864MHz를 디지털 방송 대역으로 쓰고 있는데, 1개 채널이 4MHz를 차지하기 때문에 아날로그 케이블에서는 78개의 채널밖에 내보낼 수 없다. 처음 종합편성채널이 출범하기 전에는 88~108MHz를 음악방송 대역으로 사용하게 되어 있었으나, 이를 방송 대역으로 쓸 수 있도록 기술 기준이 개정되었다.

만약 종합편성채널에 8-VSB가 허용되면 이미 8-VSB 방식으로 전송하고 있는 지상파채널과 인접 대역으로 묶어야 한다. 이렇게 되면 종합편성채널이 지상파채널 사이로 편성될 수 있어, 종합편성채널의 채널 접근성이 개선될 수 있다.

3.3 케이블방송의 디지털 전환

케이블방송의 디지털 전환과 관련해 8-VSB 못지않게 중요한 변수가 클리어쾀Clear QAM이다. 클리어쾀은 쾀을 제거해 셋톱박스 없이도 디지털방송을 수신하게 해주는 방식이다. 요즘 출시되는 디지털 TV는 셋톱박스 기능을 내장하여 케이블만 꽂으면 바로 방송을 볼 수 있다. 정부에서는 20~30개 정도 채널을 묶어 클리어쾀 상품을 구성해 저소득 계층을 대상으로 저렴한 가격에 디지털방송을 즐길 수 있게 하는 방안을 검토하고 있다. 지상파방송사 입장에서는 디지털 전환 과정에서 직접수신 가구를 늘리는 것이 필요한데, 이런 낮은 가격의 디지털 케이블 상품이 출시되면 디지털 전환의 효과가 반감될 수밖에 없다. 미국에서도 케이블 TV를 해지하고 Netflix나 Hulu 같은 스트리밍 동영상 서비스를 이용하는 사람이 크게 늘어나 이른바 '코드 커팅 현상'이라는 말이 나오기도 했다. 한국은 현재 케이블 TV 가입자 수가 어느 정도 정체된 상태인 반면, 통신사의 결합 상품 가격에 경쟁력이 있어 초고속 인터넷과 결합해 제공하는 IPTV와 위성방송 가입자가 꾸준히 늘어나는 추세이다. 지상파방송사들은 정부가 굳이 클리어쾀을 도입하겠다면 지상파를 포함해 공익 채널을 중심으로 구성하되 홈쇼핑 채널은 반드시 빼야 한다는 입장이다.

3.4 지상파방송사의 다채널 서비스

케이블 TV가 저가 클리어쾀으로 가입자를 붙잡으려 한다면, 지상파방송사는 무료 다채널 서비스MMS: Multi-Mode Service 에 기대를 걸고 있다. MMS는 디지털 전환 이후 남는 주파수 대역을 활용해 여러 채널을 동시에 전송하는 방식을 말한다. 고화질 HD 방송뿐만 아니라 표준 화질의 SD 방송, 오디오방송, 데이터방송까지 최대 4개 채널을 동시에 전송할 수 있게 된다. 지상파방송에 MMS가 도입되면 지상파채널이 최대 18개까지 늘어나게 된다. 지상파방송사들은 지상파채널이 늘어나면 케이블을 끊는 가구가 늘어나 지상파 직접수신 비율이 높아질 것으로 기대하고 있다. 지상파방송사 입장에서 MMS는 플랫폼 영향력을 강화해줄 수단이라고 할 수 있다.

케이블 사업자들은 접시 없는 위성방송DCS: Dish Convergence Solution 등장을 계기로 가입자 확보를 위해 위성방송 사업자와 더욱 치열한 경쟁을 벌이고 있다. DCS는 인터넷 회선을 통해 위성방송을 전송하는 서비스를 말하는데, 방송통신위원회가 DSC 서비스가 위법하다는 결정을 내렸으나, 2012년 초 첫 논란 이후 2016년에 법적으로 문제가 없는 서비스로 인정받은 데다 시청자 선택권을 명분으로 허용해야 한다는 입장이 많아서 케이블 TV를 위협할 경쟁 기술이 될 것으로 보인다.

3.5 기타 변수들

지상파방송사들이 확보하고 있었으나 디지털 전환 이후 유휴 대역으로 남아 있던 700MHz 황금 주파수 대역을 누가 어떻게 활용하느냐에 따라 시장에 큰 변화가 일어날 것으로 예상되었다. 만약 통신사들이 이동통신 용도로 가져가게 된다면 통신사들이 네트워크를 기반으로 플랫폼 주도권을 확보하면서 방송이 통신에 종속되고 심지어 지상파방송사들이 수많은 PP 가운데 하나로 전락할 가능성까지 제기되었다. 그런데 이 주파수 대역은 2015년 초고화질UHD 방송용으로 배정되었다.

또한 지상파 재송신 분쟁도 중요한 변수다. 향후 모바일 TV가 확산될 경우 모바일에도 비슷한 수준의 지상파 재송신 수수료를 요구할 가능성이 크다. 아직까지는 지상파방송사들이 협상권을 쥐고 있지만, 플랫폼 주도권이 SO나 통신사들로 넘어가면 협상의 구도가 바뀔 가능성도 있다.

3.6 케이블 TV 업계 이슈와 현황

먼저, 클리어쾀이 허용되면 케이블 TV 가입자들의 이탈을 막을 수 있겠지만, 그만큼 지상파 직접수신 가구가 줄어들 것으로 보인다. 케이블 사업자들에게 클리어쾀이 기회라면 통신 사업자의 DCS 서비스는 위기 요인이다. DCS가 도입되면 케이블을 끊고 IPTV 서비스로 옮겨 가는 가입자들이 늘어날 가능성이 크다. 통신 사업자가 케이블 사업자를 뒤쫓고, 케이블 사업자가 지상파 사업자를 뒤쫓는 모습이다.

정부의 규제 완화는 유료방송 시장 확대에 맞춰져 왔다. SO들을 위해서 가입자 권역 규제를 완화하는 방안이 논의 중이고, 통신 사업자들을 위해서는 DCS를 허용하기로 이미 결정되었다.

케이블은 권역 규제가 풀리면 인수·합병으로 덩치를 불리려 할 가능성이 크다. 통신사는 DCS 허용에 맞춰 공격적인 마케팅을 펼칠 것으로 보인다. 종합편성채널 역시 8-VSB가 허용되면 채널 번호를 좀 더 앞쪽으로 옮기려고 SO들을 더욱 압박하고 있다.

4 케이블방송의 발전 방향

유료방송 플랫폼인 케이블방송, 위성방송, IPTV 중 높은 시장 점유율을 보유하던 케이블방송은 갈수록 시장 점유율 및 매출이 줄어들고 있다. 이에 따라 케이블방송으로서는 자체적인 경쟁력 확보를 위해 디지털 전환 (DCATV), 8-VSB/Clear QAM 및 CSS 서비스 도입이 절실한 상황이다.

케이블방송의 디지털 전송 방식으로는 북미의 OpenCable 방식, 유럽의 DVB-C/DVB-2, 일본의 ISDB-C 방식이 있다. 국내의 케이블방송에서도 2017년 4월부터 아날로그방송이 순차적으로 중단되고 디지털로 전환되는 중이다. 다만 이와 관련된 제도적 기반 미흡, 사업자의 투자 이력, 가입자의 선택권 보장 등의 문제가 해결 과제로 남아 있다. 또한 현재 케이블방송에서 송출되고 있는 QAM 신호를 고가의 STB 없이 수신할 수 있는 8-VSB/Clear QAM 기술을 통해 HD급 고화질 서비스를 제공할 것이 요구된다.

한편 케이블 융합 솔루션인 CSS 케이블방송 신호를 IP로 변환하여 케이블방송 선로 구축 없이도 케이블방송 서비스를 제공할 수 있게 됨에 따라 CCS를 통해 방송·통신 융합 및 All-IP 기반으로 가입자에게 다양하고 고품질의 양방향 초고속 방송 서비스를 제공할 것으로 전망된다.

구분	케이블방송	IPTV	위성방송
방송 매체	HFC망	IP망	위성망
서비스 범위	지역별	전국	전국
서비스 개시	1995년~	2008년~	2002년~
가입자 수(2016년 기준)	1384만 명	1219만 명	313만 명
주요 사업자	SO(90개사)	위성방송사	통신사
콘텐츠	자체 보유	미보유	미보유

참고자료

김창완·정부연·이경원. 2008. 「종합유선방송사업자의 소유구조 연구: 합병의 경제적 성과를 중심으로」. 정보통신정책연구원.

이정환. 2013. 「8VSB를 통한 방송업계 판도 분석」. ≪방송문화≫, 7월호.

≪전자신문≫. 2014. 3. 11. "미래부, 케이블TV에 8VSB 허용…아날로그 방송 고화질로 본다".

한국케이블TV방송협회(www.kcta.or.kr).

Computer History Museum(www.computerhistory.org).

KBS 방송기술인협회(kbsbeta.or.kr/2011/).

KBS춘천(chuncheon.kbs.co.kr).

◀◀ 기출문제

104회 정보통신 CATV 네트워크를 동축케이블로 구성할 때와 HFC로 구성할 때 각각의 구성도를 작성하고 차이점을 비교 설명하시오. (25점)

83회 정보통신 DOCSIS(Data Over Cable Service Interface Specifications). (10점)

83회 정보통신 우리나라 지상파 DTV 8-VSB 방식과 아날로그 TV NTSC(two-carrier 음성다중 방식 포함) 방식의 주파수 스펙트럼을 도시하고 비교 설명하시오. (25점)

80회 정보통신 IPTV와 케이블 TV의 기술적 특성과 서비스 특징에 대하여 설명하시오. (25점)

77회 정보통신 TV영상신호 전송 시 사용되는 VSB(Vestigial Sideband)의 특징에 대해서 설명하시오. (25점)

디지털 위성방송

위성 디지털방송은 지상에서 전송한 방송신호를 인공위성을 거쳐 지상의 수신 안테나로 장거리의 넓은 지역에 균일한 방송 서비스를 재전송하는 방식이다. 위성방송은 정지궤도 위성으로부터 직접 전파가 송신되기 때문에 산간이나 도서와 같이 지상파 시청이 어려운 난시청 지역에도 깨끗한 화질의 방송 서비스를 제공할 수 있을 뿐만 아니라 전국 어디서나 동일한 HD급 고품질 다채널 방송 수신이 가능한 특징이 있다.

1 디지털 위성방송 vs. 위성 디지털방송

방송은 크게 지상파방송과 케이블방송 그리고 위성방송으로 나눌 수 있다. 또한 방송신호가 아날로그인지, 디지털인지에 따라서 세분화할 수 있다. 지금은 지상파(디지털) TV라는 말이 당연하게 인식되지만, 2013년 이전까지는 지상파방송 또는 지상파 TV라고 하면 아날로그가 기본이던 시기였다.

위성방송은 전송 방식에 따라 아날로그 위성방송, 디지털 위성방송 또는 위성 아날로그방송, 위성 디지털방송으로 다양하게 부를 수 있다.

1.1 디지털 위성방송의 시작

한국은 방송·통신 서비스를 제공하기 위한 무궁화 1호 위성을 1995년 8월에 발사하고, 1996년 1월에 무궁화 2호 위성을, 1999년 9월 5일에는 무궁화 3호 위성을 발사했다. 1993년 7월 국내 위성방송의 전송 방식을 디지털로 결정하고, 1996년 7월부터 KBS에서 2채널의 실용화 시험 방송을 실시했다.

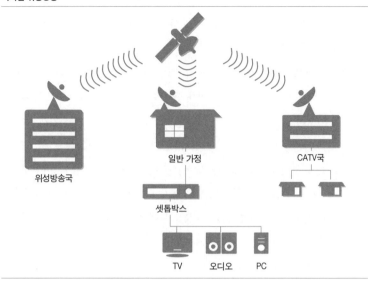

위성방송국

일반 가정

CATV국

셋톱박스

TV   오디오   PC

1.2 세계 위성방송 현황

트랜스폰더
위성에 설치된 전파 중계기로서,
지상에서 위성으로 보낸 전파를 다
른 주파수로 바꾸어 증폭하여, 다
시 지상으로 재전송하는 장치이다.

무궁화 1호 및 2호 위성은 방송용 중계기(트랜스폰더transponder) 3개와 통신용 중계기 12개를 각각 싣고 있다. 미국은 Direct TV가 1994년부터 디지털 위성방송을 개시했고, 일본은 1996년 6월부터 Perfect TV가 통신위성을 이용한 디지털방송을 JCSAT-3 위성을 통해 개시했다. 아시아 광역 위성방송 회사로 유명한 홍콩의 Star TV도 1991년부터 Asiasat-2호 위성을 이용해 디지털 위성방송을 개시했다. 유럽도 1993년에 디지털 위성방송의 규격을 결정하고, 1995년부터 위성을 이용한 디지털 위성방송을 실시하고 있다.

기존 아날로그 방식에서는 방송용 중계기 1개당 1채널만 전송할 수 있으나, 디지털 방식을 채택하면 MPEG-2 디지털 압축에 의해 비트레이트bitrate가 낮아지기 때문에 중계기 1개당 4~10개 채널이 만들어질 수 있다. 그 결과 중계기 연간 사용료가 대폭 감소되어 적은 비용으로 위성방송을 수신할 수 있을 뿐 아니라 다채널화도 실현할 수 있다.

1.3 디지털 기술이 방송에 주는 변화

첫째, 주파수의 효율적인 사용을 꾀할 수 있다. 아날로그 정보를 디지털화한 다음에 압축함으로써 기존의 주파수를 최고 8배까지 확장하는 효과를 낼 수 있고, 이는 궁극적으로 소비자에게 더욱 풍부한 서비스를 제공할 수 있는 길을 제공한다.

둘째, 더욱 방대한 정보를 처리할 수 있다. 취급할 수 있는 정보량이 늘고 기술이 발달한 만큼 아날로그에 비해 훌륭한 기능을 구현할 수 있는데, 예를 들어 화상과 음성정보는 물론 다양한 형태의 데이터 정보도 쉽게 서비스할 수 있고, 훨씬 뛰어난 수준의 화질과 음향을 제공할 수도 있다.

셋째, 신규 서비스 제공이 가능하다. 디지털 기술에 기반을 둔 다양한 OS 기술과 디지털 기술을 접목함으로써 과거에는 생각하지 못했던 서비스를 제공할 수 있게 된다. 예를 들어 위성을 통해 인터넷을 서비스하거나 케이블을 통해 VoD 서비스를 제공하거나 HDD를 내장한 기기를 통해 장시간 녹화와 즉시 검색이 가능해지는 등 새로운 사업과 기기가 탄생할 수 있다.

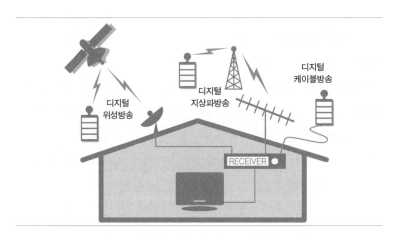

2 디지털 위성방송

디지털 위성방송은 빠른 서비스 속도와 넓은 수신 지역, 많은 채널 공급 능력 덕에 가장 성공적인 디지털 시장을 형성하고 있다. 위성을 일단 띄워놓기만 하면 케이블이나 지상파방송과 달리 별도의 광케이블이나 중계기지국을 설치할 필요가 없고, 위성방송을 수신할 수 있는 안테나와 위성수신기(셋톱박스)를 설치하기만 하면 전국 어디에서든 위성방송을 시청할 수 있다.

또한 아주 높은 곳에서 아래를 향해 전파를 보내기 때문에 지형이나 장애물에 상대적으로 구애를 덜 받으며, 위성에서 전파를 보내기 때문에 인위적인 국경에 연연할 필요도 없다. 대화형 TV 서비스 및 다채널 서비스를 비롯해 앞으로 서비스 영역이 계속해서 확대될 전망이다.

2.1 디지털 위성방송의 기술 표준

디지털 위성방송은 방송 프로그램을 전송할 목적으로 인공위성을 이용하는 방송 시스템으로, 적도 3만 6000km 상공에 위치한 정지궤도 방송위성이 방송 센터에서 보내온 전파를 증폭하고 재송출한다.

사용 주파수 대역은 12GHz로, 고품질·다채널 서비스에 적합하며, 지상파에 비해 방송망 관리가 간단하고, 많은 채널 수를 확보하는 것이 가능하다. 또한 저렴한 중계비용으로 방송망 설비가 없는 중소 상업방송에도 유리하다. 아날로그방송의 경우 1개의 트랜스폰더로 1개 채널 전송이 가능하지만, 디지털 위성방송 사용 시 1개의 트랜스폰더로 4~8개 채널을 분리해 전송이 가능하다는 장점이 있다.

12GHz 대역 디지털 위성방송은 유럽에서 방송 사업자, 프로그램 공급자, 제조업자들이 DVBDigital Video Broadcasting 그룹을 결성해서 공통된 규격을 제정해 따르고 있다. DVB에서는 위성(DVB-S), 지상(DVB-T), 케이블(DVB-C) 등에 관해 다양한 표준을 제정했다. 영상 부호화 및 다중화는 MPEG-2, 변조 방식은 QPSKQuadrature Phase Shift Keying로 하여 1995년 유럽 기술 표준인 ETS 300 421로 발효되었다.

2.2 한국디지털위성방송

한국디지털위성방송Korea Digital Satellite Broadcasting은 국내 최초의 디지털 위성방송인 스카이라이프Skylife의 방송 사업자로, 개국 당시에는 비디오 채널 76개, 오디오 채널 60개, 유료 채널 10개로 구성되어 있었다. 방송 기술 방식은 DVB-MHPMultimedia Home Platform를 채택해 양방향 데이터방송 등 특화된 신규 서비스를 개발했다.

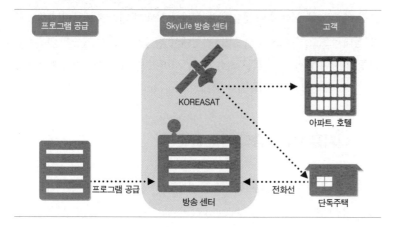

위성방송의 장점으로는 위성으로부터 직접 전파가 송신되기 때문에 화질이 깨끗하고, 전국 어디서나 동일한 고품질의 다채널방송을 수신할 수 있다는 것을 들 수 있다. 난시청 지역에서도 고화질의 깨끗한 영상과 고음질의 방송을 시청할 수 있으며, 위성을 중계 매체로 하여 방송을 하기 때문에 지구상에서 발생하는 여러 가지 재해에 영향을 받지 않고 긴급한 상황에서도 전국으로 일제히 방송을 내보낼 수 있다는 점 등을 꼽을 수 있다. 또한 디지털 위성방송은 아날로그가 아닌 디지털 방송신호를 이용함으로써 기존의 아날로그 방식보다 깨끗하고 선명한 고화질·고음질의 방송과 유사 주문형 비디오NVoD, 데이터방송 등 다양한 방송 서비스를 제공할 수 있다.

한때 불법 위성방송 서비스 논란을 일으켰던 DCSDish Convergence Solution 방식은 DTHDirect To Home, SMATVSatellite Master Antenna Television와 인터넷망을 결합해 위성방송의 음영을 해소할 수 있는 방식으로, 통신국사에서 위성 신호를 수신한 후 인터넷망을 이용해 IP 신호로 양방향, VoD 서비스를 제공할 수 있는 특징이 있다.

DCS 서비스망

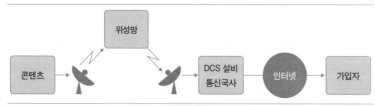

3 디지털 위성방송 장비 시험

국내 디지털 위성방송의 표준 방식인 기존 DVB-S는 QPSK 방식을 지원했으나, 2세대 위성방송 시스템인 DVB-S2에서는 8-PSK 8-Phase Shift Keying, 16-APSK 16-Ary Amplitude and Phase Shift Keying, 32-APSK 32-Ary Amplitude and Phase Shift Keying를 지원한다. DVB-S2는 이러한 전송 능력의 개선 외에도 유연성을 늘리기 위해서 기존의 MPEG-2에 국한된 비디오·오디오 부호화 방법 외에 H.264 등 진보된 기술의 수용을 계획하고 있으며, IP 패킷 또는 ATM 패킷까지 수용할 수 있다.

또한 위성방송의 MHP 기술은 AV 스트림, 데이터를 액세스하고 저장매체에 데이터를 기록하는 미들웨어에 해당하는 소프트웨어 플랫폼 기술로서, 입력장치로부터 신호를 직접 또는 원격으로 입력받아 스크린 또는 스피커로 출력한다. 현재 방송 분야에 적용되어 데이터방송 플랫폼으로 사용된다. MHP는 resource(자원), 시스템 소프트웨어, 애플리케이션 등 세 계층으로 구성된다. 여기서 시스템 소프트웨어와 애플리케이션 간의 API Application-tion Programming Interface가 바로 핵심 기술이다. MHP 애플리케이션과 MHP 시스템 간에는 사용자 interaction(리모컨·키보드·마우스 입력), 미디어 제어, 저장매체 제어, CA 제어, 튜너 제어, MPEG-2 섹션 필터, 서비스 정보, DSM-CC Digital Storage Media Command and Control, TCP/IP 등의 인터페이스(API)가 기능한다.

한국정보통신기술협회 TTA는 2001년부터 구축된 테스트베드를 이용해 위성방송 및 DVB 기반의 장비를 개발하는 제조업체를 지원하고 있다.

위성방송 전송 방식

구분	DVB-S	DirecTV	ISDB-S
채택 국가	유럽	미국	일본
영상 부호화 방식	MPEG-2	MPEG-2	MPEG-2
음성 부호화 방식	MPEG-2	MPEG-1	MPEG-2
변조 방식	QPSK, 8PSK	QPSK	QPSK, 8PSK
다중화 방식	MPEG-2 TS	독자 방식	MPEG-2 TS

3.1 시험 대상

애플리케이션, 셋탑박스, 미들웨어, 데이터 송출(DSM-CC 생성), MHP 분석
기 등.

3.2 시험 장비

Authoring tool, AV encoder, ReMUX & controller, QPSK modulator,
Stream analyser, Video analyzer(VM 700T) 등.

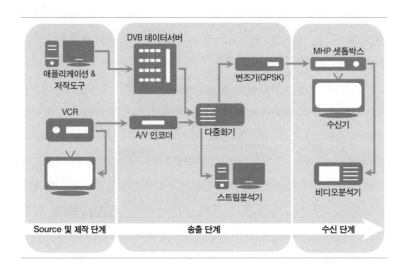

참고자료
한국정보통신기술협회(www.tta.or.kr).
Computer History Museum(www.computerhistory.org).

기출문제
108회 정보통신 위성방송과 DCS(Dish Convergence Solution). (10점)
96회 정보통신 위성 디지털방송, 지상파 DTV 방송, 디지털 CATV 방송, 디지털
오디오(DAV)의 개요와 특징 등을 설명하시오. (25점)
95회 정보통신 위성통신에서 링크 버짓(link budget)을 결정하고자 한다. 링크 마
진(link margin)과 링크 가용도(link availability)를 정의하고, 상호 관계를 설명하시
오. (25점)

D-7

모바일·차세대 IPTV

기존 TV 및 CATV 시청자, 초고속 인터넷 사용자들을 대상으로 기존 매체의 실시간성 외 온디맨드, 양방향성이라는 인터넷 매체의 특성을 추가해 제공하는 방송 서비스를 IPTV 서비스라 한다. 최근에는 OTT 서비스와 함께 고품질의 다양한 콘텐츠 제공 및 QoS가 보장되는 유선 IP 네트워크상에서의 IPTV 서비스를 확장하여 음성, 데이터, VoD뿐만 아니라 고화질 실시간 방송 서비스를 제공하고 있다.

1 IPTV의 개요

통신 기술의 지속적인 발달로 일반 사용자 접속 환경이 광대역화되고 있다. 사업자 측면에서는 이를 활용한 서비스 시장 창출이 필요했고, 콘텐츠 사업자는 기존 지상파, CATV, 웹서비스 등을 통해 제공하던 서비스 외에도 광대역화·양방향 특성이 있는 인터넷망을 이용한 신규 서비스 창출이 필요했다. 사용자는 기존 단방향성 서비스에서 상호 교감이 가능한 양방향 서비스를 통한 참여형 서비스를 요구했다. 통신 사업자, 콘텐츠 사업자, 일반 사용자의 이러한 요구가 결합되어 광대역 IP망을 통한 실시간 상호 공유 멀티미디어 서비스인 IPTV가 탄생했다. IPTV의 정의 역시 이러한 흐름을 반영해 "요구되는 수준의 QoS/QoE Quality of Experience, 정보 보호, 상호작용, 신뢰성 기능 등을 제공하는 IP 기반 네트워크상에서 텔레비전, 비디오, 오디오, 텍스트, 데이터와 같은 멀티미디어 콘텐츠를 전달하는 서비스"로 기술되었다.

2 차세대 IPTV의 출현 배경

통신 및 방송 산업구조 변화가 지속되고 통신과 방송 양 산업 영역 간에 자연스러운 융합이 이루어지면서 TV 단말과 초고속 인터넷의 장점을 모두 구현한 새로운 서비스 모델, 즉 IPTV 서비스가 등장했다.

그동안 IPTV는 기존 방송 서비스를 IP망을 통해 전달하는 데 치중했지만, 향후 차세대 IPTV는 단순 방송 서비스뿐만 아니라 교육, 의료 등 다양한 서비스로 확장될 것으로 전망된다. 이에 따라 표준화 로드맵에서는 '차세대 IPTV'라는 용어를 사용하고 있다. 차세대 IPTV는 기존 IPTV와 완전히 다른 개념의 IPTV라기보다 현재의 IPTV에서 서비스 영역이 더욱 확장된 개념으로 정의된다. 최근 무선 네트워크상에서의 IPTV 서비스 확장과 기존 인터넷망을 통한 IPTV 서비스가 활발해지면서 개방형 인터넷과의 연동 및 모바일 IPTV 등에 필요한 기술이 중점 기술로 다뤄지고 있다.

개방형 인터넷
개방형 인터넷이란 현재 사용하고 있는 인터넷, 즉 IPTV 서비스를 위해 별도로 사업자가 구축하지 않은 망을 의미한다.

2.1 모바일 IPTV에 대한 세 가지 서로 다른 생각

모바일 IPTV에 대한 이해는 크게 세 가지로 나뉜다. 첫째, 모바일 IPTV는 기존의 IPTV 서비스를 TV 수상기 등의 고정형 기기에서뿐만 아니라 이동형 기기에서도 제공받을 수 있게 하는 유·무선 융합 서비스로 이해할 수 있다(=고정형 IPTV+이동성). 이는 모바일 IPTV에 대한 가장 일반적인 이해 방식이라 할 수 있다.

둘째, 모바일 IPTV를 모바일 TV 서비스(예: 국내 지상파 DMB)의 기술적 진화 형태로 이해할 수도 있다. 모바일 전용망 기반의 서비스에서 비디오·오디오 디지털 데이터를 IP 기반 브로드캐스트 방식으로 전송하는 방식, 모바일 전용망과 양방향통신망을 결합하는 방식, 모바일 전용망 자체가 양방향성을 갖춘 IP 방식의 데이터 전송을 지원하는 방식 등을 포함한다(=모바일 TV+IP 방식).

셋째, 모바일 IPTV를 이동통신 사업자가 무선 인터넷망을 통해 TV 콘텐츠를 제공하는 서비스로 생각할 수도 있다(=이동통신망·무선 인터넷망+TV 콘텐츠). 이동통신 사업자가 가입자들에게 인터넷 접속 서비스를 운영하면서 자사의 모바일 전용 웹 사이트에서 TV 콘텐츠 등을 제공하는 서비스가 이에 해당하나, 최근 스마트폰의 등장에 따라 TV 동영상 서비스의 제공 주체가 모바일 TV 앱 제공자로 바뀌는 추세여서 모바일 IPTV의 개념에 혼란을 가중시키는 요인이 되고 있다.

모바일 IPTV는 무선 인터넷망을 이용해 방송 서비스를 제공하는 기술로서 IPTV에 이동성이 더해진 기술이다. 고속의 이동 환경에서 언제 어디서나 고품질의 TV와 VoD, 데이터 서비스를 제공하는 모바일 IPTV 서비스를 실현하기 위해 다양한 기술과 서비스가 연구·개발되고 있다.

3 IPTV 서비스의 구조

현재의 IPTV 서비스는 headend, 가입자 장치(IP-STB), 코어망, 가입자망 구조로 되어 있고, 이 구조에서 콘텐츠 사용에 대한 권한, 권한 관리(CAS/DRM), 압축, 과금 등은 사용자 측(IP-STB)과 공급자 측(headend) 간 상호 연동을 통해 이루어진다. 망은 단순 전달자 형태로 존재하며, 실시간·다수 동시 시청을 위한 멀티캐스트 전달과 VoD 전송을 위한 고속 전송, 애플리케이션의 전달 우선순위 보장을 위한 QoS 관리 기능을 담당한다.

4 IPTV 서비스 제공을 위한 기술 요소

IPTV와 관련해서는 기본적으로 대용량 콘텐츠를 안정적으로 사용자에게 전송하고, 콘텐츠 공급자 측면에서 볼 때 적절한 권한을 가진 시청자에게만 콘텐츠를 제공하며, 또한 이 콘텐츠의 무단 배포로 인한 피해를 차단할 수 있어야 한다. 이러한 요구 사항을 만족하기 위해 서비스, 공급자(콘텐츠·서비스·네트워크), 가입자단말, 보안 측면에서 적절한 관리가 이루어져야 한다.

4.1 일반적인 서비스 필요 사항

IPTV는 기본적으로 양방향 서비스 제공을 목표로 하므로, IP망을 활용한 up·down 데이터 이동 경로 확보가 요구되고, 네트워크를 통해 가입자·전송·사용자가 연계되므로 이를 원활히 연동할 수 있는 IP 할당·배분·관리, 상호 연동이 중요한 기반 기술이다. 또한 콘텐츠의 무단 배포로 인한 피해 차단을 위해 생성, 전달, 소비 및 가입자 정보 관리에 대한 높은 수준의 보안이 요구되며, 효율적인 망 사용을 위해 H.264와 같은 데이터 압축 전송 기술이 요구된다.

4.2 전달망 기술

전달망 기술은 다채널·고품질 오디오·비디오 서비스를 가입자에게 제공하는 데 필요한 기술이며, 여기서는 대용량 데이터 전송을 위한 종단 간 대역폭 할당 및 트래픽 관리, 멀티캐스트 전송, 가입자·액세스·코어망 간의 효율적인 연동 기술이 중요하다. 대용량 데이터의 전송을 위해 10G 이상의 코어 인프라, 가입자 측 지연을 최소화하기 위한 100Mbps급 가입자망, 세션을 이해하는 네트워크 장비가 필요하고, 품질 보장을 위해 DiffServ, MPLS와 같은 QoS 응용 기술의 확산·적용 또한 필요하다. 그리고 실시간 방송에 필수적인 멀티캐스트 관련 품질 보장을 위한 세션 기반의 품질 보장 기술을 추가로 적용해야 한다.

4.3 서비스 기술

서비스 기술은 가입자에게 고품질의 서비스를 제공하기 위해 필요한 기술이다. 여기서는 양방향 서비스를 위한 API, EPG Electronic Program Guide 기술 적용이 필요하다. 또한 효율적 전송을 위한 코덱, DRM, CAS와 같은 보안 및 인증 기술이 중요하다. 대용량 멀티미디어 데이터의 효율적인 압축·전송을 위한 코덱으로 H.264와 지상파 호환을 위한 ACAP 기술 등이 적용되고 있다.

4.4 기타 사항

가입자들의 실시간 의견을 효과적으로 전달·수집·관리할 수 있는 소프트웨어 기술과 채널 전환 지연에 따른 불만을 최소화하기 위한 재핑 zapping 지연 제어 기술, 안정적인 사용자 접속 환경을 구성하기 위한 IP-STB의 신뢰성이 요구되며, 점차 보급되고 있는 3D TV 서비스에 대한 제어 기술도 필요하다.

5 OTT 서비스

OTTOver The Top는 콘텐츠를 제작·보유하고 있는 콘텐츠 사업자가 인터넷망을 통해 멀티미디어 콘텐츠를 제공하는 방송 서비스로, 개인 맞춤형 미디어 콘텐츠를 제공할 수 있어 사용자 요구 사항에 빠른 대응이 가능하다. 기존 통신 및 방송 사업자와 함께 다양한 OTT 사업화가 진행 중이다.

OTT 서비스망

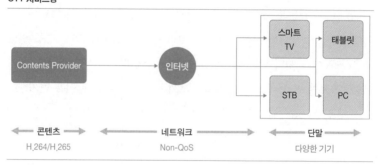

콘텐츠는 H.264/H.256 압축 기술 및 HTTP 기반 전송 기술을 통해 일반 유·무선 인터넷망으로 전송하고 다양한 단말기기를 통해 언제 어디서나 저렴하게 시청 가능한 서비스를 제공한다.

IPTV와 OTT

구분	IPTV	OTT
주요 사업자	통신 사업자	콘텐츠 사업자 외
주요 특징	고품질, 관리 서비스	저비용, 유연
QoS	보장	보장 안함
네트워크	프리미엄 IP망	일반 IP망
콘텐츠	실시간, 고품질	저품질

6 차세대 IPTV 기술 개발 현황 및 전망

폐쇄형 월드 가든walled garden 형태로 제공되고 있는 현재의 IPTV 서비스는 웹 환경 기반의 개방형 IPTV 서비스로 진화해가면서 이용자들이 편리하게 이용할 수 있는 각종 대화형 응용 서비스를 제공하는 형태로 발전해가고 있다. 그런데 스마트 TV가 여러 제조사에서 출시되면서 IPTV와 스마트 TV의 차별성을 놓고 여러 논의가 있다. 기본적으로 IPTV는 ITU-T에 의해 표준화된 정의와 국내 멀티미디어 방송법에서 언급하고 있는 바와 같이 사용자에게 일정 수준의 서비스 품질을 지원하기 위해 관리되는managed IP 네트워크상에서 동작하는 멀티미디어 서비스이고, 스마트 TV는 기존 인터넷망을 통해 접속하기 때문에 서비스 품질이 일정하지 않고, 망 상태에 따라 품질이 불안정해질 수 있다는 점을 제외하면 IPTV와 크게 다르지 않다. 또한 인터넷을 통해 OTT 서비스를 제공받으려는 이용자에게는 IPTV와 스마트 TV가 기능적으로는 별 차이 없는 서비스로 느껴질 것이기 때문에, 이용 편의성이나 콘텐츠의 다양성이 IPTV의 발전에 관건이 될 것으로 보인다.

참고자료

강신각. 2011. 「차세대 IPTV 서비스 진화 방향」. ≪TTA Journal≫, 제136호.
위키피디아(www.wikipedia.org).
≪전자신문≫.
정보통신정책연구원. 2010. 「모바일 IPTV 도입방안 연구」.
한국정보통신기술협회. 2011. 『ICT 중점기술 표준화전략맵 Ver. 2011』.
_____. 2010. "TTA 표준 TTAK.KO-08.0019: IPTV 서비스 요구사항 1.0".

기출문제

110회 정보통신 Mobile IPTV. (10점)

104회 정보통신 IPTV에서 양방향 서비스, 웹 기반 서비스와 이동형 서비스의 특징을 설명하고, 이들의 응용 서비스 종류 두 가지를 기술하시오. (25점)

95회 정보통신 (1) 멀티미디어 서비스를 지원하기 위한 QoS(Quality of Service) 파라미터에 대하여 설명하시오. (2) Mobile IPTV에 대한 원리와 네트워크 구성방안에 대하여 설명하시오. (25점)

92회 컴퓨터시스템응용 IPTV Set Top Box 구조. (10점)

87회 정보통신 IPTV 1.0 / IPTV 2.0에 대해 설명하시오. (10점)

86회 정보통신 IPTV 서비스 및 기술 진화에 대해 설명하시오. (25점)

E
통신 응용 서비스
—

E-1

LBS Location Based Service

무선 인터넷과 스마트폰이 확산되면서 LBS가 차세대 유망 서비스로 각광받고 있다. LBS는 본래 군사용으로 개발되었으나, 최근에는 교통, 치안 등 공공부문에서도 널리 활용되고 있다. 또한 수신칩 소형화와 가격 하락, 위치측위 기술의 고도화 등을 기반으로 SNS, 증강현실 등 다양한 콘텐츠 서비스에 적용되고 있어, 향후 고부가가치형 서비스 솔루션으로 발전할 것이 예상된다.

1 LBS의 개념

LBS Location Based Service (위치기반서비스)는 위치정보의 수집·이용·제공과 관련한 모든 유형의 서비스를 제공하며, 통신망이나 GPS로 얻은 위치정보를 바탕으로 사용자에게 유용한 기능을 제공하는 기술이다. 최근에는 GPS와 Wi-Fi망을 함께 활용해 실내외 어디서나 위치를 파악할 수 있고 사용자의 요구에 맞는 맞춤형 서비스도 제공하고 있다. 또한 2011년부터 스마트폰이 급속하게 보급되면서 모바일 시장에서도 LBS 서비스가 발전되어왔고, 단일 서비스 제공뿐만 아니라 'LBS+증강현실', 'LBS+SNS', 'LBS+SNS+커머스' 등의 융합형 서비스로 진화·발전하고 있다.

LBS의 개념
GPS나 통신망을 활용하여 얻은 위치 정보를 기반으로 여러 애플리케이션을 제공하는 서비스

2 LBS의 위치측위 방식

위치정보란 "이동성이 있는 물건 또는 개인이 특정한 시간에 존재하거나 존

LBS 위치측위 방식
• 네트워크 기반
• 위성 신호 기반
• Wi-Fi 신호 기반
• 혼합 측위 기반

재했던 장소에 관한 정보로서 전기통신설비 및 전기통신회선설비를 이용해 수집한 것"('위치정보의 보호 및 이용 등에 관한 법률')을 의미한다. 위치정보를 측정하는 위치측위 방식은 네트워크 기반, 위성 신호 기반, Wi-Fi 신호 기반, 혼합 측위 기반 등으로 구분할 수 있다.

주요 위치측위 방식

측위 방식	특징
네트워크 기반	이동통신사 기지국의 위치값(Cell ID), 기지국과 단말기 간의 거리 등을 측정하여 위치를 계산
위성 신호 기반	GPS 위성에서 송신하는 신호를 바탕으로 위치를 계산
Wi-Fi 신호 기반	네트워크 기반의 일종으로 Wi-Fi AP(Access Point, 접속점)의 위치를 조회해 단말기의 위치값을 측정하는 방식. WPS(Wi-Fi Positioning System)라고 함
혼합 측위 기반	네트워크 기반, 위성 신호 기반, Wi-Fi 신호 기반 등의 방식으로 얻은 위치정보를 조합해 단말기의 위치값을 측정. XPS(Hybrid Positioning System) 라고 함

자료: 방송통신위원회(2010).

3 LBS 주요 기술의 구성

LBS 주요 기술
• 측위 기술
• 플랫폼 기술
• LBS 단말, 응용 기술

LBS 주요 기술로는 측위 기술LDT: Location Determination Technology과 서비스를 위한 핵심 기반 기술을 제공하는 LBS 플랫폼 기술, 그리고 다양한 LBS 서비스를 제공하기 위한 LBS 서비스 공통 기술과 LBS 단말 및 응용 서비스 기술을 들 수 있다.

3.1 측위 기술

LBS 측위 기술
사용자 위치 파악
• 네트워크
• 위성 신호
• 유비쿼터스

측위 기술은 사용자의 위치 파악을 위해 사용되는 기술로서, 통신망의 기지국 수신 신호를 이용하는 네트워크 신호 기반network signal Based 측위 방식과 GPS 등 위성 신호를 이용하는 위성 신호 기반satellite signal based 측위 방식, RFID · USN 등 유비쿼터스 컴퓨팅 장치를 이용한 유비쿼터스 측위 방식, 그리고 이들을 혼합하여 사용하는 통합 측위 방식으로 분류할 수 있다.

위치측위 기술은 LBS 서비스의 종류와 품질에 큰 영향을 끼치는 핵심 기술로, 이동통신기지국을 이용하는 Cell ID 방식, 기지국을 이용하는 삼각법 기반의 AOA · TOA · TDOA 방식, 위성항법장치인 GPS를 활용한 GPS 방식이 대표적이다.

Cell ID 방식은 휴대폰 이용자가 속한 이동통신기지국의 정보를 사용해 이용자의 위치를 파악하는 기술이며, 시스템은 기지국, 위치인식 서버, 단말기 등으로 구성된다. 기존에 구축된 이동통신망을 활용하고 별도의 단말기를 구매할 필요 없이 일반 휴대폰을 이용할 수 있는 장점이 있지만, 오차 범위가 큰 편이다.

AOA Angle of Arrival 방식은 2개 이상의 기지국이 단말기로부터 오는 신호의 방향을 측정해 방향각 LOB: Line of Bearing 을 구하고 이를 이용해 단말기 위치를 측정하는 방식이다. TOA Time of Arrival 는 단말기 신호를 수신한 1개의 서비스 기지국 중심으로 2개의 주변 기지국에서 수신한 신호 도달 시간을 이용해 측위하는 방식이며, 단말과 모든 기지국 간 시간 동기화가 필요하다. TDOA Time Difference of Arrival 는 3개 이상의 기지국에서 단말기 신호의 상대적인 도달 시간차를 이용해 위치를 측정하는 방식으로, AP 간 시간 동기화가 필요하다.

GPS 방식은 GPS 위성에서 수신한 신호를 이용하는 방식이며, 오차 범위가 13~20m로 Cell ID 방식에 비해 정확도가 높다. 다만 단말기에 GPS 모듈을 탑재해야 하고, 위성 신호가 약한 실내나 건물 밀집 지역에서는 수신율이 낮아지는 단점이 있다. 시스템은 인공위성, 지상관제국, GPS 수신기 등으로 구성된다.

3.2 LBS 플랫폼 기술

LBS 플랫폼 기술은 LBS 서비스 기술과 이동통신망 접속, 망 관리 등을 수행하며 위치정보를 관리하고 서비스에 필요한 부가적인 기능들을 통합적으로 제공하는 기술을 의미한다. 무선망, RFID, USN 등 위치 관련 시스템과 접속해 LBS 클라이언트와 응용 서비스를 지원하고 파악된 위치정보를 클라이언트 등에게 제공하기 위한 일련의 기능을 수행하는 게이트웨이 및 컴포넌트로 구성된다. 플랫폼 기술은 위치정보 시스템으로부터 위치 획득, 위치정보 관리 등에 해당하는 위치 중심 처리 기능 LMS: Location Management System 을 비롯해, 프로파일 관리, 인증 및 보안, 타 사업자와의 위치정보 제공 연계, 망부하 관리, 접근 통제, 통계 관리 등 LBS를 위한 플랫폼 운영 기능 등을 담당한다.

LBS 플랫폼 기술
위치 정보 관리 및 서비스 통합
제공

3.3 LBS 단말 및 응용 서비스 기술

LBS 단말 및 응용 서비스 기술
다양한 LBS 제공을 위한 시스템
솔루션 기술

LBS 단말 및 응용 서비스 기술은 다양한 LBS의 제공을 위한 시스템 솔루션 및 단말장치 관련 기술이다. 대표적인 LBS 응용 서비스 기술로는 위치정보를 이용한 긴급구조, 재난·재해 처리 등 공공안전 서비스 시스템, 실시간 교통정보를 제공하는 ITS와 결합한 텔레매틱스, 물류 및 모바일 결재 등 모바일 상거래와 결합한 위치 기반 전자상거래location-based commerce, 실시간 위치정보를 이용한 온라인 게임과 다양한 정보 서비스를 제공하는 서비스 시스템 등이 있다.

4 LBS의 기술 동향

지도 서비스 분야에서 선두를 달리고 있는 구글은 실시간 사용자 참여 정보를 활용하기 위해 2013년 6월 웨이즈Waze를 인수해 정보의 신속함과 세밀함을 추구했다. 한편 스마트폰 보급은 LBS 시장의 급속한 성장을 불러왔다. 대부분의 시간을 실내에서 보내는 스마트폰 이용자의 특성상 실내에서의 LBS 서비스 요구가 증가했으나, 그동안 기술적 어려움으로 원활히 서비스되지 못했다. 이런 문제점을 해결하고자 애플은 와이파이슬램WiFiSLAM을 인수해 인도어 위치 측정 애플리케이션을 출시했고, 이를 통해 다양한 비즈니스에서 활용이 가능할 전망이다.

근거리 위치기반서비스 기술에서는 안드로이드 진영의 NFC가 대세이며, 여러 서비스 회사에서 서비스 확산을 위해 노력하는 중이다. 한편 블루투스 LEBLE 기술을 사용한 페이팔PayPal의 비콘Beacon과 아이폰의 아이비콘iBeacon은 위치기반 광고, 복수 개의 비콘을 통한 실내 내비게이션, 손님들이 들어오고 나가는 것을 구별해 NFC로는 실현 불가능한 비접촉 결재 서비스를 제안하고 있다.

LBS 시장의 다양한 요구 사항을 모두 만족하는 단일 위치인식 기술은 현재로서 존재하지 않기 때문에, 다양한 기술의 장점을 융합한 복합 측위 기술이 각광받고 있다. 기존 와이파이 혹은 셀룰러 기지국뿐 아니라, 블루투스 비콘, UWB, 가시광, 초음파 등 다양한 기술이 융합되어 음영 지역을 최소화하는 연구가 활발히 진행 중이다. 특히 실내 측위 분야에서는 스마트폰 등 사용자 단말의 고해상도 카메라를 이용해 주변 환경을 촬영한 영상을 기반으로 한 측위 기술도 주목받고 있다.

5 LBS 기술의 법·제도 현황

위치정보는 개인정보의 일종으로 '개인정보보호법'에 의해 보호받는다. 개인에 관한 정보는 한 개인에 대한 사실, 판단, 평가 등 개인과 관련한 일체의 정보이며, 현행 '정보통신망 이용촉진 및 정보보호 등에 관한 법률'(약칭 정보통신망법)에서는 개인정보에 대한 구체적이고 세부적인 기준이나 요건을 규정하고 있지 않으므로, 특정 개인과 관련한 모든 정보는 개인정보에 해당한다고 볼 수 있다.

개인정보의 유형과 그 구체적인 예

유형	개인정보의 예
인적사항	- 성명, 주민등록번호, 주소, 본적지, 전화번호 등 연락처, 생년월일, 이메일 주소, 가족관계 등
신체적 정보	- 신체정보: 얼굴, 지문, 홍채, 음성 등 - 의료 및 건강 정보: 건강 상태, 진료 기록, 장애등급 등
정신적 정보	- 기호 및 성향 정보: 도서, 비디오 등 대여 기록, 잡지 구독 정보, 웹사이트 검색 내역 등 - 내면의 비밀 등: 사상, 신조, 종교, 가치관 등
재산적 정보	- 개인 금융정보: 소득, 신용카드 번호, 통장 계좌번호, 저축 내역 등 - 신용정보: 신용등급, 신용카드 사용 내역 등
사회적 정보	- 교육정보: 학력, 성적, 출석 상황, 자격증 보유 내역 등 - 법적정보: 전과·범죄 기록, 재판 기록 등 - 근로정보: 직장, 고용주, 근무처, 근로 경력 등 - 병역정보: 병역 여부, 군번, 계급 등
기타	- 전화통화 내역, IP 주소, 이메일 등 기타 GPS 등에 의한 위치정보

자료: 방송통신위원회(2011).

LBS와 관련한 법적 사항을 살펴보면, 먼저 위치정보는 "이동성이 있는 물건 또는 개인이 특정한 시간에 존재하거나 존재했던 장소에 관한 정보로서 '전기통신기본법' 제2조 2호 및 3호의 규정에 따른 전기통신 설비 및 전기통신회선설비를 이용하여 수집된 정보"('위치정보의 보호 및 이용 등에 관한 법률' 제2조)로 정의된다. 건물과 같이 이동성이 없는 부동산의 위치정보, 자연적

LBS 관련 법
- 위치정보의 보호 및 이용 등에 관한 법률
- 전기통신기본법
- 국가지리정보체계의 구축 및 활용 등에 관한 법률

인 지형·지물 등 '국가지리정보체계의 구축 및 활용 등에 관한 법률'에 적용되는 지리정보, 개인의 주소, 또는 특정 지역에 몇 년 동안 거주했다는 거주사실, 구두, 사진촬영 등을 통해 수집된 정보, '측량·수로조사 및 지적에 관한 법률'에 의한 지표면·지하·수중 및 공간의 지리정보값의 측정 행위(수집이 아닌 측량) 등은 제외된다.

6 LBS 기술의 발전 전망

LBS 기술은 이동통신 기술의 발전 및 측위 기술의 고도화를 통해 다양한 측위 인프라를 기반으로 발전해왔다. 최근의 측위 기술은 정확도가 크게 향상되어 다양한 서비스를 제공할 수 있게 되었다. 이는 GPS를 기반으로 한 측위가 다양한 형태의 측위 방법과 결합되었기 때문이다. 하지만 GPS를 기반으로 한 측위 방법은 도심 지역에서의 전파 반사와 음영 지역에서의 정확도저하 등으로 시간적 오차가 생길 수 있다는 점과 실내에서 사용이 불가능하다는 점 등의 단점이 있다. AGPS Assited GPS와 같은 고정밀도 기지국과의 연동을 통해 이러한 문제점을 해소해나가고 있지만, 이용자의 다양한 필요를 충족시키려면 더욱 향상되고 특화된 서비스와 정보가 요구된다. 이에 따라 LBS에 필요한 기술도 발전을 거듭하고 있다. LBS 서비스의 확산으로 위치측위 기술 중 위성 신호를 기반을 이용한 측위 기술 의존도가 높아지면서 각국에서는 미국의 GPS 서비스가 중단될 경우를 대비해 현재의 GPS보다 고도화된 자체 위성항법시스템 구축을 위해 개발에 박차를 가하고 있다.

AGPS
인공위성에서 보내는 위치정보를
단말기 내에 내장된 칩을 읽어 기
지국에 알려주는 측위 기술

미국은 31기의 위성으로 전 세계를 총괄하는 전 지구 측위 시스템 GSP을 구축하고 있으며, 러시아는 20기 이상의 위성을 바탕으로 한 글로나스 GLONASS를 개발·운용 중이다. 유럽과 중국, 일본 등에서도 독자적인 시스템을 운용 또는 계획하고 있다. 일본의 측위 위성은 일본 상공 근처를 통과하기 때문에 준천정 위성 시스템으로 불리며 한정된 영역에서 정밀한 측정이 가능하다.

GPS와 이동통신망에 의존하는 현재의 LBS의 한정된 측위 기술은 차세대 이동통신인 3GPP LTE, 3GPP2 UMB 및 유비쿼터스 네트워크와 이동통신망의 결합 등의 지원, IP 기반 측위, 유·무선 복합망 환경에서 연속 측위,

갈릴레오를 포함한 GNSS 위성 기반 측위 등 차세대 측위 방법이 상용화 단계에 접어들면서 한 단계 진보하고 있는 중이다.

현재 출시되고 있는 대부분의 스마트폰에는 GPS와 Wi-Fi 모듈이 내장되어 있기 때문에, 실외에서는 GPS를 이용해 위치를 측정하고 실내에서는 Wi-Fi에 기반한 위치 측정이 가능하다.

LBS가 더욱 진화하려면 기술적인 측면에서 복합 측위를 통한 측위 정밀도 향상이 필요하다. GPS, WLAN뿐만 아니라 RFID/NFC, WPAN, VLC(가시광통신) 등 실내 측위의 고도화를 위한 기술이 적용되어 정밀도가 더욱 향상된다면 더 다양한 서비스를 지원할 수 있게 될 것이다. 또한 망의 고속화와 스마트폰 성능 향상으로 증강현실, CCTV 등 광학장치optical device를 이용한 고성능 비전 기반 LBS도 빠른 시일 내 활성화될 것으로 보인다.

LBS 발전 전망
- 이동통신망 결합
- IP 기반 측위
- 연속 측위
- 위성 기반 측위

참고자료

방송통신위원회. 2010. 「LBS 산업육성 및 사회안전망 고도화를 위한 위치정보 이용 활성화 계획」.

한국인터넷진흥원. 2012. 「국내외 LBS산업 현황 및 동향조사」.

한국전자통신연구원(ETRI). 2013. 「스마트폰 위치기반서비스를 위한 글로벌 IT 기업의 기술 및 서비스 동향」.

기출문제

105회 컴퓨터시스템응용 Wi-Fi 기반 실내외 위치추적 기술에 대하여 설명하시오. (25점)

104회 정보관리 실내에서 WLAN(Wireless LAN)과 같은 상용 통신장치의 전파특성(Radio Properties)을 이용하여 이동단말의 위치를 설정(Localization or Positioning)하는 방안에 대해 설명하시오. (25점)

101회 컴퓨터시스템응용 LBS(Location Based Service)와 POI(Point of Interest)에 대하여 설명하시오. (10점)

98회 정보관리 위치기반서비스(LBS: Location Based Service)를 정의하고, 이를 구현하는 여러 가지 방법과 응용 분야에 대하여 설명하시오. (25점)

96회 정보통신 스마트폰 확산에 따른 위치기반서비스(LBS: Location Based System) 패러다임 변화와 LBS 기술 및 서비스 동향을 설명하시오. (25점)

92회 정보관리 RTLS(Real-Time Location Service)와 LBS(Location Based Service)의 목적 및 사용 기술의 차이점을 설명하시오. (10점)

E-2

RTLS와 응용 서비스

RTLS 기술은 근거리 무선통신을 이용한 위치기반서비스이다. 최근 분양되는 아파트의 '내 차 찾기' 서비스 등 실생활에서 다양한 형태로 보급이 확산되고 있다. 이처럼 빠르게 상용화되고 있으나, RTLS 방식이 너무 다양한 탓에 적용에는 여러 문제점이 존재한다.

1 RTLS의 개요

1.1 측위 기술과 항법 기술

LBS를 제공하기 위해서 GPS 및 무선·이동 통신 기술을 통해 사람이나 사물의 위치를 파악하는 기술을 '측위 기술'이라고 하며, 지도와 위치, 내비게이션 알고리즘을 이용해 길 찾기를 돕는 기술을 '항법 기술'이라고 한다.

1.2 RTLS Real-Time Location Service

RTLS란 측위 기술 중 근거리 무선 네트워크 기술을 이용해 위치기반서비스를 제공하는 기술을 의미한다. 보편적인 무선 기술을 이용해 정밀도 높은 위치기반서비스를 제공하려는 목적으로 사용된다. RTLS와 관련한 무선 기술로는 WLAN, WPAN(ZigBee, 블루투스, UWB), RFID/USN 등이 있다.

키포인트

정밀도가 높은 RTLS에 대한 요구는 계속해서 있어왔으나, 킬러 애플리케이션 (killer application)의 부재로 정밀 위치추적서비스는 군사용을 제외하고는 적용이 미미한 상태이다. 최근 자동차 사고 방지와 무인 운전을 위한 정보의 수집·전달 기술 분야에 대한 적용이 활발하게 검토되고 있다.

2 측위 기술 분류

2.1 정밀도에 따른 측위 기술 분류

정밀도	측위 기술	공간
15cm~	UWB	실내외
5~10m	GPS, DGPS	실외
10~20m	위치 측정용 beacon 주변의 단말 감지	실내외
10~50m	복수의 휴대폰 기지국 또는 Wi-Fi AP 신호를 동시에 이용	실내외
50~100m	Wi-Fi 액세스 포인트 접속자 위치 측정	실내외
100~500m	휴대폰 기지국의 접속자 위치 측정	실내외

※ 정밀도가 증가할수록 비용도 증가함.

2.2 통신 기술에 따른 측위 기술 분류

구분	측위 기술		서비스 방식	주파수 대역	측위 원리	공간
LBS	GPS	DGPS RTK	위성	L1: 1577.42MHz L2: 1227.6MHz	삼각측정	실외
	이동통신		이동통신기지국	800~900, 1800MHz	Cell ID	실내외
	지상파		기지국	300~3000MHz	삼각측정	실내외
RTLS	WLAN		무선 LAN AP	902~928MHz	삼각측정	실내외
	UWB		Beacon		삼각측정	실내
	WiBEEM		리더기	2400~2483.5MHz	삼각측정	실내
	RFID		Beacon		삼각측정	실내
	ZigBee		Beacon	5725~5850MHz	삼각측정	실내

2.3 측위 기술 간 비교

분류	장점	단점
GPS (DGPS)	- 사용자 수 제한 없음 - 세계적인 공통 좌표계 - 별도의 이용료 없음 - 독립 기준 국가 이용자가 운영 가능 - 의사위성(Pseudolite)을 이용해 음영 지역 및 실내 사용 가능	- 많은 기준점 설치 필요 - 기상 조건에 따른 영향 큼 - 음영 지역 수신 한계
이동통신	- 일반적인 휴대전화 이용으로 편리 - 다양한 부가 콘텐츠 제공 가능 - USIM에 통신 모듈을 넣어서 이용 가능	- 별도의 이용 요금 필요 - 낮은 정밀도 - 높은 단말 가격
지상파	- 실내 및 지하 가능 - 다양한 형태의 단말기 적용 가능 - GPS, 이동통신에 비해 요금 저렴	- 별도의 지상파 기지국 필요 - 별도의 단말 필요 - 표준화 미비
RTLS	- 많은 무선 기술 중 선택 가능 - 다양한 형태의 단말 사용 가능 - 정밀도를 가장 높일 수 있음	- RTLS에 대한 표준화 없음 - 많은 기술 난립 - 정밀도에 따른 높은 설치 비용 - 구축 사례 부족

2.4 RTLS 기술 비교

RSSI
Received Signal Strength
Indication

NLOS
Non Line Of Sight

분류	장점	단점
WLAN	- 실내 및 음영 지역에서 위치 확인 가능 - 5m 정도의 높은 정확도 - 고속 데이터통신 가능 - 이미 설치된 하드웨어 재활용 가능 - 설치 및 구조 변경 용이 - 별도의 이용료 없음 - 무선 인터넷전화(WVoIP) 연계 사용 가능	- 정확도를 위해 많은 AP 필요 - AP 인프라 구성에 비용 소요 - RSSI를 이용한 위치 측정으로 장애물에 따른 큰 오차율 발생
UWB	- 저전력으로 대용량 데이터 전달 - 데이터 전달에 사용되는 전파 신호는 레이더 신호와 유사한 특징이 있어 거리 측정에 활용 가능 - 15cm 이내의 높은 정확도 - 신호 도달거리 김(50m 내외)	- UWB 활용 가능 대역을 대부분 국가에서 이미 다른 용도의 시스템이 점유하고 있어 주파수 간섭 문제 발생 가능 - 생산 단가 높음 - 높은 설치 밀도가 요구됨
RFID	- 근접 센서이므로 NLOS 오차 문제가 없음 - 일정 범위 내에서 고속 인식 - 태그에 읽기·쓰기 가능 - 태그 가격 저렴(passive) - 능동형 태그는 작은 안테나를 부착해 신호 도달거리를 늘릴 수 있음	- 통신망에 의해 수신 정보가 공유되는 상황이 고려되지 않음 - Passive는 신호 도달거리가 2~7m 정도로 짧음 - 측위 활용 시 대부분의 장소에 밀도 높게 리더를 설치해야 함
ZigBee	- 저전력 소비(1mW 미만) - 250Kbps, 2.4GHz 주파수 대역에서 16채널을 지원해 같은 대역 내에서 더 많은 사용자 수용 가능 - 저렴한 비용으로 노드 설계 가능	- 메시 네트워크의 멀티 홉 통신 방식을 사용하려면 beacon 충돌 때문에 중간 라우터 기기를 절전형으로 동작하는 것 불가 - RSSI를 이용한 위치 측정으로 장애물에 따른 큰 오차율 발생 - 밀도 높은 설치가 필요

2.5 주요 특성별 측위 기술 비교

분류	사용 주파수	최대 속도	변조 방식	신호 도달거리	출력	접속망 형태	망 서비스	망 이용료	정밀도
GPS (DGPS)	L1: 1577.42MHz L2: 1227.6MHz	-	SS	-	-	star	상용망	없음	13~150m 1m(DGPS)
이동통신	800~900MHz 1800MHz	144Kbps~ 2Mbps	CDMA	약 1.5km	-	MS-to-BS	상용망	있음	200~ 1500m
지상파	322~328.6MHz 377~380MHz	-	FDMA, TDMA	-	-	MS-to-BS	상용망	있음	20~50m
WLAN	2.4, 7.4GHz	11~54Mbps	DSSS/ CCKOFDM	30~100m	10mW	MS-to-BS	자가망	없음	5~10m
UWB	3.1~10.6GHz	1~100Mbps	TH-PPM	약 50m	0.2~2mW	P-to-P multihop	자가망	없음	10cm~1m
RFID	908.5~914MHz	-	FHSS, LBT	1~7m	1W	-	자가망	없음	0~20m
ZigBee	2.4GHz	250Kbps	O-QPSK	약 10m	1mW 미만	star, mesh, cluster, tree	자가망	없음	3~5m

3 RTLS 응용 서비스

3.1 미아 찾기 서비스

테마파크, 공원 등 사람이 많은 곳에서 RTLS를 활용해 미아 찾기 서비스를 제공할 수 있다. 특정 장소 입장 방식 등 미아 찾기 서비스 제공 시설의 운영 특성, 미아 찾기 서비스 제공을 위한 단말의 형태, 멤버십, 이동 동선과 관련한 경우의 수 등을 고려해 적합한 위치추적 기술을 적용할 수 있다. 디즈니랜드 같은 공원에서는 RTLS 대신 RFID를 이용해 제한적으로 위치 및 동선을 파악하는 데 활용하고 있다. RTLS를 이용해 미아 찾기 서비스를 구현하려면 단말, 기지국, 위치추적 서비스 개발에 많은 비용이 소요될 것으로 예상되어 먼저 효용성에 대한 연구가 이루어져야 한다. 실시간 추적에 따른 위치 파악 주기, 추적 기법 등에 따라 다양한 구현 방안을 수립할 수 있다.

3.2 실시간 안전 서비스

위험 물질을 취급하는 공장에서 직원 및 내방객에게 tag를 부착해 실시간으로 위치를 추적하고 위험한 공간 혹은 인가받지 않은 공간 출입 시 경고하거나, 화재 및 가스 유출 등 재해 발생 시 인근에 위치한 근로자에게 신속히 알려주는 서비스로 RTLS 기술이 활용되고 있다. UWB 기술을 이용해 수십 cm 이내로 오차 범위를 단축할 수 있으며, 이더넷과 연결해 실시간 관제가 가능하다.

3.3 SNS 융합 서비스

페이스북, 트위터 등 SNS와 결합하여 사용자의 위치를 파악해 이를 이용한 다양한 맞춤형 서비스를 제공하는 기능이다. 이 경우 보통 스마트폰의 통신 지원 모듈에 따라 위치기반서비스의 정확도가 결정된다. 현재는 GPS를 이용한 서비스가 가장 많으며, Wi-Fi나 RFID 기술과 결합된 형태의 서비스로 진화하고 있다.

3.4 차량 연계 서비스

차량에 RTLS tag를 부착해 다양한 차량용 응용 서비스에 활용할 수 있다. 예를 들어, 차량 충돌 감지 서비스는 미국에서 시범사업이 이루어진 서비스로, 위치추적 기술을 이용해 앞차와의 간격, 교차로에 위치한 차량의 정보 등을 파악해 교통사고를 줄이려는 목적으로 등장했다. 실시간으로 차량의 정확한 위치를 파악하기 위해 OBD On Board Diagnosis 형태의 단말에서 차량의 정보를 수집하고 이를 개별 차량에 전달함으로써 졸음운전, 신호 위반 등으로 인한 사고를 예방하는 데도 활용할 수 있다. 현재는 V2X, IVN 기술 등과 함께 자율주행 자동차를 구현하는 기술로 활용된다. 또한 항만, 야적장, 주차장 등 실외에 개방된 광활한 구역에서 차량의 위치를 파악하는 데 사용될 수 있으며, 물류 차량의 실시간 위치 및 이동 경로를 파악해 경로 최적화 및 차량 관리에 RTLS기술을 활용할 수 있다.

4 RTLS의 동향 및 전망

RTLS 기술을 활용하면 위치추적의 정밀도를 높이고 다양한 위치기반서비스를 제공할 수 있다. 과거 RTLS를 적용하기 위해서는 단말, AP, 기지국 등 인프라 구축에 많은 비용이 필요했지만, 현재는 GPS, EGPRS, LTE Cat. M1, NB-IoT(enhanced), BLE, Wi-Fi 등 다양한 무선통신 기술을 활용함으로써 과거 대비 저비용으로 인프라 구축이 가능하여 이들 무선 기술과 결합한 정밀도 높은 RTLS 구현이 가능해졌다.

인더스트리 4.0과 밀접한 연관이 있는 스마트 공장 및 산업용 IoT 시장은 강한 성장세를 보이고 있으며, 2022년까지 2250억 달러 이상으로 성장할 전망이다(Markets and Markets Research). 스마트 공장 및 산업용 IoT 시장의 성장과 함께, RTLS 시장도 그 규모가 점차 증가할 것으로 전망된다.

참고자료
≪디지털타임즈≫.
위키피디아(www.wikipedia.org).
≪전자신문≫.

기출문제
92회 정보관리 RTLS(Real-Time Locating Service)와 LBS(Location Based Service)의 목적 및 사용 기술의 차이점을 설명하시오. (10점)
87회 컴퓨터시스템응용 RTLS(Real Time Location System). (10점)

E-3

ITS 서비스

———

몇 년 전만 하더라도 ITS의 통신 기술로는 단거리 DSRC 또는 Beacon을 이용한 방식이 대부분이었고, 기능 및 성능에도 상당한 제한이 있었다. 하지만 최근 이동통신 및 무선통신 기술이 발전함에 따라 ITS 서비스가 확산되고 있으며, 2021년까지 M2M 전체 트래픽의 약 98%가 차량 분야에서 발생할 것이라는 전망도 있다.

1 ITS 서비스

2015년 2월 영종대교에서 106중 추돌사고로 많은 사상자가 발생했다. 극심한 안개로 앞의 도로 상태를 보지 못하고 미처 속도를 줄이지 못한 차들이 연쇄적으로 추돌해 벌어진 안타까운 사고였다. 만약 ITS 혹은 C-ITS가 활성화되어 있었다면, 안개로 가시성을 확보하지 못했다 하더라도 무선통신을 통해 도로 사정을 사전에 수신해 아마도 능동적인 대처가 가능했을 것이다.

ITS Intelligent Transport System (지능형 교통체계) 서비스는 기존 교통체계에 전자, 정보통신, 제어 등 첨단기술을 접목하여 신속·안전·정확한 교통체계를 구현하기 위한 최첨단 지능형 교통체계를 의미한다. 교통 정보를 수집·처리·보관·분석해 운전의 효율성 및 안전성을 제고하고, 교통체계의 운영 및 관리를 체계화·자동화하기 위한 포괄적 개념의 신교통체계라 할 수 있다.

ITS는 보행자와 주변 차량 등 각종 교통 상황 정보를 자율주행자동차와 교환하기 위한 스마트 시티의 핵심 인프라로 재조명받고 있으며, 차량·인프라·보행자 간 IoT 적용을 통해 차세대 지능형 교통체계인 C-ITS Cooperative

Intelligent Transport System로 진화하고 있다.

1.1 ITS 분류

- 첨단 교통 관리 시스템 ATMS: Advanced Traffic Management System: 도로상에 차량 특성, 속도 등의 교통정보를 감지할 수 있는 시스템을 설치해 교통 상황을 실시간으로 분석하고, 이를 토대로 도로 교통의 효율적인 관리와 최적의 신호체계를 구현하는 동시에 여행 시간 측정과 교통사고 파악 및 과적 단속 등의 업무 자동화를 구현한다.

  (예: 실시간 교통 관리, 자동 교통 단속, 자동 요금 징수)

- 첨단 운전자 정보 시스템 ATIS: Advanced Traveler Information System: 교통 여건, 도로 상황, 목적지까지 최단 경로, 소요 시간, 주차장 상황 등 각종 교통정보를 FM 라디오방송, 차량 내 단말기 등을 통해 운전자에게 신속하고 정확하게 제공함으로써 안전하고 원활한 최적 교통을 지원한다.

  (예: 운전자 정보 시스템)

- 첨단 대중교통 정보 시스템 APTS: Advanced Public Transportation System: 대중교통 운영체계의 정보화를 바탕으로 시민에게 대중교통의 운행 스케줄, 차량 위치 등의 정보를 제공해 이용 편익을 높이고, 대중교통 운송회사 및 행정부서에는 차량 관리, 배차 및 모니터링 등을 위한 정보를 제공함으로써 업무의 효율성을 극대화한다.

  (예: 버스 교통 정보 시스템, 대중교통 관리 시스템)

- 물류 운영 시스템 CVO: Commercial Vehicle Operation: 컴퓨터를 통해 각 차량의 위치, 운행 상태, 차내 상황 등을 관제실에서 파악하고 실시간으로 최적 운행을 지시함으로써 물류비용을 절감하고, 통행료 자동 징수, 위험물 적재 차량 관리 등을 통해 물류의 합리화와 안전성을 제고한다.

  (예: 전자 통관 시스템)

- 첨단 차량 도로 시스템 AVHS: Advanced Vehicle And Highway System: 차량에 교통 상황, 장애물 인식 등의 고성능 센서와 자동제어장치를 부착해 운전을 자동화하며, 도로상에 지능형 통신 시설을 설치하여 일정 간격 주행으로 교통사고를 예방하고 도로 소통 능력을 증대한다.

  (예: 차량 간격 자동 제어)

1.2 ITS 서비스 도입 효과

ITS 서비스 도입으로 인한 효과는 여러 가지가 있겠지만 가장 크게 세 가지로 나눠볼 수 있다.

첫 번째로, 안전성 제고를 들 수 있다. ITS 혹은 C-ITS가 활성화된다면 운전자는 도로의 교통상황을 실시간으로 파악하고 사고가 발생하기 전에 능동적인 대처가 가능할 것이다.

두 번째로, ITS 서비스를 도입하면 교통 혼잡을 피할 수 있다. ITS 서비스를 통해 실시간 교통 상황과 우회 경로 정보를 제공받아 빠른 길로 운행할 수 있기 때문이다. 또한 유료도로 톨게이트에서 요금을 내기 위해 멈출 필요도 없어지며, 도로 상황에 따라 실시간으로 신호가 바뀐다. 신호 교차로에서 대기 시간이 줄어 좀 더 쾌적하게 주행할 수 있다.

마지막으로, ITS 서비스는 저탄소 녹색성장에 기여할 수 있다. ITS 기술은 대부분 저전력·저탄소를 지향하고 있다. 미국, 일본, 영국 등 선진국은 국가적 차원에서 저탄소 녹색성장 전략을 추진하고 있으며, 한국도 녹색환경조성(U-ECO), 저탄소 녹색성장 정책 등을 통해 도로에서의 이산화탄소 배출 절감을 위해 노력하고 있다. ITS의 보급을 통해 IT 기반의 저탄소 사회로의 전환으로 좀 더 살기 좋은 지구 환경을 만들 수 있을 것이다.

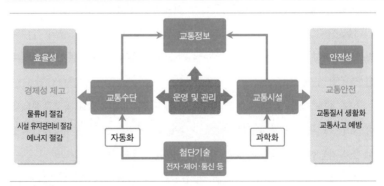

자료: 국가교통정보센터(www.its.go.kr).

2 ITS 시스템의 구성

ITS 시스템의 구성도

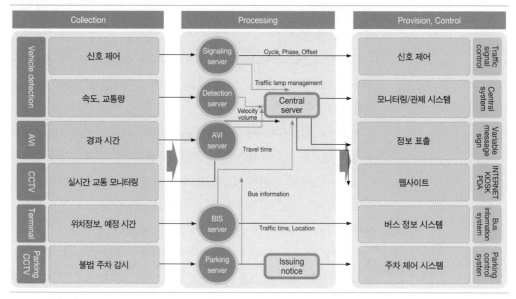

ITS 서비스의 요소 기술은 정보 수집 기술, 정보 처리 기술, 정보 제공 기술로 나누어볼 수 있다.

첫째, **정보 수집 기술**은 차량에 탑재된 OBU On Board Unit 와 노변 기지국 RSU: Road Side Unit 간 통신, CCTV 또는 노면에 설치된 센서 등을 통해 교통 데이터를 수집하는 기술이다. 차량에 부착된 RFID를 이용해 차량의 상태나 적재물의 정보를 전달할 수 있고, LBS 기술을 이용해 차량의 현재 위치정보를 전달할 수 있다.

둘째, **정보 처리 기술**은 현장에서 수집된 관련 데이터를 교통정보센터의 메인 컴퓨터에서 교통 특성에 맞게 표출될 수 있도록 가공하며, 각각의 정보 소비자들에게 적합한 정보로 가공·처리하는 기술이다.

셋째, **정보 제공 기술**은 가공된 데이터를 차량에 탑재된 단말, 고속도로 본선 및 진입로에 설치된 가변 정보 표지판, 방송매체, 인터넷, 휴대전화, ARS 등 각종 정보 전달 매체를 통해 실시간으로 제공하는 기술이다. 차량에 탑재된 텔레매틱스 단말은 다양한 통신 기술을 수용하는 통합단말기 (SDR 적용)로서, 차량의 위치나 도로 환경에 따라 DSRC Dedicated Short Range Communication, WAVE, C-V2X, WLAN, 이동통신, DMB 등 다양한 무선통신

기술을 사용해 운전자에게 끊김 없이 정보를 제공할 수 있어야 한다.

2.1 교통 관리 서비스

교통 관리traffic management 서비스는 빠르고 안전하며 원활한 통행을 위한 교통 관리를 위해 실시간 대중교통 운행 정보를 수집·제공하는 서비스이다.

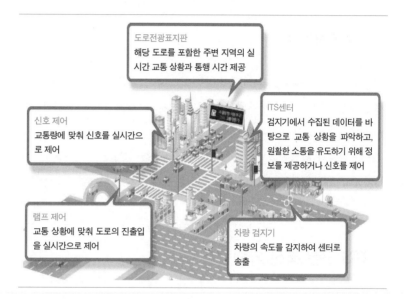

2.2 교통요금 전자 지불 서비스

교통요금 전자 지불electronic cash 서비스는 교통시설 및 교통수단의 요금 지불을 자동화해 정체와 불편을 해소하는 서비스이다. 유료도로의 통행료 지불을 자동화해 운전자의 불편과 운행 지연을 해소하고, 전산화된 시스템 운영으로 요금 징수 업무를 효율적으로 처리할 수 있게 한다.

2.3 전국 교통정보 서비스

국가교통정보센터에서는 전국의 모든 교통수단(승용차, 항공, 선박, 기차, 버스, 지하철 등)과 교통시설(도로, 공항, 항만, 버스정류소, 지하철역, 철도역 등)에서 수립되는 교통정보가 공유될 수 있도록 정보를 체계적이고 효율적으로 연계·통합·관리하는 허브 기능을 수행한다.

전국 교통정보 서비스traffic information service는 출발 시간, 교통수단 등에 따라 현재 위치에서 최종 목적지까지 최적 이동 경로, 소요 시간 등 여행에 필요한 모든 정보를 제공해 정보 이용자가 더욱 합리적으로 의사를 결정할 수 있게 한다. 이러한 교통정보를 기반으로 지역·관광·편의시설 관련 정보 등을 결합한 여행정보를 다양한 매체(인터넷, 내비게이션 등)를 통해 제공한다.

2.4 차량 지능화

차량 지능화Intelligent Vehicle는 차량이 스스로 위험 요소를 감지하여 운전자에게 알려주고 제어함으로써 사고 발생을 예방하며, 자동 운전을 지원함으로써 안전하고 편리하며 신속한 이동을 돕는다.

또한 화물과 위험물을 실은 차량의 이동 정보를 실시간으로 수집·연계·제공하여 효율적인 운송과 안전하고 신속한 물류 환경을 마련한다.

3 ITS 구현 통신 기술

3.1 Beacon

Beacon 통신은 차량 단말기와 노변 기지국 간 무선 데이터통신을 위한 시스템이다. 통신 셀 크기는 500m 이내이고, 주파수 대역은 200MHz를 사용하며, 최대 데이터 전송 속도는 10Kbps 이하이다. Beacon은 차량 단말기와 노변 기지국 간 양방향통신이 가능하나, 여러 개의 차량 단말기와 다중 접속이 지원되지 않아 셀 내에서 2개 이상의 단말기 가동 시 무선 채널에 접속할 때 링크 셋업이 안 되는 단점이 있다.

3.2 수동 DSRC

수동 방식의 DSRCDedicated Short Range Communication 통신은 차량 단말기와 노변 기지국 간 무선통신을 위한 시스템이다. 통신 셀 크기는 10m 이내이고,

주파수 대역은 5.8GHz를 사용한다. 최대 데이터 전송 속도는 하향 링크가 500Kbps이고, 상향 링크는 250Kbps이다. 수동 DSRC는 차량 단말기와 노변 기지국 간 여러 개의 차량 단말기와 다중접속이 지원되지만, 상향 링크 구성 시 기지국의 CW Continuous Wave 를 제공받아야 하므로 반이중통신이 이루어지며, CW 전력으로 주파수 재사용을 위한 노변 기지국 간 거리가 260m 이상이 되어야 하고, 셀 크기가 10m 이내로 제약된다.

3.3 능동 DSRC

능동 DSRC는 차량 단말기와 노변 기지국 간 무선 데이터통신을 위한 시스템으로, 통신 셀 크기는 100m 이내이고, 주파수 대역은 5.8GHz를 사용하며, 최대 데이터 전송 속도는 상·하향 링크 모두 1Mbps이다. 능동 DSRC는 차량 단말기와 노변 기지국 간 여러 개의 차량 단말기와 다중접속이 지원되며, 주파수 재사용을 위한 노변 기지국 간 거리가 60m 이상으로 수동 방식보다 셀 크기가 크고 주파수 재사용 특성이 우수한 장점이 있다.

3.4 WAVE Wireless Access in Vehicular Environment

WAVE는 차세대 DSRC 기술로 불리며, DSRC와 같은 5.8GHz 주파수 대역을 사용하지만 최대 27Mbps 수준의 대용량 고속 데이터 전송이 가능하며, 10MHz 대역폭 및 7개 채널을 사용한다. 차량에서 사용될 목적으로 고안되어 200km/h의 고속 이동 중에도 끊김이 없고, 100m/sec 이내의 짧은 무선 접속 및 패킷 전송 속도를 갖췄다. 아울러 차량 간 통신을 지원함으로써 전방의 돌발 상황을 실시간으로 알 수 있어 ITS 구축 기술로 손색이 없다.

WAVE는 Physical/MAC layer를 위한 IEEE 802.11p 규격과, 일부 MAC 기능과 자원 관리, 보안, 네트워크 등을 위한 IEEE 1609 조합으로 구성되어 있다.

WAVE Protocol Stack

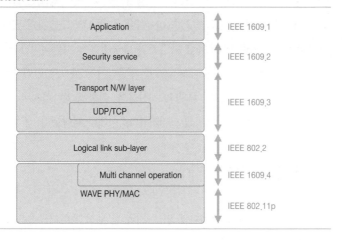

3.5 C-V2X Cellular Vehicle to Everything

WAVE나 DSRC가 IEEE 802.11p 기반의 무선 LAN 기술을 이용하는 데 반해, C-V2X 기술은 휴대폰 통신 기술을 이용한다. 3GPP는 LTE Direct 기술을 자동차용으로 최적화하여 2017년 release 14로 표준화를 완료했으며, 5G-V2X 관련 표준화는 2018년 현재 활발히 진행 중이다.

확장된 통신 범위, 향상된 신뢰성(낮은 패킷 오류율), 늘어난 수용자 수, 확대된 용량, 뛰어난 혼잡 제어 성능, 줄어든 전력소비 등 밀집된 환경에서 IEEE 802.11p 기술 대비 우월한 성능을 보인다. 이에 따라 C-V2X가 WAVE를 대체할 수 있을지, 혹은 상호보완적인 기술로 성장할지 향후 귀추가 주목된다.

4 ITS의 전망

과거에는 LBS, 텔레매틱스, ITS가 서로 다른 서비스 영역으로 구분되었다. 하지만 서비스 간 경계가 점차 희박해지고 있어 독립된 시장을 가정한 포지셔닝을 수정하고 하나의 서비스로의 통합이 필요하다. 서비스 통합을 위해서는 네트워크 설비의 중복 투자를 억제하고 사업의 시너지 효과를 제고할 방안이 요구된다. 즉, 사용자의 단말(개인·차량 단말)이 이용 환경(거주 지역,

도로, 주행 상태 등)에 관계없이 연속성 있는 통합 서비스를 제공하기 위해 한층 확장된 개념의 서비스로 새롭게 접근할 필요가 있다.

서두에서 언급했던 것처럼, 정보 전달이 일방향 위주였던 과거 ITS에서, 현재는 차량·인프라·보행자 간 양방향 상호작용을 하는 C-ITS로 패러다임이 이동하고 있다. 국내에서는 정부 주도하에 차세대 ITS라는 이름으로 단계별 구축사업을 진행 중이다. 2017년 7월까지 세종시 인근 고속국도 및 시가지도 등 약 90km의 C-ITS 인프라를 구축했으며, 2030년까지 3단계에 걸쳐 교통사고 사망자 ZERO 달성을 목표로 단계별 구축사업을 수행할 예정이다.

한편 ITS 및 C-ITS는 무선통신으로 교통정보를 주고받는 시스템인 만큼, 다양한 해킹 위협에 노출될 수밖에 없다. 보행자 및 운전자의 생명과도 직결된 ITS의 해킹 방지를 위해 보안인증 및 암호화 등 제도적·기술적·물리적 대비책도 범국가 차원에서 마련되어야 할 것으로 보인다.

참고자료
서울시. 2013. 「서울시 지능형 교통체계(ITS)기본계획」.
한국정보통신공사협회(www.kica.or.kr).

기출문제
114회 컴퓨터시스템응용 유·무선 통신망을 활용한 차량 통신 기술인 V2X(Vehicle to Everything)의 종류와 통신 표준에 대하여 설명하시오. (25점)

108회 정보통신 차세대 지능형 교통체계인 C-ITS(Cooperative-ITS)의 특징과 시스템 구성에 대하여 서술하시오. (25점)

107회 정보통신 ITS(Intelligent Transportation System) 관련 주요 통신 기술에 대해 서술하시오. (25점)

105회 정보통신 지능형 교통체계(ITS)의 기본계획, 설계, 구축 시 고려 사항을 설명하시오. (25점)

101회 컴퓨터시스템응용 WAVE(Wireless Access in Vehicular Environment)에 대하여 설명하시오. (10점)

96회 컴퓨터시스템응용 교통정보 서비스를 제공하는 ITS(Intelligent Transportation System)에서 정보 수집, 정보 처리, 정보 표출 측면의 구성 요소와 요소별 산정 방법을 설명하시오. (25점)

E-4

가입자망 기술

IPTV의 보급과 유선·무선·음성·통신·방송의 융합화 등으로 말미암아 xDSL, HFC 등의 가입자망 기술만으로는 초고속화·대용량화·실시간화의 가입자 요구를 충족시키는 데 한 계가 있다. 이러한 문제에 대해 광케이블 기반의 FTTH 기술이 대안으로 보급되고 있다. 대표적인 FTTH 구현 방식으로는 AON, PON 등이 있다.

1 초고속 가입자망 기술의 개요

1.1 기술 변화

1990년 이후 인터넷 이용자가 폭발적으로 늘어나고, 복잡하고 다양한 멀티 미디어의 요구도 급격히 증가하면서 가입자망의 고속 광대역화가 필요해졌 다. 이러한 필요에 대해 가입자 기기까지 광케이블로 연결하는 FTTH Fiber To The Home가 대안으로 등장했지만, 막대한 투자비 부담으로 xDSL x-Digital Subscriber Line, HFC Hybrid Fiber Coaxial, BWLL Broadband Wireless Local Loop(2011년 국 내 사업 철수) 등의 서비스가 광케이블 기반의 FTTH의 중간 기술로 제공되 었다.

그런데 IPTV가 널리 보급되고 통신과 융합하면서 초고속 가입자망 시장 은 초고속화·대용량화·실시간화가 요구되고 있으며, 이를 궁극적으로 해결 하기 위한 FTTH 기술과 구현 방식이 더욱더 각광받고 있다. 이로써 FTTH 는 무한한 시장 잠재력을 지닌 차세대 통신 시장의 성장동력으로 간주된다.

1.2 기술 개념도

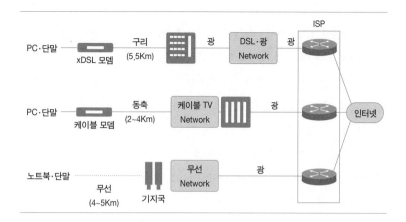

 키포인트

현재 IPTV 서비스처럼 높은 전송량이 필요한 서비스에 대한 사용자의 요구가 커지면서, FTTH를 통한 고대역 전송이 가능한 기술이 각광받고 있다. 이에 ISP 등 인터넷 사업자들은 유선·무선·이동통신을 융합한 서비스와 할인 혜택을 제공하면서 새로운 성장동력으로 초고속 가입자망 기술을 서비스하고 있다.

2 FTTH Fiber To The Home

2.1 정의

FTTH란 전화국에서 개별 가입자망 가정까지 광케이블을 연결해 가입자당 하향 100Mbps의 대역폭을 보장하는 광가입자망을 구축하는 기술을 의미하며, 초고속 가입자망 기술의 궁극적인 목표이다.

기간망 장치로 OLT Optical Line Terminator (광선로 종단장치)를 설치해 광선로 종단 기능과 다중 분배 기능을 수행하고, 가입자 장치로 ONU/ONT Optical Network Unit / Terminal (광망 종단장치)를 설치해 광 접속 기능을 수행한다. FTTH는 IPTV, 초고속 인터넷, 인터넷전화 등의 서비스를 제공하는 데 사용되며, 'ALL-IP화'와 함께 네트워크·서비스·단말에서 동시에 진행될 유·무선통신 융합, 통신·방송 융합을 위한 필수 인프라로 간주된다.

2.2 구성 형태

광가입자망의 구성 형태는 크게 FTTC Fiber To The Curb, FTTB Fiber To The Building, FTTH Fiber To The Home 세 가지로 나뉜다.

FTTC는 수요 밀집 지역까지 광케이블을 포설하는 것으로, 하나의 광전송 장비에 다수의 ONU가 접속하고, 하나의 ONU는 다수 가입자를 대상으로 서비스를 제공한다.

FTTB는 가입자의 건물까지 광케이블을 포설하는 것으로, 하나의 건물에 하나의 가입자용 광전송 장비를 설치해 서비스를 제공한다.

FTTH는 일반 가정까지 광통신을 구축하는 궁극적인 기술로, 최소 100Mbps에서 1Gbps의 속도를 제공한다. 최종 단말까지 광케이블이 제공되는 것이 완벽한 구조이나, 경제성을 고려해 최종 단말은 LAN 케이블로 연결하도록 구축하는 것이 일반적이다.

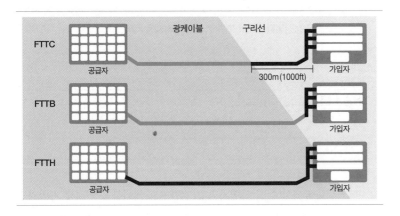

2.3 기술 종류

주요 FTTH의 구현 방식은 크게 AON Active Optical Network과 PON Passive Optical Network으로 나눌 수 있다. 일반적으로 광전송 장비 입장에서 광신호를 증폭하는 증폭기가 있으면 AON이라고 하며, 증폭기 대신 splitter가 있는 경우 PON 서비스로 간주한다.

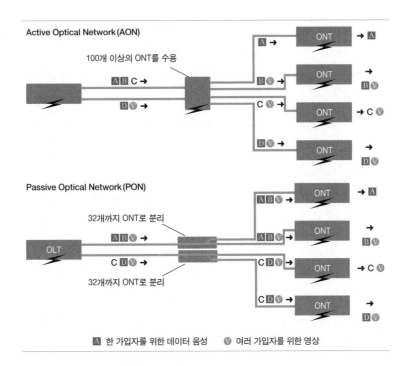

Active Optical Network(AON)

100개 이상의 ONT를 수용

🅐🅑C →

🅓🆅 →

🅐 → ONT → 🅐

🅑🆅 → ONT → 🅑🆅

C🆅 → ONT → C🆅

🅓🆅 → ONT → 🅓🆅

Passive Optical Network(PON)

OLT

32개까지 ONT로 분리

🅐🅑🆅 →

C🅓🆅 →

32개까지 ONT로 분리

🅐🅑🆅 → ONT → 🅐

🅐🅑🆅 → ONT → 🅑🆅

C🅓🆅 → ONT → C🆅

C🅓🆅 → ONT → 🅓🆅

🅐 한 가입자를 위한 데이터 음성   🆅 여러 가입자를 위한 영상

2.4 AON Active Optical Network

AON은 기존의 이더넷 기술을 그대로 사용하는 개념으로, 이더넷 패킷을 스위칭해 목적지까지 데이터를 전달하며, 광전송 장비 쪽에서는 광신호를 증폭하는 증폭기를 사용한다.

AON은 IEEE 802.3 표준을 사용하여 2km 이상의 거리를 보장하는 100Base-FX 또는 1000Base-LX를 사용한다. 기존 이더넷 기술의 채용으로 별도의 고유한 MAC 기술이 필요 없고 능동소자를 사용하므로 광전송 통신 국사에서 가입자까지의 거리가 멀어도 전송이 가능하다. 하지만 능동소자에 대한 전원 공급 및 장비 설치 위치를 확보해야 하며, 장비와 회선의 운용 및 장애 관리 측면에서는 불리한 점이 있어 국내 통신 사업자들은 PON 방식을 사용한다.

2.5 PON Passive Optical Network

PON은 능동소자 대신에 전원이 필요하지 않은 수동 광소자를 사용하며, 광신호를 분기시키는 splitter를 이용해 가입자망까지 연결하는 기술이다. 관리의 효율성이 좋고 및 비용이 적게 들어 국내 통신 사업자 3사에서는 모두 PON 방식의 FTTH 서비스를 제공 중이다.

PON의 구성은 1:N의 광 splitter를 통해 OLT에 다수의 가입자 장치인 ONU/ONT가 연결되는 형태로, 32대의 ONU/ONT가 공유되고 전송 속도가 1Gbps인 경우 가입자당 최저 30Mbps의 서비스를 받을 수 있다. 단독 주택 등에 상대적으로 적합한 방식이다.

구현 방식은 TDM-PON Time Division Multiplexing-PON (시 분할)과 WDM-PON Wavelength Division Multiplexing-PON (파장 분할)으로 구분할 수 있다. TDM-PON은 각 가입자가 서로 다른 시간 영역을 사용하는 TDMA 방식을 사용해 1:N의 광케이블에서 서로 다른 가입자 간 송수신 데이터의 충돌을 방지하는 방식이다. TDM-PON의 종류에는 B-PON Broadband PON, G-PON Gigabit PON 및 GE-PON Gigabit Ethernet PON 등 세 가지가 있다. B-PON은 A-PON, ATM-PON 이라고도 하며, ATM 셀로 분할해 전송하는 구조로서 PON 서비스 중에서 최초로 상용화되었다. G-PON은 ATM·이더넷 프레임을 통해 전송하는 방식으로, 속도가 향상되고 비용이 절감된다. IEEE 802.3ah EFM Ethernet in the First Mile 에서 표준화된 GE-PON은 E-PON이라고도 하며, 이더넷 프레임 상태로 송수신되고, 전송 속도는 1Gbps이다.

국내 통신 사업자가 사용하는 PON 방식으로는 E-PON Ethernet PON 방식과 G-PON Gigabit-capable PON 방식이 있다. KT 및 LGU+는 E-PON을 주력으로 하는 반면에, SK브로드밴드는 G-PON에 주력하면서 E-PON을 선택적으로 사용하고 있다.

WDM-PON은 다양한 데이터를 하나의 광케이블에 파장을 달리해 전송하는 기술로, 전송로를 복수 가입자가 서로 영향 없이 공유할 수 있고, 10Gbps 이상의 고속 서비스가 가능하다. 또한 파장별로 다른 프로토콜을 수용할 수 있어 가입자별로 다른 서비스를 제공할 수 있고, 파장 추가만으로도 대역폭을 확장할 수 있는 장점이 있다. 하지만 WDM-PON 광모듈이 상당히 고가이기 때문에 시장에서 외면을 받아 현재는 가입자망 기술로 대부분 TDM-PON 방식이 활용되고 있다.

3 기타 유선 고속 액세스 솔루션

3.1 xDSL x-Digital Subscriber Line

xDSL은 기존 전화선 인프라 환경을 이용해 가입자망의 고속화를 실현하는 기술로, 주로 ADSL, VDSL 등이 서비스되었다. FTTH의 이전 단계로 ADSL, VDSL 등은 HFC 등과 함께 사용되며, 13~52Mbps 속도의 VDSL이 서비스 중이다.

xDSL 구성도

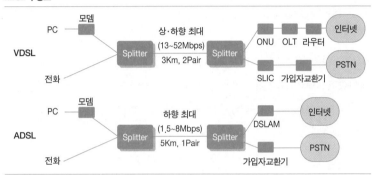

ADSL Asymmetric DSL은 전화선을 이용해 1~8Mbps급 정보를 전송하는 개념으로, 상·하향 대역폭이 비대칭인 기술이다. 전화 음성용 저주파 대역과 데이터 전송용 광대역을 splitter로 분리해 1개의 전화선에 음성 및 데이터를 동시에 사용할 수 있으며, 변조 방식으로는 CAP Carrierless Amplitude phase Modulation과 DMT Discrete Multi-tone가 사용되며, 주로 다중 반송파에 의한 변복조 방식인 DMT(OFDM 방식과 유사)를 사용한다.

VDSL Very High-Speed DSL은 ADSL과 유사한 기술로, 기존 전화선을 이용해 ADSL보다 짧은 거리(1km 내외)에서 13~52Mbps급의 고속 데이터 전송 기술이다. 변복조 기술 및 에러 정정 기술의 발달로 데이터 속도를 고속화했으며, 대칭·비대칭의 속도를 지원할 수 있다. VDSL은 서비스 거리에 따른 제약이 있어, 전화국에서 0.9~1.5km 이내에 적용하기 적당한 기술이다.

SDSL Symmetric DSL은 ADSL과 달리 상·하향 속도가 같은 대칭 방식이다. 5km 이상의 장거리에 대해 1Mbps 이하의 전용선 서비스로 사용 가능하나, 경쟁력이 없어 쇠퇴하는 기술이다. 상·하향 별도 회선으로 2Mbps까지 제공할 수 있는 HDSLHigh-bit-rate DSL과 ITU-T에서 표준화된 SHDSLSingle-pair
High-bit-rate DSL 방식도 있다.

  xDSL은 한국에 인터넷이 한창 보급되던 1999년대에 구축되기 시작해 우
리나라를 인터넷 강국의 반열에 올려놓는 데 크게 기여했다. 2000년 당시
초고속 인터넷 가입자의 약 47% 정도가 ADSL 가입자였으며, 이후 VDSL와
함께 가입자 수를 늘려왔다. 하지만 2014년에 출시된 FTTH 기반의 기가인
터넷에 밀려 2017년 말 기준 초고속 인터넷 가입자 중 5% 이하의 점유율을
기록했으며 이마저 점차 FTTH로 가입자를 빼앗기고 있는 실정이다.

3.2 HFC Hybrid Fiber Coaxial

HFC는 기존 케이블망을 이용해 고속 데이터 접속 서비스를 제공하며, 동축
케이블과 광케이블의 혼합망으로 구성된다. 전송 속도는 하향 7~36Mbps,
상향 0.5~10Mbps이며, 방송용 CATV망에서 양방향 인터넷 서비스를 제공
한다.

HFC의 구성도

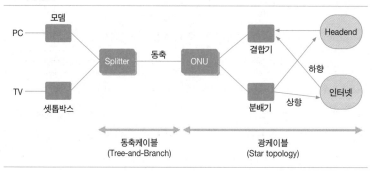

  HFC 기술을 이용하면 기존의 CATV망을 이용해 저렴한 구축 비용으로
서비스를 제공할 수 있다. DOCSIS Data Over Cable Service Interface Spec 규격을 이
용해 초고속 서비스를 제공하며, 구성은 headend에 있는 CMTS Cable Modem
Termination System가 가입자단의 케이블 모뎀들을 수용하고 이를 광 및 동축케
이블망으로 연결하는 형태이다. HFC망은 1개의 ONU Optical Network Unit당
500개 가입자 수용 형태의 셀 분리와 확장 구조로, 가입자 전체가 대역을
공유할 경우 속도가 저하될 수 있는 단점이 있다.

DOCSIS 규격은 다양한 멀티미디어 서비스 및 고속의 데이터 서비스에 대한 요구가 증가하면서 이에 발맞춰 발전하고 있다. DOCSIS v1.0에서 시작해 QoS 기능이 강화되어 VoIP 서비스가 가능한 v1.1, 양방향 대칭형 서비스가 가능한 v2.0, 광대역 및 멀티캐스트 기능이 강화된 v3.0, 마지막으로 2017년 출시된 v3.1 full duplex에서는 상·하향 모두 10Gbps 데이터 전송 속도를 제공하고 있다.

버전	속도	특징
DOCSIS 1.0	하향: 42Mbps 상향: 5Mbps	최초의 표준으로 양방향 비대칭의 데이터통신 서비스를 제공
DOCSIS 1.1	하향: 42Mbps 상향: 10Mbps	QoS 기능 제공으로 가입자별 차별화된 서비스, VoIP 등 실시간 서비스 제공 가능
DOCSIS 2.0	하향: 42Mbps 상향: 30Mbps	상향 전송 용량 확대(대역폭 6.4MHz로 2배 증가)로 대칭형 서비스 가능
DOCSIS 3.0	하향: 1.2Gbps 상향: 200Mbps	채널 본딩(~4채널) 기술과 멀티캐스트 기능(IGMPv3, SSM) 강화로 IPTV를 비롯한 광대역 멀티미디어 서비스 가능
DOCSIS 3.1 (Full Duplex)	하향: 10Gbps 상향: 2(10)Gbps	2013년 출시된 3.1에서 최대 10Gbps 데이터 전송(하향) 지원 2017년 출시된 full duplex에서 상·하향 모두 10Gbps 지원

4 초고속 가입자망 기술의 동향

초고속 가입자망 기술은 1990년대 말부터 보급되기 시작한 xDSL를 시작으로, HFC를 거쳐 현재 FTTH에 이르기까지 다양한 변화를 거듭해왔다.

xDSL의 사용은 FTTH 보급의 가속화로 점차 줄어드는 추세이지만, 소규모 점포 및 영업소 연결을 위한 VPN 서비스가 혼합된 브랜치branch 구성에 활용될 것으로 예상된다. 한편 HFC는 기존의 망을 이용해 FTTH를 구현하기 위한 차세대 기술로, 광케이블에서 RF 신호를 전송할 수 있는 RFoG RF over Glass와 D-PON Docsis over PON 기술 등이 적용될 것으로 예상된다.

국내 FTTH 시장은 AON 방식보다는 투자 비용 대비 효과가 뛰어난 PON 방식이 주를 이루며, PON 방식 중에서는 E-PON과 G-PON 방식이 주로 활용되고 있다. 현재 사용되는 E-PON 및 G-PON은 최대 1~2Gbps 내외의 전송 속도를 지원하며, 10Gbps급 전송 속도 지원을 위해 10G-EPON 및 XG-PON 기술이 곧 상용화될 예정이다. 또한 전 세계적으로 가파르게 증가

하고 있는 가입자 트래픽양에 대처하기 위해, ITU-T 및 IEEE에서 40~100G
급 전송을 위한 NG-PON2 및 NG-EPON 등 차세대 PON에 대한 표준화가
진행 중이다.

참고자료

김관중·유제훈. 2007. 「FTTH 시장분석 및 수요예측」. 한국전자통신연구원. ≪전
　자통신동향분석≫, 제22권 1호, 통권 103호.
문병주. 2007. 「FTTH 기술 및 시장동향」. 정보통신산업진흥원. ≪주간기술동
　향≫, 제1294호.
삼성 SDS 기술사회. 2007. 『핵심정보기술총서 1: 컴퓨터 구조·네트워크』. 한울.
윤빈영·두경환·김광옥. 2009. 「차세대 광가입자망 표준화동향」. 한국전자통신연
　구원. ≪전자통신동향분석≫, 제24권 1호, 통권 115호.
위키피디아(www.wikipedia.org).

기출문제

108회 정보통신 DOCSIS 3.1 물리 계층 구성기술에 대하여 서술하시오. (25점)

107회 정보통신 차세대 수동형 광가입자 망 표준화에 대하여 서술하시오. (25점)

105회 정보통신 WDM-PON에 대해 설명하시오. (10점)

102회 정보통신 차세대 광가입자망(Next Generation Optical Network) 기술을
설명하고 활성화 방안에 대해 설명하시오. (25점)

98회 정보통신 FTTH(Fiber-To-The-Home)의 구축 방식을 기술하고, 공동주택
(500가구)과 단독주택에 대한 적용 예시를 설명하시오. (25점)

96회 정보통신 대형건물에서의 구간별 PON(Passive Optical Network), AON
(Active Optical Network) 구성도를 그리고 설명하시오. (25점)

E-5

홈 네트워크 서비스

초고속 광대역망을 통한 HD급 영상 서비스, 양방향 데이터 서비스, 개인 맞춤형 서비스, 실시간 방송 서비스 등 다양한 서비스에 대한 요구가 늘고 있다. 그리고 이를 구현하기 위한 기술로 다양한 유·무선 홈 네트워크 기술, 홈 게이트웨이 기술, 미들웨어 기술, 보안 등이 제시되고 있다.

1 홈 네트워크 서비스의 개요

1.1 추진 배경

1990년대 이후 본격적인 정보화 추진으로 국가 및 사기업 내 정보 인프라 구축은 괄목할 만한 성과를 달성했으나, 디지털 라이프 실현이라는 질적인 측면에서 가정 내 정보 인프라의 지원 환경과 기술은 미흡한 상태였다. 이에 디지털 컨버전스 기술의 가속화, 유비쿼터스 환경 구축, 가정 내 정보 이용 환경 개선 등을 통한 가정 내 정보화와 디지털 정보가전의 보급을 통한 IT의 생활화(가정 정보화)를 목표로 건강 및 보안 중심의 디지털 홈 구축이 제시되었다.

현재 홈 네트워크 서비스는 스마트 홈이라고도 하며, 스마트 TV, 스마트 가전, 스마트 기기 등을 중심으로 가전, 건설, 의료 등 전통산업의 부가가치 서비스를 더해 시장이 점차 확대되고 있다.

1.2 정의

홈 네트워크 서비스는 스마트 홈이라고도 하며, 정보가전 및 스마트 기기들이 네트워크로 연결되어 기기·시간·장소에 구애받지 않고 다양한 서비스가 제공되는 미래의 가정 환경을 이루는 서비스를 의미한다.

전통적인 통신·방송·건설·가전 및 솔루션 등이 결합되고, 의료 및 교육 등 개인 생활과 직접적으로 연관된 전통산업의 부가가치 서비스 제공과 함께 신규 수요 창출 효과가 매우 클 것으로 예상된다. 현재는 가스 누출 감지, 침입 탐지, 화재 경보, 긴급 출동, 원격진료 서비스, 원격검침 서비스 등 긴급 상황 모니터링과 자동화, 원격진료 등을 통해 더욱 안전한 생활을 돕는 방향으로 발전하고 있다. 또한 최근 기존 ALL-IP망과 IPTV 서비스망을 이용해 IP CCTV를 가정 내에 설치하여 보안을 강화할 수 있게 하는 서비스도 제공되고 있다.

1.3 구성

홈 네트워크 서비스의 구성 요소는 서비스 측면에서는 세대 내 장비 및 사용자 단말, 단지 공용부, 응용 서비스 제공부로 구분된다.

세대 내 장비는 입주자에게 홈 오토메이션, 홈 엔터테인먼트, 보안, 홈 오피스, 에너지 관리 등의 생활 편의를 위한 홈 서비스를 제공한다. 주요 구성 장비로는 유·무선 네트워크 기술과 이를 단말과 연결하는 미들웨어, 홈 게이트웨이 등이 있다.

단지 공용부는 아파트 등 공동주거단지에서 각 세대 장비 및 단지 장비를 관리하는 기능 등을 하며, 단지 공용 시스템 및 네트워크 장비로 구성된다.

응용 서비스 제공부는 원격 의료 및 교육, 공공행정 등 응용 서비스를 각 세대에 제공하는 역할을 수행한다.

다음 그림에서처럼 홈 네트워크의 기술적 측면에서 홈 네트워크 서비스는 홈 네트워크 및 단말, 홈 게이트웨이, 가입자망 기술 등으로 구성된다. 홈 네트워크를 구성하는 단말로는 홈 게이트웨이, 홈 서버, 디지털 TV, 정보가전제품, 게임기, 스마트폰 등의 스마트 기기 등이 있다.

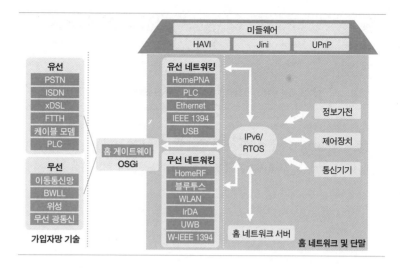

 키포인트

홈 네트워크를 구성하는 유선 네트워킹 기술, 무선 네트워킹 기술, 미들웨어 등의 요소 기술에 대해 각각 또는 상호 비교가 가능하도록 파악하는 것이 중요하다. 오늘날에는 고화질 영상 스트리밍 서비스 수요 증대와 더불어 대용량 데이터 전송이 가능한 고속 유·무선 네트워크에 대한 요구가 급격히 늘고 있다.

2 유선 네트워킹 기술 요소

2.1 HomePNA Home Phone-line Network Alliance

HomePNA는 기존 전화 배선을 이용해 단말기 간 연동이 가능하도록 표준과 스펙을 개발한 것이다. RJ-11 전화선을 사용해 별도의 장비를 추가하거나 케이블을 구축하지 않아도 홈 네트워크 환경을 구축할 수 있게 한다.

주요 기술로는 IEEE 802.3 MAC, CSMA·CD 등 이더넷 방식이 그대로 채택되었고, 현재는 IPTV 등과 같은 서비스를 제공하기 위해 고속 전송, QoS를 보장하는 HomePNA 3.1이 제시되었다. HomePNA는 2009년 이후 홈그리드 포럼HomeGrid Forum 에 흡수되어 기술 표준이 연구되고 있다.

구분	HomePNA 1.0	HomePNA 2.0	HomePNA 3.0	HomePNA 3.1
전송 속도	1Mbps	4~32Mbps	128Mbps	320Mbps
지원 거리	100m	100m	600m	1km
특징	이더넷 방식 채택	멀티미디어 지원	전송률 및 QoS	HDTV·IPTV 서비스 가능

기존 전화 및 xDSL이 1MHz 이하 주파수 대역에서 서비스를 제공하는 데 반해, HomePNA는 4~10MHz 대역을 사용해 기존 전화 서비스와 구분했다.

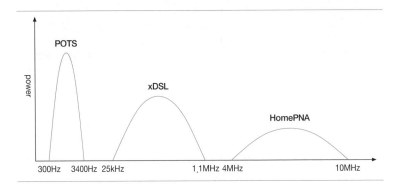

HomePNA는 네트워크 환경 구축이 용이하고, 이미 검증된 이더넷 표준을 기반으로 하며, 타 기술에 비해 초기 투자 및 유지에 드는 비용이 적다는 특징이 있다. 하지만 전체 가정 내 네트워킹을 구축하려면 추가로 전화 잭을 설치해야 하고, 다른 유선 네트워킹 기술에 비해 상대적으로 느리다는 것이 단점이다. 이에 HomePNA 3.1에서는 검증된 QoS 보장으로 이더넷의 충돌collision 발생을 제거하고, 실시간 데이터 스트림이 가능한 IPTV 서비스를 제공할 수 있는 표준을 제공했다(64개 노드 연결).

2.2 PLC Power Line Communication

PLC(전력선통신)는 가정에 배선된 전력선을 이용해 데이터통신을 구현하는 기술이다. 기존 전력선에 신호 전송 특성에 따라 서로 다른 주파수 대역을 사용해 구현하고, 가정 내 통신을 위해 별도의 통신망을 구성하지 않아도 되는 특징이 있다.

일반적으로 PLC는 수십 bps 정도로 전송 속도가 느려, 가정 내 제어기기의 on·off 기능에 적용되었다. HomePLUG 표준화 단체에서 PLC 표준으로 HomePLUG 1.0(OFDM 방식, 10Mbps 전송 속도 지원)을 제시했다. IEEE 1901과 1905에서 여러 제품 간 호환을 위한 표준이 제시되었고, PLC를 통해 디지털 정보를 전송하는 HD-PLC에 관한 표준이 논의 중이다. 또한 스마트 그리드smart grid라는 정보통신 기술을 활용하는 전기 공급자가 소비자에게 최적의 전력을 전송하는 전력 전송망 구축에 대한 표준화가 진행 중이다.

PLC의 주요 기술 표준으로는 X-10, CEBUS, LonWorks 등이 있다.

구분	전송 속도	지원 노드 수	전송 매체
X-10	60bps	256	전력선
CEBUS	1Mbps	64	전력선, UTO, RF
LonWorks	2Kbps~1.25Mbps	32,258	전력선, UTO, RF

PLC는 기존 전력선을 이용하기 때문에 네트워킹 구축을 위한 추가 배선이 불필요해 투자비용을 절감할 수 있고, 모든 가정에 기술 적용이 가능하다(전력 보급률 100%). 또한 전력 공급자의 스마트 그리드 등의 기술 표준으로 실시간 양방향 서비스가 가능한 것이 장점이다.

하지만 제한적인 전송 전력과 많은 부하 간섭 및 잡음에 대한 처리가 필요하다는 것은 단점이다. 특히 가전제품 사이에 네트워크 변환 장치가 사용되어야 하고, 고속의 PLC의 경우 전도되는 통신 방식의 퍼짐 현상이 강해 주변에 부하 간섭이 유발될 수 있다.

현재 스마트 홈과 관련해 한국에서는 원격검침에 PLC 통신을 사용하고 있는데, 전기자동차의 충전에 사용되는 PLC가 원격검침용 PLC와 통신 간섭을 일으켜 이에 대한 해결 방안 마련이 필요하다.

2.3 G.hn

G.hn은 가정 내 다양한 서비스를 제공하는 전화선·전력선 및 동축케이블에 대한 통합 규격을 포함하는 기술로, ITU에서 승인한 표준이다. 인텔, 파나소닉 등이 G.hn 표준 도입을 위한 홈그리드 포럼을 결성해 해당 표준에 맞는 시스템을 개발하고 있다. HomePNA 등이 흡수되는 등 유선 부문의 단일 홈 네트워크 표준화 가능성 여부와 함께 무선 LAN과는 공존할 것으로

예상된다.

G.hn에 적용된 주요 기술로는 OFDM, FEC, 그리고 매체접근 방식으로 TDMA이 있으며, 보안에는 AES Advanced Encryption Standard (128비트 키)가 사용된다.

칩 제조사는 G.hn 표준에 맞는 칩만을 생산할 수 있으므로 홈 네트워크 기기 가격의 하락이 예상된다. 또한 G.hn을 활용하면 기존 유선 및 무선 방식보다 훨씬 빠른 전송 속도를 제공할 수 있다. 하지만 G.hn은 하위 호환성을 제공하지 않아 기존 MoCA(동축), PLC(전력), HomePNA(전화)가 작동하지 않을 수 있다는 점에 대한 보완책이 필요할 것으로 보인다.

2.4 이더넷 Ethernet

이더넷은 IEEE 802.3을 통해 데이터통신의 LAN 표준으로 검증받은 기술로서, 상대적으로 전송 속도가 빠르다(10/100/1000Mbps).

이더넷 연결에는 UTP 케이블 및 광케이블 등이 사용되며, 보통 홈 네트워크 서비스에는 가격이 저렴한 UTP 케이블이 많이 사용된다. 초고속 가입자망 기술인 FTTH의 E-PON, G-PON의 보급으로 구성이 보편화되어 이에 대한 유선 홈 네트워크 기술로 많이 사용되고 있다.

2.5 IEEE 1394

IEEE 1394 기술은 AV 기기의 디지털화와 멀티미디어 환경에 따른 직렬 버스의 디지털 인터페이스로, 고속 실시간 데이터 전송이 가능한 유선 홈 네트워크 기술 중 하나이다. IEEE 1394 인터페이스로는 FireWire(애플)·i.Link(소니) 등이 있어 FireWire 케이블 또는 i.Link 케이블이라고도 한다. 구현하는 데 비용이 적게 들고 간단하여 사용자 위주의 케이블 작업이 쉬운 것이 특징이다.

현재 데이터 스토리지, HD 비디오, 카메라, 전문 오디오 시스템 등 고속의 멀티미디어를 전송하는 데 사용되며, host(PC)가 필요한 USB와 달리 IEEE 1394는 host 없이 연결이 가능하다.

IEEE 1394 표준 중 IEEE 1394a에서는 400Mbps의 전송 속도와 45m 이

IEEE 1394 케이블

내의 지원 거리를 제공하고 노드 수가 63개 이하이며, IEEE 1394b에서는 3.2Gbps의 속도를 제공한다. IEEE 1394c에서는 UTP category 5e와 동일한 이더넷 방식인 8P8C 커넥터를 사용해 800Mbps의 속도를 제공했으나 상용화되지 않았다. 이후 IEEE 1394d에서 FireWire에 추가로 싱글모드 광속을 제공해 6.4Gbps의 속도를 지원하기 위한 연구가 진행 중이다.

IEEE 1394는 고속의 전송 속도와 비동기 및 동시성 전송 모드를 모두 지원하고, peer-to-peer 동작 모드를 지원해 분산형 구조에 적합하다. 또한 고속의 전송 속도를 제공하여 멀티미디어 데이터 전송에 최적화되어 있다. 현재 핀 케이블은 6 Pin(전기 공급: 2 Pin, 데이터 전송: 4 Pin)과 4 Pin(데이터 전송: 4 Pin) 두 가지 타입이 제공된다.

2.6 USB Universal Serial Bus

USB 케이블

USB는 PC와 주변기기를 연결하는 데 사용되는 입출력용 인터페이스를 제공하는 것으로, 부착된 주변기기의 다양화로 USB 보급이 일반화되어 있다. 현재 키보드, 마우스, 게임패드, 카메라, 프린터, 저장장치 등 다양한 기기를 연결하는 데 사용되며, IEEE 1394 케이블과 경쟁 구도를 형성하고 있다.

현재 최대 127개의 주변기기를 부착할 수 있고, 지원 거리는 반경 30m 이내이며, 핫플러그를 지원한다. 보통 외부 전원을 이용하지 않고도 쉽게 주변기기를 사용할 수 있다.

USB 1.0은 저속 모드로는 1.5Mbps, 최대 12Mbps를 지원하고, PC에서 주변기기 연결을 위한 인터페이스를 통일하는 것을 목표로 했다. USB 2.0 규격은 480Mbps의 고속 USB를 제공한다. USB 1.0과 마찬가지로 지원 거리가 30m, 지원 노드 수는 127개였다. USB 3.0은 최대 5Gbps의 속도를 제공하고, USB 2.0 대비 전원 관리가 20% 이상 향상되었다. 이를 통해 콘텐츠 동시 스트리밍이나 DVD 품질의 고화질 서비스가 가능해졌다. 2013년 하반기에는 USB 3.1 표준이 소개되었는데, USB 3.0이나 2.0과 호환되면서 이전 버전의 두 배인 10Gbps(약 1.25GB/s)의 속도를 지원한다. 2017년 하반기에 발표된 USB 3.2 표준은 복수의 라인으로 데이터를 주고받는 '다중 레인multi lane' 전송 방식으로 구현되며, 2개의 레인 연결 시 각각 10Gbps씩 총 20Gbps로 데이터 전송이 가능하다.

USB는 별도의 전원 없이 PC에 주변기기를 연결하기가 용이하고, 충분한 IRQ Interrupt Request와 핫플러그 기능을 지원하며, 공급 전력이 낮은 장점이 있다. 하지만 CPU 점유율이 높고, 연결된 주변기기가 많을수록 속도가 현저히 떨어지며, 제한된 OS만 지원한다는 단점이 있다.

3 무선 네트워킹 기술 요소

3.1 무선 LAN

무선 LAN이란 케이블 배선 없이 이동 시에도 일반 LAN에 접속할 수 있는 통신 형태인 근거리 무선통신 기술을 의미한다. 1990년대까지만 해도 무선 LAN은 인터넷으로 발전한 유선 LAN의 보완 기술로 인식되었다. 하지만 현재는 노트북, 스마트 기기에 무선 LAN이 대부분 장착되어 보급되는 등 유선 LAN의 대체제가 아니라 기반 기술로 인식되고 있다.

무선 LAN은 2.4GHz 또는 5GHz의 ISM 주파수 대역을 사용하며, 주요 표준 기술로는 802.11 계열과 hyperLAN2 등이 있다. 최근에는 54Mbps 전송 속도를 지원하는 802.11g 및 600Mbps의 802.11n이 보급되고 있다. 또한 5세대 Wi-Fi 기술이라고 일컫는 6.9Gbps의 802.11ac 기술이 빠르게 도입될 것으로 전망된다.

802.11 계열의 주요 무선 LAN 기술별 특징

구분	주파수 대역	전송 속도	전송 방식	안테나 기술
802.11a	5GHz	54Mbps	OFDM	SISO
802.11b	2.4GHz	11Mbps	FHSS·DSSS	SISO
802.11g	2.4GHz	54Mbps	OFDM	SISO
802.11n	2.4GHz	600Mbps	OFDM	MIMO
802.11ac	5GHz	6.9Gbps	OFDM	MU-MIMO

무선통신 분야에서 다량의 멀티미디어 데이터를 고속으로 전송하는 응용 서비스가 증가하고 있으며, 무선 QoS MAC 기술이 IEEE 802.11e에서 표준화되었다. 그 밖에도 900MHz 대역에서 무선 LAN을 활용하는 802.11ah, TV가 사용하는 주파수 대역(TVWS)을 공유해 무선 LAN을 활용하는

802.11af, 무선 LAN 접속 시간을 단축하는 802.11ai 등의 표준화 작업이 계속되고 있다.

이처럼 무선 LAN은 타 무선 네트워킹 기술뿐만 아니라 유선 LAN과 비교해도 빠른 속도를 제공하여 활용도가 높다. 다만 가장 보편화된 802.11b 기술의 경우 ISM 대역을 사용하는 다른 기술과의 상호 간섭 배제가 필요하다.

무선 LAN은 홈 네트워크에서 별도의 유선 케이블 연결 없이 거실이나 방을 이동하면서 인터넷 접속, 프린터 출력, TV 연동 등에도 활용된다. 특히 무선 LAN의 지원 속도가 향상되면서 고화질·대용량 비디오 스트리밍 서비스 지원, 보안용 카메라 연동, 외부에서 가전기기와 연동 등에도 활용된다. 지속적인 표준화 및 기술 발전이 이루어질 것으로 예상된다.

3.2 ZigBee

ZigBee 모듈

ZigBee는 소형·저전력을 목표로 하는 저속 근거리 개인 무선통신의 국제 표준으로, 2003년 IEEE 802.15.4 표준으로 채택된 기술이다.

전력 소모가 적고, 칩 가격이 저렴하며, 통신의 안정성이 높은데도 넓은 범위의 통신이 가능한 것이 특징이다. Ad-hoc 네트워크 특성으로 인해 중심 노드가 따로 존재하지 않는 응용 분야에 적합하다. 국내에서도 ZigBee 기술을 적용한 첨단 출입 통제 도어락 시스템을 구축하는 등 서비스가 다양해지고 있다.

ZigBee 구성 요소로는 크게 세 가지가 있다. 먼저 ZigBee 코디네이터zc: ZigBee Coordinator는 다른 네트워크와의 연결 등 ZigBee 네트워크의 핵심 역할을 수행하며, 각 네트워크에 1개만 존재하고, 보안을 함께 수행한다. 그리고 ZigBee 라우터zR: ZigBee Router는 애플리케이션 동작과 함께 다른 디바이스로부터의 데이터를 전달하는 라우팅 기능을 수행한다. ZigBee 엔드 디바이스ZED: ZigBee End Device는 상위 노드와 통신하는 단말이다.

ZigBee는 데이터 전송 속도 250Kbps, 넓은 통신 거리, 2.4GHz 통신 대역 사용, 자동적으로 노드의 저속 ad-hoc 네트워크 구성, CSMA·CA 매체 접근 방식 사용, 128비트 대칭키 암호화를 이용한 보안 기능 제공, 유사한 다른 무선 기술에 비해 단순하고 저렴한 가격 등의 특징이 있다.

구분	전송 속도	통신 거리	네트워크 구성	동작 주파수	전력 소모
ZigBee	250Kbps	~km	P2P, star, mesh	2.4GHz	낮음
802.11	11/54Mbps	50~100m	Point to hub	2.4/5GHz	높음
블루투스	1Mbps	10m	P2P, star	2.4GHz	중간
UWB	100~500Mbps	10m	Point to point	3.1~10.6GHz	낮음
무선 USB	62.5Kbps	10m	Point to point	2.4GHz	낮음

주요 응용 분야로는 무선 조명 스위치, 가내 전력검침 등 홈 오토메이션 서비스와 상업용 빌딩 자동화나 병원 등에서 근거리 저속통신을 필요로 하는 장치와의 연결에 주로 활용된다.

3.3 UWB Ultra Wideband

UWB는 무선 반송파를 사용하지 않고, 기저 대역에서 수 GHz 이상의 넓은 주파수 대역을 사용하며, 매우 넓은 대역에서 낮은 전력으로 대용량의 정보를 전송하는 데 주로 응용되는 기술이다. 미국 국방부에서 군사용 무선통신 기술로 사용하다가 미국 연방통신위원회FCC가 민간에 기술을 개방하면서 관심을 모으게 되었다.

일반적으로 UWB는 사용 대역폭이 중심 주파수의 25% 혹은 1.5GHz 이상의 점유 대역폭을 차지하는 무선 시스템을 의미한다. 현재 3.1~10.6GHz의 마이크로파 주파수 대역 및 22~29GHz의 준밀리파 대역을 사용하면서 10m~1km의 전송 거리를 보장한다.

UWB의 핵심 기술로는 100Mbps급 UWB 모뎀 기술, 고품질의 QoS 지원을 위한 MAC 기술, multi-band OFDM 등이 있으며, 광대역 전송에 적합한 소형 안테나 등이 사용된다.

UWB는 협대역 통신 신호에 의한 간섭 특성이 적고, 다중경로 페이딩의 영향을 적게 받아 품질이 우수하며, 보안통신에 적합하고, 선형 증폭기나 중간 주파수 변환 등이 불필요해 시스템이 간단하다. 하지만 위성통신 및 IEEE 802.11a의 사용 대역과 겹치고 각국 주파수 관련 법에 따른 할당 문제 등 풀어야 할 과제도 많다.

현재 UWB의 시장 점유율은 저조하다. 하지만 GHz 주파수 대역을 통해 100~500Mbps의 전송 속도를 제공하여 대용량의 동영상을 떨림이나 버그 없이 전송할 수 있고, 전송 거리도 블루투스나 무선 LAN 등에 비해 10배 정도 긴 1km로 더욱 완벽한 홈 네트워크 시스템 구현할 수 있는 무선통신 기술로 인식되고 있어 장기적으로 가전기기의 무선 네트워킹 기술을 주도할 수 있을 것으로 예상된다.

3.4 블루투스 Bluetooth

블루투스는 1994년 에릭슨에서 개발한 개인 근거리 무선통신의 산업 표준으로, 10m 이내의 근거리에서 다양한 기기들 간 무선통신을 가능하게 하는 저전력·저비용 근거리 디지털통신 기술이다.

Ad-hoc(독립망) 네트워킹 기반의 피코셀에서 동작하며, 개인용 네트워크 PAN: Personal Area Network 구축 기술로, 표준화는 블루투스 SIG에서 진행하며, IEEE 802.15.1의 표준으로 정의되었다.

블루투스 1.0은 전송 속도가 1Mbps, 사용 주파수는 2.4GHz의 ISM 대역이다. 블루투스 2.0은 전송 속도가 3Mbps로 향상되었고, 블루투스 3.0은 다시 24Mbps로 더욱 향상된 전송 속도를 제공한다.

블루투스 4.1은 기존 3.0의 전송 속도를 유지하면서 전력 소모를 줄였으며, LTE 무선과 상호 통신 상태를 조정하여 간섭 현상을 줄였다. 블루투스 연결 장치가 연결이 잠시 끊어져도 일정 시간 내에 재연결 시 자동 연결이 가능하며, 사물인터넷을 위한 IPv6 사용도 포함되었다.

2016년 6월에는 블루투스 5.0 스펙이 발표되었다. 5.0은 기존 대비 4배 증가된 커버리지, 2배 증가된 속도, 8배 증가한 용량 등 성능이 대폭 향상되어 향후 IoT, 비콘, 드론 등 다양한 분양에서 활약이 예상된다.

블루투스의 큰 특징으로는 오픈 라이선스로 로열티를 사용하지 않아 칩셋 가격이 저렴하다는 점과 ad-hoc 네트워킹을 지원해 웨어러블 기기에 적합하다는 것이다. 하지만 2.4GHz 대역을 사용하고 있어 타 ISM 대역 기술과 상호 간섭 배제(2.4GHz 대역 중 1MHz 채널을 1초간 1600회 채널로 바꾸는 주파수 호핑 FH 방식 사용)를 위한 AFH Adaptive Frequency Hopping 기술 적용에 대한 안정성 제공 등이 필요하다.

현재 블루투스는 스마트 워치, 심박센서 등 다양한 웨어러블 기기와의 통신을 통한 서비스로 적용 분야가 점차 확대되고 있다. 이 분야는 현재 NFC

와 같은 근거리 접근 통신과 기술 경쟁이 예상되며, 홈 네트워크 서비스 및
스마트 기기의 서비스 활용에 따라 블루투스의 사용 여부도 유동적일 것으
로 전망된다.

3.5 HomeRF Home Radio Frequency

HomeRF는 2.4GHz의 ISM 대역(비허가 대역)을 사용하며, 가정 내 PC, 전
자제품을 연결하기 위한 통신 방식이다.

PC, 주변기기, 통신, 소프트웨어, 반도체 등의 산업을 주도하는 기업들이
회원으로 있는 HomeRF WG에서 표준화를 진행했으며, SWAP Shared Wireless
Access Protocol 1.1 규격이 표준이다.

PC 기반으로 TCP/IP를 지원한다는 장점이 있으나, ISM 대역을 사용하는
다른 무선 기술(블루투스, 무선 LAN)과의 주파수 간섭 배제가 필요하며, 전
송 속도가 현재 1~2Mbps로 상대적으로 다른 무선 네트워크 기술에 비해
느리고 접속기기에 따라 속도가 줄어든다는 단점이 있어 최근에는 활용이
줄고 있다.

4 지능형 스마트 홈 미들웨어와 홈 게이트웨이

4.1 홈 미들웨어 기술 요소

홈 미들웨어 기술은 유·무선 기술을 통해 연결된 서버와 정보단말기들을
논리적으로 연결하는 소프트웨어를 의미한다. 주요 소프트웨어로는 Jini Java
intelligent network interface, HAVi Home Audio/Video interface, UPnP Universal Plug & Play 등
이 있다.

Jini는 분산 환경의 홈 네트워크 자원 공유 플랫폼 기술로, 썬 마이크로시
스템즈 Sun Microsystems 에서 처음 개발했다. Java 기반으로, 서비스 이동은
JVM Java Virtual Machine 들 간에 Java 객체를 전달하는 방식을 사용해 여러 단말
기기를 동작하도록 제어한다. 기기들이 특정 하드웨어에 구애받지 않고 네
트워크에 접속되면 홈 서비스를 받을 수 있는 분산 네트워크 기술이며, 시

스템 구성이 간단하다는 특징이 있다. Jini의 주요 구성 요소로는 클라이언트(사용자), 서비스를 제공하는 단말, 사용자와 단말을 연결하는 역할을 수행하는 Jini 시스템 등이 있다.

HAVi는 가전회사(소니)에서 제안한 홈 네트워크용 미들웨어 솔루션으로, IEEE 1394 기술을 기반으로 한다. AV 기기 간의 실시간 데이터 전송과 상호 호환성 지원을 목표로 하며, IP를 지원하지 않아 인터넷과 연동하려면 IP를 지원하는 다른 미들웨어와 상호 연동이 필요하다. HAVi는 서비스를 제공하는 단말을 software element라는 객체로 구성하고, 이에 대해 identifier를 부여한다. 이러한 객체들은 상호 커뮤니케이션을 위해 메시지 기반의 통신을 수행한다.

UPnP는 마이크로소프트에서 제안한 미들웨어 솔루션으로 UPnP Forum이 표준화를 주도하고 있다. 기존 IP 네트워크와 HTTP를 사용해 홈 네트워크 기기 간의 제어와 상호 운영을 목적으로 한다. 단말의 접속에 별도 설정이 필요 없는 zero-configuration, PC들 간에 point-to-point 통신을 지원하는 것이 특징이다. UPnP의 SDK Software Development Kit API를 통해 단말 간 연동을 지원하며, 장치 접속을 위한 SSDP Simple Service Discovery Protocol, 장비 간 이벤트 교환을 위한 GENA General Event Notification Architecture, 원격 연결을 위한 SOAP Simple Object Access Protocol 등의 요소 기술을 사용한다. 보안을 위해서는 SSL Secure Socket Layer 을 사용한다.

구분	Jini	HAVi	UPnP
추진 기업	썬마이크로시스템즈	소니, 필립스	마이크로소프트
방식	Java 기반 네트워크 분산 기술	IEEE 1394	Windows 2000 운영체계를 통한 제어
IP 지원 여부	지원	미지원	지원
대상	가전, PC, 주변기기, 백색가전 등 네트워크상 모든 오브젝트	AV 기기 간 접속	PC 주변기기 접속
사용 매체	매체 불문	IEEE 1394	매체 불문

4.2 홈 게이트웨이

홈 게이트웨이는 가정 내에서 정보가전 및 스마트 기기들을 연결·관리하는 것으로, 홈 서버라고도 한다. 주로 인터넷 또는 광역 서비스 네트워크의 가입자망 네트워크와 가정 네트워크를 연결하는 브리지 역할을 수행한다.

주요 기능으로는 브리지 및 라우팅 기능, 보안, 제어 기능, 게이트웨이 기능, 자동 plug & play 지원, 그리고 안전한 홈 네트워크 서비스를 위한 보안 장치 등이 있다.

주요 기술 표준으로는 미들웨어와 응용프로그램 간 API를 정의하는 OSGi Open Services Gateway initiatives, TIA Telecommunications Industry Association, DOCSIS Data Over Cable Service Interface Spec 등이 있다. OSGi는 가정 단말 연결 방법, 개방형 Java 임베디드 서비스 기반 스펙을 개발했다. 장치 독립적이고 보안 기능이 좋은 기술을 제공하며, 블루투스, HomePNA, HomeRF, USB 등 다양한 기술을 접속하는 API를 제공한다. 현재 OSGi release 5까지 표준으로 제공되었다. TIA는 서로 다른 WAN/home LAN 기술 간 메시지 전달 방식을 정의하며, DOCSIS는 케이블 TV와 가정 단말 간 데이터 신호를 제어하는 케이블 모뎀용 표준 인터페이스를 정의한 것이다.

홈 게이트웨이는 사설 공간인 가정에서 콘텐츠를 다양한 장치를 통해 끊김 없이 이용할 수 있게 하면서 콘텐츠의 불법 복제를 방지하고 사용되는 콘텐츠를 보호하는 기능도 제공해야 한다. 이를 위해서는 홈 게이트웨이에 접근하는 사용자의 인증, 인증된 사용자 외 불법 접근 통제, 사용되는 장비 간 데이터 전송의 암호화 등에 대한 연구가 필요하다.

4.3 홈 네트워크 단말

홈 네트워크를 구성하는 단말은 휴대폰, 스마트폰, 스마트패드 등 사용자 휴대용 단말과 정보 처리가 가능한 정보가전, 노트북, 프린터 등 가정 내 다양한 홈 기기들을 의미한다. 이러한 단말은 장소에 구애받지 않고, 홈 네트워크에 상시 연결되어 사용자에게 홈 서비스를 제공한다. 또한 홈 기기 및 스마트 기기 등은 점차 사용자의 편의성과 다양한 요구에 맞춤형으로 서비스를 제공하고, 지능적으로 해당 단말을 사용자가 자동 제어할 수 있는 방향으로 사용이 점차 확대될 것으로 전망된다.

5 홈 네트워크 서비스

5.1 스마트 홈 서비스 방향

홈 네트워크 서비스인 스마트 홈은 생활 편의를 높이기 위해 정보기기 및 스마트 단말을 시간과 장소에 구애받지 않고 사용할 수 있는 생활 서비스이다. 이러한 편의성 덕분에 스마트 TV 및 스마트 기기, 스마트 가전 등은 지속적으로 성장할 것으로 예상된다. 한편 스마트 홈 기술은 건설, 의료, 원격제어 등 다른 여러 가지 산업과 연동되어 해당 산업의 부가가치를 높이며 시장을 형성하고 있다.

국내에서도 U-City, U-Health를 중심으로 다양한 서비스를 제공하려는 노력이 계속되고 있다. 원격교육, 원격진료, 원격검침, 원격제어 등의 서비스를 통해 '편리한' 가정을, 또한 대화형 DTV, VoD, 온라인게임 등 여가를 효율적으로 활용할 수 있게 하는 기술을 통해 '즐거운' 가정을, 방범·방재, 다양한 개인정보 관리 서비스를 통해 '안전한' 가정을, 양방향 홈쇼핑, 홈뱅킹, 에너지 관리 등 경제활동을 가정에서 처리(디지털 컨버전스 기술의 가속화와 유비쿼터스 환경의 구축)할 수 있게 하는 서비스를 통해 '윤택한' 가정을 지원하는 것을 목표로 한다.

5.2 원격검침 서비스

홈 네트워크 서비스의 주요 서비스로 원격검침을 들 수 있다. 원격검침은 기 설치된 통신선로(전화선 또는 전기선, 유선케이블 등)를 사용해 전기, 수도, 가스 등의 사용량을 자동으로 검침하는 기술이다. 이를 통해 방문 검침에 따른 검침 오류나 인건비를 줄이고 검침원을 가장한 범죄를 방지함으로써 사용자에게 신뢰성을 제공하는 효과를 얻을 수 있다.

홈 네트워크 서비스는 주로 기존 배선을 이용하며, 전화선 또는 유선 LAN 케이블을 통해 접속이 가능하다. 유선 LAN 방식은 고속 검침이 가능하고, 다른 홈 오토메이션 서비스와 연계가 가능하다.

원격검침을 구성하기 위해서는 검침에 필요한 주요 서버(검침 시스템)와 검침 시스템의 제어명령을 접수하고 계치기에 전달하는 중간 통신 장치MCC/

SCC, 원격식 계량기로 발생하는 펄스신호를 읽어 검침 데이터를 중간 통신 장치에 정기적 또는 비정기적으로 송출하는 가입자 정합 장치SIU: Subscriber Interface Unit 등이 필요하다.

그 밖에 전화기의 DTMFDual-Tone Multi-Frequency 신호를 통해 원격검침 및 장치의 상태를 파악하는 형태의 구성도 있다. 유선으로 연결된 여러 센서의 반응을 전화 단말기에서 확인하는 방식이다. 가령 부엌의 가스 밸브가 잠겨 있는지, 화재경보기 상태가 정상적인지, 출입문이 잠겨 있는지 등 집 안의 여러 상황을 파악한다. 사용자는 전화 단말기의 번호 버튼처럼 DTMF 신호를 발생시키고, 해당 DTMF 신호는 해당 메시지를 전송받아 관리하게 된다.

DTMF
DTMF는 원래 전자식 교환기의 다이얼 톤을 의미하는데, 전화기의 다이얼을 누를 경우 개별 다이얼별 주파수를 제시해 전화국 교환기가 해당 다이얼 번호를 인식하는 방식이다.

5.3 홈 모니터링 서비스

홈 모니터링 서비스는 가정 내 감시 카메라를 통해 화재, 가스 누출, 무단 침입, 도난 등 이상 상황 발생 시 알람 기능을 제공하는 것을 의미한다. 이를 위해 감시 카메라를 유·무선 기술로 스마트 기기와 연결하여 가정 내 상황을 원격으로 파악할 수 있게 한다. 홈 모니터링 서비스는 TCP/IP나 블루투스 기술을 이용해 가정 내 다른 기기들과 연결할 수 있고, 원격으로 제어할 수 있는 허브 기능을 한다.

가정 내 환경을 파악하는 데 카메라뿐만 아니라 앞으로는 가정용 로봇을 통한 서비스도 제공될 것으로 예상된다. 가정용 로봇에 SIP를 적용해 영상 전화기로 사용자가 집 외부에서 로봇과 통신하고 동작을 제어하며, 로봇에 장착된 카메라를 통해 집 안의 상황을 모니터링할 수 있다. 로봇에 장착된 카메라나 로봇의 움직임을 제어하는 데 DMTFDistributed Management Task Force 방식을 사용할 수도 있다. 영상전화를 통해 로봇에 인접한 사용자와 영상통화를 수행할 때는 SIP를 사용하며, 영상과 음성 전달에는 RTP와 H.263 영상 코덱을 사용한다.

홈 모니터링 서비스는 또한 온도계, 가스 누출, 모션 센서 등과 연계해 스마트 홈을 모니터링하고 통제하는 서비스, 카메라로 가정 내 환자를 모니터링하는 등의 의료 서비스와 같이 가정을 보호하기 위한 서비스로 확대될 것으로 전망된다. 하지만 외부 해킹을 통한 사생활 침해나 기기 오동작 등에 대한 보안 문제도 제기되고 있어 이를 보완하기 위한 연구가 필요하다.

5.4 빌딩 내 인텔리전트

홈 네트워크 서비스는 아파트 및 U-City와 같이 대규모 연동이 필요하며, 적용 범위도 점차 넓어지고 있다. 이러한 서비스는 대형 빌딩의 인텔리전트에도 함께 사용되고 있다.

특히 정보통신의 발전으로 대형 빌딩의 경우 현재 인텔리전트화가 빠르게 진행되고 있고, 이를 위해 화재, 도난, 방범, 전기, 수도 등 다양한 용도의 첨단 제어 장비가 설치되어 있다. 하지만 여러 제어 장비 및 상호 연결 프로토콜들이 혼재되어 있어 제어 장비들 간 효율적인 운용을 위해 기능을 통합한 운영이 필요하다.

빌딩 자동화 및 제어용 통신 프로토콜의 표준화를 위해 미국표준협회ANSI: American National Standards Institute와 미국냉동공조기술협회ASHRAE: American Society of Heating, Refrigerating and Air-Conditioning Engineers, Inc.에서는 BACnetBuilding Automation and Control Networks 표준을 채택해 각 제조사 및 연동 프로토콜 간 상호 운용성에 대한 표준으로 사용하고 있다.

그중 BACnet은 비독점권을 지닌 개방형 프로토콜로, 건물 자동화 및 제어에 활용된다. 빌딩 제어에 특화된 데이터 구조를 사용(오브젝트 모델링, 계층적 구조)하며, 제어장치를 object, property로 정의하고 각 object 접속을 service로 정의한다. 이와 유사한 빌딩 자동 제어 통신 프로토콜로는 LonWorks, KNX 등이 있다.

6 국내외 동향

고화질의 영상 서비스, 양방향 데이터 서비스, 개인 맞춤형 서비스, 실시간 방송 서비스 등 다양한 서비스에 대한 요구가 커지고 있다. 이러한 서비스 요구에 대응하기 위해 유·무선 홈 네트워크 기술, 홈 게이트웨이 기술, 미들웨어 기술 등 다양한 기술이 홈 네트워킹에 제시되어, 홈 네트워킹 관련 각 기술별로 표준화 및 보안에 대한 시장 주도권을 놓고 경쟁이 계속될 것으로 전망된다.

고화질 스트리밍과 대량의 데이터 전송이 가능한 고속 유·무선 네트워크에 대한 요구가 점차 커지고 있는 상황에서, 저속 무선 근거리 데이터통신 (WPAN Wireless Personal Area Network), 광대역 WPAN용 SoC System on Chip, 그리고 홈 네트워크의 제어기기를 모니터링하고 제어하기 위한 저전력의 저속 유·무선 네트워크 기술이 제한적으로 제공될 것으로 보인다.

세계 각국도 스마트 홈을 다양한 IT 서비스가 융합된 미래 전략 산업으로 집중 육성할 것으로 예상된다. 하지만 홈 네트워크 서비스 및 빌딩 인텔리전트와 관련한 여러 기술이 공존하는 상태에서 당장 단일 기술로 표준화하기란 어려워 서로 다른 기술이 탑재된 홈 기기 간 상호 연동을 보장하기 위한 표준화와 기술 시장 점유를 놓고 기술 및 업체 간 경쟁이 지속될 것으로 보인다.

 참고자료

김양중. 2009. 「ITU-T의 홈네트워크 표준동향」. 한국정보통신기술협회. ≪IT Standard Weekly≫.
_____. 2013. 「스마트홈기기 표준화 현황 및 KAS 인증제 운영방안」. 한국산업기술평가관리원.
김창환. 2007. 「지능형 홈네트워크 서비스 동향」. 정보통신산업진흥원. ≪주간기술동향≫, 제1372호.
삼성 SDS 기술사회. 2007. 『핵심정보기술총서 1: 컴퓨터 구조·네트워크』. 한울.
위키피디아(www.wikipedia.org).
조명지. 2009. 「홈오토메이션을 위한 영상/로봇제어 시스템의 설계와 구현」. 한국인터넷정보학회. ≪인터넷정보학회논문지≫, 제10권 6호.
조인영. 2007. 「ZigBee 국내외 표준 추진동향」. 한국스마트홈산업협회. ≪HN Focus≫, 제15호.
조한규. 「무선 LAN 표준화 동향 및 전망」. 한국정보통신기술협회. ≪TTA Journal≫, 제147호.

 기출문제

102회 정보통신 지능형 홈 네트워크 미들웨어에 대한 기술 개요, 미들웨어의 종류와 그 특징 및 장단점에 대하여 기술하고 향후 전망에 대해 논하시오. (25점)
101회 정보통신 홈 네트워크 시스템의 구성도를 작성하고, 홈 게이트웨이의 역할과 기능에 대해서 설명하시오. (25점)
99회 컴퓨터시스템응용 스마트 TV 기반 멀티스크린 서비스를 위한 콘텐츠 부호화 기술, 콘텐츠 전송을 위해 다중 네트워크를 동시에 이용하는 하이브리드 네트워크 스트리밍 기술, 그리고 홈 네트워크 환경에서 스마트 TV에 연결된 멀티스크

린 장치 및 서비스를 발견·제어하는 기술에 대하여 설명하시오. (25점)

96회 정보통신 RF(Radio Frequency)를 사용하는 무선 전력 전송 기술과 표준화 동향 및 응용 분야에 대해서 설명하시오. (25점)

95회 정보통신 전력선통신(PLC: Power Line Communication)의 원리와 핵심 기술에 대해 설명하고, PLC 기술에서 해결되어야 할 문제에 대해 설명하시오. (25점)

95회 정보통신 원격 자동 검침(Automatic Meter Reading) 기술에 대해 설명하시오. (25점)

93회 정보통신 BACnet(Building Automation Control Network) 프로토콜의 계층 구조와 도입 효과에 대해 설명하시오. (25점)

E-6

CDN Content Delivery Network

시장조사기관인 Markets and Markets 보고서에 따르면, 전 세계적으로 CDN 시장이 연평균 성장률(CAGR) 약 32.8%를 나타내며 2017년 약 74억 달러에서 2022년 약 309억 달러까지 4배 이상 성장할 것이라고 예상했다. 고화질 및 대량의 비디오 콘텐츠 증가, 사용자 품질(QoE) 및 서비스 품질(QoS) 향상 요구, 콘텐츠 전송 최적화 및 효율화 등의 이유로 CDN 수요가 증가하는 추세이며, 관련 시장 또한 급성장하고 있다.

1 CDN의 개요

1.1 배경

CDN이란 사용자가 데이터 요청 시 원거리의 오리진(원본) 서버까지 가지 않고, 사용자 인근에 위치한 CDN 서버로부터 캐싱(저장)된 데이터를 신속하게 전달하기 위한 기술이다. CDN이 없다고 가정해보자. 전 세계 게임 유저들이 애타게 기다리던 신규 게임이 출시되거나 인기 가수의 동영상이 유튜브에 업로드되었을 때 전 세계에서 동시다발적으로 해당 콘텐츠에 대한 요청이 급증할 것이고, 트래픽 폭주에 대처하기 위해 오리진에 서버 및 네트워크 장비 등 많은 하드웨어 증설이 필요할 것이며(요즘은 대부분 클라우드를 도입하는 추세라 그나마 사정이 낫다), 만약 요청 트래픽만큼 하드웨어가 증설되지 않았다면 오리진 서버가 다운되고 이 때문에 사용자들은 원활한 콘텐츠 이용이 불가할 것이다. CDN을 이용함으로써 콘텐츠 사업자는 오리진 하드웨어(서버, 네트워크 장비) 구축·운영 비용을 절감할 수 있고, 네트워크 사업자는 불필요한 네트워크 트래픽을 줄일 수 있으며, 서비스 이용자는 지연 없이 고품질의 서비스를 이용할 수 있다.

CDN에서 빠짐없이 등장하는 기술이 바로 ADNApplication Delivery Network이다. ADN이란 콘텐츠 캐싱이 불가능한 동적 콘텐츠(예를 들어, 장바구니 등 개인화 정보, 실시간성 데이터)를 다양한 최적화 기술을 활용해 오리진 서버로부터 사용자에게 신속하게 데이터를 전달해주는 '가속' 기술이다. ADN의 핵심 기술로는 TCP optimization, routing optimization, compression, data de-duplication 등이 있다. 한편 굳이 CDN과 ADN 상품을 구분하지 않고 단일 상품으로 최적화된 서비스를 제공하는 차세대 CDN 벤더도 늘어나는 추세이다.

오늘날 네트워크상에서 인터넷 콘텐츠의 상당 부분이 CDN을 통해 전송되며, 웹 오브젝트, 다운로드용 파일, 애플리케이션, 라이브 및 온디맨드 스트리밍 데이터, 소셜 네트워크 등 다양한 분야에서 CDN이 활용되고 있다.

1.2 구성

CDN의 캐시 서버가 없다면 사용자는 콘텐츠를 전달받기 위해 매번 오리진 서버와 통신해야 하며, 이는 많은 오리진 자원 및 네트워크 비용을 필요로 할 것이다. 하지만 전 세계 ISP 내에 설치된 캐시 서버에서 그 트래픽을 처리한다면 오리진 서버까지 트래픽이 도달하지 않게 되므로 오리진의 부하를 줄이고 네트워크 비용을 최소화할 수 있으며, 결과적으로 사용자에게 고품질의 서비스를 제공할 수 있다.

과거 구글은 유튜브 사용자가 급격히 늘어나 구글의 데이터센터로 트래픽이 집중되고 전 세계 통신사의 네트워크 자원을 소비하는 문제에 직면했다. 이는 곧 서비스 이용자의 버퍼링 이슈 및 심각한 품질 저하 문제를 야기했다. 구글은 이를 해결하고자 전 세계 통신사ISP마다 구글 전용 캐시 서버(GGCGoogle Global Cache)를 구축했으며, 2018년 현재 전 세계 대부분의 통신사들이 자사 백본망에 GGC를 보유하고 있을 정도로 빠르게 확산되었다. 현재는 대한민국에서 유튜브 콘텐츠를 요청하면 국내 통신사에 설치된 GGC가 이를 처리해 버퍼링 없이 빠른 속도로 콘텐츠 이용이 가능해졌다.

CDN을 사용하지 않을 때

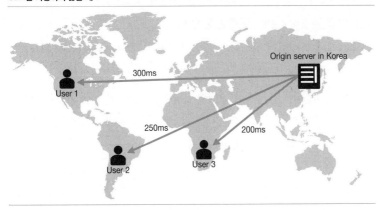

CDN을 사용할 때

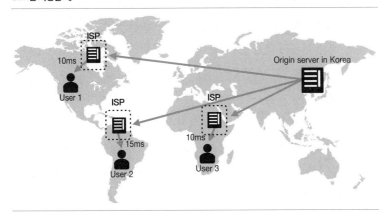

2 CDN의 주요 기술

CDN을 구성하는 주요 기술로는 CDN 본연의 목적인 콘텐츠 캐싱 기술 외에 사용자에게 최적의 서버 연계를 위한 GSLB 기술, 동적 콘텐츠 가속을 위한 최적화 기술, 스트리밍 기술, 압축 및 보안 등 다양한 기술이 있다.

2.1 GSLB Global Server Load Balancing

GSLB란 사용자의 지리적 위치 혹은 서버 가용성 등을 고려해 서비스하기에 적합한 서버를 찾아 그 주소값을 리턴해주는 전역적 분배 서버를 의미하며, 사용자에게 최적의 서버를 연계해야 하는 CDN에서 핵심 기술로 꼽힌다. 일반적으로 사용자 인근에 위치한 서버 클러스터를 찾고 클러스터 내에서 가용한 서버를 찾아 실제 서버의 주소를 반환하는 역할을 한다.

GSLB는 일반적으로 network proximity, geographic proximity, SLB session & N/W capacity, SLB connection load, server health check, (weighted) round robin 등 다양한 policy에 기반하여 최적의 서버를 선택하며, CDN GSLB도 이와 크게 다르지 않게 다양한 조건들을 복합적으로 고려해 최적의 서버를 선정한다.

2.2 TCP optimization

TCP는 개발된 지 40여 년이 지난 통신규약이기 때문에 현대 네트워크 상황에서는 한계가 있을 수밖에 없으며, 이러한 한계점을 극복하기 위해 혼잡제어congestion control 같은 기술이 추가되었다. CDN 사업자들도 TCP의 한계를 극복하고자, 표준 TCP를 튜닝하여 전송 지연delay 및 패킷 손실packet loss을 최소화하기 위해 많은 노력을 기울였다.

Initial congestion window를 과거 대비 일정 크기 이상 확보해 초기 데이터 전송률을 향상했으며(RFC 3390/6928), 기존의 congestion avoidance 알고리즘에서는 패킷 손실 발생 시 전송 중인 congestion window를 50% 감소(대역 절반 감소)시켜 성능이 급격히 저하되었지만, 개선된 congestion avoidance 알고리즘을 통해 감소량을 줄이고 회복량은 늘려서 성능 저하를 최소화했다(RFC 3649). 이 외에도 CDN 사업자들은 다양한 튜닝 기법 및 최적화된 설정값 등 자체적으로 축적해온 패킷 전송 노하우를 통해서 TCP 최적화를 이루고자 많은 노력을 기울이고 있다.

2.3 Routing optimization

자치 시스템AS 간에는 BGP Border Gateway Protocol를 통해 라우팅 정보를 교환하며 통신한다. BGP 경로 설정을 위해 다양한 메트릭(BGP Path attribute)이 사용되는데, 그중 AS-PATH attribute는 출발지부터 목적지까지 도달하기 위해 경유하는 AS 번호의 집합으로 구성되며, 경로 선정에 중요한 역할을 한다. AS-PATH attribute에 기반해 라우팅을 구성하면 통신 사업자를 가장 적게 거치는 경로를 선정하기 때문에 정상적인 네트워크의 상태에서는 양호한 성능을 보여줄 수 있지만, 이는 단순 '최단 경로shortest path first'이기 때문에 망 부하(delay, jitter, loss 등)에 따른 품질은 고려할 수가 없다. 이를 해결하기 위해 품질에 영향을 미치는 여러 요소를 복합적으로 고려해 최적의 경로부터 대체 경로까지 계산하여 네트워크 장애 혹은 지연 발생 시 빠른 경로로 우회하는 기술이 바로 routing optimization이다

2.4 Streaming

서두에 밝힌 것처럼 고화질 및 대량의 비디오 컨텐츠 증가로 인해 향후 라이브·온디멘드 스트리밍 데이터의 전송량이 급증할 것으로 전망된다. Youtube는 2013년경 동영상 다운로드 방식을 전통적인 progressive download 방식에서 HTTP 기반의 adaptive streaming(chunk) 방식으로 전환했다. 시청자가 요청하는 부분 외의 분량도 전송하는 경우가 있었기 때문에 네트워크의 자원 낭비가 심했으며, 동영상 파일을 로컬에 다운로드받아야 했기에 콘텐츠 보안에도 문제가 있었기 때문이다.

이를 해결하기 위해 시청자가 원하는 부분만 효율적으로 전송하고 로컬에 콘텐츠를 저장하지 않으면서 실시간live 중계까지 가능한 RTP, RTCP, RTSP, RTMP 등의 프로토콜이 등장해 지난 수년간 인기 있는 콘텐츠 전송 프로토콜로 이용되었다. 하지만 특정 플레이어에 종속되거나 비표준 포트port를 이용해야 하는 단점 등이 있어 이를 해결하고자 표준 HTTP 기반의 adaptive streaming 방식이 많이 활용되는 추세이다.

CDN 사업자는 다양한 미디어를 최적의 품질로 사용자에게 전송하기 위해 다양한 미디어 전송 프로토콜을 지원하고 있으며, QUIC/UDP, WebRTC 등과 결합해 LastMile 구간의 전송 성능을 극대화하려는 시도 역시 진행되고 있다.

RTP
Real-time Transport Protocol
(IETF)

RTCP
Real-time Transport Control
Protocol
(IETF)

RTSP
Real-Time Streaming Protocol
(IETF)

RTMP
Real-Time Messaging Protocol
(Adobe Systems)

2.5 Compression

CDN은 또한 콘텐츠 압축 기술도 제공한다. CDN 사업자는 다양한 압축 알

고리즘을 지원하며, 사용자 환경에 최적화된 알고리즘을 파악하여 자동으로 적용하는 기능도 제공한다. 텍스트 압축의 경우, 현재 가장 많이 사용되는 gzip은 물론, deflate, brotli(2015년 9월 출시) 등 최신 알고리즘을 제공하며, 이미지 압축의 경우 webp, jpeg2000, jpegxr 등 다양한 손실·무손실 압축 방식을 지원한다. 향후에는 Guetzli, mozjpeg 등 최신 압축 알고리즘을 지원하는 CDN 사업자도 늘어날 것으로 예상된다.

2.6 Security

CDN 서버는 end-user에게 직접적으로 노출되기 때문에 그만큼 해킹 위협도 많을 수밖에 없다. CDN은 보통 L7상에서 콘텐츠 및 application을 전송하기 때문에 기본적으로 웹방화벽WAF: Web Application Firewall 기능도 보유하고 있다. WAF를 통해 전 세계에서 유입되는 다양한 해킹 공격(DDos, XSS, Injection 등)의 방어가 가능하며, 인증서 발급을 통해 SSL(TLS) 프로토콜도 추가할 수 있다.

인가된 사용자만 CDN 서버에 접근해 콘텐츠를 가져갈 수 있는 접근 제어 및 인증에 대한 다양한 방법도 제공하며, 오리진 서버 보호를 위해 오리진에 붙는 CDN 서버를 한정해 whitelist로 관리할 수 있는 방법도 제공한다. 또한 악성 봇 위협 대응, 멀웨어 방어, API 보안 확립 등 다양한 보안 기능을 제공한다.

2017년 2월에 발생한, 이른바 클라우드블리드Cloudbleed 사건 이후 (이전에도 그랬지만 특히) 보안에 대한 관심이 크게 늘어났으며, 2018년 5월부터 시행된 GDPRGeneral Data Protection Regulation로 인해 보안에 대한 관심 및 요구 사항은 앞으로도 더욱더 증가할 것으로 예상된다.

GDPR
유럽 시민들의 개인정보 보호를 위해 EU 의회에서 공표한 개인정보 보호 통합 규정

3 CDN의 전망

클라우드를 제외하고는 IT를 논할 수 없을 정도로 클라우드 컴퓨팅은 이제 IT 업계뿐 아니라 생활 전반에 깊숙하게 자리 잡았다. 클라우드 컴퓨팅의 보완재 개념으로 등장한 엣지 컴퓨팅edge computing은 사용자의 요청을 클라

우드까지 보내지 않고 사용자와 가까운 위치에서 처리하는 컴퓨팅 기법을 의미한다. 가트너가 선정한 2018년 10대 기술 중 하나인 'Cloud to the Edge'로도 소개되었다. 클라우드(구름)까지 가지 않고 사용자 인근의 안개 fog에서 처리된다 하여 포그 컴퓨팅fog computing으로도 불린다. 사용자 인근 서버로부터 데이터를 제공받는 CDN의 캐시 서버도 엣지 컴퓨팅과 밀접한 관련이 있으며, 클라우드(오리진)에서 처리해야 하는 비즈니스 로직들을 CDN 캐시 서버(엣지 서버)로 분산하거나, CDN 인프라를 활용해 엣지 컴퓨팅을 구현하는 사례도 증가하는 추세이다.

또한 트래픽 폭증 시 CDN 벤더의 부하 분배 요구, 변화하는 CDN 품질에 대한 즉각적 대응 요구, 전면 장애에 대응하기 위한 failover 요구 등 눈높이가 높아진 사용자들의 요구 사항을 만족하고자 멀티CDN이 각광받고 있다. 멀티CDN 플랫폼을 도입함으로써 사용자는 다양한 CDN 벤더를 사용할 수 있으며, 트래픽 폭증 시 다양한 벤더로 부하 분배, 저품질 벤더에서 고품질 벤더로 즉시 전환, 전면 장애 대응 등 다양한 가치를 얻을 수 있다. 국내에서는 삼성 SDS가 2017년부터 멀티CDN 사업을 활발하게 전개 중이다.

참고자료
넷매니아즈(www.netmanias.com).

기출문제
96회 정보관리 P2P(Peer-to-Peer) 알고리즘의 개념과 시스템 구조를 설명하고, 이 알고리즘이 CDN(Content Delivery Network)에서 어떻게 이용되는지 설명하시오. (25점)
87회 컴퓨터시스템응용 CDN을 설명하시오. (10점)

재해복구통신망 구성

재해복구는 장애복구와는 전혀 다른 개념이다. 재해복구는 하나의 사이트 또는 데이터센터가 재해 또는 테러 등의 사고로 기능을 완전히 상실하는 것을 전제로 한다. 재해복구에는 별도의 백업 데이터센터, 백업 및 서비스 네트워크가 요구된다. 여기서는 네트워크 관점에서의 재해복구 방안에 대해 알아보고자 한다.

1 재해복구의 개요

2001년 9월 11일, 미국 뉴욕에서 발생한 테러로 세계무역센터 빌딩에 입주해 있던 수많은 금융 기업의 정보 시스템도 파괴되었다. 이때 재해복구DR: Disaster Recovery 시스템을 구축한 일부 금융 회사는 대체 시스템을 이용해 짧은 시간 내에 서비스를 다시 제공할 수 있었다. 이러한 일을 계기로 재해복구 시스템 구축에 대한 관심은 더욱 커졌다. 이처럼 재해복구 시스템을 구축하는 주요 목적은 비즈니스의 영속성을 보장하는 데 있다고 할 수 있다.

키포인트
재해복구 시스템을 구성하기 위해서는 DR센터의 위치 및 메인센터와의 거리, 지형적 특징, 날씨 등 다양한 요소를 고려해야 한다. 또한 센터 간 거리가 증가하면 전용 회선 구성에 대한 부담 및 전송 지연이 발생할 수 있으므로 신뢰성 확보에 주력해야 한다. 이와 더불어 DR용 인프라를 평상시에 활용하는 방안을 강구하는 것도 간과해서는 안 된다.

2 재해복구 네트워크의 구성

2.1 기본 구성

먼저 서비스별 재해복구 수준에 따라 인프라 구성은 달라지지만, 여기서는
주센터와 DR 센터의 인프라가 동일한 것으로 가정하자. 먼저 서비스 제공
을 위한 서버와 스토리지 등의 장비, 그리고 여기에 탑재되는 application
이 존재할 것이다. 우선, 재해복구 네트워크는 크게 두 가지로 구분할 수 있
다. 첫 번째는 센터 간 데이터와 application의 동기화를 위한 센터 간 전용
네트워크이다. 이를 이용해 데이터 동기화, 운영 정보 교환 등을 할 수 있
다. 두 번째는 서비스 네트워크이다. 사용자 관점에서는 주센터에 재해가
발생하더라도 DR센터의 자원을 이용해 서비스를 제공받아야 할 것이다. 이
를 위해서는 네트워크 단에서 해당 사용자의 트래픽을 환경에 따라 각 센터
로 분기할 수 있는 구조가 필요하다. 이를 위해서는 물리적인 망 구성 및 재
해 발생 시 대응하기 위한 논리적인 구성도 동시에 필요하다.

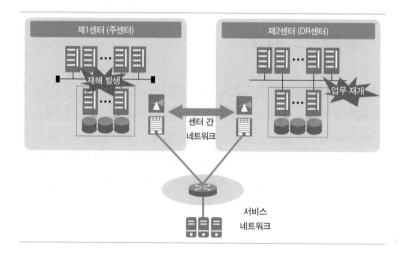

2.2 재해복구 네트워크 구축을 위한 기술 요건

재해복구 네트워크를 구축하려면 백업 사이트에 대한 정의가 우선되어야
한다. 또한 해당 센터 간 거리 및 위치에 따라 적절한 WAN 회선 용량 및 광
전송 아키텍처가 수립되어야 한다. 한편, 다양한 전송 및 통신 기술이 등장

하고 있어 충분히 검증된 기술과 사례 위주의 검토가 필요하다. 특정 제품 및 기술에서 제공하는 표준화되지 않은 기술은 향후 확장을 고려해 배제하는 것이 바람직하다.

순위	선정 기준	내용
1	안정성	검증된 기술·사례 중심으로 구축
2	센터 간 거리·위치	WAN 회선 선정 및 성능 검증
3	구축 비용	운영비를 고려한 ROI 분석
4	적용성	최신 기술 및 복잡성 지양
5	표준 및 독립성	특정 기술·제품 종속성 배제하고 표준화 모델 지향

3 센터 간 데이터 백업 네트워크의 구성

3.1 센터 간 네트워크(Fiber channel)

먼저 주센터와 DR센터 간 데이터를 항상 동기화해야 한다. 재해 발생 시 DR센터의 자원을 이용해 신속하고 원활하게 서비스를 하기 위해서는 저장된 데이터와 애플리케이션의 동기화 속도가 빨라야 한다.

동기화가 필요한 데이터를 살펴보자. 우선 스토리지에 저장된 데이터를 고려해야 한다. 보통 스토리지는 대용량 데이터를 저장하고 있으므로 이를 전송하기 위한 네트워크 구성이 필요하다. 센터급 자원을 전송하기 위해서는 DWDM 또는 MSPP급의 광전송 장비가 요구된다. 또한 스토리지는 FC Fibre Channel을 이용하므로 이를 지원하기 위한 네트워크 구성이 필요하다.

우선, 스토리지를 복제망으로 전송하기 위해서 SAN switch-SAN extender-DWDM으로 구성했다. SAN switch는 집선 및 전송을 효율적으로 보내기 위한 buffer credit을 확보하게 되고, 데이터 압축이 필요할 때는 SAN extender 장비를 이용해 전송 용량을 줄인다. 이때 DWDM에서 FC 인터페이스를 제공하는 경우에는 SAN switch 및 SAN extender 구성은 생략이 가능하다. DWDM 장비는 파장 단위로 채널별 데이터를 전송하며, 복제망이 수십 Gbps 이상의 네트워크를 필요로 하는 경우에 주로 구성된다.

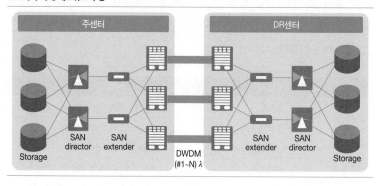

3.2 센터 간 네트워크(TCP/IP)

소규모 용량의 스토리지 데이터(NAS 포함) 및 애플리케이션 동기화를 위해
사용되는 네트워크이다. Fibre channel을 위한 DWDM망이 구성되어 있는
경우에는 TCP/IP 데이터를 전송하기 위한 장비를 DWDM에 집선하는 구성
을 적용할 수 있다. 또한 스토리지 데이터 용량이 작고 망 구성에 제한이 있
는 경우에는 FCIP, iSCSI 등의 IP-SAN 기술을 이용해 TCP/IP망을 통해서
효율적으로 전송할 수 있다.

　최근에는 FC와 TCP/IP 네트워크를 이더넷 기반으로 통합한 FCoE Fibre
Channel over Ethernet 장비가 등장함에 따라 네트워크를 더욱 간략하게 구성할
수도 있다.

TCP/IP 네트워크 구성

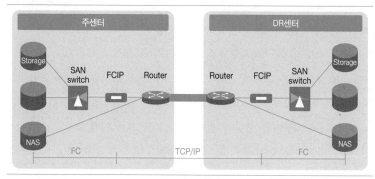

3.3 가상화 및 빅데이터 기반 시스템의 DR

최근 가상화 소프트웨어를 이용한 서버 기반 가상화가 많이 진행되었다. 이 경우에는 TCP/IP 기반의 네트워크를 이용해 DR를 구축하나, 가상화 소프트웨어에서 제공하는 백업 및 원격 백업 기능 및 정책 위주로 DR를 구축해야 한다. 예를 들면, VM 단위로 실시간 백업 또는 snapshot 복제, 배치를 이용한 백업을 고려해야 하며, VM 단위로 백업을 진행할 경우 상당한 네트워크 대역폭이 요구되므로 이에 대한 전송 용량이 확보되어야 한다. 한편 Hadoop, Elasticsearch 등 데이터 분산 기술 및 클러스터를 활용한 시스템이 구축되고 있다. 이러한 기술은 여러 개의 노드를 분산 구성해 각 노드 간 데이터를 실시간으로 동기화하는 개념이므로 기존의 백업이나 원격 복제 개념과는 차이가 있다. 네트워크 엔지니어도 이러한 아키텍처를 이해함으로써 노드 간의 트래픽을 분석하고 적절한 용량을 산정해 실시간 데이터 전송에 문제가 없도록 네트워크를 구축해야 한다.

4 서비스 네트워크의 구성

센터 간 네트워크가 재해 발생 전에 양 데이터센터의 데이터를 동기화하는 데 필요한 네트워크라면, 서비스 네트워크는 재해 발생 시 사용자를 DR센터의 자원에 접근할 수 있게 해주는 네트워크를 가리킨다. 서비스 네트워크를 구성하려면 자동 또는 수동 절체 여부를 판단해야 하며, 재해 발생 시 실시간으로 사용자가 접근하는 네트워크를 절체하는 것이 가장 수준 높은 서비스 네트워크라 할 수 있다. 이렇게 하려면 센터 간 자원에 대한 IP 주소는 같게 설정하고 동기화하며, BGP Border Gateway Protocol 등 외부 라우팅 프로토콜을 이용해 해당 자원에 대한 정보를 주기적으로 관리해야 한다. 예를 들어, 주센터에 장애 발생 시 해당 IP 대역에 대한 라우팅을 즉각 DR센터로 전환함으로써 사용자가 DR센터의 자원을 이용해 끊김 없이 서비스를 제공받을 수 있게 하는 것이다. 그러나 이때는 동시에 동일 IP를 양 센터 간에 평상시에도 유지할지를 검토해야 한다. 재해가 아닌 장애 시에도 해당 IP 대역 설정으로 인해 잘못된 경로로 데이터가 전달될 수 있기 때문이다.

또한 주센터의 자원을 대외 기관·회사 등과 연계하기 위한 별도의 회선이 존재한다면 DR센터도 동일한 회선 구성이 이루어져야 할 것이다. 이때 통신사와의 계약 조건에 따라 별도 회선의 가동은 평상시와 재해시로 나누어 과금이 가능할 것이다.

5 재해복구 네트워크 구축 시 고려 사항

첫째, 재해복구 네트워크 구축 시에는 센터 간 복제 전용 네트워크 구축에 막대한 예산이 투입된다. 따라서 적절한 용량 산정이 선행되어야 한다. 용량 산정 결과를 놓고 DWDM, MSPP 등 어떤 광전송 인프라로 구축할지 고민해야 한다. 이때 광전송망은 보통 임대망으로 구성하게 되는데, 이 경우 전송 구간의 장애에 대비해 여러 통신 사업자의 인프라를 활용해 설계하는 것이 중요하다.

둘째, 센터 간 네트워크를 구성하는 방법은 다양하므로 해당 사이트 환경에 가장 잘 맞는 인프라가 무엇인지 고민해야 한다. 무조건 DWDM 등의 인프라를 도입하는 것은 바람직하지 않으며, 이더넷 네트워크 등 다양한 방법을 놓고 유연하게 구성하려는 자세가 필요하다.

셋째, IP 주소에 대한 할당 정책이 중요하다. 내부 IP 주소체계는 주시스템과 백업시스템의 IP 주소 할당을 고려해 세밀하게 설계되어야 한다. 또한 공인 IP를 사용하는 IP는 백업시스템에 신규 할당해야 하므로 연관되는 시스템에 대한 설정 및 인터페이스가 이루어지는 시스템에 대한 검증이 선행되어야 한다.

마지막으로, 모의훈련이다. 아무리 잘 설계된 네트워크라도 평상시 주기적인 모의훈련을 실시해 재해가 발생했을 때 이에 즉각 대처할 수 있도록 준비해야 한다. 네트워크의 IP 주소 전환, 라우팅 정책 적용 등에 대해 통신 사업자의 망과 주기적인 테스트 및 훈련을 실시함으로써 실질적인 운영 역량을 확보해두어야 한다.

참고자료

위키피디아(www.wikipedia.org).

기출문제

110회 컴퓨터시스템응용 재해복구 시스템의 개념과 구축 유형에 따른 장단점을 설명하시오. (25점)

92회 컴퓨터시스템응용 비즈니스 연속성을 위한 IT 재해복구(Disaster Recovery) 시스템 구성 방안에 대하여 설명하시오. (25점)

I/O 네트워크 통합 기술

전통적으로 스토리지는 block I/O를 사용한다. 이를 위해 현재는 SCSI를 확장한 fiber channel 프로토콜이 사용되고 있으며, 아키텍처 효율화를 위해 스토리지 네트워크를 IP 기반 혹은 이더넷 기반으로 통합하고자 하는 시도가 끊임없이 이어지고 있다. 그 과정에서 I/O 통합에 대한 다양한 기술이 등장하게 되었다.

1 I/O 네트워크 통합의 개요

I/O 네트워크 통합이란 스토리지에서 사용하는 fibre channel을 데이터 네트워크인 이더넷, TCP/IP와 통합하여 구현하는 기술을 총칭한다. 이와 관련해 IP-SAN이라는 이름으로 IP 기반에서 통합하는 것을 목표로 하는 iSCSI, iFCP, FCIP 등의 계열과 최근 이더넷 기반에서 통합을 목표로 하는 FCoE 기술이 등장했다. 하지만 여전히 주도적인 기술은 등장하지 않고 있다.

2 전통적인 스토리지 네트워크 구현 기술

전통적으로는 DAS Direct-Attached Storage, NAS Network-Attached Storage, SAN Storage Area Network 방식으로 구성된다. DAS는 구성이 간단하다는 장점이 있으나, 인터페이스의 공유 및 확장에 제약이 있다. NAS는 NFS, CIFS를 이용해 파일 시스템을 공유할 수 있다는 장점이 있으나, 스토리지에 저장할 때 SCSI

SAN과 NAS

SAN에서 할당된 LUN(logical unit number)에는 여러 개의 서버가 동시에 접근할 수 없다. 따라서 LUN에 접근하려면 unmount/mount 과정을 거쳐야 한다. 이 때문에 파일을 공유하기가 어렵다. 하지만 NAS는 이러한 과정이 필요 없어 상대적으로 파일 공유가 쉽다.

방식을 이용하기 때문에 대규모 시스템 구성에는 제약 조건이 다수 존재한다. 또한 TCP/IP 지연에 따른 정합성을 보장하지 못하는 단점도 일부 지니고 있다. SAN은 대규모 스토리지 네트워크를 구성하고 자원을 공동 활용하게 해주는 장점이 있으나, 파일을 공유하기가 어렵고 비용이 과다 소요되는 단점을 내포하고 있다. 또한 fibre channel을 위한 별도의 인프라(SAN switch, HBA Host Bus Adapter)가 필요하다. 따라서 스토리지 네트워크는 용도에 맞는 구성을 결합한 하이브리드 형태로 구성하는 것이 좋다.

3 IP 기반의 통합 기술

FCP	FC-0, FC-1		FC-2	FC-3	FC-4 header	FC-4: SCSI payload	CRC
FCIP	Ethernet header	IP	TCP	FCIP	FCP	SCSI payload	CRC
iFCP	Ethernet header	IP	TCP	iFCP	FCP	SCSI payload	CRC
iSCSI	Ethernet header	IP	TCP	iSCSI		SCSI payload	CRC

위 그림은 FCP Fibre Channel Protocol 와 IP-SAN 기반 프로토콜을 비교 분석한 내용이다. FCP는 FC-0부터 FC-4까지의 레이어로 구분되어 있고 나머지는 IP를 이용해 SCSI payload를 전달하는 구성으로 되어 있다. IP-SAN 기술은 모두 TCP/IP를 이용하므로 TCP와 IP의 약점을 그대로 내포하고 있다. 따라서 대용량 트래픽 처리, 원거리 네트워크에서 지연이 일어나고, 보안 취약점을 이용한 공격에 취약하다는 단점이 있다. 하지만 기존 IP 네트워크 인프라를 그대로 활용할 수 있어 높은 확장성과 연결성을 제공할 수 있다.

3.1 iFCP 기술

iFCP internet Fibre Channel Protocol 기술은 장비 간 고유의 native TCP/IP 연결을 제공한다. 따라서 별도의 SAN switch가 필요하지 않으며, FC 라우팅 프로토콜에 대해 독립적이기 때문에 FC와 관련한 확장성 문제를 극복할 수 있다. 또한 기존에 사용하던 인프라를 크게 바꿀 필요가 없어 기존 아키텍처

에 대한 매우 높은 호환성과 상호 접속성을 제공한다. 하지만 IP-SAN 등의
기술 중 적용성이 가장 떨어져 널리 활용되지 않는다.

3.2 FCIP 기술

FCIP Fibre Channel over IP 는 TCP/IP의 모든 FC 프레임을 래핑wrapping하기 위한
단순 터널링 프로토콜이다. 주로 원격지의 SAN 연결과 원거리 DR 및 백업
을 위한 용도로 사용되며, 원거리에 따른 한계를 극복하기 위해 TCP/IP를
사용한다. FCIP를 구현하려면 FCIP 게이트웨이 장비가 필요하다. FCIP로
연결된 SAN들은 하나의 커다란 fabric을 형성하게 되고, 하나의 SAN에서
장애 발생 시 다른 노드의 SAN에 영향을 미칠 수 있다. 비용 대비 효율성이
높아 주로 소규모 사이트의 FC 연결용으로 활용되지만, 최근에는 iSCSI,
FCoE가 더 많이 검토되고 있다.

3.3 iSCSI 기술

iSCSI internet Small Computer System Interface 프로토콜은 block I/O를 전송하기 위
해 SCSI command set과 status를 TCP/IP를 통해 데이터를 캡슐화한 후 전
송하는 방식이다. iSCSI는 initiator(host), target(storage or iSCSI gateway),
IP network로 구성된다. Initiator는 네트워크에 연결된 target 장비를 찾기
위해 SendTargets Discovery 또는 iSNS internet Storage Name Service 를 이용한
다. 또한 iSCSI name이라는 고유한 식별자를 지닌다. 결국 iSCSI 사양은 기
존의 FC 장비와는 통신하지 않는다. 현실적으로 일부 FC 장비와의 인터페
이스가 필요하므로 이를 위한 별도의 게이트웨이 장비가 필요할 수 있다.
하지만 IP 기반으로 프로토콜의 특성을 최대한 이용할 수 있다는 장점이 있
다. 최근 x86 서버에서 활용성이 높으며, scale-out 형태의 확장성이 높은
스토리지에 많이 채택되는 기술이다.

4 이더넷 기반의 통합 기술인 FCoE

FCoEFibre Channel over Ethernet는 이더넷 기반으로 FC 프로토콜을 수용하고자 개발된 기술로, 데이터 네트워크와 스토리지 네트워크를 하나의 인터페이스로 수용해 불필요한 인터페이스와 케이블링을 줄임으로써 확장이 용이한 아키텍처를 구현할 수 있다. FCoE를 지원하는 스위치는 하나의 인터페이스 포트가 데이터 네트워크와 스토리지 네트워크를 동시에 지원할 수 있도록 unified fabric이라는 이름으로 개발되고 있다. 단, 하나의 네트워크 제조사가 주도하는 경향이 있어 기술적 종속성과 관련한 단점도 존재한다.

FCoE 장비는 주로 차세대 스위치 장비에서 찾아볼 수 있다. 시스코의 차세대 스위치인 Nexus 7K 시리즈는 다양한 네트워크 가상화 기술과 FCoE 지원으로 IP network와 FC를 통합할 수 있는 장비의 예이다. 또한 CNA Converged Network Adaptor가 FC HBAHost Bus Adapter와 NICNetwork Interface Controller를 동시에 지원하는 기능을 가지고 있다. 하지만 unified network 형태로 처리가 가능하다고 해도 데이터 트래픽과 스토리지용 트래픽은 적절하게 분리하는 것이 필요하다. 따라서 새로 구성되는 데이터센터 또는 사이트에 적용이 검토될 수 있을 것이다.

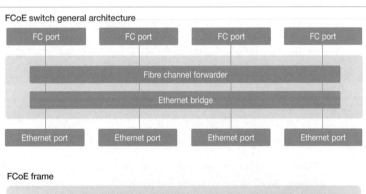

FCoE switch general architecture

| FC port | FC port | FC port | FC port |

Fibre channel forwarder

Ethernet bridge

| Ethernet port | Ethernet port | Ethernet port | Ethernet port |

FCoE frame

Ethernet header · FCoE header · FC header · FC payload · CRC · EOF · FCS

5 I/O 네트워크 통합에 대한 전망

인터넷 시대를 맞이해 모든 네트워크를 IP 중심으로 통합하고자 하는 노력은 계속되어왔다. 또한 클라우드 컴퓨팅 시대에서는 수많은 데이터를 처리하기 위해 자동화를 통합 자원 관리 및 확장이 필수 기능으로 요구되고 있다. 따라서 차세대 인프라는 하나의 방식으로 통합되는 방향으로 구축될 것으로 전망된다.

다만 현재 하나의 기술이 대세로 자리 잡지 못하여 다양한 아키텍처가 혼재하는 상황이다. 또한 I/O 통합에 대한 전반적인 표준이 미비해 각 장비 제조사들 간에 힘겨루기가 이어지고 있다. 또한 일부 표준은 특정 기술을 가진 제조사 중심으로 추진되는 경우가 많아 다양한 장비 간 연동, 확장을 반드시 고려해 설계해야 한다.

최근에는 I/O 네트워크 통합이 다시 통합 이전으로 회귀하는 경향을 보인다. FCoE 등 여러 인터페이스의 통합을 지원하는 장비 사용이 줄어들고, fiber channel 네트워크와 IP 기반 네트워크를 통합하기보다는 분리하여 목적에 맞게 구축하며, 빅데이터 및 AI 기술 등의 발전과 더불어 오히려 IP 기반 분산 저장 기술이 각광받고 있어 IP 기반으로의 통합도 조심스럽게 전망된다.

따라서 사이트의 규모와 특성에 맞춰 설계하고 기술을 적용해야 할 것이다. 또한 데이터 네트워크와 스토리지 네트워크를 동시에 설계할 수 있는 능력을 길러야 한다.

참고자료

EMC Education Services. *Information Storage and Management: Storing, Managing, and Protecting Digital Information*, 2nd ed. EMC Education Services.
Troppens, Ulf et al. 2009. *Storage Networks Explained: Basics And Application Of Fibre Channel, SAN, NAS, ISCSI And InfiniBand and FCoE*, 2nd ed. Willey.

기출문제

68회 컴퓨터시스템응용 NAS의 개념과 장점, 활용 분야를 서술하고, SAN과 NAS의 차이점을 다음 관점으로 서술하시오(Protocol, Latency, Application, Server H/W). (25점)

71회 정보통신 Storage 구성에 있어서 NAS(Network Attached Storage)와 SAN(Storage Area Network)의 기술적 요소와 특징을 비교 서술하시오. (25점)

네트워크 가상화 Network virtualization

___

최근 클라우드 컴퓨팅 시대를 맞아 각 분야의 가상화 기술이 핵심 기술로 떠오르고 있다. OS 가상화, 서버 가상화, 스토리지 가상화가 대표적인 예이다. 네트워크 부분도 이러한 기술 트렌드에 따라 다양한 분야에서 하드웨어 벤더와 소프트웨어 벤더들이 각자의 강점 기술들을 발전시키며 경쟁적으로 그 기술을 발전·적용시키고 있다.

1 네트워크 가상화 개요

1.1 가상화의 의미

가상화는 두 가지 개념으로 요약할 수 있다. 첫 번째는 하나의 자원을 물리적 또는 논리적으로 분할해 각각의 용도로 사용하게 해주는 것이다. 두 번째는 여러 자원을 결합해 하나의 거대한 자원 풀pool을 구성하게 해주는 것이다. 전자의 예로는 서버에서 유닉스Unix 머신의 파티셔닝partitioning이 있다. 후자는 클러스터 컴퓨터cluster computer나 빅데이터 기술에서 적용되는 I/O 가상화를 들 수 있을 것이다. 네트워크 가상화도 같은 측면에서 접근할 수 있다.

1.2 가상화의 종류

가상화는 크게 두 가지 종류로 분류할 수 있다. 첫 번째는 하드웨어 기반의 방식이다. 이는 물리적 자원을 논리적으로 분할 및 통합할 수 있는 방식이다. 두 번째는 소프트웨어 기반의 가상화 방식이다. IOS에서 지원하는 논리적 가상화 방식과 최근 VMware 같은 OS 가상화 방식에서 사용되는 소프트웨어 가상 스위치를 예로 들 수 있다.

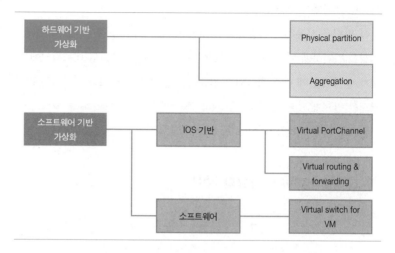

2 하드웨어 기반 가상화 방식

2.1 Physical partition 가상화 방식

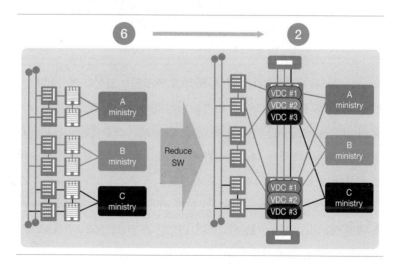

Physical partition 가상화 방식은 주로 대형급 스위치 장비를 이용해서 유닉스 서버의 파티셔닝과 유사한 기술을 적용해 도메인을 물리적으로 구분하는 방식이다. 예컨대 하나의 데이터센터를 여러 회사가 동시에 사용할 때 통합 장비의 파티셔닝 기술을 이용해 각각의 회사에 백본 네트워크를 물리적으로 분리해서 제공할 수 있다.

이 방식을 사용하면 이중화를 고려한 장비의 대수가 줄어들고 네트워크 구성을 간단하게 할 수 있다는 장점이 있다. 다만 각 회사의 네트워크에 문제가 발생했을 때 다른 회사의 자원에 영향을 미치지 않도록 철저히 분리해 구성할 필요가 있다. 시스코의 Nexus 7K 장비는 VDC Virtual Device Context 라는 기능으로 이를 지원하며, Juniper, HP 등도 동일한 기능을 제공한다.

2.2 Aggregation 가상화 방식

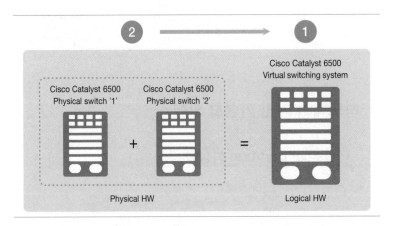

Aggregation은 파티셔닝과 반대의 개념으로 적용되는 가상화 방식이다. 이는 물리적으로 분리된 네트워크 장비를 마치 하나의 장비를 사용하는 것처럼 가상화하는 기술이다. 예를 들어, 스위치 한 대의 백플레인 backplane 처리 용량이 720Gbps라면 두 대를 가상화해 1.4Tbps의 처리 용량을 얻을 수 있게 해준다. 전통적으로 L2 기반으로 네트워크를 구성하면 루핑 looping 방지를 위해 STP Spanning Tree Protocol 를 적용하게 된다. 최근에는 이를 개선해 수 초 내에 적용되는 STP가 개발되었는데, 이는 기존 STP가 SONET/SDH에서 제공하는 신속한 절체 시간(50ms) 등에 비해 많은 패킷 손실을 일으킴에 따라, 이를 fail-over 시에 SONET/SDH 수준으로 개선하고자 등장한 기술이다. Aggregation은 백본급 스위치에서만 현재 각 벤더에서 지원하는 방식이다. HP는 IRF Intelligent Resilient Framework 라는 기술로, 시스코는 C6500 모델의 특정 모듈에서만 VSS Virtual Switching System 라는 명칭으로 이를 제공한다.

3 소프트웨어 기반 가상화 방식

1. IOS 기반

(1) Virtual PortChannel

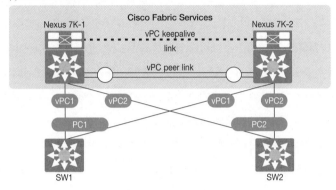

(2) VRF(Virtual Routing and Forwarding)

2. Software

(1) Virtual switch for VM

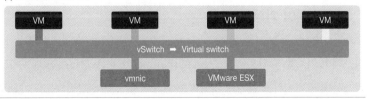

3.1 IOS 기반 가상화 방식

IOS 기반의 가상화는 네트워크 장비의 OS 단에서 논리적으로 제공하는 가
상화 기술이다. MLAG Multi-Chassis Link Aggregation Group 와 VRF Virtual Routing and
Forwarding 두 가지 기술이 대표적이다.

MLAG는 물리적으로 분리된 포트를 결합해 하나의 물리적·논리적 포트
로 통합하는 기술을 통칭한다. 시스코에서는 이를 VPC Virtual Port Channel 라고
한다. 이 기술은 하부 단에 네트워크를 L2로 구성할 때 STP 없이 구성할 수
있게 해주어 looping으로 인한 장애 위험을 제거하면서 네트워크 사용률과
대역폭을 극대화할 수 있다.

VRF 기술은 논리적으로 데이터 플레인 data plane 을 분리하는 기술이다. 동
일 라우팅 프로토콜을 운영하고 있다고 가정하면, 논리적으로 데이터 플레
인을 분리해 개별적으로 독자적인 라우팅 도메인을 구성할 수 있게 해준다.
이를 통해서 각 VRF는 multitenancy로 구성되어 독자적인 보안 기준을 적
용할 수 있다. 최초에는 MPLS에서 활용되었으며, 이를 확장해 네트워크 장
비를 논리적으로 분리하여 다수 고객에게 분리된 네트워크 서비스를 제공
하는 데 사용된다.

3.2 소프트웨어 가상화 방식

소프트웨어 가상화 방식은 VMware, Citrix, Linux 같은 OS 가상화 솔루션
의 등장과 함께 개발된 것이다. 그중 VMware는 ESXi라는 hypervisor 영역
에 설치되는 software 스위치를 이용해 물리적인 NIC card를 논리적으로
가상화하여 물리 네트워크 장비에 매핑해 서비스하는 기술이다. 최근에는
이를 더욱 발전시켜 NSX라는 솔루션을 기반으로 VxLAN 기반의 네트워크
가상화 및 각종 NFV 솔루션(L4, VPN, 방화벽)을 제공하고 있다.

3.3 하드웨어 가상화 방식

하드웨어 가상화 방식은 Cisco, Arista, Juniper와 같은 전통적인 네트워크
제조사에서 네트워크 자원의 가상화를 위하여 하드웨어 장비와 OS 기술을

바탕으로 가상화를 적용하는 것을 말한다.

데이터센터에서 서버 네트워크를 구성하기 위해서는 기존의 VLAN(최대 4096개)으로는 늘어나는 네트워크 분리 수요를 수용할 수 없어, 이를 확장한 VxLAN(1600만 개) 기술을 개발했다. 네트워크 벤더들은 이러한 VxLAN 기술을 기반으로 자원을 가상화함으로써 물리적 네트워크 자원을 통합 또는 분리하고 센터 내 또는 센터 간 네트워크를 확장해 서비스를 제공한다.

이러한 가상화 기술을 적용하게 되면 가상화된 장비 간 컨트롤 영역(예컨대 MAC 주소 관리)의 통합 관리 기능이 필요한데, 이는 MP-BGP 기반의 eVPN 기술을 중심으로 표준화되고 있다.

4 네트워크 가상화 기술의 전망

현재 서버, 스토리지 가상화 등은 기술이 많이 성숙되어 발전하고 있으나, 네트워크 가상화는 네트워크 장비 제조사 위주로 독자적인 기술과 표준을 이용해 발전하는 양상을 보인다. 다만 이러한 이기종 장비들의 관리 통합을 위해 OVSDB Open vSwitch Database management protocol 기반으로 관리 영역의 통합이 이루어지고 있다.

클라우드 컴퓨팅, 빅데이터 기술의 발전으로 대형 서버 및 스토리지, 상용 소프트웨어는 자체 주문 제작형 하드웨어 형태와 오픈 소프트웨어를 이용해 대형 인프라가 구축되고 있으나, 네트워크 부문에서는 오히려 고성능을 지원하는 장비로 교체되고 있다. 이는 필요한 네트워크 대역폭이 기하급수적으로 증가하고 10G/25G/40G와 같은 고대역폭의 NIC가 필요한 장비 역시 급속도로 늘고 있기 때문이다. 또한 정보 자원은 전 세계에 분산 배치되어 운영되고 있어, 자원들 간의 효과적인 교환을 위한 네트워크의 역할은 계속 커지고 있다. 이에 대응하기 위해 물리적·논리적 가상화 기술을 이용하여 분산된 네트워크 자원을 최적화하려는 노력이 이어지고 있고, 이에 따라 가상화 기술은 앞으로도 지속적으로 발전할 것으로 보인다.

이러한 시스템 통합에 따른 안정성 요구의 증가에 따라 이더넷 네트워크 구성 시에 문제가 되었던 느린 망 절체를 광전송 장비 수준으로 개선하고, IP 기반으로 모든 네트워크를 통합하는 데 필요한 기술이 계속해서 발전하고 있다. 기존에는 개별 하드웨어에서 제공하는 기능과 통신 프로토콜 위주로 네트워크 구성이 발전해왔다면, 이제는 서버 네트워크를 중심으로 소프트웨어로 정책 및 트래픽에 대한 통제를 구현하고 네트워크 장비는 순수하게 데이터 플레인에 해당하는 패킷을 분류하고 전달하는 SDN Software Defined Networking 기술의 적용이 확대되고 있다. 구글에서 사용된 SDN 기술인 G-Scale, I-Scale 기술을 살펴보면 전체 네트워크에 대한 트래픽 엔지니어링을 수행함으로써 자원의 효율성을 향상했음을 확인할 수 있다.

이러한 기술 발전에 따라, 하드웨어 중심으로 발전되었던 네트워크도 오픈 OS의 발달, 하드웨어의 고성능화, 애플리케이션과의 기술 융합 등을 기반으로 SDN/NFV의 지속적인 수용을 통한 운영 및 자원 효율의 개선이 계속해서 이루어질 것으로 예상된다.

참고자료

삼성 SDS 기술사회. 2007. 『핵심정보기술총서 1: 컴퓨터 구조·네트워크』. 한울.
Fuller, Ron, David Jansen and Matthew McPherson. 2013. *NX-OS and CISCO Nexus Switching for Next Generation Data Center architecture*. CISCO Press.

기출문제

93회 정보통신 네트워크 인프라 측면에서의 가상화(virtualization) 기법을 설명하고, 실제 현장에 적용하기 위한 고려 사항을 설명하시오. (25점)

E-10

클라우드 네트워크 기술

클라우드 컴퓨팅과 빅데이터는 IT에서 새로운 혁명으로 떠올랐다. 시간과 장소, 단말 및 데이터의 종류에 상관없이 데이터에 접근하고, 필요한 데이터를 실시간으로 분석하는 환경인 클라우드에서 사용되는 네트워크 기술의 특징과 동향에 대해 살펴본다.

1 클라우드 네트워크 기술의 개요

1.1 배경 및 정의

클라우드 컴퓨팅 기술은 모든 소프트웨어 및 데이터를 클라우드에 저장하고, PC와 휴대폰, 스마트 기기 등 다양한 단말을 통해 시간과 장소에 구애받지 않고 원하는 작업을 수행하는 것을 의미한다.

이러한 대규모의 집중적 인프라로 구성해야 하는 클라우드를 구축하려면 가상화된 서버와 스토리지 등과 함께 클라우드를 구성하는 네트워크 기술에 대한 설계가 매우 중요하다.

특히 2016년과 비교해 2021년에 유선 트래픽은 3배(66EB →187EB), 모바일 트래픽은 7배(7EB →48EB) 증가할 것으로 예상되는 상황에서(Cisco VNI Mobile, 2017), 이처럼 폭발적으로 늘어나는 네트워크 트래픽을 처리하려면 클라우드 형태의 데이터센터 네트워크 구성이 불가피하다.

클라우드를 구성하려면 네트워크 환경도 전통적인 계층적hierarchical 네트워크 구조를 벗어나 수평적인 평평한flat 구조로 전환해야 하며, 네트워크 가상화, 패브릭 통합, SDN 등도 클라우드 구성 시 고려해야 할 중요 기술로 떠오르고 있다.

1.2 일반 네트워크 환경과의 비교

일반적으로 네트워크는 건물 내부 또는 건물과 건물 간에 물리적·논리적 설계로 구현된다. 이때 논리적 설계에서는 IP 주소를 기반으로 동일 네트워크 또는 라우팅 테이블 기술을 사용한다. 구조적 측면을 보면 네트워크는 최상단에 라우터, 메트로 이더넷을 통한 외부망 연결망, 내부 백본 스위치 (또는 라우터)의 코어 네트워크, 지역 또는 서비스 제공을 위한 서버팜을 구성하는 분배 네트워크, 사용자와 서버가 연결된 액세스 네트워크로 구성된다. 이러한 네트워크 구성은 layer 3 기반의 라우팅 기술과 layer 2 기반의 스위칭 기술로 구현할 수 있다. 서버에 연결하기 위해 사용자는 웹서버, WAS Web Application Server, DB서버를 거치고, 네트워크 인프라도 라우터, 백본 스위치, 서버 스위치 등 다양한 홉을 거치게 된다. 그런데 홉을 거칠 때마다 장비 내 패킷의 대기 시간이 소요되면서 전반적인 응답 속도가 저하된다. 하지만 클라우드 네트워크 환경에서는 이러한 계층적 구조의 네트워크를 횡적으로 구성해 네트워크 홉을 줄임으로써 응답 속도를 높일 수 있다. 또한 일반적인 네트워크 환경에서는 TCP/IP 통신을 연결하는 데이터 네트워크 환경과 스토리지 연결에서 fibre channel로 구성하는 SAN, NAS 환경이 분리되어 있는 데 반해, 클라우드 네트워크에서는 이러한 패브릭을 통합하는 I/O 가상화가 구현되는 것이 특징적이다.

기존 네트워크 환경에서 클라우드 컴퓨팅 서비스를 제공하기 위해서는 격리된 L2 가상 네트워크의 제공과 허용된 IP 주소를 가진 단말의 허용된 포트를 통해서만 상호 접근할 수 있도록 제어할 수 있어야 한다.

또한 필요한 경우 데이터센터 내에서 동일한 IP 주소를 중복해서 사용하도록 제어할 수 있어야 한다. 방화벽, L4 또는 L7 기반의 부하 분산 장비, IPS, IDS 등 다양한 보안 장비를 구축해야 하며, 클라우드 인프라에 연결하고자 하는 원격지 서버나 장비의 연결에 SSL 기반의 VPN/MPLS 등을 적용함으로써 안전한 가상의 사설 네트워크 환경이 구축될 수 있어야 한다.

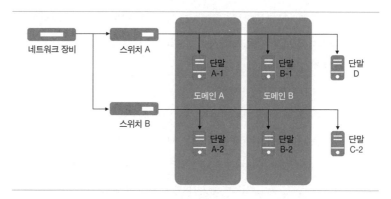

전통적인 네트워크 환경과 클라우드 네트워크 환경 비교

구분	전통적인 네트워크 환경	클라우드 네트워크 환경
구조	계층적 구조	수평적 구조
주요 기술	Layer 3 라우팅 및 layer 2 스위칭 기술 (routing, VLAN)	Layer 2 기반에서 라우팅 기술 탑재
데이터 흐름	종적(상하로 이동)	횡적(좌우로 이동)
사용자·서버 간 홉 구성	복잡, 여러 홉 연결	상대적으로 홉 수 축소
스토리지 연결	별도 fibre channel로 연결 (SAN, NAS 등으로 구성)	데이터 및 fibre channel 통합

2 네트워크 가상화

2.1 네트워크 가상화 기법

네트워크 가상화는 가용 대역폭 또는 물리적 네트워크를 논리적 네트워크로 사용하는 기법이다. 이러한 네트워크 가상화는 1990년대 스위칭 장비 도입과 함께 시작되었다.

VLAN 기술은 논리적으로 분리된 브로드캐스트 도메인으로 사용자의 이동이 용이하고 가상의 작업 그룹 구성이 가능하도록 구현했다. 예컨대, 건물의 같은 층에서 물리적으로 같은 장비를 사용하지만, 인사팀과 기술팀을 논리적으로 다른 도메인으로 분리해 패킷이 상호 연동되지 않도록 구성할 때 사용할 수 있다.

VLAN 구성 방법으로는 스위치 포트들의 묶음을 이용한 VLAN, MAC 주소를 이용한 VLAN 등이 있으며, 설정 방법에는 포트 기반 VLAN을 정의하는 정적 VLAN과 소프트웨어를 통해 VLAN 정책 서버와 연동해 장비에 접속하는 사용자 정보를 기반으로 하여 스위치 포트를 동적으로 VLAN에 할당하는 방법이 있다.

일반적인 네트워크 구성에서는 layer 2 스위칭에서 스위칭 기술과 VLAN 기술을 혼합한다. 하지만 전통적인 VLAN 구성에서는 이중화에 따른 망 구성의 루핑looping을 방지하기 위해 대부분 STP Spanning Tree Protocol를 사용해야한다. STP는 OSI 2계층에서 전체 네트워크의 루프(브리지 루프라고도 한다)를 방지하기 위한 기술로, IEEE 802.1D에서 표준으로 정의되었다. 스위칭장비에서 루핑이 돌면 동일한 MAC 주소가 여러 포트에서 보이게 되면서 MAC 주소 테이블 등록에 실패해 네트워크 단절이 일어나거나 브로드캐스트 스톰broadcast storm이 발생해 네트워크 단절이 일어날 수 있는데, 이를 방지하기 위해서이다. 하지만 STP는 멀티패스multi-path 전송이 불가능하고, STP 구성을 위해 네트워크 구조path를 재조정하는 기능이 있어 전체 망 효율 및 운영에 제한적인 문제가 있다. 클라우드 네트워크 환경에서는 멀티패스 문제를 해결하기 위한 기술로 TRILL Transparent Interconnection of Lots of Links과 SPB Shortest Path Bridging, FabricPath, VxLAN Virtual Extensible LAN 기술 등이 활용된다.

2.2 STP 구성 대응 방안

이처럼 대규모 데이터센터에서 클라우드 환경을 구성하기 위해서는 STP로 구성된 계층적 구조의 네트워크 구성을 수평적 구조로 변경하여 STP 구성에 대한 보완책이 필요하며, 대표적인 기술로 TRILL, SPB, FabricPath, VxLAN 등이 있다.

TRILL은 VLAN 구성에 사용되는 STP의 비효율성을 제거하고자 라우터와 스위치(브리지)의 장점을 결합해 layer 2에서 라우팅(link state routing) 기법을 수행하도록 구현한 IETF 표준이다. TRILL은 RBridge Routing Bridges라고도 한다. TRILL 기법은 layer 2에서 직접 운영되고, IP 주소 할당이나 설정에 대한 configuration 없이 구현될 수 있으며, 루핑을 방지하기 위해 헤더에 홉 카운트hop count를 정의하여 포워딩하게 된다. 물리적으로 연결된 여러 스위치 장비는 이를 통해 하나의 공유 네트워크로 구성할 수 있다.

SPB는 IEEE 802.1aq에서 표준화가 진행 중인 2계층 라우팅 프로토콜 중 하나로, 최단 경로의 STP를 생성해 메시지를 전송한다. 그 외에도 클라우드 환경에서 가상 머신을 동적으로 생성하고, 이동하는 경우에 대응하기 위해 네트워크에서 가상 머신의 이동을 자동 인지하는 기술로 EVBEdge Virtual Bridging가 IEEE 802.1Qbg 표준으로 제시되었다.

FabricPath는 시스코에서 발전시킨 L2 확장 기술로 IS-IS 라우팅 프로토콜을 기반으로 가상의 fabric으로 구현한다. Fabric 내의 통신은 IS-IS 라우팅 기반의 shortest path를 이용해 switching되므로 optimal하고 low latency switching이 가능하다. 또한 ECMPEqual Cost Multi Path로 대역폭을 충분히 확대할 수 있다.

VxLAN은 최근 가장 각광받는 데이터센터 네트워크 구조이다. 다수의 벤더(시스코, VMware 등)에서 표준으로 지원한다. MAC over IP/UDP overlay format을 기반으로 1600만 개의 분리된 네트워크를 지원함으로써 L2 확장을 구현한다.

이러한 구성을 통해 데이터센터는 수평적 구조로 네트워크를 구성해 응답 시간이 빠르고 간결한 연결 구조로 구현이 가능하다는 장점이 있다. 하지만 안정성 및 보편화 관련 문제가 있어 기존에 운영하던 네트워크망에 적용하는 데는 기술적 검토가 좀 더 필요할 것으로 보인다.

3 최근 클라우드 네트워크 기술 및 동향

3.1 가상 오버레이 네트워크 기술

오버레이 네트워크overlay network란 물리 네트워크 위에 구성된 가상의 컴퓨터 네트워크를 의미한다. 동일 오버레이 네트워크 안에 있는 노드(장비)는 실제 물리적으로는 분리되어 있으나 가상(논리)적으로 연결되어 있는 형태로 구현하는 것이다. 이를 위해 해당 노드 간의 터널링 기법을 사용한다.

이처럼 대규모 클라우드 환경에서 복잡한 3계층 네트워크 장비를 터널 네트워크 형태로 구현해 2계층 네트워크에서 구현한 것이 가상 오버레이 네트워크 기술이다.

터널링 네트워크 개념을 통해 이더넷 데이터를 IP 패킷 내에 캡슐화하고 물리적 네트워크를 횡단하여 서로 다른 IP 주소를 가진(3계층 네트워크로 분리된) 서브넷에 위치한 두 가상 머신을 동일한 2계층 네트워크에서 통신할 수 있게 한다. 물리적 네트워크 구성에 대해서는 알 필요가 없고, 그 반대역시 마찬가지이다. 결과적으로 물리적 네트워크에 대한 종속성 없이 하이퍼바이저 간의 가상 네트워크 연결을 구성할 수 있다.

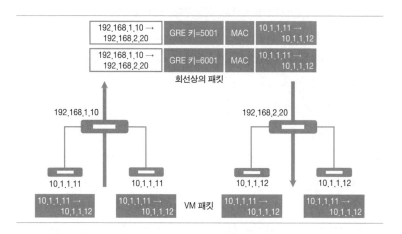

위 그림을 보면 192.168.1.10의 장비에서 10.1.1.11의 장비와 이웃한 192.168.2.20의 장비 내 10.1.1.12와 통신하기 위해서는 보통 동일 네트워크군으로 인식되도록 두 장비 간 터널링 기업을 통해 통신이 가능하도록 구성한다.

대표적인 가상 네트워크 오버레이 기술로는 VMware에서 공개한 VxLAN과 마이크로소프트에서 공개한 NVGRE Network Virtualization using Generic Routing Encapsulation 등이 있다. VxLAN은 기존 VLAN의 확장 개념으로, VLAN 할당 개수를 1600만 개 이상으로 늘리고, 가상 머신을 다른 곳으로 옮겨도 동일한 IP 주소를 유지시켜 무중단 이전을 가능하게 한다. 기술 성숙도가 높고 가상화 솔루션 업체의 참여가 많은 것이 장점이다. NVGRE는 기존에 시스코가 개발한 터널링 프로토콜인 GRE를 확장한 것으로, VLAN의 한계를 보완해 수와 상관없이 무한 확장이 가능하도록 구성하는 개념이다. 현재는 VxLAN이 데이터센터 가상화에서 메인 기술로 활용되고 있다.

3.2 OpenFlow

일반적인 네트워크 장비들은 여러 레이어에 걸친 수많은 프로토콜을 지원하여 동작하게 하는 구조로 구현되어 있는 탓에 설정 및 관리가 복잡하다. 이러한 문제를 해결하기 위한 SDN은 네트워크를 통해 데이터 패킷을 전달·제어하기 위한 제어 부분control plane 을 물리적 네트워크와 분리해 데이터 전송 부분data plane 과 상호 연결하기 위한 것이다. OpenFlow는 이러한 연동을 위한 개방형 API Application Programming Interface 로 사용된다.

OpenFlow를 사용하면 제어 및 데이터 부분을 하드웨어가 아닌 소프트웨어로 구현할 수 있어 다양한 기능과 서비스를 활용할 수 있다는 것이 가장 큰 장점이다.

특히 일반적인 가상화 컴퓨팅 환경에서 여러 하드웨어(x86서버 등)와 응용프로그램을 연결하는 OS 간에 가상화를 사용하는 것처럼, 네트워크에서도 하드웨어(스위치)와 네트워크 OS 간에 인터페이스를 제공(가상화)하게 된다. 이를 통해 데이터의 전송 기능을 단순화하여 제어 기능에 따른 전송 지연을 줄이고, 다양한 서비스 요구를 네트워크 자원 가상화를 통해 서비스별로 최적의 네트워크를 구성할 수 있다는 장점이 있다.

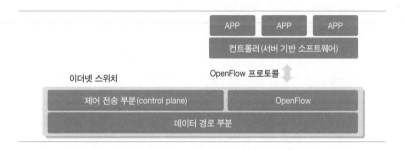

컨트롤러가 패킷의 포워딩 방법이나 VLAN 우선순위값 등을 스위치에 전달하고, 스위치는 장애 정보 또는 엔트리에 없는 패킷에 대한 정보를 컨트롤러에 문의하며, 결정에 따라 처리하는 중앙 집중식 제어 방식을 사용한다. 네트워크의 장애 발생 시 컨트롤러가 관리하는 네트워크의 총괄적인 정보를 기반으로 빠른 시간 내에 장애의 원인 규명 및 처리가 가능한 것이 특징이다.

OpenFlow 표준화는 2011년 비영리, 상호 이익을 바탕으로 SDN의 활용을 증진하기 위해 설립된 ONF Open Network Foundation 에서 진행하고 있으며, 현재 스펙 1.5가 발표되었다. 네트워크 추상화 개념을 기반으로 네트워크 사용자가 하드웨어에 종속되지 않고 다양한 응용프로그램을 개발할 수 있도록 프로세싱을 위한 명령 프로토콜, 패킷 동작 리스트, 각종 에러 메시지 등의 타입을 정의하고 있다.

3.3 네트워크 기능 가상화

다양한 네트워크 환경과 요구 사항을 반영하기 위해 네트워크 장비 벤더들은 지속적인 투자를 통해 전용 또는 통합 형태의 하드웨어 어플라이언스를 제공하는데, 점차 이러한 서비스 제공을 위한 생명 주기가 짧아져 하드웨어 개발, 구현, 배포 등의 여러 단계를 거치면서 부담이 커지고 있다. 특히 고용량의 네트워크 장비, 서버, 스토리지 등을 구비하고 다양한 요구 사항을 반영해야 하는 클라우드 네트워크 환경에서는 그 부담이 더욱더 커질 것으로 예상된다. 이러한 문제를 해결하기 위해 제시된 네트워크 기능 가상화 NFV: Network Function Virtualization 는 표준 IT 가상화 기술을 기반으로 다양한 네트워크 장비를 통합하고자 하는 것이다.

2012년 기존의 폐쇄적인 네트워크 시장을 사용자 중심의 표준 시장으로 전환하기 위해 NFV 단체가 시작되었다. NFV는 다양한 업계 표준 서버 하드웨어에서 동작하는 새로운 장비의 설치 없이도 네트워크상의 다양한 위치로 이동하거나 인스턴스를 생성할 수 있는 소프트웨어로 네트워크 기능을 구현하고자 하는 것이 목적이다.

NFV의 주목적은 고성능화된 하드웨어 기술을 활용해 표준화된 고용량·고집적 서버, 스토리지, 이더넷 스위치를 개발하는 데 있다. NFV는 네트워크 업계에 새로운 형태의 통합 개념으로 새로운 시장을 형성하고 있으며, 벤더들 간에 시장 점유율을 높이고자 치열한 경쟁이 펼쳐지고 있다.

3.4 FCoE Fibre Channel over Ethernet

FCoE는 SAN을 구성하는 방식 중 하나로, 서버와 디스크 장치 간 자료 전송에 사용하는 SCSI 방식을 이더넷에서 구현하고자 하는 가상화 기술이다. 데이터통신을 위해 이더넷이 연결되는 I/O(주로 UTP 케이블) 케이블과 스위칭 장비↔서버↔디스크 간의 fibre channel을 통해 연결되는 I/O 케이블과 SAN 스위치 장비를 통합 제공함으로써, 케이블 연결에 대한 네트워크 구조를 단순화하고 전력 소비량도 줄였다. FCoE의 최대 장점은 fibre channel에서 이더넷으로의 업그레이드가 가능해 fibre channel 네트워크의 일부를 이더넷 스위치로 교체하거나 확장하는 것이 가능하다는 점이다.

유사한 기술 개념인 iSCSI가 TCP/IP layer를 사용하는 데 반해, FCoE는 이더넷과 SCSI를 직접 연결하는 형태로 구현되므로 TCP 재시도 및 IP 라우팅, ARP 등이 없어 TCP/IP 변환에 따른 오버헤드가 없는 것이 특징이다.

4 향후 전망

일반적인 네트워크 구성 환경에서는 계속적으로 스위치, 백본 스위치, 라우터, 서버팜 분리 등으로 구성한 계층적 네트워크 구조를 유지하면서 증가하는 트래픽을 수용하기 위해 VLAN 개념과 고속 LAN 기술의 구현 및 확장이 주요한 관심사가 될 것이다.

대규모 데이터센터와 같은 클라우드 환경에서 자유로운 가상 머신의 이동을 지원하고 동일한 IP 주소를 여러 지역에서 사용하거나 주로 많이 사용되는 서버들 간 통신을 구현하기 위해, VLAN 개념을 확대한 VxLAN 또는 NVGRE 등의 오버레이 기술, VLAN 구조와 제한을 없애기 위한 기술, fibre channel과 이더넷 케이블 및 장비를 통합하는 I/O 통합, 네트워크 장비의 제어 부분을 분리하여 소프트웨어적으로 처리하는 OpenFlow 및 SDN 등의 기술에 대한 연구 및 개발이 지속적으로 이루어질 것으로 예상된다.

특히 대규모 서버와 장비가 집적된 클라우드 환경에서 네트워크 인프라가 최적화되지 않으면 장애 발생 시 데이터센터 내에서 그 영향 범위가 더 커지기 때문에 네트워크 인프라는 신뢰성과 가용성을 최우선적으로 고려해 구축되어야 한다. 또한 비즈니스 전략에 맞는 네트워크 기술 및 가상화 기술을 분석하고 이를 구현하는 전략과 계획을 마련해 네트워크 환경을 설계·구축해야만 클라우드 네트워크 환경의 효과를 극대화할 수 있을 것이다.

참고자료

박종근 외. 2013. 「OpenStack 클라우드 네트워크 기술 분석」. 한국전자통신연구원.

삼성 SDS 기술사회. 2007. 『핵심정보기술총서 1: 컴퓨터 구조·네트워크』. 한울.

시스코(www.cisco.com)

위키피디아(www.wikipedia.org).

유재형·김우성. 2013. 「SDN/OpenFlow 기술동향 및 전망」. 한국과학기술원·수원대학교.

정보통신산업진흥원(www.itfind.or.kr).

정현준. 2013. 「가상화 기술의 동향 및 주요 이슈」. 정보통신정책연구원.

편집부. 2013. 「IT혁신플랫폼 CLOUD & BIGDATA: 비즈니스 가치를 극대화하라」. 화산미디어.

한국방송통신전파진흥원. 2012. 「네트워크의 패러다임 전환: OpenFlow」.

Open Networking Foundation(www.opennetorking.org).

기출문제

99회 정보관리 클라우드 컴퓨팅의 개념과 제공 서비스의 종류에 대해서 설명하시오. (25점)

99회 정보통신 클라우드 기반을 활용한 첨단 스마트 환경을 조성하고자 한다. 클라우드 컴퓨팅의 개념, 고려 요소를 정의하고 타 컴퓨팅 방식과 비교하여 설명하시오. (25점)

93회 정보통신 클라우드 컴퓨팅에 대해 설명하시오. (10점)

93회 정보통신 네트워크 인프라 측면에서의 가상화(Virtualization) 기법을 설명하고, 실제 현장에 적용하기 위한 고려 사항을 설명하시오. (25점)

90회 정보관리 클라우드 컴퓨팅을 그리드 컴퓨팅, 유틸리티 컴퓨팅, 서버 기반 컴퓨팅, 네트워크 컴퓨팅과 비교하여 설명하시오. (25점)

E-11

SDN Software Defined Networking

소프트웨어로 네트워크를 제어하는 기술은 대규모 데이터센터 설립, 클라우드 컴퓨팅 확산 등 ICT를 기반으로 한 다양한 비즈니스 요구가 증가하면서 통신 시장에서 주목받고 있다. SDN은 기존의 폐쇄적인 네트워킹 기술에서 개방형 네트워킹 기술로 변화시킨 OpenFlow 기반으로 정의되며, 네트워크 비용, 복잡성을 근본적으로 해결하는 기술로 미래 인터넷 기술의 핵심으로 발전하고 있다.

1 SDN 기술의 배경

SDN 개념
네트워크를 컴퓨터처럼 모델링해 여러 사용자가 각각의 소프트웨어 프로그램으로 네트워킹을 가상화해 제어하고 관리하는 네트워크

네트워크 기술은 회사, 가정, 학교 등 유비쿼터스 환경에 매우 중요한 인프라가 되었다. 하지만 네트워크 장비 업체마다 운영 방식이나 인터페이스가 달라 네트워크 프로토콜을 개발해 적용하는 것이 매우 어려웠다. 또한 이를 개선하기 위해 개방형 인터페이스를 지닌 스위치나 라우터 기술이 연구되었으나, 성능에 비해 가격이 비싸 상용화에 걸림돌이 되었다. 결국 고비용 문제를 해결하면서 사용자 혹은 개발자에게 개방형 표준 인터페이스를 제공할 수 있는, 소프트웨어 기반의 네트워크를 제어하는 기술이 발전하게 되었다.

소프트웨어로 네트워크를 제어하는 기술은 사실 1980년대에 등장한 지능망intelligent network 기술에 처음으로 도입된 이후 점차 진화하여 현재의 인터넷 기반 SDN으로 발전했다. 그리고 개방형·저비용의 OpenFlow 기술을 통해 외부 제어장치에 의해 동작되는 소프트웨어가 장비 벤더와 무관하게 스위치 내의 패킷 경로 결정을 하게 되어 좀 더 정밀한 트래픽 관리가 가능

해졌다.

2011년 3월에는 OpenFlow 기술의 상용화를 촉진하기 위해 표준화 단체인 ONF Open Networking Foundation 에서 OpenFlow 기술을 SDN 기술로 확장하여 표준화했다.

2 SDN 기술의 개념

SDN은 이종의 스위치와 라우터를 손쉽게 제어할 수 있는 개방성을 제공하고자 OpenFlow 기술을 채택해 하드웨어보다는 소프트웨어를 중심으로 네트워킹 기술을 개발하려는 목표로 제안되었다. 제어 평면과 전달 평면을 분리해 정의하며, 일반적으로 SDN과 OpenFlow가 밀접한 관계인 것으로 알려져 있지만, SDN은 그 하부 기술로 OpenFlow를 하드웨어(스위치)와 네트워크 OS 사이를 연결하는 인터페이스 기술 중 하나로만 정의했다.

SDN 개념 구조

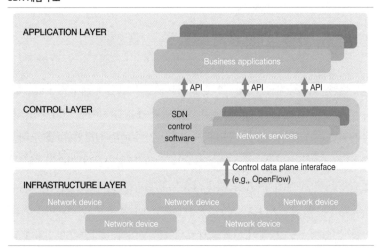

현재 SDN 표준화를 추진하고 있는 ONF가 SDN을 바라보는 관점은 크게 두 가지 기본적인 원칙을 바탕으로 한다.

첫째는 SDN이 소프트웨어 정의 포워딩 software defined forwarding 을 해야 한다는 것으로, 스위치·라우터에서 하드웨어가 처리하는 데이터 포워딩 기능은 반드시 개방형 인터페이스와 소프트웨어를 통해 제어되어야 한다는 것을 의미한다.

둘째는 SDN이 글로벌 관리 추상화global management abstraction를 목표로 한다는 것이다. 예를 들면, SDN은 전체 네트워크의 상태를 보면서 이벤트(토폴로지 변화나 새로운 플로 입력 등)에 따른 반응, 네트워크 요소를 제어할 수 있는 기능 등 추상화를 통해 더욱 진보된 네트워크 관리 툴이 개발될 수 있게 해야 한다는 것이다. 네트워크 관리자는 예컨대 수천 개의 장치에 분산된 수만 라인의 구성정보configuration를 수작업으로 관리할 필요 없이 단순히 추상화된 네트워크를 프로그램으로 구성하는 것만으로 네트워크를 제어할 수 있다. 또한 네트워크 추상화와 함께 SDN은 SDN 컨트롤 계층과 애플리케이션 계층 간에 일련의 API를 제공해 공통적인 네트워크 서비스를 구현할 수 있고, 비즈니스 목표에 맞는 라우팅, 접근 제어, 트래픽 엔지니어링, QoS 관리, 전력 제어 등 모든 형태의 정책 관리가 가능하다.

기존 네트워킹 기법과 SDN 비교

구분	성격	망 변화 대응	확장성	관리성	벤더 종류
기존 네트워킹	폐쇄성	느림	보통	보통	시스코 등 특정 기업에 종속
SDN	개방형	빠름	쉬움	뛰어남	다양한 기업의 솔루션 사용 가능

3 OpenFlow 기술

개방형 기술인 OpenFlow를 이용하는 SDN이 현재의 인터넷을 완전히 대체하려면 몇 가지 핵심 기술이 확보되어야 한다. 먼저 OpenFlow와 기존의 IP 라우팅을 동시에 지원하는 하이브리드 스위치의 도입이 요구된다. 그리고 모든 기존 인터넷 장비에 OpenFlow agent(plug-in)를 개발해 설치하고, OpenFlow 컨트롤러로 기존 장비도 제어할 수 있어야 한다.

OpenFlow는 장비 업체나 종류에 관계없이 이종의 스위치와 라우터의 플로 테이블을 개방형 프로토콜에 따라 손쉽게 프로그래밍하거나 트래픽을 관리할 수 있는 새로운 라우팅 프로토콜과 보안 모델, 어드레싱 방법, IP를 대체할 수 있는 새로운 인터넷 기술 개발 환경을 제공한다.

OpenFlow 시스템은 스위치, 제어장치로 구분되며, OpenFlow 프로토콜에 의해 상호 연결된다. OpenFlow 스위치는 플로 테이블, 보안 채널(SSL),

OpenFlow 프로토콜로 구성된다. 특히 플로 테이블은 수신된 패킷을 처리하기 위해 플로를 정의하는 패킷 헤더 정보rule, 패킷을 어떻게 처리할지 여부를 표시하는 동작action, 각 플로별 통계statistics를 포함한다. 또한 복수 개의 OpenFlow 스위치를 한 개의 제어장치에 의해 중앙 집중 방식으로 패킷 경로를 설정할 수 있어 네트워크 상태 및 QoS 정책에 따라 패킷 경로를 손쉽게 제어할 수 있다.

OpenFlow 스위치의 내부 소프트웨어 구조

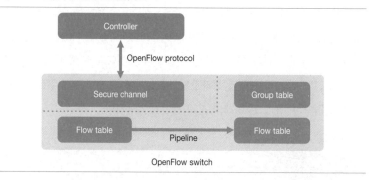

4 SDN 표준화 동향

스탠포드 대학의 주도로 시작된 OpenFlow 기술의 상용화 촉진을 위해 2011년 비영리 표준화 단체인 ONF가 만들어져 OpenFlow 기술을 SDN으로 확장하여 표준화를 추진하고 있다. ONF는 네트워킹 기술을 컴퓨팅 기술로 재해석하고 시장에서 요구하는 표준화 및 솔루션을 발 빠르게 제공하는 것을 목표로 한다. 이러한 접근을 통해 네트워킹 기술에 대한 새로운 아키텍처, 표준화, 소프트웨어, 응용 기술이 개발될 것으로 전망된다. ITU와 IETF에서도 비용 대비 효율을 높이는 측면에서 네트워크 기술의 혁신을 위해 표준화 논의를 서두르고 있다.

미국, 중국, 일본 등에서도 SDN과 관련해 표준화 및 기술 개발에 적극적으로 나서고 있다. 미국의 구글, 버라이즌, eBay, 일본의 NTT, 중국의 화웨이 등 주요 통신사, 인터넷 기업, 기관이 이미 SDN을 활용 중이다. 특히 그동안 회의적인 태도를 보이던 시스코도 2012년부터 본격적으로 SDN 솔루션을 개발해 ACIApplication Centric Infrastructure를 출시했다. 다만 타 네트워크 벤더와의 관리 모델 통합은 아직 명확히 제시되지 않고 있다.

국내에서는 SKT, 삼성, 한국전자통신연구원ETRI, KAIST 등이 ONF에 참여하고 있다. SKT와 NHN는 SDN을 데이터센터 관리에 적용하고 있다.

5 SDN의 발전 전망

전통적인 네트워크 장비는 제조업체마다 폐쇄적이고 독자적인 플랫폼이 수직적으로 통합되어 있는 구조이다. 네트워크 중앙처리장치data plane CPU는 업체마다 다른 ASICApplication-Specific Integrated Circuit와 네트워크 운영체제를 사용한다. 또한 이러한 장비를 이용자가 편리하게 통제 및 관리할 수 있도록 도와주는 소프트웨어 역시 제조사별로 독자적인 솔루션으로 제공되고 있다. 이 때문에 네트워크 장비 구매자는 라우터, 스위치 등을 서로 다른 공급업체에서 구매하면 제어·관리 기능이 서로 다른 탓에 통일된 네트워크 정책을 적용하기 어려웠다.

이와 달리 x86 서버 구조는 다양한 시장에서 실질적인 표준으로 받아들여지는 범용적인 CPU와 OS를 선택해 이용할 수 있다. 또한 이를 바탕으로 한 다양한 애플리케이션 제공은 하나의 생태계를 형성해 혁신과 더불어 비용 감소를 가져왔다. 이러한 상황에서 SDN의 확산과 표준화는 네트워크 산업에서 제조업체 중심의 수직적인 통합 구조를 x86 서버처럼 복수의 수평적 구조로 분할하는 모습으로 변화시킬 전망이다.

구체적으로, SDN 기술은 네트워크 장비에서 제어 및 관리 기능을 담당하는 컨트롤러 계층을 하드웨어에서 분리해 컴퓨팅 장치로 이주시킨다. 특히 SDN의 아키텍처에서는 컨트롤러 계층과 애플리케이션 계층 사이에 있는 개방형 API를 제공함으로써 네트워크 공급업체 고유의 특징 또는 네트워크 장비 분야에서 폐쇄적인 소프트웨어 환경과는 개별적으로 사용자가 프로그램을 스스로 작성할 수 있다. 또한 OpenFlow는 컨트롤러 계층과 OpenFlow 지원 네트워크 장비(스위치, 라우터) 사이에서 커뮤니케이션 역할을 담당하여 상호 운영성을 보장한다. 이러한 구조적인 변화는 다양한 계층을 수직적으로 통합하던 과거와는 달리, 계층별로 분화되어 치열한 경쟁을 통해 가장 잘 할 수 있는 계층에 전문화하는 방향으로 발전을 이끌 전망이다.

6 SDN 관련 향후 과제

현재 인터넷 사업자, 통신 사업자, 기업 등은 OpenFlow 기반의 SDN을 도입함으로써 중앙 집중화된 제어, 자동화를 통한 복잡성 감소, 혁신 촉진, 신뢰성 및 보안성 증대, 구매 및 관리비용 감소 등 네트워크 부문에서 얻을 수있는 여러 이점에 주목하고 있다. 이와 달리 기존 네트워크 장비 제조업체로서는 SDN의 확산 및 표준화에 따라 기존 기술이 경쟁우위를 잃을 수 있어 상황을 예의주시하고 있다. 또한 SDN의 표준화와 확산을 위해서는 안정성, 확장성, 구조적 문제 등 넘어야 할 산도 많다.

6.1 SDN의 확장성 문제

활용도가 높아지고 있는 SDN에서도 확장성 문제는 지속적인 개선 과제로 남아 있다. 웹 기반의 응용프로그램들처럼 SDN의 확장성은 그 아키텍처와 구현 방법을 따르기 때문이다. OpenFlow와 SDN 지지자들이 기대하는 SDN의 기능 중에는 실세계에서 구현하기에는 벅찬 것들이 많다. 현시점에서 확장성 문제에 대한 해결책은 NVP Network Virtualization Platform 처럼 관리 영역을 제한하거나 리눅스 또는 IP 네트워크(RouteFlow, Overlay 방식 라우팅등)와 같은 기존의 기술과 결합해 구조를 설계하는 것이다.

6.2 구조적 문제

SDN은 제어 평면을 분리하고 집중화하여 네트워크를 제어하는 것이다. 하지만 집중 제어를 하는 시스템보다 분산 제어를 하는 시스템이 전체적인 성능 면에서 우수하다는 것은 당연한 사실이다. IP를 사용하는 라우터가 지난 20여 년간 글로벌 인터넷에서 사용된 이유도 라우팅 처리가 노드 단위로 분산되어 동작하기 때문이다. 이와 달리 제한된 분야에서 사용되는 SONET/SDH, frame relay 및 ATM은 집중화된 VC Virtual Circuits 설정에 의존하는 기술이다.

 네트워크의 링크나 노드에 장애가 발생했을 때 집중화된 컨트롤러가 이를 판단하고 제어명령을 보낼 때까지 50ms를 초과하면 통화 voice 서비스의 QoS를 유지하면서 서비스를 복구하는 것이 불가능해진다.

6.3 데이터센터 네트워크 이슈

데이터센터의 기술적 이슈 중 하나로 flat 구조의 네트워크 구축 문제를 들
수 있다. Flat 구조는 네트워크 계위를 최소화해 전송 지연을 줄이고 센터
내부의 대량의 트래픽 부하를 멀티패스로 분산 처리하기 위한 것인데, 이를

Spanning tree
스위치나 브리지에서 발생하는 루
핑을 막기 위한 방식

실현하려면 L2 기반의 설계가 필요하지만 spanning tree를 사용하면 멀티
패스 전송이 불가하다. 이 때문에 이를 대체하고 멀티패스 전송 문제를 해
결하기 위한 기술로 TRILLTransparent Interconnection of Lots of Links과 SPBShortest
Path Bridging가 등장했다.

이처럼 데이터센터 네트워킹을 위한 기술이 속속 출현하고 있지만, 현재
의 OpenFlow는 아직 이들을 모두 수용하기에 부족한 면이 많다. SDN의
개념과 원칙에 따르면 스위치가 아닌 집중화된 컨트롤러에서 기술이 구현
되어야 하지만, 출시된 상용 제품들은 독자적인 기술로 이러한 문제를 해결
하고 있어 기능과 성능 면에서 여전히 과제가 남아 있다.

참고자료

김민식·임순옥. 2012. 「SDN, 어떻게 접근해야 할 것인가: SDN의 도입에 따른
이해관계자 분석과 시사점」. 한국통신사업자연합회. ≪통신연합≫, 통권 제62호
(가을).
삼성 SDS 기술사회. 2007. 『핵심정보기술총서 1: 컴퓨터 구조·네트워크』. 한울.
유재형·김우성·윤찬현. 2013. 「SDN/OpenFlow 기술 동향 및 전망」. 한국통신
학회. ≪KNOM Review≫, 제15권 2호.
윤빈영·이병철·Dan Pitt. 2012. 「미래 네트워킹 기술 SDN」. 한국전자통신연구
원. ≪전자통신동향분석≫, 제27권 2호.

기출문제

107회 컴퓨터시스템응용 SDN(Software Defined Networking). (10점)
114회 컴퓨터시스템응용 SDN과 NFV의 구조와 특징을 비교 설명하시오. (25점)
99회 정보통신 SDN(Software Defined Networking)의 특징, 구조 및 동작을 설
명하시오. (25점)

E-12

국가재난통신망

재난망은 지진이나 해일 등 대형 재난 발생 시 신속한 지휘통제와 대응, 협조 체제 구축 등에 필요한 핵심 인프라이다. 세계 각국에서는 국가재난통신망을 구축해 운영하고 있으나, 한국은 사업 추진에 난항을 겪고 있다. 국내외 국가재난통신망의 추진 및 운영 현황을 살펴보고 국가재난통신망 구축의 의미를 살펴보고자 한다.

1 국가재난통신망의 개요

지구촌에는 끊임없이 대형 재난과 사고가 발생하고 있다. 후쿠시마 원전 사고, 동남아시아의 대형 쓰나미, 미국의 허리케인 카트리나 등이 그 예라 할 수 있다. 이러한 재난에 대비한 범국가적 차원의 재난 관리 체계가 갈수록 중요시되면서 이를 위한 일원화된 무선 재난망 구축은 필수적 과제로 떠올랐다.

재난안전무선통신은 공공안전 재난구조PPDR: Public Protection and Disaster Relief 서비스를 제공하기 위해 사용되는 융합 통신망 기술을 의미하며, 공공안전 재난구조 서비스, 비상 시 국민의 생명과 재산을 보호하고 질서 유지를 위해 필요한 PP Public Protection 통신, 각종 사고나 자연재해로 사회의 기능과 인프라가 와해되었을 때에 사용되는 DR Disaster Relief 통신으로 구분된다.

518   E • 통신 응용 서비스

2 국내외 재난안전무선통신망의 구축 현황

2.1 국내 재난안전무선통신망의 구축 현황

구분	기술	구축 방식	이용 업무
경찰청	TETRA	자가망(6대 광역시)	재난시: 통합지휘통신망
	VHF/UHF	전국	평시: 치안용
소방방재청	TETRA	자가망(수도권)	소방 행정지휘 및 소방 작전
	VHF/UHF	전국	
해양경찰청	iDEN	상용망	보안 미적용 업무용
	VHF/UHF	전국	경비, 선박 조난 통신 등
지자체	VHF/UHF 등	전국	산불 예방 등
공군	WiBro	자가망(13비행단)	정비 업무
한국전력	TETRA	자가망	음성, 무인 자동화 시스템
철도청	LTE-R	자가망	열차 제어, 통신장비 개발

자료: 미래창조과학부.

국내에서는 소방방재청, 경찰청, 군 등 유관 기관에서 VHF/UHF 대역 주파
수를 이용한 재난안전무선통신망을 개별적으로 구축·운용해왔으며, 1970
년대 중반부터 음성통신뿐만 아니라 데이터통신, 그룹통신 등 다양한 재난
안전 특화 기능이 탑재된 아날로그 TRS Trunked Radio System가 사용되기 시작
했다. 하지만 아날로그 방식 재난안전무선통신망은 재난 시 관련 기관 간
신속한 연계를 통해 통일된 현장지휘통신체계를 발휘하는 데 한계가 있었
다. 이에 1990년대 후반부터 통신 품질이 우수하고 주파수 이용 효율이 더
욱 향상된 디지털 방식의 TRS가 재난안전 분야에 보급되기 시작했다.

2003년 12월 중앙안전대책위원회에서는 재난안전 및 긴급구조 관련 담
당 기관의 무선통신망을 디지털 TRS 방식의 하나인 TETRA Terrestrial Trunked

Radio 기술 방식으로 통합해 일원화하는 '통합지휘무선통신망 구축사업 기본계획'을 확정했고, 2005년 10월부터 2007년 12월까지 소방방재청 주관으로 서울, 경기 지역과 5대 광역시에 시범사업 및 1차 확장사업을 국가정책사업으로 추진했다. 하지만 2007년 감사원에서 기술적 종속성 및 독점성 등의 문제점을 지적했고, 이에 따라 서울, 경기 지역과 5대 광역시 확장 1차 사업 이후 재난안전 및 긴급구조 관련 기관 자체의 무선통신망 신설 및 증설이 중단되었다. 이렇게 지지부진하던 사업은 2014년 세월호 참사 이후 다시 그 중요성이 조명되어 현재까지 이어지고 있다.

연월	추진 내용
2003.12	대구 지하철 참사를 계기로 '통합지휘무선통신망' 기본계획 확정
2006.10	TETRA 기반 시범사업 및 전국망 구축사업 추진
2009.03	감사원 감사 및 KDI 타당성 재조사로 사업 중단
2014.05	세월호 사고 이후 대통령 담화에서 재난망 구축 약속
2014.07	기술 방식을 PS-LTE로 확정
2014.10	정보화전략계획(ISP) 착수
2015.10	시범사업(2015.10~2016.6, 346억) 추진(평창, 강릉, 정선)
2018.09	본사업 착수 예정(1.7조, 2020년까지 3단계 구축)

2.2 해외 재난안전무선통신망의 구축 현황

기술 방식	국가명
TETRA	영국, 벨기에, 그리스, 독일, 핀란드, 스웨덴, 노르웨이, 루마니아, 네덜란드, 오스트리아, 크로아티아, 체코, 헝가리, 아이슬란드, 아일랜드, 폴란드, 포르투갈, 슬로베니아, 스페인 등
APCO-P25	미국(미시간주, 유타주), 호주(뉴 사우스 웨일스, 남부 지역) 등
iDEN	미국(FBI, 국무성 등 일부 기관), 이스라엘, 캐나다 등
TD-LTE	중국(베이징, 톈진)

대부분의 유럽 국가에서는 자국의 무선 TRS에 유럽 표준인 TETRA를 적용해 운용하고 있다. 영국은 기관마다 서로 다른 망을 구축하는 데 따른 예산 낭비 요소를 줄이고 상호 운용성을 높이기 위한 프로젝트를 추진해 2005년에 재난망을 완성했고, 독일은 전국 규모 수준의 16개 연방주에 약 100만 명의 사용자가 이용 가능한 세계 최대 규모의 BOS_Net 구축을 2007년에 완료했다. 미국은 자국의 무선 TRS 표준인 APCO-P25나 iDEN integrated

Dispatch Enhanced Network을 사용해 재난 관리와 공공안전을 위한 무선통신망을 구축하고 있다.

유럽과 미국의 사례에서와 같이 대부분의 선진국은 자국 실정에 맞는 기술로 일원화된 무선 TRS를 구축해 운용 중이다. 지형적인 영향으로 자연재해가 자주 발생하는 일본도 정확한 재난·재해 정보 전달과 재해 발생 시 신속하고 적절한 대응을 위해 다양한 재난안전무선통신망(방재무선통신망)을 운용하고 있다.

3 국가재난안전통신망의 분류 및 필수 요구 기능

3.1 재난망의 지역적 분류

재난망은 지역적 기준에 따라 사고 지역망IAN: Incident Area Network, 관할 지역망 CAN: Competent Area Network, 확장 지역망EAN: Extended Area Network으로 분류되며, 위성 및 무선 기술 통신이 연동 또는 융합되는 구조로 구성된다.

사고 지역망은 사고 지역 반경 2km 내에 긴급하게 설치되어 운용되거나 상시 설치되어 운용되며, 관할 지역망은 20km 내 반경에서 행정구역 내에 상시 설치되어 운용된다. 확장 지역망은 각 망들을 연동하거나 독립적 용도로 사용된다. 신속하고 즉각적인 사용을 위해 자동 망 구성, 고속 핸드오버 등의 기술이 요구된다.

3.2 주요 요구 기능

구분	주요 요구 기능
생존·신뢰성	직접 통화 또는 단말기 중계, 단말 이동성, 호 폭주 대응
재난 대응성	개별 통화, 그룹통화, 지역 선택·호출, 통화 그룹 편성, 가로채기, 비상통화, 단말기 위치 확인
보안성	단말기 사용 허가 및 금지, 암호화, 인증, 보안 규격, 통합 보안관제
운영·효율성	상황 전파 메시지, 가입자 용량 확보

자료: 행정안전부(2011).

4 재난안전무선통신망의 후보 기술

4.1 TETRA Terrestrial Trunked Radio

TETRA 방식은 GSM과 마찬가지로 유럽전기통신표준위원회ETSI에서 표준화를 추진해 1995년 첫 국제 표준화가 이루어진 TRS 무선통신 기술이다. TETRA 방식은 유럽 국가들을 중심으로 한 국제적 표준으로, 다른 디지털 TRS 방식보다 기술적 개방성이 높고, 아날로그 TRS, VHF/UHF보다 통화 품질이 우수하다. 또한 TDMA 방식으로 1개 무선 주파수(RF 캐리어)당 4개의 타임 슬롯을 사용해 주파수 자원 사용의 효율성이 높으며, 개별 통화 시 반이중통신 방식과 전이중통신 방식이 모두 가능해 일반 전화통화, 단말기 사이에 직접 통화가 모두 가능하고 혼선 없이 음성과 데이터를 동시에 전송할 수 있다. TETRA II는 최대 540Kbps까지 데이터 전송 속도를 보장한다. 약 120개국 이상에서 TETRA를 적용한 전국 규모의 재난망을 구축해 운용하고 있다. TETRA는 신속한 자가망 구축이 가능하다는 장점이 있으나, 낮은 대역폭, 이기종망에 대한 연동 및 호환성이 부족하다는 단점이 있다.

4.2 iDEN integrated Dispatch Enhanced Network

iDEN 방식은 미국 모토로라가 기술을 개발하여 1994년에 상용화한 비개방형 TRS 방식의 무선통신 기술로, 전 세계 22개국 1800만 명의 가입자를 확보하고 있다. 디지털 휴대전화, 양방향 무선, 문자 등의 기능을 단일 통신망으로 결합해 사용하고, 시 분할 다중접속과 GSM 구조를 기반으로 PSTN망과 연동해 제공된다. 주파수 범위는 송신 시 856~862MHz, 수신 시 811~817MHz이며, 채널 간격은 25kHz이다. 또한 채널 접속 방식으로는 다중접속 기술(TDMA)이 사용되고, 채널당 다중화 비율은 6:1로 아날로그 대비 6배가 높다. 그러나 기술이 특정 기업에 종속되어 있고 비개방적 표준이기 때문에 망 연동, 재난 대응성, 보안성 측면에서 TETRA 방식보다 떨어지는 단점이 있다.

4.3 WiBro

WiBro 기술은 현재 ITU-R의 IMT-Advanced 요구 사항을 반영한 4세대 이동통신 기술 표준 규격(IEEE 802.16m)이 개발되었으며, 4세대 WiBro 기술을 근간으로 한 광대역 재난안전통신 무선접속 기술 표준을 제정하기 위해 2010년부터 IEEE 802.16n(GRIDMAN) TG를 진행했다.

IEEE 802.16n(GRIDMAN)은 IEEE 802.16 네트워크의 기능이 저하될 것으로 예상되는 재난재해 환경에서 네트워크의 신뢰성을 향상시키고 접속성 및 적응성을 강화시키기 위해 더욱 진보된 무선접속 기술 표준 규격을 개발하는 것을 목적으로 한다. WiBro는 그룹 음성 및 데이터 통신을 위한 효율적인 멀티캐스트 및 브로드캐스트 제공, 높은 네트워크 생존성 보장, 우선순위가 높은 서비스에 대한 QoS 지원, 스마트 이동기지국 기능을 제공할 수 있는 장점이 있다. 하지만 현재 표준화 및 제품화가 진행되었으나 기술적 검증 및 사례가 부족하다. 또한 WiBro 산업이 축소되면서 지속적인 투자가 어려워 사실상 단종된 기술로 여겨진다.

재난망 주요 기술 비교

구분		디지털 TRS		3G/4G 응용 기술	
		TETRA	iDEN	WiBro	PS-LTE
기술 개요	표준	ETSI	기업 표준 (모토롤라)	IEEE 802.16x	3GPP(Rel. 14)
	특징	개방형 TRS	비개방형 TRS	IP 기반 무선망	광대역 이통망
	상용화 시기	현재 가능	현재 가능	3G(16e): 가능 4G(16m): 가능	PPDR[1] 2015~
재난안전통신 특성	망 생존성	보통(DMO[2] 지원)	낮음	높음	높음
	효율성	보통	보통	보통	높음
	가용성	보통	보통	보통	높음

1) PPDR: Public Protection & Disaster Relief

2) DMO: Direct Mode Operation

4.4 PS-LTE Public Safety LTE

PS-LTE란 검증된 LTE 기술을 기반으로 영상, 고해상도 사진 등 멀티미디어 정보를 이용해 재난에 신속하게 대처할 수 있는 통신 기술을 말한다. 기존

LTE 규격에 재난망에서 요구되는 기술이 추가되어 표준화가 진행되었고, 2014년 국내 재난망 표준 규격으로 최종 선정되었다. PS-LTE는 700MHz 대역을 사용하고 자가망을 이용해 구축하는 것으로 결정되었다. PS-LTE는 철도망에 특화된 LTE-R, 해상망 LTE인 LTE-M과 연동이 용이하다는 장점이 있다.

PS-LTE 표준화 기술

기술	내용	표준
D2D	단말끼리 기지국 없이 직접 통신·중계	Rel. 13
GCSE	그룹 통신·통화 및 중계	Rel. 13
MCPTT	단말의 Push-to-Talk	Rel. 13
IOPS	기지국 불능 시에도 영역 내 단말 간 통신	Rel. 13
MCVideo, MCData	영상 서비스 및 데이터 서비스 기술	Rel. 14

5 국가재난안전통신망의 전망

현재 각 기관에서는 앞에서 소개한 기술을 일부 적용해 사용하고 있으나, 다양한 문제점을 내포하고 있다. 또한 지난 15년간 표준 단말 선정, 기술 규격 검토, 예산 확보 문제, 정부 부처 간, 업체 간 이해관계 등으로 사업 추진이 지지부진했으며, ISP와 시범사업을 거치는 동안 재난망 마스터플랜에 따른 범위, 예산, 일정을 한 번도 맞춘 적이 없었던 점도 현실적인 문제점이라 할 수 있다.

2018년에 정부는 다시 3년간의 재난망 구축사업을 발주했다. 이제부터라도 일원화된 재난망과 효과적인 운영체계를 정비·구축함으로써 국가적 재난이 발생했을 때 통제체계의 혼선 없이 부처 간 긴밀한 협조를 통해 재난 상황에 더 완벽하게 대처할 수 있는 기반을 갖추는 한편, LTE-R, LTE-M 등 특수한 목적의 망과도 유기적으로 연동할 수 있는 재난망을 구축해야 할 것이다.

참고자료

국회입법조사처. 2011. "'국가 재난안전 무선통신망' 사업, 기술방식 간 연동확보가 우선되어야"(보도자료).

김사혁·최상훈. 2010. 「재난안전지휘무선망 구축 방안 연구: TETRA, WiBro, iDEN을 중심으로」. 정보통신정책학회. ≪정보통신정책연구≫, 제22권 9호.

김성경 외. 2010. 「WiBro 기반의 광대역 공공안전재난통신기술 및 표준화 동향」. 한국통신학회. ≪한국통신학회지≫, 제27권 6호.

김원익·박우구. 「재난안전무선통신망 구축 현황 및 전망」. 한국전자통신연구원. ≪전자통신동향분석≫, 제26권 3호.

정안식. 2010. 「국가통합지휘무선통신망 구축 현황 및 계획」. 한국정보통신기술협회. ≪TTA Journal≫, 제131호.

행정안전부. 2011. "재난안전무선통신망 주요 요구 기능 공고".

_____. 재난안전통신망 관련 보도자료

 기출문제

105회 컴퓨터시스템응용 국개재난 안전통신망을 구축하고자 한다. 현재 국내의 무선통신 이용 시 문제점과 대책을 설명하시오. (25점)

86회 컴퓨터시스템응용 재난통신(Disaster Communication)의 단계적 기능을 설명하고, 위성망을 이용한 재난 서비스를 기술하시오. (25점)

81회 정보통신 WiBro망과 국가재난망(TETRA)의 연동 방안에 대하여 기술하고, 기술적 문제점에 대한 해결 방안을 설명하시오. (25점)

스마트 그리드 Smart grid

현재 전력망은 발전소에서 수용가까지 발전, 송전, 배전으로 이어지는 공급자 중심의 폐쇄적 전력 플랫폼 기반의 단방향 구조로 이루어져, 효율성, 발전 설비 투자 대비 이용률, 소비자 요구 사항 수용, 정전 시 대응 등에서 여러 가지 한계가 있다. 이에 따라 지능형 전력 시스템이 요구되는 상황이다. 기존 전력망에 정보기술을 접목해 전력 공급자와 소비자를 양방향으로 연결하고 에너지 효율을 최적화할 수 있는 차세대 지능형 전력망인 스마트 그리드 구축이 그 방안으로 고려된다.

1 스마트 그리드의 개념

스마트 그리드란 기존의 전력망에 정보기술IT을 접목해 전력 공급자와 소비자가 양방향으로 실시간 정보를 교환함으로써 에너지 효율을 최적화하는 차세대 지능형 전력망이다. '발전 → 송전·배전 → 판매'의 단계로 이루어지던 기존의 단방향 전력망에 정보기술을 접목해 전력 공급자와 소비자가 양방향으로 실시간 정보를 교환함으로써 에너지 효율을 최적화하고, 이를 활용해 전력 공급자는 전력 사용 현황을 실시간으로 파악해 공급량을 탄력적으로 조절함으로써 사용 시간과 사용량을 조정할 수 있다. 또한 스마트 그리드는 자동 조정 시스템으로 운영되므로 고장 요인을 사전에 감지해 정전을 최소화하고, 기존 전력 시스템과는 달리 다양한 전력 공급자와 소비자가 직접 연결되는 분산형 전원 체제로 전환하면서 풍량, 일조량 등에 따라 전력 생산에서 신재생에너지 활용도를 높일 뿐 아니라, 화력발전소를 대체해 온실가스와 오염물질을 줄일 수 있게 되어 환경문제를 해소하는 데도 도움이 된다.

스마트 그리드
IT를 전력에 접목해 효율성을 제고한 시스템인 스마트 그리드는 전력 IT라고도 불린다.

스마트 그리드의 특징
- 실시간
- 양방향
- 전력 효율화
- 분산형
- 환경문제 해소

기존 전력망과 스마트 그리드 비교

구분	기존 전력망	스마트 그리드
전원 공급 방식	중앙 전원	분산 전원
에너지 효율	30~50%	70~90%
전력 흐름 제어	Demand-pull 방식	전력 흐름에 의한 세부 제어
네트워크 토폴로지	중앙 집중식 방사형 구조	분산형 네트워크 구조
통신 방식	단방향통신	양방향통신
기술 특성	아날로그, 전자기계적	디지털
장애 대응	수동 복구	자동 복구
설비 점검	수동	원격
가격 정보	제한적 가격 정보	가격 정보 열람 가능

자료: ABB 및 언론 자료(2009).

2 스마트 그리드의 구성

스마트 그리드의 구성
• 발전
• 송전·배전
• 수용가
• 전력 계통 운용
• 전력 시장
• 서비스 제공자

스마트 그리드는 크게 발전, 송전·배전, 수용가, 전력 계통 운영, 전력 시장, 서드 파티 서비스 제공자로 구성된다.

2.1 발전 Bulk generation

석탄, 천연가스, 원자력, 지열, 수력 등 전통적 원료 기반의 발전, 그리고 풍력과 태양에너지 등 신재생에너지 기반의 발전으로 구분할 수 있다.

2.2 송전·배전 Transmission and distribution

송·배전망은 송전소, 배전용 변전소와 공장, 주택, 빌딩, 상점 등 수용가 사이의 전선로이며, 종류에는 저압·고압·특고압이 있다.

2.3 수용가 Customer

수용가란 배전망 이후 미터기 뒷단의 홈 또는 빌딩 영역으로, 미터기, 자동화 시스템, 홈 에너지 관리 시스템, 빌딩 에너지 관리 시스템 등으로 구성된다.

2.4 전력 계통 운용 Operation

발전, 송전·배전을 모니터링하며, 전력 흐름을 관리하고 통제하는 역할을 수행한다.

2.5 전력 시장 Market

발전 비용 평가, 전력 수요 계측, 입찰, 가격 결정 등 전력 시장을 운영하는 주체와 이 시장에 참여하는 주체들로 구성된다.

2.6 서비스 제공자 3rd party service provider

모든 영역에서의 서드 파티 사업자를 가리키며, 에너지 효율화 서비스 사업자, 부하 관리 사업자 등이 해당한다.

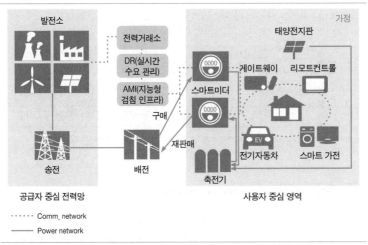

자료: 손에 잡히는 ICT 1(2013).

3 스마트 그리드의 보안

스마트 그리드는 상호 연결망을 통해 광역에 걸쳐 분산되어 있는 전력계통의 상태와 성능을 실시간으로 모니터링함으로써 실시간 양방향으로 생산자와 소비자 간 정보를 공유해 효율적인 서비스가 가능하지만, 보안 위협에도 노출되어 있어 보안 취약점에 대한 대처가 중요하다. 보안이 취약한 스마트 기기들은 펌웨어 조작을 통한 해킹이나 메모리칩의 전기신호를 가로채 스마트 미터기기의 정보를 유출·왜곡하거나 네트워크상에서 웜 또는 악성코드를 통해 에너지 사용 정보의 위·변조 등을 일으킬 수 있다. 따라서 스마트 그리드 보안 취약점을 해결하려면 권한이 부여된 사용자에게만 서비스 접근을 보장하거나 전자서명 또는 공개키 방식의 인증, 데이터 송수신 시 보안 취약성 방지 등의 기술을 적용하는 방안을 고려해야 한다.

 키포인트
스마트 그리드의 보안은 기밀성, 무결성, 가용성, 인증, 부인 방지, 접근 제어 관점에서 고려되어야 한다.

4 스마트 그리드의 기술 동향

스마트 그리드는 유·무선통신망 기술, 미터기 기술, 지능형 게이트웨이, 모니터링 기술 등 다양한 분야의 기술이 요구된다. 국내의 유·무선통신망 기술은 FTTH, WiBro, LTE 서비스를 기반으로 세계 최고 수준의 보안과 품질을 제공하며, 단말기에서도 TV, 스마트폰, PC 등 다양한 형태의 스크린이 제공되고 있다. 지능형 게이트웨이는 유·무선 모뎀, 홈 게이트웨이, IPTV 셋톱박스 등 홈 네트워크 사업 및 U-City 통합센터 등의 사업을 통해 충분한 현장 적용 사례를 가지고 있다. 미터기 기술은 유·무선통신 기능이 접목이 된 양방향통신이 가능한 스마트미터가 개발되어 적용 중이며, 건물 에너지 효율화 솔루션을 상용화해 건물에 적용하고 있다.

스마트미터
일반 가정에서 전기료를 시간 단위로 측정할 수 있게 하는 전력량계

4.1 미국

미국 통신회사 AT&T는 스마트미터를 공동 개발하고 휴대폰을 이용한 전력량계 제어 서비스를 제공 중이며, 버라이즌Verizon은 홈 에너지 모니터링 서비스를 제공하고 있다.

4.2 스페인

스페인 정부는 '에너지 효율 및 절약 계획'의 일환으로 전국에 백열전구 교체를 위한 전력 저소비형 전구 무상 보급 사업을 추진하고 있다.

4.3 일본

일본은 홈 케어 네트워크 'Echonet' 구축을 추진하고 있으며, 기기 간 지능형 정보 교환을 통해 에너지 효율과 보안성, 자동화율을 높이려는 등의 목적으로 가정 내 통신 표준 프로토콜을 제정하고, ESCO Energy Service Company 설립을 추진한 바 있다.

4.4 한국

국내에서는 스마트 그리드와 관련해 지능형 전력망, 지능형 소비자, 지능형 운송, 지능형 신재생 및 지능형 서비스로 분야를 나누어 기술이 개발되고 있다.

5 스마트 그리드의 실증 사례

5.1 제주 SG 실증 사업

제주 SG Smart Grid 실증 사업은 다양한 사업 모델과 기반 기술을 구축해 향후 전력 소비자에게 경제성과 편리성을 제공하고, 관련 장비 및 솔루션의 해외 수출 등 산업 경쟁력을 높이며, 스마트 그리드 인프라를 기반으로 수용가 내 에너지 관리 서비스를 통합 제공하고, 다양한 요금제 수요 반응 DR: Demand Response과 신재생 발전원, 에너지 저장장치 등을 활용해 에너지 사용을 효율화하며, 전력 거래 모델을 통해 소비자에게 합리적인 에너지 이용 서비스를 제공하는 사업이다.

　제주 Smart Place 실증 사업에서 검증하고자 하는 사업 모델은 S-ES Smart

국내 스마트 그리드 실증 사례
• 제주 SG
• K-MEG
• 대구 ESS

Energy Savings, S-PTS Smart Power Trading/Selling, S-IC Smart ICT Convergence, S-City Smart City 등 네 개 분야로, 이를 통해 스마트 관련 기술 수준을 높이고 산업을 활성화하며, 에너지 효율화에 따른 정치·사회 전반에 긍정적인 영향을 미치는 등의 파급 효과가 있었다.

5.2 K-MEG 실증 사업

K-MEG Korea-Micro Energy Grid 는 분산 에너지원, 에너지 네트워크, 통신 및 제어 기술이 결합된 융합 기술로, BEMS Building Energy Management System 중심의 개별 소비원의 에너지 효율화를 통해 에너지 관련 고객 가치를 진화시켜 기존 시장을 확장하고, 사업 모델의 확장을 통해 신규 시장을 창출하는 데 그 목적이 있다.

K-MEG 과제는 비즈니스 모델 실증 및 사업화, 통합 에너지 관리 시스템 개발 및 구축, 에너지그리드 구축, 에너지 소비원 최적 관리 시스템 개발, 개발형 테스트 베드 구축의 5개 세부 과제로 구성되어 있고, 개별 소비원 단위의 에너지 절약을 통해 비용을 절감할 수 있을 뿐만 아니라, 온실가스 저감을 통해 향후 개설될 탄소 배출 거래시장 등에도 능동적으로 대처할 수 있고, 에너지 사업의 정책과 표준 등에 대한 신기술 도입 및 전문 인력 양성 등의 파급 효과도 있었다. 이를 기반으로 인텔리전트 네트워크, AI 등의 신기술이 더해져 스마트 에너지 플랫폼이 개발되고 있다.

5.3 대구 ESS 실증 사업

에너지 저장 시스템 ESS: Energy Storage System 은 생산된 전력에너지를 저장해 필요할 때 사용함으로써 에너지 이용 효율과 신재생에너지원의 활용도를 높이고 전력 공급 시스템을 안정화하는 장치로, 미래 에너지 시장을 선도할 주요 기술로 꼽는다. 대구 ESS 실증 사업은 '10kWh급 리튬이온전지 에너지 저장 시스템 실증' 과제로서 리튬이온 전지를 이용한 가정용 에너지 저장 시스템을 개발해 실증을 거쳐 조기에 상용화함으로써 시장 선점을 목표로 한다. 이 사업을 통해 신재생에너지원, 에너지 저장 시스템, 에너지 관리 시스템 등 요소 기술의 확보로 산업 경쟁력과 수출 증대, 녹색산업발전의 시너지 창출의 파급 효과가 있을 것으로 예상된다.

6 스마트 그리드의 비즈니스 모델

스마트 그리드 비즈니스 모델
• 에너지 효율화 사업
• 에너지 저장장치 사업
• 신재생에너지 사업
• 전기자동차 충전 사업 등

6.1 에너지 효율화 사업

AMI Advanced Metering Infrastructure 는 에너지 부하자원의 효율적인 관리와 에너지 소비의 절감을 위해 에너지 공급자와 사용자 간 양방향 정보 교환을 위한 인프라이다. 에너지 사용 정보를 측정·수집·저장·분석하고 이를 활용하기 위한 총체적인 시스템으로, 스마트 그리드의 근간이 되는 기술이다.

DR Demand Response (수요 반응) 사업은 수용가의 부하를 관리 및 조정하여 전력 피크 수요 발생 시 또는 상시로 수요자원 감축을 제공하고 그 대가를 소비자와 공유하는 사업이다. DR 사업의 이점은 피크 부하 절감에 따른 발전·송전 건설의 과잉 투자를 회피할 수 있고, 전력 가격 변화에 따른 수급을 최적화하여 소비자의 시장 참여를 바탕으로 한 새로운 사업 모델화를 가능하게 한다.

BEMS Building Energy Management System 는 건물의 에너지 소비 현황을 모니터링하고 누적 데이터를 분석해 설비의 고효율 운전을 지원하는 시스템이다.

6.2 에너지 저장장치 사업

에너지 저장장치(또는 전력 저장장치, ESS)는 리튬이차전지와 같은 기존의 중소형 이차전지를 대형화하거나 회전에너지, 압축공기 등으로 대규모 전력을 저장하는 장치로, 용도에 따라 발전소용, 송배전용, 상업용, 가정용, 신재생에너지용 등 다양한 분야에서 활용되며, 사용처에 따라 수 kWh에서 수백 mWh가 필요하다. 에너지 저장장치 사업은 ESS 설비 제조, 저장전력 판매, ESS 설비 모니터링 관제 등에 활용될 것으로 예상된다.

6.3 신재생에너지 사업

태양광발전 시스템은 환경오염물질과 소음이 발생하지 않으며, 운영 비용이 적고 유지보수가 용이한 장점이 있으나, 과다한 설치 비용과 낮은 효율, 원재료인 폴리실리콘의 공급 부족 등의 단점이 있다. 현재 세계 주요 업체의 태양전지 생산 능력이 확대되고 태양전지 모듈 가격이 급격하게 떨어질 것으로 예상되어 앞으로 태양광 산업의 폭발적 성장이 전망된다.

풍력발전은 다른 신재생에너지에 비해 짧은 시간 안에 화석연료 정도의 가격 경쟁력 확보가 가능하며, 무공해·무한정의 에너지원을 이용하므로 환경에 미치는 악영향이 적다. 또한 풍력발전은 초기 투자비가 높으나 건설 및 설치 기간이 짧으며, 연료비가 거의 들지 않아 유지보수에 비용이 적게 든다는 장점도 있다. 화석연료를 대체할 주요 기술이 될 것으로 예상된다.

연료전지는 수소와 산소의 화학 반응으로 생기는 화학에너지를 직접 전기에너지로 변환하는 기술로, 다른 재생에너지에 비해 입지 선정의 우수성, 고효율, 높은 이용률 및 안정적인 계통 운영 등의 장점이 있다. 에너지와 환경문제를 동시에 해결할 수 있는 에너지원으로서 큰 기대를 모으고 있으며, 앞으로 큰 성장이 예상된다.

6.4 전기자동차 충전 사업

전기자동차 충전 사업은 전기자동차를 운영하는 데 반드시 구현되어야 하는 것으로서, 충전소 구축 및 관제 서비스를 비롯해, 충전 또는 전지 교환 서비스, 각종 EV-IT Electric Vehicle-IT 서비스 등을 제공하는 사업이다.

참고자료

관계부처 합동. 2012. 「제1차 지능형전력망 기본계획(2012~2016)」.
박영철·장기천. 2013. 『손에 잡히는 ICT: 핵심 ICT만 들어 있는 정보통신기술사와 함께하는 합격의 기술』. GS 인터비전.
장병덕. 2011. 「소비자참여형 스마트그린 플레이스 구축」(1단계보고서). KT.
(재)한국스마트그리사업단(www.smartgrid.or.kr).

기출문제

101회 정보통신 스마트 그리드의 구성 요소 및 구축 방안에 대하여 설명하시오. (25점)

95회 정보통신 스마트 그리드 구축의 필수 기술 요소와 추진 현황에 대해 설명하시오. (25점)

92회 정보관리 스마트 그리드를 설명하고 스마트 그리드에서 IT 인프라의 역할을 설명하시오. (25점)

네트워크 관리

ISO에서는 네트워크 회선과 장비를 관리하기 위한 항목으로 구성 관리, 장애 관리, 성능 관리, 보안 관리, 계정 관리를 제시한다. 네트워크 관리 시스템(NMS)은 MIB, SNMP, RMON, ICMP 등을 통해 네트워크를 관리하게 된다. 한편 최근 IPv6에 대한 MIB 표준화, 네트워크 가상화 및 대규모 데이터센터에서의 네트워크 관리, 그리고 보안 관련 네트워크 관리 기술 등이 중요해지고 있다.

1 네트워크 관리의 개요

1.1 배경

e-business가 활성화되면서 네트워크(통신망)가 기업의 핵심 인프라로 자리 잡게 되었다. 이 때문에 네트워크 마비는 곧 업무 마비로 이어지게 되는 상황이다. 특히 클라우드 컴퓨팅, 데스크톱 가상화 등 대규모 네트워크 인프라 연결 및 보안 활동에 따른 네트워크의 관리 요구 사항이 계속해서 높아지고 있다.

이에 더욱 안정적이고 효율적인 네트워크 환경을 위해서 네트워크상에 존재하는 다양한 자원을 모니터링하고 제어하는 네트워크 관리의 개념에 대한 이해가 반드시 필요하게 되었다. 이처럼 네트워크 인프라 관리를 통한 통신망의 최적화는 망에 대한 유연성, 확장성, 안정성 확보는 물론 가상화를 통한 더욱 빠른 대응과 효율적인 서비스 지원을 통해 새로운 비즈니스 수익을 창출할 수 있도록 지원하고 있다.

또한 최근 네트워크 관리는 계층적 구조의 전통적인 네트워크 구조를 벗어나, 수평적인 평평한 구조의 데이터센터 내 네트워크 관리, 유·무선이 융합된 관리, 정보 보호를 위한 보안 관리, 네트워크 가상화, 패브릭 통합, 소프트웨어 정의 네트워크SDN 등으로 점차 변화하고 있다.

1.2 정의

네트워크 관리는 통신망이 기능을 지속적이고 효율적으로 수행하고, 한층 향상된 서비스를 제공할 수 있게 하는 전반적인 감시와 제어 활동을 총칭한다. OSI 관리 영역 표준에서 네트워크 관리는 구성 관리, 장애 관리, 성능 관리, 계정 관리, 보안 관리로 구분된다.

최근의 통신망 관리는 다양한 전송 기술과 서비스 지원 구조를 상호 연동하는 통합망 관리, 서비스 차원의 관리, 웹 기반 형태의 네트워크 관리가 성숙되고 있다. 한편 IPv6에 대한 MIBManagement Information Base 표준화가 진행되고 있으며, 중요도가 점차 높아지는 보안 관리는 별도의 관리자를 통해 이루어지고 있다.

2 네트워크 관리 표준

2.1 장애 관리 Fault management

장애 관리는 네트워크상에 연결된 장비와 회선에 결함이나 장애가 발생했을 때 이를 감지해 신속하게 문제를 처리하는 기능을 수행하는 것이다. 그중 장애 발생 시 장애 발생 범위를 파악·결정isolation 하는 것이 가장 중요한 활동이다.

장애 관리는 장애 정보를 조기에 발견해 대응함으로써 MTTRMean Time To Repair를 줄이고 가동률을 높이는 것을 목표로 한다.

장애 관리의 주요 프로세스로는 장애를 감지하고, 발생의 원인을 신속히 파악하여, 장애 지역을 격리하는 것이다. 그리고 장애를 최소화하기 위한 통신망의 재구성 및 수리, 교체 등의 활동이 이루어진다.

또한 장애 발생 시 신속한 고장 전파 및 의사소통을 통해 긴급복구 시간을 줄일 수 있는 지원 체계를 확립하고, 정기적인 훈련을 통해 장애 해결을 위한 시행착오를 줄이는 것이 중요하다.

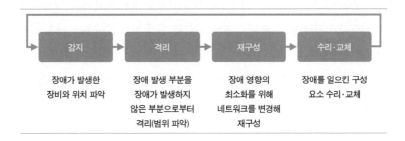

2.2 구성 관리 Configuration management

구성 관리란 네트워크에 연결된 회선과 장비에 대한 상태와 현황을 수집·저장하고, 해당 항목에 대한 변경 사항을 추적·관리하며, 향후 필요한 자원의 규모를 예측하는 활동을 의미한다. 이렇게 수집된 정보들은 현황 수집 및 자원 예측이라는 목적 외에도 장애 발생 시 원인 분석을 위한 기본 자료로 활용된다. 주요 프로세스로는 네트워크 운영, 해당 장비 및 회선에 대한 요소 구분, 이에 대한 변경과 변경 사항에 대한 검사로 이루어진다.

전통적인 네트워크 환경에서는 NMS Network Management System에서 SNMP 프로토콜 및 CLI Command Line Interface 기반으로 장비에 접근하여 정보를 수집하고 변경되는 항목을 관리했다. 인터넷 환경의 발전으로 최근의 장비들은 웹 기반의 네트워크 관리 web-based network management 기능을 제공한다. 이를 활용해 XML extensible markup language와 같은 애플리케이션 소스 코드 형태로 표현된 장비 config들을 HTTP를 기반으로 하는 RestAPI 아키텍처를 활용해 관리하고 있다.

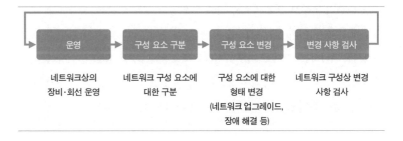

2.3 계정 관리 Account management

계정 관리는 네트워크 자원을 사용하는 개인 또는 그룹을 구분하고 사용자별로 관리 내역을 기록하는 기능을 수행하는 활동이다. 이를 통해 네트워크 사용에 대한 과금 및 사용 추이 등의 분석과 함께 필요시 사용료 산출 등의 활동을 진행한다.

계정 관리의 주요 프로세스는 다양한 통신망의 정보를 구분하고, 해당 통신망별 사용량과 사용 형태를 파악해 사용료를 계산하며 리포팅하는 활동으로 이루어진다.

최근에는 여러 통신망의 장비 및 솔루션에 대한 로그를 종합적으로 분석해 다른 구성 관리나 장애 관리, 성능 관리의 참조 자료로 활용하는 경우가 늘고 있다.

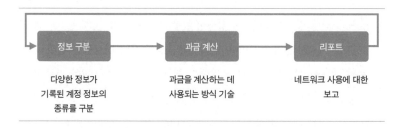

정보 구분	과금 계산	리포트
다양한 정보가 기록된 계정 정보의 종류를 구분	과금을 계산하는 데 사용되는 방식 기술	네트워크 사용에 대한 보고

2.4 성능 관리 Performance management

성능 관리는 네트워크상 구성 요소의 성능을 모니터링하고 분석·조정·튜닝하며 환경 효율성을 제공하는 기능을 수행하는 활동으로, 네트워크 관리의 중요한 요소 중 하나이다. 통신망에서 사용되는 트래픽의 실시간 감시에 따른 조기 대응 처리, 주요 업무 애플리케이션 지연 방지, capacity planning 등을 목표로 한다.

성능 관리의 주요 프로세스는 기존 통신망의 성능 기준을 정의하고, 구성 요소에 대한 데이터(성능 지표)를 모니터링·수집하며, 성능 개선과 향후 계획 등을 수립하는 것으로 이루어진다. 그중 성능 개선 활동은 성능 문제를 야기하는 요인을 찾아 문제점 및 해결책을 찾고, 그 문제점을 제거하는 활동이며, 성능 튜닝performance tuning 이라고도 한다. 이는 네트워크 관리에서 병목현상이 발생하기 전에 정기적으로 모니터링하는 활동까지 포함하는 것으로, 성능 관리 프로세스에서 가장 중요한 활동이다.

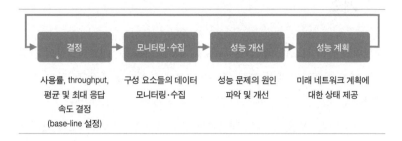

2.5 • 보안 관리 Security management

보안 관리는 네트워크 자원에 대한 접근 제어, 권한 설정 등의 기능을 한다. 이를 통해 부정 접근 방지, 불필요한 트래픽 제어 등의 활동을 수행하게 된다. 최근 무선 인터넷 환경 구축 및 스마트 기기, 태블릿 PC 보급으로 비인가된 단말의 네트워크 사용을 제어하기 위한 보안 관리의 중요성이 높아지고 있다.

보안 관리의 주요 프로세스는 네트워크 사용에 대한 인증, 정보 유지와 함께 네트워크 접근에 대한 모니터링과 제어, 관련 정보 수집 및 저장, 비허가 단말 접근 제어로 이루어진다.

이러한 보안 관리를 위해 단말 대 단말 제어MDM, 네트워크 사용 단말 검사IPscan, 네트워크 접근 통제NAC 등의 솔루션을 도입해 네트워크 보안 활동을 수행하는 경우가 많아지고 있다.

3 네트워크 관리 시스템

3.1 개요

네트워크 관리 시스템, 즉 NMS Network Management System 는 네트워크상의 전체 또는 주요 장비들의 중앙 감시 체제를 구축해 통신망을 모니터링하고 관련 데이터를 보관해 필요할 때 즉시 활용할 수 있게 하는 시스템이다.

일반적으로 NMS는 물리적 네트워크 구성 요소들 network elements 을 관리하기 위한 구조로 management station(manager)과 management elements (agent)로 구성된다. Manager와 agent를 서로 통신하는 프로토콜로는 주로 SNMP Simple Network Management Protocol 를 사용한다. 현재는 통신망 장비 대부분이 웹 기반으로 원격에서 통신망의 구성 요소들을 관리하고 환경 설정을 할 수 있는 기능을 제공한다.

3.2 기능 흐름도

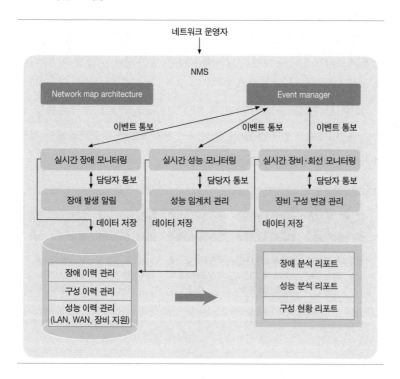

NMS는 네트워크 장비 및 회선의 모니터링을 수행하고, 장비 구성 변경 및 장애 발생 시 이를 담당자에게 통보하며, 각종 성능 데이터에 대한 모니터링 및 성능 임계치 관리를 수행하고, 관련 데이터를 저장한다. 여러 장애·성능·구성 이력을 바탕으로 장비 및 회선 등 네트워크 자원에 대한 장애·성능·구성 현황에 대한 리포트 기능도 수행한다.

3.3 일반적인 NMS 종류

NMS는 사용하는 규모 및 용도에 따라, enterprise NMS, element NMS, application NMS로 구분한다. Enterprise NMS는 SNMP를 통해 대규모 사이트의 네트워크 자원을 관리하는 시스템이며, element NMS는 일반적으로 네트워크 제조업체에서 제공하는 시스템으로, 해당 업체의 장비에 특화된 기능 사용과 관리가 가능한 것이 특징이다. Application NMS는 데이터 가공이나 통계 기능을 강화한 시스템으로, 필요시 자체 개발 또는 패키지 솔루션 도입을 통해 통신망을 관리하기도 한다.

3.4 TMN Telecommunication Management Network

TMN은 데이터통신을 포함한 각종 교환기, 이동통신망 등 여러 가지 망을 함께 관리할 수 있는 망 관리 개념으로, CMISE Common Management Information Service Element, CMIP Common Management Information Protocol를 사용한다. 현재는 대규모 통신 인프라를 구성하는 망사업자를 중심으로만 사용한다.

CMISE는 에이전트 관리를 목적으로 정보와 명령을 교환하는 데 이용된다. CMIP는 관리 정보를 전송하는 절차, 즉 CMISE 사이에 CMIS Common Management Information Service 서비스를 완성시키기 위해서 교환하는 CMIP PDU Protocol Data Unit를 만들고 전송하는 것에 대해 정의한다.

CMISE, CMIP는 잘 정리된 훌륭한 개념이지만, 지나치게 방대하게 규정되어 구현하기가 어렵다. 이 때문에 전 세계 네트워크 관리의 가장 일반적인 표준으로 사용되는 SNMP를 쉽게 대체하지는 못하지만, TMN 도입과 함께 주목받고 있다.

3.5 **WBEM** Web Based Enterprise Management

WBEM은 웹 기반 관리에서 나타나는 관리 프로토콜의 불일치를 극복하기 위해 마이크로소프트, 시스코, 컴팩, 인텔, BMC 소프트웨어 등이 1996년 7월 구성한 컨소시엄에서 시작한 개념이다.

네트워크 관리자가 웹브라우저를 이용해 호환성이 없는 시스템, 네트워크, 애플리케이션을 관리할 수 있게 하는 표준으로 제시되었으며, 현재 웹 시스템 발전과 함께 대부분의 통신망 장비 및 NMS 시스템이 웹 기반의 기능을 제공하고 있다.

4 네트워크 관리 프로토콜

4.1 **MIB** Management Information Base

MIB는 네트워크 관리의 핵심 요소 중의 하나로서, ISO와 OSI에서 정의한 네트워크를 관리하는 데 필요한 모든 정보를 저장하는 기능을 한다. TCP/IP에 기반을 둔 네트워크 관리 시스템의 기초이며, 관리 대상 요소에 관한 정보를 포함하는 데이터베이스이다.

MIB는 계층적 트리 구조로 이루어지며, 특정 객체는 객체 식별자OID: Object Identifier를 통해 확인한다. MIB는 일반적으로 문자가 아니라 연속된 정수로 표시하는 것이 특징이다. Root를 기준으로 동일한 범주에 속하는 객체를 분류하는 tree 형태로 OID가 정해지며, SNMP는 최종 노드인 leaf만을 읽고 쓸 수 있는 것도 특징이다.

현재 MIB-I, MIB-II가 주로 사용되는데, MIB-I은 TCP/IP parameter를 사용해 인터넷을 관리하기 위한 내용을 정의하며, system, interface 등 8개 그룹 항목을 규정한다(RFC 1156). MIB-I의 확장 개념인 MIB-II는 정보 추가·확장 및 SNMP 정보 추가로 MIB-I의 8개 그룹을 포함한 10개 그룹 항목을 규정한다(RFC 1213).

MIB의 표시 방식
예를 들면, iso.org.dod.internet. mgmt.mib.system.sysUpTime이라는 통신망 장비의 가동된 시간에 대한 요소(OID)는 1.3.6.1.2.1.1.3으로 표시된다.

TCP/IP 사용 초기에는 ICMP Internet Control Message Protocol를 이용한 인터넷망 관리(예를 들어 ping) 등 단순히 대상 장비의 작동과 응답 시간을 측정하는 기능만 제공했다. 하지만 이에 대한 명령어만으로는 네트워크 장비를 세부적으로 관리하기가 어려웠다.

이를 보완하고자 제시된 SNMP는 네트워크 자원 agent과 그 자원을 관리하는 매니저 manager 간에 네트워크 관리를 위한 전송 프로토콜이며, 구현이 쉽고 간편해서 현재 가장 일반적인 네트워크 관리 프로토콜로 자리매김한 상태이다.

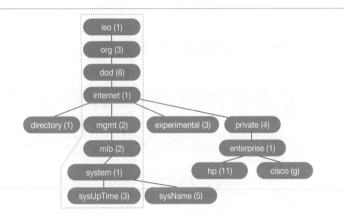

예) iso.org.dod.internet.mgmt.mib.system.sysUpTime의 OID는 1.3.6.1.2.1.1.3으로 표시

관리하는 매니저와 네트워크 자원 간에 전달되는 SNMP의 메시지 타입 message type 에는 GetRequest, GetNextRequest, GetResponse, SetRequest, Trap 등 다섯 가지 종류가 있다.

이 중 매니저가 네트워크 자원에 요청하는 메시지 타입은 GetRequest, GetNextRequest, SetRequest이다. GetRequest는 매니저가 특정 객체의 값(object instance, 통상 1개)을 요구하는 것이다. GetNextRequest는 매니저가 특정 객체의 연속적인 값(object instance, 여러 개)을 요구한다. 또한 SetRequest는 에이전트의 object에 설정된 값을 변경하도록 요구하는 것이다. 이와 달리 네트워크 자원이 매니저에게 전송하는 메시지 타입으로는 GetResponse가 있다. 이는 에이전트가 get, set PDU에 의한 요구에 응답

하는 것이다. Trap은 매니저의 요청이 없이도 특정한 이벤트 발생 시 에이전트가 이를 통보한다. Trap은 에이전트가 먼저 전송하는 유일한 형태의 메시지 타입이다.

SNMP는 지속적으로 기능이 보완되어 SNMPv3까지 정의되었는데, SNMPv1는 앞서 설명한 SNMP의 일반적인 메시지 타입과 구조, 개념을 정의했다(RFC 1065~1067, 1155~1157). SNMPv2는 manager to manager MIB를 정의함으로써 분산 관리를 도입할 수 있게 되었다. 또한 get bulk request-PDU를 도입해 여러 테이블의 값을 한꺼번에 읽어오는 것이 가능하여 관리 효율을 높였다. 이와 더불어 지원 프로토콜을 추가해 호환성도 높인 것이 특징이다(RFC 2576). SNMPv3는 SNMPv1 및 v2와 결합해 사용하는 보안과 인증 기능을 강화했다(RFC 3411~3418).

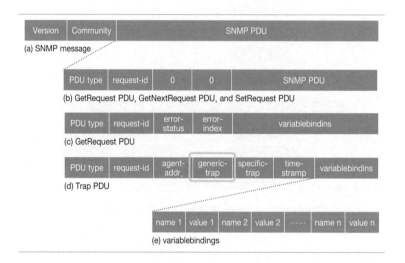

4.3 RMON Remote Monitoring

RMON은 SNMP의 확장판으로, RFC 1757에 정의된 MIB의 일부로 정의되었다. SNMP은 장비 인터페이스 관리 기능만 제공하는 데 반해, RMON은 네트워크망 전체의 정보 분석에 대한 필요성을 보완하기 위한 것이다. Probe라고 부르는 별도의 하드웨어 감시 장치나 소프트웨어 또는 그 조합을 통해 지원하고, 패킷의 타입과 특성에 따라 각종 에러 통계, 성능 통계 등의 summary 정보를 생성·분석하는 기능을 수행한다. 또한 RMON은 연속적 polling 방식의 SNMP 대신 매니저가 요구할 때만 데이터를 전송하게 하여 망의 불필요한 트래픽을 제거했다.

주요 RMON 종류로는 RMON 매니저와 에이전트로 구분된다. RMON 매니저는 별도 모니터에서 패킷 타입이나 특성에 따라 각종 에러 통계, 성능 통계 등의 summary 정보를 생성하고 분석하는 기능을 수행한다. RMON 에이전트RMON agent는 전체 통계 데이터, 이력history 데이터, 호스트 관련 데이터, 호스트 매트릭스, 특정 패킷을 필터링, 경보 기능 등이 있어, RMON 매니저의 요청 사항에 따라 데이터를 전송하는 기능을 수행한다.

RMON의 발전 상태는 RMON1이 RMON에 대한 기본적인 개념을 포함하여 정의되었다(RFC 2819). RMON2는 기존 RMON MIB를 확장하고, MAC 계층 상위의 프로토콜을 모니터링하며, OSI의 3계층(network layer)에서 7계층(application layer)을 지원하게 되었다(RFC 2021).

그 밖의 네트워크 관리 기술로 SMON Switch Monitoring은 스위치 네트워크에 대한 RMON을 정의하여 발전하고 있다(RFC 2613). 또한 대용량의 네트워크를 위한 RMON으로 HCRMON도 정의되어 있다(RFC 3273).

4.4 API 기반 관리

클라우드 서비스에서는 전통적인 애플리케이션, 인프라로 분리된 관리 개념이 더 이상 유효하지 않고, 통합된 개발·운영 환경이 요구된다. 즉, 이제 네트워크 관리는 네트워크를 구성하고 작업을 관리하는 것을 넘어 비즈니스를 관리하고 사용자가 작업을 수행하는 데 필요한 응용프로그램과 데이터에 쉽게 접근할 수 있도록 하는 것을 의미하는 것으로 변화하고 있다. 이를 위해 네트워크 중심의 SNMP 기반 NMS 체계가 아닌, API 기반 NMS 관리로 전환함으로써, 개발자·시스템운영자 통합 활용성이 확보된 frame으로의 변화가 진행되고 있다. 기존 API 기반 시스템 관리 체계에서 활용된 XML, SOAP REST 등의 API가 네트워크 장비에서도 표준 관리 인터페이스로 활용될 수 있도록 정의되고 있으며, 다양한 샘플 코드 및 문서, 소프트웨어 개발 키트SDK도 제공되고 있다.

API 기반의 접근 체계에 대한 보안 강화를 위해 응용프로그램 보안에 적용되었던 HTTPS, SSL 또는 TLS 기반의 암호화된 인터페이스 체계를 적용

해 외부의 악의적인 데이터 탈취에 대응하는 동시에, 필요시 기능 차단을
통해 보안 위험 발생을 막는다.

키포인트

SNMP를 이용해 각 장비의 MIB 정보를 제공받는 방식이 해당 장비의 인터페이스
에 대한 각종 정보를 활용(polling)하는 것인 데 반해, RMON을 이용하는 것은 해
당 네트워크 전체에 대한 정보를 수집·활용하는 것이다.

5 네트워크 관리 시스템의 동향

초기 TCP/IP망을 효율적으로 관리하기 위한 네트워크 관리는 기본적인 다
섯 가지 항목(구성 관리, 장애 관리, 성능 관리, 보안 관리, 계정 관리)을 중심으
로 네트워크 관리 시스템과 해당 프로토콜이 지속적으로 발전해 통신망 관
리의 핵심 기술로 자리 잡았다.

하지만 통신망이 계속해서 발전하면서 이를 효율적으로 관리하려는 요구
도 점차 증대되고 있다. 특히 융·복합 통합망 관리, 서비스 레벨 관리, 정책
기반 네트워크 관리, 보안 강화에 대한 요구, IPv6망에서의 관리 요구, 네트
워크 가상화 및 애플리케이션 성능 보장 요구 등 다양한 요구를 충족하기
위한 노력이 지속되고 있다.

5.1 통합망 관리 Converged network management

유·무선 통합과 회선·패킷 통합 등이 이루어지면서 멀티 서비스 관리가 필
요해지고, 이에 기반을 둔 IP망 관리의 필요성도 함께 제기되고 있다. 또한
사용자 역시 서비스의 통합 지원뿐 아니라 관리 기능의 통합을 원하고 있
다. 이러한 필요에 따라 2003년 ITU-T SG4 회의에서는 M.3017(frame-
work for the integrated management of hybrid circuit·packet networks) 표준
을 제정했다. 한편 융·복합 환경하에서 무선 LAN, 3G·4G 모바일 네트워
크 통합 관리의 필요성도 커져 이에 대한 표준화도 진행 중이다.

5.2 서비스 레벨 관리 SLA: Service Level Agreement

SLA는 고객과 서비스 업체가 협의한 서비스 수준 약정서를 의미한다. 우선 SLO Service Level Object 를 통해 서비스 수준 목표를 정의하고, 이를 바탕으로 고객과 서비스 제공자 간에 서로의 책임과 의무 사항을 결정하는 것이다.

SLA에서 고객과 합의한 수준의 서비스를 제공하기 위한 일련의 프로세스를 관리하는 것을 SLM Service Level Management 이라고 한다.

서비스 제공업자는 차별화된 고품질의 서비스를 제공함으로써 수익을 도모하고자 지속적인 서비스 레벨 관리를 제공할 것으로 예상된다. 또한 인터넷 서비스에서 QoS를 보장하고자 자원 관리, 특히 서비스 종량제 등 대역폭을 관리하는 데도 힘을 쏟고 있다.

5.3 정책 기반 관리 PBNM: Policy-Based Network Management

네트워크의 정책이라 함은 대역폭이나 보안, 웹 액세스 등의 중요한 망 자원을 제어하는 것을 의미하며, 서비스 및 품질에 대한 다양한 소비자의 요구와 이를 통합 관리하기 위한 방법으로 적용되고 있다. 접속되는 웹 사이트에 대한 필터링, 프록시를 통한 사이트 관리, 바이러스 감염된 단말이 C&C 서버로 접속되는 것에 대한 확인 및 조치 등 대부분의 정책은 보안과 연관되는 것이 특징이다.

5.4 네트워크 접근 통제 NAC: Network Access Control

기존 통신망에서는 물리적으로 접속되는 사용자의 인증 체계를 통합 운영하기가 어려웠다. 특히 단말 구분, 접속된 단말 인증부터 접속되는 단말의 ID, 이름, MAC, IP 등의 통합 관리가 어려워 보안 관리에도 어려움이 많았다. 이를 보완하고자 NAC는 여러 시스템에서 관리해야 했던 사용자 및 단말 운영 상황을 자동화·통합화하는 기능을 구현하도록, 물리적 네트워크에 접속 시 인증을 통해 허가된 단말(사용자)만 통신망에 접속할 수 있게 한다. 이를 통해 접속 사이트 내의 물리적 개인 단말의 사용을 차단할 수 있는 보안 상태를 보장하고, 사용자 단말에 대한 통합적 이력 관리가 가능하다.

5.5 IPv6 MIB의 동향

기존 IPv4 네트워크망이 IPv6 기반으로 전환되면서 관련된 장비 및 회선 역시 IPv6 기반으로 관리할 필요성이 발생했다. 이에 따라 관련 기술이 'RFC 2454 — IP version 6 management information base for the user datagram protocol'을 통해 정의되어 활용되고 있다.

5.6 네트워크 가상화 및 애플리케이션 성능 보장 관리

전통적인 통신망에서는 클라이언트와 서버군의 분리, 계층적 구조를 통한 분산 처리 형태의 망구조가 특징이었다. 특히 서버와 연결되는 통신망의 경우 스위치 연결 케이블, 서버 간 케이블 등 각종 어댑터와 케이블이 많아 관리에 어려움이 있었다.

이러한 다양한 I/O 케이블을 단순화하고 통합하기 위해 기존 FC Fibre Channel 케이블과 통신 케이블을 통합한 통합 패브릭 형태가 상용화되고 있다. 이는 스토리지 트래픽을 전송하는 SAN 구조의 FC와 이더넷·IP 등을 사용하기 위한 이더넷 통신 케이블을 통합한 형태로, FCoE 기술을 통해 FC 프레임을 이더넷으로 캡슐화해 통신하는 구조이다. 이를 통해 10G 이더넷 기반의 이더넷, FC 어댑터, 케이블의 통합이 이루어져 케이블이 단순화되는 특징이 있다. 이러한 구조를 효과적으로 관리하기 위한 통합 패브릭 관리 기술에 대한 연구도 계속되고 있다.

또한 LAN 초기 기술인 VLAN의 가상화 기술에서 발전하여 VLAN이 STP Spanning Tree Protocol를 사용해 대역폭의 절반만 사용하는 구조적 한계점을 보완하는 TRILL, VxLAN 등의 기술이 제공되고 있다. 이를 통해 네트워크 가상화에 대한 네트워크 관리 기술도 함께 연구·발전되고 있다.

대규모 데이터센터는 네트워크 관리자가 기존 스위치 장비 등에 각각의 VLAN이나 프로토콜, 라우팅 등의 설정을 입력하는 하드웨어 기반 통신망을 사용했다. 이는 여러 벤더 장비의 구축, 새로운 환경 및 서비스의 추가 시 복잡성과 함께 시간과 비용 측면에서 한계가 있었다. 이를 해결하기 위해 하드웨어와 무관하게 소프트웨어로 네트워크를 제어하는 기술로 SDN Software Defined Networking 이 제시되어 각광받고 있다.

또한 애플리케이션의 신속하고 안전한 서비스 지원을 위한 ADCApplication Delivery Controller 개념의 네트워크 플랫폼이 제시되어 전통적인 L4 스위치 위주의 서비스 제공이 아닌, L7 스위치, 웹 가속, 보안, SSL VPN 등 다양한 기능을 통합한 ADC가 애플리케이션 성능 보장의 솔루션으로 제공되고 있다.

　　또한 장비에서 제공하는 다양한 API를 활용해 네트워크 관리를 효율적으로 할 수 있도록 장비 분석, 트래픽 폭주 시 접속 대기 시간 알림, 여러 형태의 트래픽 관리 및 분석 툴, 그리고 서버 과부하 방지, TCP 멀티플렉싱 등의 다양한 기능이 제공되는 애플리케이션이 확대되고 있다.

참고자료

네트워크타임즈 편집부. 2013. 『CLOUD & BIGDATA』. 화산미디어
삼성 SDS 기술사회. 2007. 『핵심정보기술총서 1: 컴퓨터 구조·네트워크』. 한울.
이상도·신명기·김형준. 2003. 「IPv6 MIB동향분석」. 정보통신연구진흥원. ≪주간 기술동향≫, 제1114호. 정보통신연구진흥원.
위키피디아(www.wikipedia.org).
황승구. 2005. 「통신망관리 및 프로토콜」. 정보통신산업진흥원.
The Internet Society. 2008. "IP Version 6 Management Information Base for the User Datagram Protocol." https://tools.ietf.org/html/rfc2454
www.net-snmp.org/docs/mibs/ipv6MIB.html

기출문제

96회 컴퓨터시스템응용 네트워크 관리에서 DNS(Domain Name server)의 관리 정보와 기본 동작 내용에 대해 설명하시오. (25점)
87회 정보통신 네트워크 설계 시 주요 고려 사항에 대해 설명하시오. (25점)
75회 정보통신 SNMP V.1을 설명하고 V.2에 추가된 기능을 설명하시오. (10점)
75회 전자계산컴퓨터시스템응용 정보화 발전에 따른 서비스의 다양성, 데이터양 폭증, 네트워크 연결 복잡성 증대 등으로 네트워크 의존도가 증가함에 따라, 통신망 관리 시스템(NMS: Network Management System)의 중요성이 강조되고 있다. NMS 장치가 갖추어야 할 특징을 다섯 가지 이상 서술하고, 주요 관리 기능을 다섯 가지만 상술하시오. (25점)
72회 정보통신 IP프로토콜의 문제점 및 ICMP에 대해 설명하시오. (10점)
65회 정보관리 NMS에 대해 설명하시오. (10점)
63회 정보관리 SNMP에 대해 설명하시오. (10점)

네트워크 슬라이싱 Network slicing

5G 네트워크의 확대로 기존 모바일 네트워크에서는 제공되지 않았던 다양한 서비스 모델 적용이 검토되고 있다. 하지만 이러한 서비스는 각각 요구되는 품질 특성이 다양해 모바일 네트워크 자원의 효율적 배치가 중요해지고 있다. SDN/NFV와 같은 가상화 기능을 활용한 물리 자원 분리를 통해 개별 서비스 특성에 맞는 최적화된 자원 할당 및 관리가 검토되고 있다.

1 네트워크 슬라이싱의 개요

네트워크 운영자는 공통의 네트워크 인프라를 활용해 서비스 또는 고객별 요구 사항을 마치 전용 네트워크 형태로 제공할 수 있기를 기대하고 있다. 최근 5G 네트워크 도입을 검토하고 있는 모바일 환경에서 특히 이러한 요구가 증가하고 있으며, 이는 네트워크 슬라이싱이라는 기술 아키텍처를 통해 구현될 예정이다.

2 네트워크 슬라이싱의 정의

네트워크 슬라이싱이란 모바일 네트워크에서 고정된 인프라 환경에 적용되는 SDN Software Defined Networking 및 NFV Network Function Virtualization 기반의 가상 네트워크 아키텍처를 말한다. SDN과 NFV 기술은 전통적인 네트워크 아키텍처가 소프트웨어를 기반으로 상호 연동되도록 가상 요소로 분할될 수 있게 한다. 이를 기반으로 더욱 확대된 네트워크 유연성을 제공할 수 있도록 상업적 활용이 검토되고 있다.

네트워크 슬라이싱을 사용하면 공통의 인프라를 다수의 가상 네트워크로 만들 수 있다. 이렇게 슬라이싱된 네트워크 인프라는 다양한 응용프로그램, 서비스, 장비, 고객 또는 운영자의 요구를 만족시킬 수 있도록 특화된다.

3 네트워크 슬라이싱의 요구 기능

3.1 서비스의 격리

네트워크 슬라이싱은 사용자·서비스·응용프로그램 집합을 다른 집합들과 격리하는 기능을 제공한다. 이러한 기능의 특성에 대해서는 다시 연결과 성능 측면으로 나눠 접근해볼 수 있다.

연결의 격리란, 슬라이싱들 간의 연결에 대해 외부의 적절한 개입이 필요 하다는 것을 의미한다. 이는 일반적으로 '사용자 그룹을 분리'했을 경우, 이 들 간의 연결을 위해서는 외부의 변환 또는 연결 기능 도움이 필요한 상황 을 떠올리면 된다.

성능 격리는 조금 더 확장된 관리 개념이 필요하다. TDM Time Division Multi-plexing 을 통해 자원을 분리할 때는 할당할 수 있는 타임 슬롯의 부족으로 인 해 동일한 패킷을 다른 사람이 공유하는 것을 100% 막을 수는 없다. 따라서 영향을 받을 수 있는 패킷의 양을 지정하는 방법에 대한 검토가 필요하다. 그런데 이때 단순 대역폭 분할만으로는 문제가 충분히 해결되지 않는다. 왜 냐하면 대역폭은 패킷이 전달되는 양을 평균적으로 구한 값이므로, 각각의 애플리케이션은 순간적인 대역폭 부족이나 지연에 서로 다른 각도로 민감 하게 반응하기 때문이다. 따라서 우수한 슬라이싱 기술이라고 하면 경로 전 체에 대해 자원 공유의 영향을 관리할 수 있어야 한다.

3.2 성능 및 연결의 보장

네트워크 슬라이싱에서는 자원 연결과 성능을 모두 보장할 수 있는 수단이 필요하다. 그렇지 않으면 물리적 자원의 공동 사용에 따른 서비스 신뢰성을 담보할 수 없게 된다. 이것은 자원을 적절히 관리 및 통제할 수 있는 신뢰 수준이 요구된다는 것을 의미한다. 예를 들어, 중요한 의료 서비스 슬라이싱은 스마트 홈 센터 슬라이싱과는 요구 사항이 차별화되며 일반적인 동영상 서비스를 시청하는 것과도 서비스 특성이 구별된다.

3.3 서비스 확장성

서비스 요구 사항은 빠르고 쉽게 적용되어야 한다. 그렇지 않으면 관련 비용이 자원 공유를 통해 얻게 되는 이익을 상쇄해 네트워크 슬라이싱의 효용성이 사라지게 된다. 요구 사항은 서비스 격리의 요청이 자동으로 적용될 수 있을 만큼 낮은 수준으로 표현되어야 할 뿐만 아니라, 일반적인 개념으로 이해될 만큼 높은 수준으로도 설명되어야 한다. 이것은 향후 적용에 필요한 비즈니스 요구 사항에 따른 자원의 동적 프로비저닝에 필수적인 기능이다.

3.4 서비스 재사용성

훌륭한 슬라이싱 솔루션은 규모의 경제를 달성할 수 있도록 서비스 요구 사항 전체를 수용할 수 있어야 한다. 예를 들어, 기간 통신사는 고객의 다양한 서비스 요구 사항에 대해 기존 MPLS 또는 이더넷 전송망을 슬라이싱하여 대응할 수 있어야 한다.

4 5G와의 관련성

기존 4G에서는 이동통신망이 처리해주는 주요 서비스 대상이 모바일 폰 기반의 서비스로 제한되어, 해당 요구 사항에 최적화된 망구조가 필요했다.

하지만 5G는 멀티미디어 및 소셜네트워크 서비스뿐 아니라, AR 및 VR, IoT, 초정밀 위치 서비스, 차량 자율주행과 같은 새로운 서비스 대상의 확대로 인해, 처리해야 할 트래픽의 양은 더욱더 증가할 것으로 예상된다. 시스코는 "Cisco Visual Networking Index: Global Mobile Data Traffic Forecast Update"를 통해 모바일 데이터 트래픽이 2013년 1.5EB Exa Bytes (1EB=1,000,000TB)에서 2018년 15.9EB로 증가할 것으로 예측했다.

다음은 5G에서 서비스하고자 하는 대상과 그 대상들의 서비스 요구 수준이다.

서비스별 품질 요구 사항

서비스 구분	예시	요구 사항
Mobile Broadband	4K/8K UHD, 홀로그램, AR/VR	고대역폭, 비디오 캐시, high capacity
Massive IoT	센서 네트워크(검침, 농업, 빌딩, 물류, 시티, 홈 등)	고밀집 단말(200,000/km^2), 주로 고정형 단말
Mission-critical IoT	자율주행차, 공장 자동화	낮은 지연(ITS 5ms, 동작 제어 1ms), 고신뢰성

5G에서는 위와 같은 다양한 서비스들을 수용하기 위해서, 하나의 물리적 네트워크 환경이 여러 가지 RAN Radio Access Networks 을 지원할 수 있도록 다수의 가상 네트워크로 분리되거나 또는 단일 RAN이 다양한 서비스를 제공할 수 있도록 분리된다. 네트워크 슬라이싱은 주로 코어 네트워크를 분할하는 데 사용되지만, RAN에서도 구현될 수 있다.

4.1 5G에서 네트워크 슬라이싱의 역할

네트워크 슬라이싱은 5G 네트워크에서 핵심 기능을 제공할 수 있다. 5G는 그 기술적 특성으로 인해 다양한 서비스가 지원될 수 있다. 이러한 새로운 서비스는 네트워크에 대해 다양하고 새로운 기술적 요구 사항 및 성능 개선을 요구하고 있다.

예를 들어, 5G의 새로운 서비스로 부상하고 있는 자율주행 차량은 network latency의 개선과 함께 고대역폭을 요구하는 V2X Vehicle-to-Everything 통신에 의존한다. 자동차가 움직이는 동안 필요한 스트리밍 서비스에는 고대역폭뿐만 아니라, network latency의 향상도 요구된다. 이러한 요구 사항은 물리적 네트워크 최적화를 기반으로, 동일한 물리적 네트워크에 대한 가상 네트워크 분할을 통해 제공될 수 있다.

4.2 5G에서의 네트워크 슬라이싱의 동작

각 가상 네트워크(네트워크 슬라이싱)에서는 특정한 기능적 요구 사항을 지원하는 여러 논리적 네트워크 기능을 상호 독립적인 세트로 구성해 제공한다.

네트워크 슬라이싱의 적용 사례

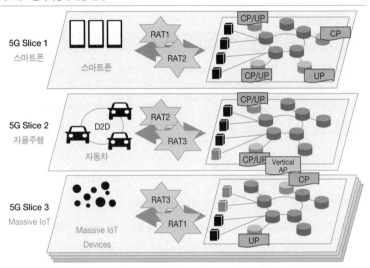

RAT: Radio Access Technology; CP: Control Plane; UP: User Plane; AP: Access Point; IoT: Internet of Things; D2D: Device to Device

각각의 슬라이싱은 사용할 특정 서비스 및 데이터에 적합한 자원 및 네트워크 토폴로지를 제공하도록 최적화된다. 속도, 용량, 연결성 및 적용 범위와 같은 기능은 각각의 요구 사항을 충족시키도록 할당되지만, 기능 측면의 요소들은 다른 네트워크 슬라이싱 간에 공유될 수도 있다.

각각의 슬라이싱은 완전히 격리되어 다른 슬라이싱의 트래픽에 영향을 미치지 않는다. 새로운 서비스를 도입·적용할 때 발생할 수 있는 위험성을 이러한 구성을 통해 최소화할 수 있으며, 새로운 기술이나 아키텍처를 격리된 슬라이싱 내에서 적용할 수 있어 새로운 아키텍처로의 마이그레이션을 용이하게 진행할 수 있다. 또한 특정 슬라이싱을 대상으로 사이버 공격이 발생해도 다른 슬라이싱으로 그 범위가 확대될 수 없어 보안 위험을 최소화할 수 있다.

각각의 슬라이싱은 자체 네트워크 아키텍처 구조, 트래픽 엔지니어링 메커니즘 및 네트워크 프로비전이 가능하도록 구성된다. 사용 사례에 따라 네트워크 운영자 또는 고객이 직접 관리할 수 있는 기능도 포함되는데, 그럴 때도 관리자 및 운영자는 슬라이싱별로 독립적으로 관리되고 조정된다.

5 네트워크 슬라이싱의 향후 전망

5G에서의 네트워크 슬라이싱은 여전히 개발이 진행 중인 기술이며 3GPP와 NGMN Next Generation Mobile Networks Alliance에서 그 의미와 적용 사례를 개발하고 있다. 5G 네트워크 슬라이싱에 대한 제안된 요구 사항은 3GPP 기술보고서 22.891("Study on New Services and Markets Technology Enablers")에 제시되어 있다. 2016년 6월에 승인되어 2017년 하반기에 시작된 Release 15의 일부로 표준화되고 있으며, 2018년 말까지 결론을 맺을 예정이다.

2016년 11월, 5G Americas 산업협회는 맞춤형 네트워크 슬라이싱의 형성을 위한 end-to-end 5G 시스템 프레임워크를 살펴보는 시스템 백서("Network Slicing for 5G Networks and Services")를 출간했다.

네트워크 슬라이싱은 아직까지 5G 네트워크가 본격적으로 적용되지 않은 상황이라, 구체적인 실제 적용 사례는 없으나, 5G 네트워크 환경에서 서비스별로 최적화된 기능 및 품질 제공을 하기 위해서는 지속적인 적용 및 발전이 필요한 기술이다.

참고자료

넷매니아즈(www.netmanias.com/ko/).

Davies, Neil and Peter Thompson. 2017. "Challenges of Network Slicing." https://sdn.ieee.org/newsletter/january-2017/challenges-of-network-slicing

Einsiedler, Hans J. "Network Slicing in 5G." http://www.5gsummit.org/berlin/docs/slides/HansEinsiedler.pdf

Kavanagh, Sacha. 2018. "What is Network Slicing?" https://5g.co.uk/guides/what-is-network-slicing/

기출문제

114회 컴퓨터시스템응용 5G 기술성능 요구 조건. (10점)

114회 컴퓨터시스템응용 차세대 이동통신에 적용된 네트워크 슬라이싱(Network Slicing)에 대하여 설명하시오. (25점)

E-16

산업용 네트워크 기술

산업용 네트워크 기술은 생산 현장에 정보통신기술을 활용해 필요한 데이터를 실시간 수집·제어·분석·예측하는 기술로, 오늘날 다양한 분야에 적용되면서 발전하고 있다. 산업용 네트워크에서 주로 사용되던 DeviceNet, PI 등 필드버스 시스템은 산업용 이더넷 기술 등장으로 활용이 점점 줄어들었으며, 산업용 이더넷의 대표적인 방식인 EtherNet/IP의 활용이 증가하고 있다.

1 산업용 네트워크 기술의 개요

무한경쟁 시대를 맞아 많은 제조업체들은 기술 우위와 제품 경쟁력을 확보하고자 생산 리드 타임 단축, 재고량 축소 등 실시간적 생산 관리를 통한 공장의 생산성 향상을 꾀하고 있다. 이에 따라 실시간 통신을 지원하며 가격이 저렴한 네트워크 시스템의 필요성이 제기되었으며, 그러한 목적을 위해 개발된 네트워크 시스템이 '필드버스fieldbus이다. 필드버스라는 명칭은 입출력용 제어장치가 생산 현장에 분산되는 형태를 취한다고 해서 붙은 것으로, 생산 현장을 의미하는 'field'와 통신을 의미하는 'bus'를 합한 것이다.

필드버스는 필드에 설치된 각종 센서, 단일루프제어기, 소형 PLC, 모터, 밸브 등 공작 기계를 비롯해 이러한 장비를 제어하는 다중루프제어기, 자동화 기기에서 생산되는 데이터를 실시간으로 처리하는 첨단 생산 자동화 및 분산 제어 시스템으로 네트워크 구조상 기본이 되었다. 2000년 후반부터는 산업용 네트워크에 산업용 이더넷이 등장하면서 필드버스 활용이 점점 줄고 산업용 이더넷 방식인 EtherNet/IP 방식의 활용도가 증가하고 있다.

2 산업용 네트워크의 특징

산업용 네트워크는 공장 내의 프로그램이 가능한 자동화 설비들을 통합 관리해 센서 및 제어기의 입출력을 제어한다. 그 특징은 다음과 같다.

- 내환경성: 열악한 환경에서 동작하는 산업용 네트워크는 온도, 습도, 노이즈, 진동, 먼지 등에 대한 대책이 강하게 요구된다.
- 이기종 접속: 공장 자동화 현장에 다양한 기기를 접속해야 하기 때문에 제어기기 사이의 통신이 많다.
- 실시간성: 제조기기의 제어용으로 일정 시간 내에 통신해야 하는 실시간성이 요구된다.
- 확장성 및 경제성: 산업용 네트워크는 유연한 확장성 및 경제성을 고려해야 한다.

3 산업용 네트워크의 종류

3.1 DeviceNet

20ms 이내의 빠른 제어를 하는 device level의 표준 네트워크로 ODVA Open DeviceNet Vendor Association라는 비영리단체가 운영하며, 가격이 저렴하고 신뢰성이 높은 개방형 표준 필드버스이다. Master/slave 통신 및 peer to peer 통신이 동일 라인에서 동작하며, 최대 64개의 노드를 지원한다. 125K, 250K, 500K baud에서 데이터 전송 속도를 선택할 수 있다.

DeviceNet 구성의 예

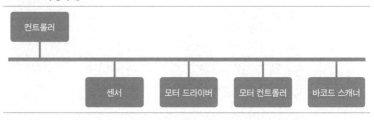

DeviceNet에서는 미디어 액세스 제어 및 신호 제어에 CAN Controller Area Network 기술이 활용된다. CAN이 존재하는 물리 계층의 전체와 미디어 또는 데이터 전송에 사용되는 애플리케이션 계층의 프로토콜을 모두 규정하지 않는다.

DeviceNet 표준 프레임

3.2 PI Profibus International

플랜트 분야에서 주로 활용되는 PI는 운영 중인 공장의 증설 및 기존 공장의 자산 보호를 위한 비용 절감 방안으로서 개발되었다. Profibus는 내장된 Profibus DP 통신 프로파일, 버스를 통해 안전하게 에너지를 공급하며, 표준화된 PA 프로파일을 기반으로 상호 연결하기 쉽고, 버스와 디바이스 상태 감시 및 고장 진단을 위한 다양한 기능을 통해 프로세스와 연계된 강력한 네트워크이다.

PROFINET 표준 프레임

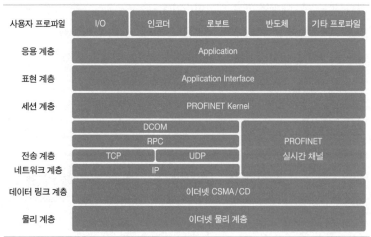

PROFINET
PI에서 발표한 산업용 네트워크 오픈 프레임

3.3 EtherCAT Ethernet for Control Automation Technology

반도체, LCD 장비, 전력기기, 물류 시스템, 수 처리 등 다양한 분야에서 활발하게 활용되고 있는 EtherCAT 프로토콜은 프로세스 데이터에 최적화되어 있으며 이더넷으로 직접 전송한다. 여러 개의 EtherCAT 텔레그램으로 구성할 수 있으며, 각 텔레그램의 크기가 약 4GB까지 될 수 있는 로직 프로세스 이미지의 특별한 메모리 영역에 제공된다.

EthetCAT 표준 프레임

Ethernet Header			ECAT		EtherCAT 텔레그램		Ethernet	
DA 6(B)	SA 6(B)	Type 2(B)	Frame HDR 2(B)	EterhCAT HDR 10(B)	EtherCAT HDR (0 ... 1486)	CTR 2(B)	Pad 4(B)	FCS 4(B)

Constant Header · Data · Counter · Padding & CRC

3.4 EtherNet/IP Ethernet Industrial Protocol

EtherNet/IP는 'Ethernet Industrial Protocol'을 의미하며, 산업 프로토콜을 이용해 전통적인 이더넷을 확장한 개방형 산업 표준이다.

EthetNet/IP 개요

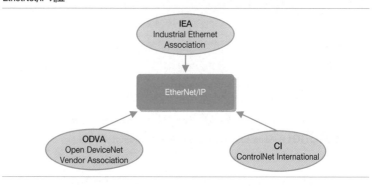

이 표준은 IEA, ODVA, CI가 공동으로 개발해 2000년 3월에 발표되었다. TCP/IP 프로토콜 계열에 기반하며, OSI 4계층을 채택했고, transport 상위 계층에 있는 CIP Common Industrial Protocol 는 제어, 동기화, 환경 설정 등 산업용

애플리케이션을 위한 종합적인 메시지와 서비스를 포함한다. 주로 네트워크 독립적 표준으로서 CIP는 ControlNet, DeviceNet과 함께 이미 오랫동안 사용되어 동일한 애플리케이션, 공통적인 디바이스 프로파일과 오브젝트 라이브러리를 사용할 수 있다. 또한 넓은 대역폭을 통해 많은 정보를 고속으로 전송할 수 있어 100ms 반응 시간을 요구하는 TCP/IP 표준 산업용 네트워크로 활용도가 높다.

EthetNet/IP 프로토콜

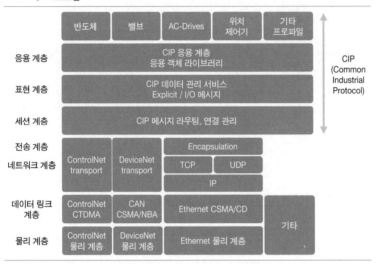

필드버스 기술 비교

구분	DeviceNet	Profibus-PA	ControlNet	EtherNet
기능	낮음	낮음	중간	많음
비용	낮음	중간	높음	매우 높음
구조	간단	간단	중간	복잡
정보량	적음	중간	중간	많음

3.5 BACnet Building Automation and Control Networks

BACnet은 빌딩 시스템 내 호환성 문제를 해결할 목적으로 1995년 미국표준협회ANSI와 미국냉동공조기술협회ASHRAE가 공동으로 채택한 표준 통신 프로토콜이다. 빌딩 자동화 시스템의 확장성과 유연성을 제공해 HVAC Heating, Ventilation, Air Conditioner, 조명 제어, 방재, 보안, 운송 시스템 등에 활용된다. 모든 BACnet 디바이스는 특정 네트워크에 속해 있고, 각각 특정 네트워크 내에서 MAC 주소로 구분되며, 최대 6만 5535개의 네트워크 확장을 가질 수 있다.

BACnet 네트워크

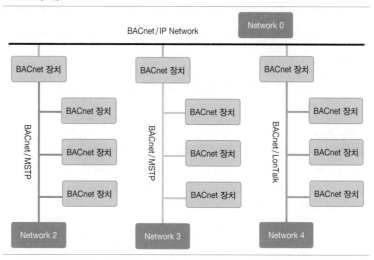

BACnet 네트워크는 표준화된 메시지를 다양한 방법으로 전송할 수 있도록 다양한 데이터 링크 계층 프로토콜을 지원한다.

BACnet 전송 계층 비교

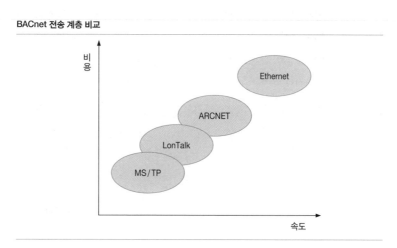

4 산업용 네트워크 기술 동향

최근 들어 제조업 혁신과 관련해 스마트 공장이 주목받으면서 산업용 네트워크 기술에 대한 관심도 함께 높아지고 있다. 산업용 네트워크에서 유선통신 기술로는 산업용 이더넷의 활용도가 빠르게 확대되고 있으며, 무선통신 기술은 802.11 기술을 기반으로 제어용보다는 주로 모니터링을 목적으로 활용되고 있다.

참고자료

보스, 캐서린(Katherine Voss). 2015. 「산업용 이더넷 개발현황 및 발전방안」. ≪계장기술≫, 1월호.
윤빈영·이병철·Dan Pitt. 2012. 「미래 네트워킹 기술 SDN」. 한국전자통신연구원. ≪전자통신동향분석≫, 제27권 2호.
임택화. 2012. 「산업용 네트워크 기술 동향 및 표준화 연구」. 인하대학교 석사학위논문.

기출문제

105회 정보통신 BACnet(Building Automation and Control Networks) 프로토콜. (10점)

93회 정보통신 BACnet 프로토콜의 계층 구조와 도입 효과에 대하여 설명하시오. (25점)

E-17

스마트카 네트워크 기술

자동차 기술에 ICT를 융합해 교통 흐름을 예측하고 이에 능동적으로 대응해 자율주행까지 가능한 차세대 자동차를 스마트카라고 한다. 스마트카는 자율주행을 위해 고성능 카메라, 레이더, 라이더 등의 센싱 기술과 상황 인지 기술, V2X, 다수의 ECU를 통한 복합 제어 등을 필요로 한다. 이에 따라 차량 내 네트워크의 데이터 트래픽양이 증가해 고속의 데이터 전송 속도가 요구된다. 스마트카 네트워크 기술로는 차내 네트워크 기술, V2X 네트워킹, 네트워크 보안 기술 등이 있다.

1 스마트카 네트워크의 개요

스마트카는 환경 센서 기반의 시스템에서 V2X Vehicle-to-Everything 통신 기술과 결합한 협력형 능동 안전 시스템으로 개발이 본격화되고 있다. 스마트카 네트워크는 클라우드를 기반으로 IoT, 도로 인프라, 빅데이터 등 ICT와 연계해 교통 흐름을 예측하고 이에 대응하는 자율주행 서비스를 위한 기반 기술로 발전하고 있다. 이에 따라 차량 내·외부에서 증가하는 트래픽에 대응하기 위한 V2X 통신 및 차량 내부와 외부의 원활한 네트워크 환경 구축이 무엇보다 중요해졌다.

이를 위한 스마트카 네트워크 기술로는 CAN, LIN, FlexRay, Most, Ethernet 등 차량 내부 네트워크 기술, 그리고 자동차에서 유·무선 통신망을 통해 정보를 주고받는 차량 전용 통신 시스템인 V2X 통신 기술, 차량 내부 제어 시 정보를 보호할 수 있는 네트워크 보안 기술 등이 있다.

2 차량 내부 네트워크 기술

2.1 CAN Controller Area Network

초기 차량에서는 기계적인 방식으로 각 제어장치를 개별적으로 구동시켜 차량 내의 기능, 진단, 오락, 등화 제어 등 많은 기능을 수행하기 위해 차량에 내장된 개별 ECU Electronic Control Unit의 수와 ECU를 연결하는 배선의 수, 차체의 무게, 차량의 가격 등이 늘어남에 따라 복잡도가 증가하고 효율성이 떨어지는 문제가 발생했다. 이를 해결하기 위해 1983년 독일 보쉬 Bosch 사에서는 각각의 ECU를 버스라는 공통된 네트워크 선으로 연결해 데이터를 송신할 수 있는, 버스 형태의 CAN 기술을 개발했다.

CAN
차량용 ECU 간 데이터를 송수신
할 수 있는 버스 네트워크

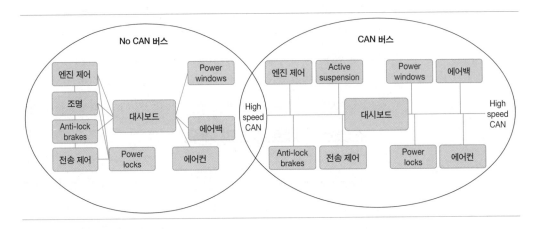

CAN은 차량 내부에서 호스트 노드 없이 각 노드가 공통된 네트워크 선인 버스를 이용해 통신하는 시스템으로, 네트워크상의 모든 노드 간 직접적인 메시지 송수신이 가능해 실시간 제어에 유리하며 오류 검출 및 내고장성이 뛰어나 차량 이외에도 우주항공 산업, 철도 산업 등의 자동화 기술에도 이용되고 있다.

CAN 버스의 모든 노드는 CAN 프레임에 맞춰 신호를 송수신하는 CAN 송수신기와 받은 신호의 데이터를 처리하는 CAN 제어기로 구성되며, 두 가닥의 차동 신호와 UTP Unshielded Twisted Pair를 통해 외부에서 들어오는 잡음과 유도 전류를 상쇄시켜 EMI Electromagnetic Interference에 강한 특성을 갖게 된다.

CAN 버스는 최대 데이터 전송 속도 및 요구 오차율에 따라 고속 CAN과

E · 통신 응용 서비스

저속 CAN으로 구분되어 버스의 최대 길이를 제한한다. 고속 CAN은 125Kbps~1Mbps의 데이터 전송 속도로 보통 기어박스나 엔진 제어부, 전력부 등에 사용되며, 저속 CAN은 10Kbps~125Kbps의 전송 속도로 도어, 트렁크, 시트 조절, 카 라디오 등에 사용된다. 고성능 및 안전성을 크게 요구하지 않는 곳에는 단일 선 CAN이 사용된다.

CAN 버스상의 모든 노드는 CAN 버스 multi-master 방식으로, 버스가 idle 상태에 있을 때 다른 외부 노드의 허가 없이 언제든지 송신이 가능하다. CAN 신호는 기저 대역 NRZ Non-Return to Zero 변조 방식을 사용하는데, 둘 이상의 노드가 동시에 전송해 충돌이 발생하면 우선순위를 두어 데이터 전송 중단 없이 긴급 메시지에 대해 실시간성을 보장한다.

NRZ
2진 디지털 데이터를 부호화하는 방식으로, 정전압은 비트 0으로, 부전압은 비트 1로 나타낸다.

CAN의 데이터 프레임 구조는 다음과 같다.

- SOF Start Of Frame: 데이터 프레임 동기화 수행(1 bit)
- Arbitration field: 식별자 우선순위 필드(12 bits)
- Control field: 데이터 프레임의 종류로 데이터의 길이 정보를 포함(6 bits)
- Data field: 데이터로 0~64 bits로 제한
- CRC Cyclic Redundancy: SOF에서 data field까지 수신 데이터를 15 bits CRC로 비트 오류 판단(16 bits)
- ACK Acknowledgement: 첫 번째 bit는 dominant bit로 ACK field, 두 번째 field는 recessive bit로 수신 노드에서 데이터를 제대로 수신 시 dominant bit를 전송(2 bits)
- EOF End Of Frame: 데이터 프레임이 끝났음을 알림(7 bits)

이처럼 CAN 버스는 최대 1Mbps의 데이터 전송 속도를 지원하며 현재까지도 차량 내부 프로토콜로 많이 사용되고 있지만, 자율주행차의 고속 통신 시스템처럼 더 높은 대역폭을 지원하는 시스템에는 점차 활용도가 줄어들고 있다.

Low-end 애플리케이션을 위한 CAN 통신 방식은 상대적으로 고비용이 요구되어 LIN 방식이 대안으로 제시되었다. LIN 방식은 CAN과 호환이 가능하면서도 UART Universal Asynchronous Receiver/Transmitter와 단일 선을 사용해 CAN에 비해 낮은 대역폭을 저비용으로 구현할 수 있다. 주로 자동차 문, 핸들, 의자 등에 적용된다.

LIN
단일 선을 사용하여 CAN에 비해
저비용으로 활용 가능한 네트워크

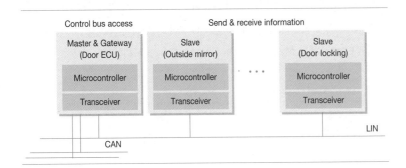

LIN은 CAN과 동일하게 버스 형태의 토폴로지를 갖지만, 단일 선을 사용해 구성된다는 점에서 CAN과 차이가 있다. 단일 선을 사용하면 신호가 상대적으로 불안정할 수 있으며, 버스 길이와 노드 수가 증가할수록 데이터 전송 속도가 감소한다. LIN은 효율적인 대역폭을 사용하기 위해 하나의 마스터에 최대 16개의 슬레이브, 최대 40m의 버스로 구성하는 것이 권장된다.

LIN의 데이터 프레임 구조는 다음과 같다.

* Break: LIN 프레임의 시작으로, 13개의 dominant bits와 1개의 recessive bit로 구성
* Synchronization field: 데이터 값이 0x55로 정의되며, 프레임 동기화를 수행
* Identifier field: 0~63까지의 데이터 값을 생성할 수 있으며, 어떤 노드가 수신하고 응답할지와 데이터의 종류 및 길이 결정(6 bits)

- Data field: 슬레이브 태스크에서 생성하며, 응답 메시지에 포함
- Checksum: 2개의 체크섬 알고리즘을 이용해 데이터의 유효성 검증

LIN은 마스터 태스크가 헤더를 생성하여 전송하며, 헤더는 슬레이브 버스 접근을 제어하고 어떤 메시지를 어느 시간에 보낼지 결정하여 전송하는 방식으로 동작한다.

2.3 FlexRay

CAN, LIN과 달리 스타형, 하이브리드형 등 유연한 토폴로지를 지원한다. 특히 하이브리드형은 버스형과 스타형을 함께 적용한 것으로, 버스형을 사용해 배선을 절감하는 동시에 ECU의 클러스터링이 필요한 부분에 스타형을 사용해 네트워크의 성능과 안전성을 향상시킨다. 노드 간의 네트워크 선 길이는 최대 24m, 노드 수는 최대 22개로 연결하도록 권장되며, FlexRay 노드는 컨트롤러와 버스 드라이버로 구성된다.

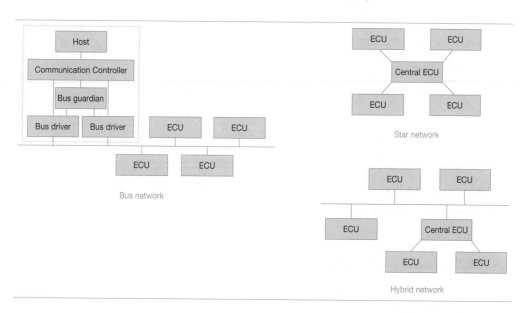

FlexRay 방식은 CSMA Carrier Sense Multiple Access 방식으로 전송하는 CAN보다 네트워크의 효율적 활용을 위해 정해진 시간에 데이터를 전송하는 TDMA Time Division Multiple Access 방식으로, 매 통신 사이클마다 효율적인 대역

폭 운용을 위해 기본적으로 정적 세그먼트, 동적 세그먼트가 결합된 구조로
이루어진다. 통신 사이클에서는 매크로틱macrotick이라는 단위로 데이터를
전송하고 동기화가 진행된다.

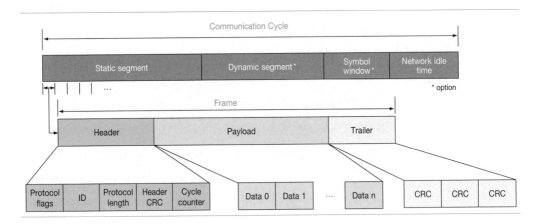

- **정적 세그먼트**static segment : 노드마다 정해진 static slot 내에 프레임 전송
- **동적 세그먼트**dynamic segment : 정적 세그먼트 다음에 오는 세그먼트로 프
  레임의 ID를 통해 우선순위 결정
- Symbol window: 네트워크의 wake up, bus guardian test 등을 제공
  하기 위해 필요에 따라 생성
- Window idle time: 매크로틱 단위로 구성되어 각 노드의 클록 동기 맞춤

  FlexRay 방식은 고속 데이터 전송과 내고장성이 크다는 장점이 있으나,
다른 방식에 비해 상대적으로 비용이 높다는 단점이 있다. 따라서 현재로서
는 FlexRay로 완전히 대체할 수 없으며, 애플리케이션에는 LIN, 파워트레
인에는 CAN, 고급 애플리케이션에는 FlexRay를 적절히 적용할 수 있다.

2.4 MOST Media Oriented System Transport

차량 내에 HD 비디오, 오디오, 텔레메틱스 등 인포테인먼트 시스템이 도입
되면서 더 빠른 데이터 전송 속도가 요구되었다. MOST는 이러한 요구에 따
라 1998년 자동차 제조업체와 부품 공급업체가 모여 협회를 설립해 스트리
밍, 패킷, 제어 정보를 전송할 수 있도록 개발된 방식이다. 2001년 처음 등

장해 2007년에는 150Mbps까지 지원하는 MOST150 방식이 발표되었다.

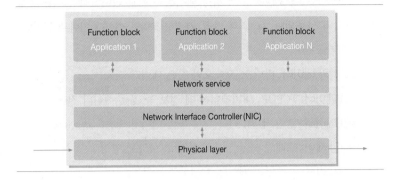

MOST는 OSI 7계층을 포함하며, 물리 계층, NIC Network Interface Controller, Network service, FBlocks Function Blocks의 계층 구조로 이루어지며, EMI, 송수신기의 특성에 따라 물리 계층 인터페이스로 POF Plastic Optical Fiber, UTP, STP Shield Twisted Pair를 선택한다.

NIC에서 네트워크 서비스와 FBlocks이 있는 가상의 채널을 할당해주며, 물리 계층에서 할당된 채널로 신호를 송수신한다. MOST는 스트리밍 데이터를 위한 동기 채널, TCP/IP와 같이 비동기 데이터를 전송하기 위한 비동기 채널, 송수신기 설정을 위한 제어 채널로 구성되며, CAN이나 LIN과 달리 차동 맨체스터 코드를 이용해 데이터를 전송한다.

다음 그림은 MOST25의 프레임 구조로, MOST 프레임에는 preamble, boundary descriptor, 스트리밍 데이터, 패킷 데이터, 제어 데이터, 프레임 제어, 패리티 비트가 있다.

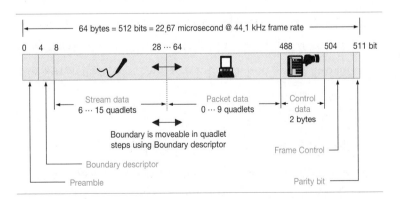

- Preamble: 프레임의 동기 결정
- Boundary descriptor: 스트리밍 데이터와 패킷 데이터의 길이를 조절하는 데 사용되며, 6~15의 값을 가짐(스트리밍 데이터 길이=Boundary descriptor×4)
- 스트리밍 데이터: 비디오, 오디오와 같은 데이터 전송
- 패킷 데이터: TCP/IP, 내비게이션 맵 정보 등 많은 데이터 전송
- 제어 데이터: 명령, 상태, 진단 정보 등의 데이터 전송
- 프레임 제어: 프레임 제어 정보 표현 위한 예약된 영역
- 패리티 비트: 프레임의 에러 감지

2.5 이더넷

다양한 차량 내 서비스 제공을 위해 차체에 내장된 전장 부품의 수와 복잡도는 갈수록 증가하고 있다. 이에 따라 ECU 연산량도 증가해 기존 CAN이나 FlexRay 방식보다 훨씬 더 높은 대역폭이 요구되었다. 이러한 요구에 대응하고자 차량용 이더넷이 도입되었으며, 2010년 브로드컴에서 100Mbps BroadR-Reach 기술을 개발해 한 쌍의 UTP를 사용함으로써 비용과 무게를 문제를 해결하고 고속의 데이터 전송도 가능하게 되었다.

그 후 관련 OPEN Alliance SIG, AVun Alliance에서 표준화를 진행하는 동시에, 차량용 소프트웨어 플랫폼인 AUTOSAR Automotive Open System Architecture에서 이더넷 지원을 위한 개발을 진행하고 있다. 차량용 이더넷 적용 시 데이터 전송 속도 100Mbps로 인포테인먼트 시스템과 고해상도 카메라, 센서 데이터를 송수신해 첨단 운전 지원 시스템에 적용할 수 있다.

기존 차량용 이더넷은 CAN이나 FlexRay에서 동작하는 실시간성을 보장하지 않았으며, CAN에 비해 배선 양이 증가하는 문제를 해결하려는 노력으로 지속적으로 개선되어왔다.

차량용 이더넷은 EMC Electro Magnetic Compatibility 환경 충족 등을 고려해 커넥터, 케이블 등을 최적화한 시스템으로 구축되어야 한다.

차량용 이더넷 프로토콜에는 차량 진단을 위해 IEEE 802.3와 IPv4/IPv6 기반의 DoIP Diagnostics over IP, 스마트 그리드 지원을 위한 ISO 15118 표준이 채택되고 새로운 BroadR-Reach 물리 계층이 도입되었다. BroadR-Reach

는 100Mbit/s의 대역폭으로 CAN보다 100배 빠른 속도를 제공할 수 있다.

차량용 이더넷 & IP 프로토콜

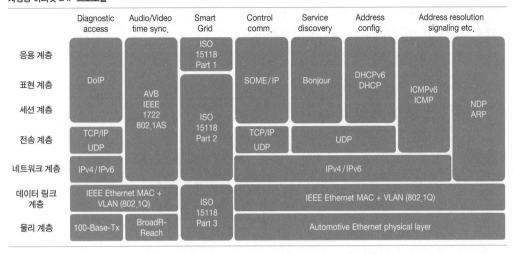

	Diagnostic access	Audio/Video time sync.	Smart Grid	Control comm.	Service discovery	Address config.	Address resolution signaling etc.	
응용 계층	DoIP	AVB IEEE 1722 802.1AS	ISO 15118 Part 1	SOME/IP	Bonjour	DHCPv6 DHCP	ICMPv6 ICMP	NDP ARP
표현 계층								
세션 계층			ISO 15118 Part 2					
전송 계층	TCP/IP UDP			TCP/IP UDP	UDP			
네트워크 계층	IPv4/IPv6			IPv4/IPv6				
데이터 링크 계층	IEEE Ethernet MAC + VLAN (802.1Q)		ISO 15118 Part 3	IEEE Ethernet MAC + VLAN (802.1Q)				
물리 계층	100-Base-Tx	BroadR-Reach		Automotive Ethernet physical layer				

3 V2X 네트워킹 기술

V2XVehicle to Everything는 자동차에서 유·무선 통신망을 통해 정보를 주고받는 차량 전용 통신 시스템으로, 차량과 인프라, 차량과 차량의 고속 무선통신을 기반으로 이용자 중심의 다양한 서비스를 제공한다.

ITS 통신 경로 예

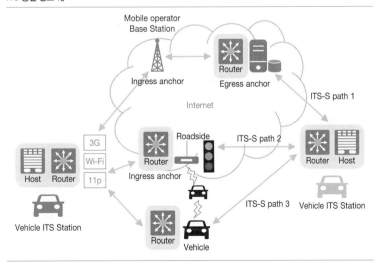

V2X 통신 기술은 기존 ITSIntelligent Transport System와 결합하여 협력형 ITS에서 활용도가 높다. V2X 기반의 차량 정보 표준은 센터, 노변장치, 차량, 개인용 단말 간 네트워킹을 위해 ISO 21217 통신 아키텍처를 준수하며, ITS 스테이션 간 통신 경로 설정은 ISO 24102 표준을 따른다.

4 네트워크 보안 기술

V2X 통신 기술과 서비스가 발전함에 따라 차량 내·외부 간 네트워킹이 증가하고 있다. 폐쇄망 성격을 띠던 자동차 내부 네트워크도 이에 따라 해킹 위협에 노출되고 있어 이에 대한 대응 방안이 요구된다. 현재 차량 네트워크에서 가장 많이 사용되는 CAN 통신은 브로드캐스트 통신 프로토콜인데도 데이터 암호화나 인증 기능이 제공되지 않아 차량 내·외부 통신 내용이 도청될 수 있는 문제점이 있다. 이를 고려해 차량 ECU 간 보안 전송 기술이 개발되고 있다. 차량용 통신 기술인 WAVE는 보안을 위해 IEEE 1609.2에 따른 통신 절차가 정의되어 있으며, 고속 이동 중인 차량 간에 전송되는 메시지를 보호하기 위해 보안 처리 지연 시간을 최소화할 수 있도록 하드웨어적인 방법으로 문제를 해결하고 있다.

구분	보안 기술
플랫폼	- 시큐어 부트 등 접근 제어 - AUTOSAR 기반 보안 모듈 채택 - 애플리케이션 샌드박싱 및 플랫폼 가상화
내부 네트워크	- IDPS, 차량용 방화벽 구축 - ECU 인증, 키 관리, 암호화 솔루션
외부 네트워크	- V2X 메시지 인증, 암호화 - IEEE 1609.2 규격
보안 관리	- 보안 모니터링 및 취약점 분석 - 차량 이상 징후 및 비정상 행위 분석 - 포렌식 및 사고 원인 분석

5 스마트카 네트워크의 발전 전망

스마트카는 자동차와 ICT의 융합을 바탕으로 등장했다. 자율주행은 물론 다양한 카 인포테인먼트 서비스, IoT 서비스 연결을 위해서는 초고속 저지연 통신 네트워크의 연결이 필수적이다. 이동 중 500Mbps의 전송 속도를 지원하는 5G 네트워크 및 차량용 지능형 플랫폼 기반으로 원활한 V2X 통신이 제공되어야 하며, 차량용 시스템의 보안 위협에 대한 문제도 해결되어야 한다. 최근 블록체인 기술을 차량 통신에 접목해 보안성을 높이려는 움직임도 점점 가속화되고 있어, 머지않은 미래에 더욱 안전하고 편리한 스마트카의 혜택을 누리게 될 것으로 전망된다.

참고자료

구자현. 2018. "스마트카 시대의 도래와 보안". ≪키뉴스≫.
삼성 SDS 기술사회. 2014. 『핵심정보기술총서 2: 정보통신』. 한울.
윤현정 외. 2015. 「스마트카 네트워크 기술 및 표준화 동향」. 전자통신동향분석.
최지웅 외. 2017. 「차세대 자동차를 위한 스마트카 핵심 네트워크 기술」. 융합연구리뷰.
한국정보통신기술협회 정보통신 용어사전(word.tta.or.kr/terms/terms.jsp).

기출문제

111회 정보통신 Smart Car의 개념, 요소 기술 및 보안 위협 요소에 대해 기술하시오. (25점)
108회 컴퓨터시스템응용 스마트카(Smart-Car). (10점)
90회 정보관리 스마트카(Smart Car)의 특징과 구조를 설며하시오. (10점)

Information
Communication

WAF ｜ UTM ｜ Multi-Layer Switch / DDoS ｜
무선랜 보안 ｜ VPN ｜ 망분리 / VDI
F 기술적 보안: 애플리케이션 데이터베이스
보안 ｜ 웹 서비스 보안 ｜ OWASP ｜ 소프트웨
어 개발보안 ｜ DRM ｜ DOI ｜ UCI ｜ INDECS ｜
Digital Watermarking ｜ Digital Fingerprint-
ing / Forensic Marking ｜ CCL ｜ 소프트웨어
난독화
G 물리적 보안 및 융합 보안 생체인식 ｜ Smart

Surveillance ｜ 영상 보안 ｜ 인터넷전화(VoIP)
보안 ｜ ESM / SIEM ｜ Smart City & Home &
Factory 보안
H 해킹과 보안 해킹 공격 기술

지은이
소개

삼성SDS 기술사회는 4차 산업혁명을 선도하고 임직원의 업무 역량을 강화하며 IT 비즈니스를 지원하기 위해 설립된 국가 공인 기술사들의 사내 연구 모임이다. 정보통신 기술사는 '국가기술자격법'에 따라 기술 분야에 관한 고도의 전문 지식과 실무 경험을 바탕으로 정보통신 분야 기술 업무를 수행할 수 있는 최상위 국가기술자격이다. 국내 ICT 분야 종사자 중 약 2300명(2018년 12월 기준)만이 정보통신 분야 기술사 자격을 가지고 있으며, 그중 150여 명이 삼성SDS 기술사회 회원으로 현직에서 활동하고 있을 정도로, 업계에서 가장 많은 기술사가 이곳에서 활동하고 있다. 삼성SDS 기술사회는 정보통신 분야의 최신 기술과 현장 경험을 지속적으로 체계화하기 위해 연구 및 지식 교류 활동을 꾸준히 해오고 있으며, 그 활동의 결실을 '핵심 정보통신기술 총서'로 엮고 있다. 이 책은 기술사 수험생 및 ICT 실무자의 필독서이자, 정보통신기술 전문가로서 자신의 역량을 향상시킬 수 있는 실전 지침서이다.

1권 컴퓨터 구조

오상은 컴퓨터시스템응용기술사 66회, 소프트웨어 기획 및 품질 관리

윤명수 정보관리기술사 96회, 보안 솔루션 구축 및 컨설팅

이대희 정보관리기술사 110회, 소프트웨어 아키텍트(KCSA-2)

2권 정보통신

김대훈 정보통신기술사 108회, 특급감리원, 광통신·IP백본망 설계 및 구축

김재곤 정보통신기술사 84회, 데이터센터·유무선통신망 설계 및 구축

양정호 정보관리기술사 74회, 정보통신기술사 81회, AI, 블록체인, 데이터센터·통신망 설계 및 구축

장기천 정보통신기술사 98회, 지능형 건축물 시스템 설계 및 시공

허경욱 컴퓨터시스템응용기술사 111회, 레드햇공인아키텍트(RHCA), 클라우드 컴퓨팅 설계 및 구축

3권 데이터베이스

김관식 정보관리기술사 80회, 전자계산학 학사, Database, 기업용 솔루션, IT 아키텍처

윤성민 정보관리기술사 90회, 수석감리원, ISE

임종범 컴퓨터시스템응용기술사 108회, 아키텍처 컨설팅, 설계 및 구축

이균홍 정보관리기술사 114회, 기업용 MIS Database 전문가, SDS 차세대 Database 시스템 구축 및 운영

4권 소프트웨어 공학

석도준 컴퓨터시스템응용기술사 113회, 수석감리원, 데이터 아키텍처, 데이터베이스 관리, IT 시스템 관리, IT 품질 관리, 유통·공공·모바일 업종 전문가

조남호 정보관리기술사 86회, 수석감리원, 삼성페이 서비스 및 B2B 모바일 상품 기획, DevOps, Tech HR, MES 개발·운영

박성훈 컴퓨터시스템응용기술사 107회, 정보관리기술사 110회, 소프트웨어 아키텍처, 저서 『자바 기반의 마이크로서비스 이해와 아키텍처 구축하기』

임두환 정보관리기술사 110회, 수석감리원, 솔루션 아키텍처, Agile Product

5권 ICT 융합 기술

문병선 정보관리기술사 78회, 국제기술사, 디지털헬스사업, 정밀의료 국가과제 수행

방성훈 정보관리기술사 62회, 국제기술사, MBA, 삼성전자 전사 SCM 구축, 삼성전자 ERP 구축 및 운영

배홍진 정보관리기술사 116회, 삼성전자 및 삼성디스플레이 HR SaaS 구축 및 확산

원영선 정보관리기술사 71회, 국제기술사, 삼성전자 반도체, 디스플레이 및 해외·대외 SaaS 기반 문서중앙화서비스 개발 및 구축

홍진파 컴퓨터시스템응용기술사 114회, 삼성

SDI GSCM 구축 및 운영

6권 기업정보시스템

곽동훈 정보관리기술사 111회, SAP ERP, 비즈니스 분석설계, 품질관리

김선득 정보관리기술사 110회, 수석감리원, 기획 및 관리

배성구 정보관리기술사 107회, 수석감리원, 금융IT분석설계 개선운영, 차세대 프로젝트

이채은 정보관리기술사 61회, 전자·제조 프로세스 컨설팅, ERP/SCM/B2B

정화교 정보관리기술사 104회, 정보시스템감리사, SCM 및 물류, ERM

7권 정보보안

강태섭 컴퓨터시스템응용기술사 81회, 정보보안기사, SW 테스트 수행 관리, 코드 품질 검증

박종락 컴퓨터시스템응용기술사 84회, 보안 컨설팅 및 보안 아키텍처 설계, 개인정보보호 관리체계 구축, 보안 솔루션 구축

조규백 정보통신기술사 72회, 빅데이터 기반 보안 플랫폼 구축, 보안 데이터 분석, 외부 위협 및 내부 정보 유출 SIEM 구축, 보안 솔루션 구축

조성호 컴퓨터시스템응용기술사 98회, 정보관리기술사 99회, 인공지능, 딥러닝, 컴퓨터비전 연구 개발

8권 알고리즘 통계

김종관 정보관리기술사 114회, 금융결제플랫폼 설계·구축, 자료구조 및 알고리즘

전소영 정보관리기술사 107회, 수석감리원, 데이터 레이크 아키텍처 설계·구축·운영 및 컨설팅

정지영 정보관리기술사 111회, 수석감리원, 디지털포렌식, 통계 및 비즈니스 서비스 분석

지난 판 지은이(가나다순)

전면2개정판(2014년) 강민수, 강성문, 구자혁, 김대석, 김세준, 김지경, 노구율, 문병선, 박종락, 박종일, 성인룡, 송효섭, 신희종, 안준용, 양정호, 유동근, 윤기철, 윤창호, 은석훈, 임성웅, 장기천, 장윤호, 정영일, 조규백, 조성호, 최경주, 최영준

전면개정판(2010년) 김세준, 김재곤, 나대균, 노구율, 박종일, 박찬순, 방동서, 변대범, 성인룡, 신소영, 안준용, 양정호, 오상은, 은석훈, 이낙선, 이채은, 임성웅, 임성현, 정유선, 조규백, 최경주

제4개정판(2007년) 강옥주, 김광혁, 김문정, 김용희, 김태천, 노구율, 문병선, 민선주, 박동영, 박상천, 박성춘, 박찬순, 박철진, 성인룡, 신소영, 신재훈, 양정호, 오상은, 우제택, 윤주영, 이덕호, 이동석, 이상호, 이영길, 이영우, 이채은, 장은미, 정동곤, 정삼용, 조규백, 조병선, 주현택

제3개정판(2005년) 강준호, 공태호, 김영신, 노구율, 박덕균, 박성춘, 박찬순, 방동서, 방성훈, 성인룡, 신소영, 신현철, 오영임, 우제택, 윤주영, 이경배, 이덕호, 이영길, 이창율, 이채은, 이치훈, 이현우, 정삼용, 정찬호, 조규백, 조병선, 최재영, 최정규

제2개정판(2003년) 권종진, 김용문, 김용수, 김일환, 박덕균, 박소연, 오영임, 우제택, 이영근, 이채은, 이현우, 정동곤, 정삼용, 정찬호, 주재욱, 최용은, 최정규

개정판(2000년) 곽종훈, 김일환, 박소연, 안승근, 오선주, 윤양희, 이경배, 이두형, 이현우, 최정규, 최진권, 황인수

초판(1999년) 권오승, 김용기, 김일환, 김진홍, 김흥근, 박진, 신재훈, 엄주용, 오선주, 이경배, 이민호, 이상철, 이춘근, 이치훈, 이현우, 이현, 장춘식, 한준철, 황인수

한울아카데미 2127

핵심 정보통신기술 총서 2
정보통신

지은이 삼성SDS 기술사회 ｜ **펴낸이** 김종수 ｜ **펴낸곳** 한울엠플러스(주) ｜ **편집** 최규선

초판 1쇄 발행 1999년 3월 5일 ｜ **전면개정판 1쇄 발행** 2010년 7월 5일
전면2개정판 1쇄 발행 2014년 12월 15일 ｜ **전면3개정판 1쇄 발행** 2019년 4월 8일

주소 10881 경기도 파주시 광인사길 153 한울시소빌딩 3층
전화 031-955-0655 ｜ **팩스** 031-955-0656 ｜ **홈페이지** www.hanulmplus.kr
등록번호 제406-2015-000143호

ⓒ 삼성SDS 기술사회, 2019.
Printed in Korea.

ISBN 978-89-460-7127-8 14560
ISBN 978-89-460-6589-5(세트)

* 책값은 겉표지에 표시되어 있습니다.